现代农业种植技术

曾劲松　丁小刚　赵　杰◎著

吉林科学技术出版社

图书在版编目（CIP）数据

现代农业种植技术 / 曾劲松，丁小刚，赵杰著. --
长春 : 吉林科学技术出版社，2022.8
ISBN 978-7-5578-9578-5

Ⅰ．①现… Ⅱ．①曾… ②丁… ③赵… Ⅲ．①种植业
－农业技术 Ⅳ．①S3

中国版本图书馆 CIP 数据核字(2022)第 156022 号

现代农业种植技术

XIANDAI NONGYE ZHONGZHI JISHU

作　者	曾劲松　丁小刚　赵　杰	
出 版 人	宛　霞	
责任编辑	杨雪梅	
幅面尺寸	185 mm×260mm	
开　本	16	
字　数	561 千字	
印　张	24.25	
版　次	2023 年 5 月第 1 版	
印　次	2023 年 5 月第 1 次印刷	

出　版　吉林科学技术出版社
发　行　吉林科学技术出版社
地　址　长春市净月区福祉大路 5788 号
邮　编　130118
发行部电话/传真　0431-81629529　81629530　81629531
　　　　　　　　　81629532　81629533　81629534
储运部电话　0431-86059116
编辑部电话　0431-81629518
印　刷　北京四海锦诚印刷技术有限公司

书　号　ISBN 978-7-5578-9578-5
定　价　88.00 元

前　言

　　现代农业是健康农业、有机农业、绿色农业、循环农业、再生农业、观光农业的统一，是田园综合体和新型城镇化的统一，是农业、农村、农民现代化的统一。现代农业是现代产业体系的基础，发展中国家发展现代农业可以加快产业升级、解决就业问题、促进社会公平、消除城乡差距、开发国内市场、形成可持续发展的经济增长点，这是发展中国家农业发展的必由之路，是发展中国家实现赶超战略的主要着力点。我国发展现代农业是解决"三农"问题的根本途径，是经济可持续发展、实现赶超战略的根本途径。

　　种植业是农业的重要基础，粮棉油是关系国计民生的重要商品。党的十八大提出，要加快发展现代农业，增强农业综合生产能力，确保国家粮食安全和重要农产品有效供给。随着工业化、城镇化和农业现代化快速推进，粮食等主要农产品消费需求刚性增长，气候、耕地和水资源约束日益增强，农村劳动力结构变化冲击增强，方兴未艾的都市农业也对传统农业提出了新的要求。如何促进种植业持续稳定发展，实现"高产、优质、高效、生态、安全"目标成为农业工作者必须考虑的重要课题。

　　近年来，科学技术不断发展，许多领域都不断引入新技术，农业种植也不例外，也在不断地引入现代技术。我国社会的快速发展和进步，农业的发展也是极为重要的一个部分。农业是我国经济发展的支柱型产业，同时也是支撑国民经济健康发展的重要产业。现代农业发展过程中，种植技术是关键，是基础，是适应新时期现代农业发展的重要支撑。提高农业生产效率和生产质量，将农民群众从繁重的劳作中解脱出来，增加经济效益。本书首先探讨了农作物生产的环境、农作物主推品种以及玉米、油菜的育种栽培，其次论述了大田作物、设施蔬菜的病虫害的诊断与防治，最后是常用农药与植保机械技术。通过言简意赅的语言、丰富全面的知识点以及清晰系统的结构，进行了全面且深入的分析与研究，希望其能够成为一本为相关研究提供参考和借鉴的专业学术著作。

目　录

第一章 农作物生产的环境条件

第一节 我国气候的特点与气候资源

一、我国气候的特点

我国的西北位于欧亚大陆的腹地，东南濒临太平洋，西南为青藏高原，这样的地理位置，使我国气候具有强烈的季风性和大陆性，气温与降水量在地理分布上有很大变幅，季节性很强，属大陆性季风气候。

（一）季风性显著

1.冬、夏季风不同。冬季，我国大陆主要受极地大陆气团或变性极地气团所控制，盛行西北、北和东北季风。夏季，大部分地区受热带、副热带海洋气团和热带大陆气团所控制，盛行西南、南和东南风。

2.夏季风与雨带、雨量关系密切。我国夏季风属东亚夏季风系统，它与降水量分布关系密切，时段上表现为分步向北推进。一般雨带5月初在南海北部，5月中移到华南沿海，6月中到达长江流域，梅雨开始，一直从7月10日至7月中后期夏季风北上，雨季到达华北和东北。

夏季风强弱与我国东部雨量有明显关系。夏季风很强的年份，雨带迅速推到华北，使华北多雨，而长江流域梅雨期短，严重干旱。反之，长江流域雨量过多，出现洪涝，华北则出现干旱。这种旱、涝现象的不稳定，对农业生产影响很大。

3.雨、热同季。我国夏季风来自低纬度太平洋和印度洋的暖湿气流，空气中水汽含量丰富，而冬季风来自中、高纬度的寒冷、干燥气流。因此，我国绝大部分地区降水量集中在夏季，雨、热同季，高温配合多雨，为农业生产提供优越的条件，对水稻生产极为有利。

4.降水量变动大。降水量年际变动很大，江南及西南变率在15%以下；华南及华东沿海降水变率在15%以上；华北最不稳定，变率高达25%，西北、内蒙古高原年降水变率超过 30%，南疆大于 40%。

（二）大陆性特点强烈

大陆性气候主要表现为：气温的年、日变化大。冬季寒冷，南北温差悬殊；夏季炎热，全国气温普遍较高。最冷月出现在 1 月，最热月在 7 月，春温高于秋温。

（三）气候类型多样

从热量分析，我国自南向北跨越热带、亚热带、温带和寒带。从水分条件分析，自东南向西北，依次为湿润、半湿润、半干旱、干旱、极干旱。全国又可划分为东部季风区、西北干旱区和青藏高寒区。综合分析，一般将我国气候按以下几个区域划分。

1. 东北地区主要为湿润、半湿润温带气候区，冬季严寒漫长，夏季较短。对农业最大限制因素是夏季气温不稳定，春季偏旱。

2. 华北大部为半湿润暖温带气候区，其中一部分为半干旱暖温带气候区。冬季寒冷少雨，夏季高温多雨，多暴雨，春旱严重。春旱和夏季降水量的不稳定是限制农业生产的主要因素。

3. 长江流域和江南为湿润亚热带气候区，冬季冷湿，多春雨，初夏多雨而盛夏高温伏旱，沿海春秋有热带气旋侵袭。

4. 雷州半岛、海南岛和南海诸岛、台湾南部和云南南部为热带湿润气候，全年暖热，年降水量较多，但冬春少雨。台风危害频繁。

5. 内蒙古属半干旱气候的草原地区，西部荒漠，降水集中在夏季且变率大。

6. 西北主要为干旱气候，冬夏、昼夜气温变化幅度很大。风大，日照丰富。

7. 青藏高原大部寒冷少雨。

二、气候资源分析

（一）水资源

1. 年降水量大于 900mm，水资源属于丰富类型，植被为森林，种植业主要为水田耕作，属湿润气候。

2. 年降水量 400～900mm，水资源较丰富，植被为森林、草原，种植主要为旱作，平原地区有较好的灌溉条件，属半湿润气候。

3. 年降水量 200～400mm，水资源欠丰富，植被为草原、半荒漠，在年降水量 300～400mm 的地区有部分旱地，靠天然降水有一定产量，但不稳定。多数地区必须灌溉才有收成，属半干旱气候。

4.年降水量小于 200mm 的地区，水资源贫乏，为荒漠地。绿洲地区才有些植被和水浇地，属干旱气候。

（二）热资源

1.年≥0℃积温 6000℃以上，属亚热带—热带地区，热量丰富，农作物一年三熟，植被以热带、亚热带林果木为主。

2.年≥0℃积温 4000℃～6000℃，属暖温带—北亚热带气候，热量较丰富，农作物一年两熟，植被多为温带林果木。

3.年≥0℃积温 2500℃～4000℃，属温带，热量欠丰富，农作物一年一熟，可种喜温作物，温带林果木植被。

4.年≥0℃积温小于 2500℃地区，属寒温带、高原温带、高原亚寒带、高原寒带地区，热量贫乏，仅能种一年一熟的喜凉作物，有些地区只能种一些蔬菜和牧草，果木不多，植被以针叶林和草原为主。

（三）光资源

1.年太阳总辐射量大于 6000MJ／m² 为光资源丰富。

2.5000～6000MJ／m² 表示光资源较丰富。

3.4000～5000MJ／m² 表示光资源欠丰富。

4.4000MJ／m² 以下表示光资源贫乏。

三、气候资源与农业区划

自然资源是农业发展的物质基础，其中气候资源是自然资源的重要内容。农业与工业不同，工业原料在本地、本国不足时，可以从外地、外国购买调入，但光、热、降水等气候资源却做不到。因此，发展农业只能立足于开发利用本国、本地的自然资源；只能通过合理的农业区域布局，依靠政策和科技、物质的投入，全面、充分、合理地开发利用各区域的各类资源，充分发挥各个区域的自然优势和经济优势，使农业的自然资源要素和经济要素形成良好的结合，有效地提高资源的利用率、产出率和投资的经济效益。目前，各地自然资源的优化利用和农业的可持续发展已成为农业的重要研究课题。

合理开发利用自然资源的基础，就是要全面掌握和了解我国自然资源特别是气候资源的特点，在对种植业进行科学区划的前提下，及时调整各地种植业结构和布局，有利于建立大型商品生产基地，促进作物生产的产业化。

（一）我国种植业区的划分

根据发展种植业的自然条件和社会经济条件的区内相似性，作物结构、布局和种植制度的区内相似性以及种植业发展方向和关键措施的区内相似性，在保持一定行政区界完整的原则下，我国种植业区划委员会将我国种植业划分为10个一级区和31个二级区。

1.东北大豆春麦玉米甜菜区。本区为我国春小麦和大豆的主要产区，甜菜、亚麻等经济作物发展较快，土特产资源丰富，辽东半岛和"辽西走廊"是我国苹果和梨的商品基地之一。今后，应以提高单产为主，加速农业现代化建设，使本区成为我国稳产、高产商品生产基地。

2.北部高原小杂粮甜菜区。本区为我国旱地农业较为集中地区之一，也是农牧交替、生产条件较差的地区。但本区抗旱保墒耕作栽培技术经验丰富，果树生产活力大，果品质优，但耕作较粗放，产量低而不稳。今后应逐步以牧林为主，不断提高粮食自给水平，积极发展经济作物和果树生产，开展多种经营，建设成为我国甜菜、亚麻籽、向日葵和干鲜果品生产基地。

3.黄淮海棉麦油烟果区。本区冬小麦、玉米、大豆生产在全国占有重要地位，是我国的主要产棉区，为我国温带果品生产的集中产区。今后应在保持粮食总产稳定增长的前提下，积极发展多种经营，重点调整和发展棉花、油料等经济作物，逐步建设成为粮、棉、油、烟、麻、果、菜等综合发展的重要基地。

4.长江中下游稻棉油桑茶区。本区地少人多，集约化生产水平高。但平原地区洪、涝、渍害较严重。今后应稳定粮、棉、油菜面积，发展花生、芝麻，继续发挥作为全国商品粮、棉、麻等商品基地的作用。

5.南方丘陵双季稻茶柑橘区。本区粮食生产以双季稻为主，单产水平和商品率较高，茶叶、油菜、柑橘等经济作物的活力也较大。今后应抓紧粮食生产，并发展多种经营，加速粮、茶、橘、烟草、油菜、苎麻及名优产品的生产。

6.华南双季稻热带作物甘蔗区。本区自然条件优越，是我国双季稻的主产区和唯一的热带作物产地，也是甘蔗和亚热带水果主产区。今后应继续抓紧粮食生产，大力发展以橡胶为主的热带作物，调整甘蔗布局，积极发展热带、亚热带水果，巩固和发展花生、茶叶、桑蚕等名土特产品生产，建设成为我国甘蔗、热带作物、亚热带水果生产基地。

7.川陕盆地稻玉米薯类柑橘桑区。本区水稻、旱粮并重，经济作物以油菜、柑橘、桑为主，是我国重要商品基地之一。今后应以提高单产为主，逐步提高复种指数，调整经济作物布局，建立油菜、柑橘、桑、茶商品基地，发展核桃、板栗、油茶、天麻等木本经济作物。

8. 云贵高原稻玉米烟草区。本区山地面积大，地形错综复杂，气候差异悬殊，种植制度多样，水稻、旱粮并重，烟、油菜、茶等经济作物在全国占有重要地位。今后高山区和半高山区应以林为主，丘陵和河谷平坝区以发展种植业为主，适当扩大油菜生产面积，提高烟叶质量，适当发展甘蔗生产，发展果树和经济林木。

9. 西北绿洲麦棉甜菜葡萄区。本区地域辽阔，平原多，为分散的绿洲灌溉农业，棉花、甜菜、瓜果品质优异，为我国西部小麦主产地。但单产水平不高，经济作物发展不快。今后应继续发展粮食作物和棉花、甜菜、葡萄、瓜果，建设成为我国长绒棉、葡萄、杏干、甜瓜、香梨的主要生产基地。

10. 青藏高原青稞小麦油菜区。本区为独特的高寒种植业，作物垂直分布明显，冬小麦发展迅速。但自然灾害发生频繁，技术水平低。今后应以发展青稞、小麦等粮食作物为主，适当发展油菜，稳步发展甜菜、果树，建立人工饲草、饲料基地。

（二）资源保护与可持续发展

我国人多耕地少，人均资源紧缺，现有耕地中还有很多中低产田有待改造，这些是我国作物生产的主要制约因素。随着经济发展和城市建设大量占用土地，耕地还可能继续减少，而且耕地质量退化，水土流失严重，污染、盐碱化、沙化、贫瘠化日趋严重，气候条件变化无常，旱涝冷害时有发生，这些都严重危害着农业生产。所以，保护资源，实现农业的可持续发展是当前农业的首要任务。

农业是中国国民经济的基础，农业和农村的可持续发展，是中国可持续发展的根本保证和优先领域。近年来，我国农村贫困落后的面貌有较大的改变，基本实现了温饱，正在奔小康。然而，我国农业和农村发展也面临着一系列严重问题。中国的农业和农村要摆脱困境，必须走可持续发展道路。可持续发展的目标是：改变农村贫困落后状况，逐步达到农业生产率的稳定增长，提高食物生产和食物安全，发展农村经济，增加农民收入。只有走可持续发展道路，才能保护和改善农业生态环境，合理、永续地利用自然资源，特别是生物资源和可再生资源，最终实现人口、环境与发展平衡。

第二节　农作物对温度和光照的要求

一、农作物对温度的要求

（一）温度的作用

温度是重要的农业环境因子，一定的热量是农作物生命活动中不可缺少的条件。对农业生产和作物生长有影响的温度包括气温、地温、水温、植株温度和夜温等。其中最主要的是气温，它制约和影响着其他温度。一般讲的温度就是指气温，它通过影响作物的光合、呼吸、蒸腾、有机物合成和分解、运输等生理过程，进而影响着种子萌发、根系活动、营养器官和生殖器官的形成，最后决定作物的生长发育、产量和品质形成。在其他生态因素能够基本得到满足的条件下，温度常常是决定农作物生长好坏、发育快慢、产量高低、品质优劣的重要因素。

（二）温度三基点

温度三基点是指作物生命活动过程中最适温度、最低温度和最高温度。在最适温度范围内，作物生长发育迅速、良好。当处于最低或最高温度时，作物尚能忍受，仍能维持生命，但活力降低，生长发育停止。如果温度继续降低或升高，就会对作物产生不同程度的危害，甚至致其死亡，这时称为致死最低温度和致死最高温度。作物生命活动的各个过程都须在一定的温度范围内进行，通常维持作物生命的温度范围在$-10℃$～$50℃$，适宜作物生长的温度范围为$5℃$～$40℃$，作物正常发育的温度为$20℃$～$30℃$。

1.不同作物的三基点温度不同

根据作物对温度的不同要求，可以简单地把作物分为喜温作物和耐寒作物。

（1）喜温作物

气温为$20℃$～$30℃$，$\geqslant 10℃$积温$2000℃$～$3000℃$，生长期较长。这一类型又可分为以下三种。

①温凉型

如大豆、红麻、栗等，适宜生长温度为$20℃$～$25℃$。

②温暖型

如水稻、玉米、棉花、甘薯、芝麻、黄麻、蓖麻、番茄、辣椒等，适宜生长温度为$25℃$～$30℃$。

③耐热型

如高粱、甘蔗、西瓜、南瓜、甜瓜等，能忍耐较高的温度。甘蔗在气温高于$35℃$时茎生长最快，西瓜可在$35℃$以下正常生长。

（2）耐寒作物

要求温度水平低，需积温为$1000℃$～$2200℃$。又可分为以下两种。

①喜凉耐霜型

如油菜、豌豆、向日葵、胡萝卜、芥菜、芜菁、菠菜、大白菜、春小麦等，适宜生长的起点温度为2℃～8℃，耐霜能力强，可忍耐短期 -8℃～ -5℃低温。燕麦、亚麻、荞麦、马铃薯、蚕豆及某些谷类作物，不仅能忍耐0℃以下低温，而且必须在冷凉下才能正常生长，如马铃薯的块茎在16℃～18℃下生长良好，高于26℃时不结块茎。

②喜凉耐寒型

如冬小麦、冬大麦、黑麦、青稞等，适宜生长气温在0℃左右，冬季可耐 -20℃～ -18℃低温，黑麦在 -25℃时可不受冻害。

2.同一作物不同生育时期所要求的三基点温度不同

总的来说，种子萌发的温度常低于营养器官生长的温度，营养器官生长温度又低于生殖器官发育的温度。作物的主要生理活动光合作用的温度低于呼吸作用的温度，如马铃薯在20℃时光合作用达到最大值，而此时呼吸作用只有最大值的12%，当温度升到48℃时，呼吸率达到最大值，而光合率却下降到0。所以，作物生长的温度不能过高，否则呼吸消耗增大。

（三）土壤温度与作物生长发育

上述农业上常用的几个温度指标主要阐述的是气温对作物生长发育的影响，事实上，土壤温度对作物生长发育的影响也是非常重要的。土壤温度对作物的影响主要包括两个方面。

1.直接影响

在一定的温度范围内，土壤温度越高，作物的生长发育速度越快，但并非温度越高越好，超过一定的范围，作物的生长会受到阻碍甚至死亡。

土温对根系的生长影响最大。在冷凉的春秋季，根系生长活跃，夏天的生长量较小。作物的根即使在20℃以下也能很好地延伸，特别是深层的根，在更低的温度下也能伸展。一般在低温下，根呈白色，多汁，粗大，分枝减少，皮层也生存较久；反之，在高温下，根呈褐色，汁液少，细小而分枝多，木栓化程度大，皮层破坏较早。与地上部相比，根系对高温的抵抗能力更弱些。

2.间接影响

土壤温度会通过影响作物生长所需的其他环境条件来间接影响作物的生长发育。如土温对微生物活动有很大的影响，在15℃～45℃范围内，温度增高，微生物活性增强；土温对土壤的腐殖化过程、矿物质化过程及土壤对植物的养分供应均有极大的影响；土壤水的移动及存在形态、土壤气体的交换等也受土温的影响；农作物病虫害的传播和危害程度也与土温有密切的关系。

（四）积温

积温是指某一生育时期内或某一时段内逐日平均气温累积之和。作物生长发育除了要求适宜的温度范围外，对热量的总量也有一定的要求。作物完成某一发育期或整个生命过程，要求一定的热量积累，通常用 ≥ 10℃ 及 ≥ 10℃ 期间的温度总和即"积温"值来表示。如棉花早熟品种要求 ≥ 10℃ 积温为 3000℃ ~ 3300℃，中熟品种要求 3400℃ ~ 3600℃，晚熟品种要求 3700℃ ~ 4000℃。积温有两种表达方式。

1.有效积温

有效积温是指作物某生育时期内逐日有效温度（日平均温度减去生物学零度的差值）的总和。生物学零度值因不同作物和不同生育期而异，一般为温度三基点的最低温度。由于日平均温度减去了最低温度值后的温度对作物的生长发育是有效的，因而更确切地反映了作物生育对热量的要求。

2.活动积温

活动积温是指作物某生育时期内逐日活动温度（高于或等于生物学零度的平均温度）的总和。它表示只要日平均温度高于生物学零度就对作物生命活动起作用。一般对水稻、棉花、玉米等喜温作物的生物学零度以 10℃ 为标准，对小麦、油菜等耐寒作物则以 0℃ 为标准。由于活动积温计算比较方便，在农业生产上的应用较为广泛。

3.积温在农业生产上的意义

（1）积温是衡量和分析某地区热量资源的重要方法，以此作为编制农业气候区划、规划种植制度和作物合理布局的重要依据。

（2）积温是作物和品种对热量要求的指标，它是对作物和品种的引进、推广，作物前后茬选择、搭配的依据。它对作物安全播种期的确定，预测作物的生育进度及对灾害天气低温、霜冻的预报和防御都有重要的作用。

（3）用它可以对一个地区某年产量进行预测，确定是属于丰收年还是歉收年。

二、农作物对光照的要求

（一）太阳光的性质

光是太阳辐射能以电磁波的形式投射到地球表面的辐射线。太阳放射出不同频率波长的电磁波，组成太阳光谱。到达地球的太阳光谱范围是 250 ~ 4000nm。光的波长及其所含的能量对作物有非常重要的意义。主要表现在如下几点：

1. 热效应

辐射是作物体与外界环境进行能量交换的主要形式。太阳能被作物截获后大部分转化为热能，用于蒸腾以及维持作物的体温，保证各代谢过程以合适的速率进行。

2. 光合作用

作物把吸收的太阳辐射能的一部分用于光合作用，这是作物将光能转化为化学能进行物质生产的基础。

3. 光形态建成

太阳辐射的数量（光强）和光谱成分（光质），对作物的生长和发育调节起着重要作用。

4. 诱发性突变

太阳光中紫外线、X射线等波长很短的高能量辐射对生物有杀伤作用，同时它们也能改变遗传物质的结构引起突变。

（二）光照强度

对太阳辐射的表示单位，常用的有：①辐（射）照度单位，为太阳辐射能量的量度，表示通过单位面积的太阳辐射通量，单位为 $cal \cdot cm^{-2} \cdot min^{-1}$ 或为 $mW \cdot cm^{-2}$（$W \cdot m^{-2}$），换算关系为：$1cal \cdot cm^{-2} \cdot min^{-1} = 697.8W \cdot m^{-2}$；②照度单位，单位为米烛光（lx），一个米烛光是垂直于太阳光线，并与光源相距1m的面积上受到一个国际标准烛光的照度。旧式的照度计以米烛光为单位，现在一般不用此单位；③光量子流通量密度单位，当前生产的光合仪均用该单位，以 $\mu E \cdot m^{-2} \cdot s^{-1}$（E为爱因斯坦，是光量子的能量单位）表示，适用于作物光合作用时使用，属于光合有效辐射。

1. 光照强度与光合作用

光对作物的影响，最主要的是光合效应及制造光合产物的多少。绿色植物进行光合作用，被叶绿素吸收并参与光化学反应的光合有效辐射的波长为 380～710nm，也有采用 400～760nm 即可见光谱区。

作物对光照强度的要求通常用"光补偿点"和"光饱和点"表示。但不同作物由于对光照强度的要求不同，其光补偿点和光饱和点也不同。喜阴植物两者均低，光补偿点只有100lx左右，光饱和点为5000～10000lx；喜光植物两者均较高，一般光补偿点为500～1000lx，光饱和点达到20000～25000lx或更高。

在群体条件下，光强分布比较复杂。有研究机构对大豆铁丰18#品种的群体进行测定，其冠层顶部的光照强度为 $12.6 \times 10^4 \, lx$，远远超过光饱和点。但是，群体内株高 2／3 处、1／3 处和土壤表面的光照强度分别只有 2750 lx、910 lx 和 450 lx，即在光补偿点上下或低于光补偿点。所以，从作物群体分析，当上层光照强度已达光饱和点时，下层叶片的光合强度仍随光照强度的增加而提高，群体的总光合强度还在上升，因此作物群体的光饱和点较单叶为高。同样地，作物群体的光补偿点也较单叶为高，因为群体内叶片多，相互遮阴。夏季晴天的中午前后，作物冠层顶部所接受的光照强度可达 $(10 \sim 21) \times 10^4 \, lx$ 或更多，可是，群体中部特别是下部的光照强度却远远达不到饱和点。密植群体的下部叶片所获得的光强往往在光补偿点上下。当上层光照变弱，叶片还能进行光合作用时，下层叶片却是呼吸消耗强而光合作用弱，所以整个群体的光补偿点上升。因此，在生产上，应特别注意调整作物群体结构，使作物冠层内有较为充足的光照。

2.光照强度与作物生长

光照强度对作物生长及形态建成有重要的作用。光合作用合成的有机物质是作物进行生长的物质基础，细胞的增大和分化、作物体积的增长、质量的增加都与光照强度有密切的关系。光还能促进组织和器官的分化，制约器官的生长发育速度；植物各器官和组织保持发育上的正常比例，也与一定的光照强度有关。例如，作物种植过密，株内行间光照就不足，由于植株顶端的趋光性，茎秆的节间会过分拉长，就会影响分蘖或分枝，进而影响群体内绿色器官的光合作用，导致茎秆细弱而易倒伏，造成减产。

3.光照强度与作物发育

光照强度也影响作物的发育，即作物花芽的分化和形成受光照强度的制约。通常作物群体密度过大，同化产物较少，花芽的形成也减少，已经形成的花芽也会由于养分供应不足而发育不良或早期死亡。在开花期，如光照较弱也会引起结实不良或果实停止发育，甚至落果。如棉花在开花、结铃期如遇长期阴雨天，光照不足，影响碳水化合物的合成与积累，就会造成较多的落花落铃。

（三）光周期

1.光周期反应

在植物光周期现象中，最为重要的且研究最多的是植物成花的光周期诱导调节。大量的试验证明，植物的开花与昼夜的相对长度（光周期）有关，许多植物必须经过一定时间的适宜光周期后才能开花，否则就一直处于营养生长状态。光周期的发现使人们认识到光的"信号"作用。

作物对光周期的反应是有一定条件的。第一，作物在达到一定的生理年龄时才能接受光诱导。日照长度是作物从营养生长向生殖生长转化的必要条件，并非作物一生都要求这样的日照长度。例如，糜子开花前需要 15d 的短日照，小麦需要 17d 的长日照，这一要求一经满足，一般在任何光周期下作物都能开花了。第二，对长日照作物来说，绝非日照越长越好，对短日照植物亦然。

2. 光周期理论在生产上的应用

（1）引种

生产上常常要从外地引进优良品种，以获得优质高产。但在引种前要了解这种作物、品种的光周期反应特性，同时要了解这个品种原育成地区的生态条件。短日照作物从北方引种到南方，由于在生长季节（一般是夏季）日照变短，将提前开花。如纬度相差不太大，引进生育期长的品种，一般可以成功；从南方向北方引进作物品种时，由于日照变长，开花会相应延迟，生育期会拉长，要选择生育期短的品种。

（2）育种

利用对温度和光照的控制可以提早或延迟作物的开花期，可以使原来开花期相差很久的两个亲本花期相遇，互相杂交。我国北方甘薯不能开花结实，为进行杂交育种，可以进行短日照处理，使其正常开花结实。另外，在育种中还可以利用我国地域辽阔、气候多样的特点，进行南繁北育，一年内可繁殖 2～3 代，加速育种进程。

（3）控制花期

在花卉栽培中，已广泛应用人工控制光周期的办法，提前或推迟花卉植物的开花期。如菊花是短日照植物，在自然条件下秋季开花，若对其进行遮光处理，缩短光照时间，可使其提前至夏季开花。而某些长日照花卉植物如杜鹃、山茶花等，进行人工延长光照处理，可使其提前开花。

（4）调节营养生长和生殖生长

以营养器官为主要收获产品的作物，适当推迟开花能够提高产品的产量和品质，短日照作物从南方引进种子到北方种植能达到这一目的。例如，南麻北种就是把我国华南生产的大麻、黄麻及红麻的种子运到北方种植，不仅提高了产量，麻纤维的质量也相应提高了。此外，利用暗期的光间断处理，可以抑制甘蔗开花提高产量。

（四）光质

光质是指太阳辐射的不同光谱成分。不同波长的光谱对作物有不同的作用。可见光是光合作用的主要能源，为光合有效辐射，而可见光中的红、橙光，被叶绿素大量吸收，是光合作用的重要能源，能促进碳水化合物的合成，对作物具有光周期效应；绿光和黄光很少被叶绿素利用，光合作用意义不大；蓝光、紫光被叶绿素强烈吸收，促进蛋白质的合成。红外线光谱对作物有促进茎秆伸长作用和光周期反应，能被作物吸收，但不能直接参加有机物质的制造和合成，却是影响热效应的重要因素，使植物的体温升高，从而促进叶片蒸腾和物质运输等生理过程。紫外线光谱有明显造型作用，使植株变矮，叶片变厚，叶色变深，较短的紫外光对作物有杀伤作用或致死作用。

在光质的变化中，低纬度地带短波光多，随纬度增加长波光增多，随着海拔的升高短波光也逐渐增多；在季节变化上，夏季短波光较多，冬季长波光增多；一天内，中午短波光较多，早晚长波光增多。

根据光质对作物生长的不同影响，近年来研制出了一些有色薄膜。例如，用淡蓝色薄膜培育稻秧，比无色薄膜育秧有稻苗健壮、根系发达、栽后成活快、分蘖早而多、叶色浓绿等良好效果。

第三节　农作物的灌溉与营养

一、水分与灌溉

（一）水的作用

水是作物生命存在的必要条件，一切生命活动必须在适宜的水分状况下进行。各种形态的水，如雨、雪、霜、露、水汽和土壤水分等对作物的产量、品质，对农业的环境条件和农业生产具有重要意义和影响。水的生理功能在于如下几点：

1.水是植物体的重要组成部分

细胞原生质体的含水量在80%以上，水生植物的含水量可达98%，幼嫩器官的生长点、嫩茎、幼根等含水量可达80%～90%，即使成熟的种子含水量也在10%以上。蔬菜、水果的含水量更高，番茄、黄瓜含水量为94%～95%，白菜、萝卜、西瓜为92%～93%。

2.水是作物在进行光合作用生产光合产物时的重要原料

它与二氧化碳合成碳水化合物。另外，许多有机物质的合成也须有水分参与。

3.水是优良的溶剂，是植物体进行代谢作用的介质

原生质必须与水结合呈现溶胶状态，才具有旺盛的代谢活性；各种酶类必须在有水条件下才具有各种生化过程的催化活性；离子与气体的交换必须在水中进行；根系对矿物质元素的吸收，必须在有水分的条件下才能进行；矿物质元素、有机物质等在植物体

内必须以水溶液状态才能运输。

4.水分能维持植物细胞组织紧张度

植物的细胞和组织靠充足水分才能维持紧张度，才能使植株挺拔，叶片和幼茎保持一定状态，以利于光合作用和细胞分裂、生长。气孔的开放也须在保卫细胞的紧张度下进行。

5.水分可调节植株的体温

通过蒸腾降低体温，避免强烈阳光照射而灼伤。在寒冷环境下可保持体温不致降低过快，避免冷害。

6.供应适当的水分，是获得作物高产的前提

水分对作物的品质也有重要影响，谷类作物的籽粒成分，在少雨条件下蛋白质的含量较高，多雨条件下有利于淀粉的形成。水分充足更有利于提高油料作物的含油量、甜菜的含糖量、纤维作物的纤维长度，并降低木质化，提高产品的品质。

（二）土壤水分类型与作物的吸水方式

1.土壤水分种类

一般将土壤水分划分为四种类型：吸湿水、膜状水、毛管水、重力水。

（1）吸湿水

土壤颗粒有从大气和土壤空气中吸附气态水的特性，而这种以吸湿方式吸附在土粒表面的水分就称为吸湿水。吸湿水对作物是无效的。

（2）膜状水

当土粒吸附空气中的水分达到饱和即达到最大吸湿量时，土粒仍然有很大的分子引力去吸附液态水，这种水分就称为膜状水。膜状水内层是无效水，而其外层只要作物的根系能够接触到就是有效的。

（3）毛管水

靠毛管引力保持在土壤毛管孔隙中的水分称为毛管水。毛管水是有效水。毛管水分为毛管悬着水和毛管上升水两种：毛管悬着水是与地下水相连的毛管水，是土壤依靠毛管引力保存的雨水和灌溉水；毛管上升水是地下水依靠毛管引力上升并保存在毛管中的水分。

（4）重力水

土壤含水量超过田间持水量之后的水分叫重力水。这种水受重力的作用自由下移，

所以对于旱田作物来说不是有效水，但对于水田作物来说则是有效水。

2.土壤水分指标

根据土壤含水量对作物生长的影响，可将土壤水分含量归结为以下三个土壤水分指标：

（1）致死量

致死量也称最大吸湿量。土壤固体具有吸收大气中水汽的能力，称为吸湿性。当大气相对湿度达到100%时，土壤吸湿水含量达到最大值。但这部分水对作物是无效的，称为致死水量。

（2）萎蔫系数

当水分降低到一定程度时，农作物会因失水而发生萎蔫，即使再供应水分仍然不能缓解作物的萎蔫状态，即作物出现永久萎蔫时，这时的土壤含水量就称为萎蔫系数。通常把萎蔫系数看作土壤有效水分的下限。

（3）田间持水量

田间持水量也称田间最大持水量，是指当毛管悬着水达到最大值时的土壤含水量，它是土壤有效水分的上限，也是适宜水分的上限。当土壤中的水分含量超过田间持水量时，超过部分一般不能长期保存在土壤中，所以说田间持水量是土壤有效水分的上限；同时，如果土壤中的水分含量超过田间持水量，土壤空气的含量太少，水气比例失调时，是不利于作物生长的，所以说田间持水量也是适宜水分的上限。

3.作物吸水方式

作物吸水是通过吸涨和渗透作用实现的。根部吸水主要靠渗透作用，当根部细胞内液体浓度大于土壤中液体浓度时，土壤中的水分便流入根部。根系吸水动力可分为主动吸水和被动吸水两种。

被动吸水动力完全来自植物的蒸腾作用。蒸腾是作物体内水分通过叶片表面的气孔和植物体表面，以气态水的形式向大气扩散的过程。土壤水分通过根系吸收，向上运输到植物各个部位和器官，再经叶片和植物表面蒸散到大气，其中，蒸腾对水的吸收和运输起到动力作用。叶片蒸腾失水引起叶内细胞、叶脉和茎内木质部、根内木质部的水势差，形成根系的吸收能力。同样地，叶片蒸腾所形成的木质部内的水势差，产生的蒸腾拉力是木质部运输的主要动力。作物从土壤中吸收的水分，只有1.2%～2%用于组成植物体，98%以上的水分通过蒸腾散失到大气中。另外，蒸腾还能降低作物的体温，以免在烈日下引起灼伤和死亡。

主动吸水是根从土壤中吸水后把水分从根部向上压，其作用力为根压。蒸腾作用缓解时，植株的根压起主动吸水作用。

（三）作物需水量和需水临界期

1.作物的需水量

作物的需水量通常用蒸腾系数表示。蒸腾系数是指每形成1kg干物质所消耗的水分的质量（kg）。作物的蒸腾系数不是固定的，同一作物不同品种的需水量不一样，同一品种在不同条件下种植，需水量也各异。

作物需水量的另一种表示方法是指作物整个生育期内，农田消耗于蒸散的水量，即为植株蒸腾量与株间土壤蒸发量之和，以m^3 / hm^2表示。作物一生中对水分的需求量大体上是生育前期和后期需水较少，中期因生长旺盛，需水较多。以棉花为例，棉花的日平均耗水量（m^3 / hm^2）因生育时期而异，播种至现蕾16.2，蕾期28.2，开花结铃期72.15，吐絮期26.7。

影响作物需水量的因素很多，主要是气象条件。大气干燥、气温高、风速大，蒸腾作用强，作物需水量多，反之则需水量少。

2.作物的需水临界期

作物一生中对水分最敏感的时期称为需水临界期。在临界期内，若水分不足，对作物生长发育和最终产量影响最大。例如，小麦的需水临界期是孕穗期。在此时期内，植株体内代谢旺盛，细胞液浓度低，吸水能力小，抗旱能力弱。如果缺水，幼穗分化、授粉、受精、胚胎发育都受阻，最后造成减产。

（四）节水农业和旱作农业

1.我国农业水资源状况

我国水资源贫乏，若按人口平均仅相当于世界人均水平的1／4，按耕地平均仅为世界平均水平的2／3。在很多省区，水资源紧缺成为农业发展的严重限制因素，因此，建立节水型的农业体制势在必行，它对北方地区农业的持续发展，对我国的国民经济发展和人民生活水平的提高将产生重大影响。

2.节水农业和节水灌溉

节水农业是一项综合性技术措施，是以节约用水为中心的农业类型，是农田节水、保水技术和农业适水种植技术的结合和统一；内容包括节水灌溉、农田水分保蓄、节水耕作方法和栽培技术、适水种植的作物布局及节水管理体制的建立；通过这些技术和措施，提高缺水地区有限水资源的整体利用率，保持农业的稳定发展。

（1）农业水资源合理开发利用技术

①水资源优化分配技术

对水资源进行综合评价，提出能重复利用水资源并发挥最大效益的优化分配方案，进行水资源的开发利用。

②多水源联合运用技术

利用系统工程理论和模糊数学方法，建立多水资源优化调度模型，并采用计算机管理，提高水资源利用率，重复发挥水资源的效益，实现节水增产和保持灌溉区水资源的良性平衡。

③雨水汇集利用技术

雨水汇集利用技术是在干旱缺水地区，汇集雨水，引入修建好的水窖，经净化处理，供人畜饮水和农作物灌溉用水。

④地下水利用技术

在维持地下水生态平衡的前提下，确定开采强度，合理利用地下水。在非灌溉季节引水或集蓄雨季降水，入渗补充地下水，保持地下水位一定的高度。

⑤劣质水利用技术

劣质水包括城市生活污水、工业废水、微咸水和灌溉回归水。这些水，特别是城市生活污水和工业废水，必须经过处理或化验，确认其已符合灌溉水标准后才能利用，并规定可灌溉的地区和作物种类。

（2）节水灌溉工程技术

①低压管道输水灌溉技术

用塑料管或混凝土管等管道输水代替土渠输水对农田实施灌溉，可大大减少输水过程中的渗漏、蒸发损失，水输送有效利用率可达95%。并可减少渠道占地，提高输水速度，缩短轮灌周期，有利于控制灌水量。

②渠道防渗技术

渠道防渗技术是对渠床土壤处理或建立不透水防护层，如混凝土护面、浆砌块石衬砌、塑料薄膜防渗和混合材料防渗等工程技术措施，减少输出渗漏损失。

③沟畦改造技术

沟畦灌是我国最主要的田间灌溉方式，为了节水增产，可在精耕细作的基础上大畦改小畦，长沟改短沟，使沟畦规格合理化。一般可减少灌水定额50%。

（3）节水农业措施

①合理作物布局

节水农业的合理作物布局，一要考虑选用作物的需水量；二要考虑该地的降水时空分布；三要考虑光、热等气候资源和土地资源的充分利用；四要从经济效益和社会效益来决定作物合理布局和种植结构。

②选用抗旱、耐旱的作物和品种

不同作物的抗旱、耐旱能力不同，如谷子、糜子、高粱、薯类等生长期短，需水量少，能在雨季集中的夏秋季生长成熟。同作物的不同品种抗旱能力也不同，据试验，在不增加耗水量的情况下，墨西哥矮秆小麦比其他小麦明显增产。

③蓄水保墒

采用秋季深耕，打破犁底层，加深耕层，改善土壤通透性，增加孔隙度，增加接纳秋雨、冬雪的能力等措施，可为春作物蓄水保墒；作物生长期间，及时中耕松土，可破除土壤板结，减少表土蒸发，促进根系向深层和广度发展，提高吸水能力。

④农田覆盖技术

作物耗水量包括作物蒸腾量和株行、株间的土壤蒸发量，其中土壤蒸发量占有相当大的比例。采用地膜覆盖、秸秆覆盖、沙子覆盖等可有效减少土壤蒸发。

⑤土壤水分调节剂的使用

土壤水分调节剂包括各种型号的保水剂、吸水剂和抗旱剂，是一种吸水、保水性能很强的高分子化合物，它能吸收数百倍至千倍于本身重量的水分，同时还有吸收微量元素和肥料的性能。在沙地和旱地播种时，浸种、拌种或撒在沟内，能在种子和根系周围形成适宜的水肥小环境，在干旱条件下，可达到出苗、保苗的效果。

⑥增施有机肥

有机肥料在土中分解，形成腐殖质，胶结土粒成为有团粒结构的土壤，使土壤疏松，增加孔隙度，易于接纳雨水和地面径流水分，成为毛细水在土壤内保存，可减少土壤蒸发。

（4）节水灌溉方法

节水灌溉就是要充分有效地利用自然降水和灌溉水，最大限度地减少作物耗水过程中的损失，优化灌水次数和灌水定额，把有限的水资源用到作物最需要的时期，最大限度地提高单位耗水量的产量和产值。目前，节水灌溉技术在生产上发挥着越来越重要的作用。

①喷灌技术

喷灌是利用专门的设备将水加压，或利用水的自然落差将高位水通过压力管道送到田间，再经喷头喷射到空中散成细小的水滴，均匀地散布在农田上，达到灌溉目的。喷灌适用于灌溉所有的耐旱作物以及蔬菜、果树等。喷灌的优点很多：既可用来灌水，又可用来喷洒肥料、农药等；可人为控制灌水量，对作物适时、适量灌溉，不会产生地表径流和深层渗漏，可节水 30% ～ 50%，且灌溉均匀，利于作物生长发育；能调节田间小气候，提高农产品的产量及品质；利于实现灌溉机械化、自动化等。当然，喷灌也有其局限性，即受风的影响大、耗能多以及一次性投资高等。

②微灌技术

微灌是一种新型的最节水的灌溉工程技术，包括滴灌、微喷灌和涌泉灌。它具有以下优点：一是节水节能。微灌系统全部由管道输水，灌溉时只湿润作物根部附近的部分土壤，灌水流量小，不致产生地表径流和深层渗漏，一般比地面灌溉节水 60% ～ 70%，比喷灌省水 15% ～ 20%，并比喷灌耗能低。二是微灌系统能有效控制每个灌水管的出水量，保证灌水均匀，不会造成土壤板结，还可与施肥同步进行，利于作物生长。三是适应性强，操作方便。它适应于山区、坡地、平原等各种地形条件。但微灌的不利因素同样在于系统建设一次性投资较大、灌溉器易堵塞等。

③膜上灌技术

这是在地膜栽培的基础上，把以往的地膜旁侧灌水改为膜上灌水，水沿放苗孔和膜旁侧渗入进行灌溉。膜上灌溉投资少，操作方便，可获得比常规地面灌水方法高的灌水均匀度，并减少土壤的深层渗漏和蒸发损失，因此，可显著提高水的田间利用率。与常规沟灌玉米、棉花相比，可省水 40% ～ 60%，并有明显增产效果。

④地下灌技术

这是把灌溉水输入地下铺设的透水管道或采用其他工程措施普遍抬高地下水位，依靠土壤的毛细管作用浸润根层土壤，供给作物所需水分的灌溉技术。地下灌溉可减少土表蒸发损失，灌溉水的利用率较高。

⑤作物调亏灌溉技术

调亏灌溉是从作物生理角度出发，在一定时期内主动施加一定程度的有益的亏水度，使作物经历有益的亏水锻炼后，达到节水增产，改善品质的目的。通过亏水可控制地上部的生长量，实现矮化密植，减少整枝等工作量。该方法不仅适用于果树等经济作物，也适用于大田作物。

3. 旱作农业

旱作农业也称雨养农业、非灌溉农业，是与灌溉农业相比较而言的，是指在干旱、半干旱和半湿润易旱地区，主要利用天然降水，通过建立合理的旱作农业结构和采取一系列旱作农业技术措施，不断提高地力和天然降水的有效利用率，实现农业稳产、高产，使农、林、牧综合发展的农业。旱作农业不仅强调提高有限的水资源利用率，而且强调以作物布局、耕作措施和栽培措施实现提高水资源利用率的目的。

二、土壤与营养

（一）土壤与土壤肥力

土壤是指覆盖在地球陆地表面、能够生长植物的疏松层。它是农业生产的基本生产资料，也是农作物生产的自然环境条件中的重要组成部分。

土壤形成过程是肥力发生发展的过程，是在母质、地形、气候、生物、年龄的综合作用下逐渐形成的。

土壤最本质的特征是具有肥沃性，或称土壤肥力。所谓土壤肥力就是在植物生长期间，土壤能经常不断地、适量地给植物提供并调节生长所需要的扎根条件、水分、养分、空气和热量，还含某些对植物生长不利的有害物质。因此，一般认为土壤肥力至少应该包括水分、养分、空气和温度四个因素。这四个因素相互制约，综合起来就形成土壤肥力。

（二）土壤的基本物质组成

土壤是一种疏松多孔的物体，它是由大小不等、成分不同、构造各异的固体颗粒堆集而成。在颗粒之间形成各种大小和形状的孔隙，在各个孔隙内充满着空气和水分。因此，看似纯属固体的土壤，其实是由固体、液体和气体三相物质所组成的。

（三）土壤的主要性质及其对作物的影响

1. 土壤质地

土壤内固相矿物质是由各种大小的土粒混在一起组成的。土壤中各粒级土粒配合的比例，或各粒级土粒在土壤质量中所占的百分数，称为土壤质地，土壤质地的轻重是土壤肥力高低和耕性好坏的决定性因素。

（1）沙土类

农业生产性状表现为通透性好，排水通畅，不易受涝，作物易发根和深扎，但根系固着不牢，保水保肥差，施化肥易于流失。潜在养分含量低，但矿物质养分和有机养分均易于转化。耕作省力，宜耕期长，耕作质量好。作物生育前期发苗快，中后期容易脱水脱肥，易于早衰。

（2）黏土类（胶泥土）

农业生产性状表现为通透性差，易涝，作物扎根差。保持水分及养分的能力强，有利于有机质积累。黏性大、塑性大、耕作费力，宜耕期短、耕作质量差。作物前期生长慢，中后期又旺长。

（3）壤土类

壤土类也称两合土，含粗细土粒比例适度，沙黏适宜，农业生产性状介于沙质土和黏质土之间，兼有两者的优点。通透性、保蓄性、耕作性均好。土温稳定、水分和空气比例协调，有利于作物出苗和后期生长。

2.土壤结构

在农田状况下，除质地很粗的沙土外，土壤颗粒不是以单粒状态存在，而是形成大小不等、形状不同的团聚体，这种团聚体称为土壤结构，一般可分为以下几种。

（1）团粒结构

团粒结构指在腐殖作用下形成的近似球形、较疏松、多孔的小土团，直径0.25～10mm。团粒结构数量的多少，在一定程度上标志着土壤肥力水平的高低。

（2）块状结构

土壤粘连成为较坚实的土块，直径在10mm以上，一般称之为坷垃，常在土壤有机质较少、质地黏重的土壤表层出现。土块间孔隙大，既漏风跑墒，又蒸发失墒。而土块内部孔隙太小，不能存水，也不透气，微生物活动微弱，有效养分不易释放。此外，土块还会抑制根系生长和影响作物出苗。

（3）片状结构

在水稻田和犁底层，使土粒黏结成坚实紧密的薄土片，成层排列。水稻田的片状结构可以防止水肥渗漏，旱地的犁底层片状结构则影响作物扎根和水气热的交换。

3.土壤水分性质及土壤水的利用

土壤水分是土壤的重要组成部分，是土壤重要的肥力因素，它能影响土壤养分的释放、转化、移动和吸收；还直接影响土壤热状况、微生物活动、黏结性、黏着性和可塑性等耕性。

4.土壤有机质

土壤有机质是土壤固相中的一个重要成分，一般含量较低，华北耕地土壤有机质含量一般为 0.5% ～ 1.5%，西北土壤大多低于 1%，南方水田含量多在 1.5% ～ 3.5%，东北黑土可高达 8% ～ 10%。虽然土壤有机质含量不多，但对土壤的性状起着决定性作用，是土壤肥力高低的重要标志。

耕地的土壤有机质来自作物的残留物、根茬、各种有机肥料及还田的秸秆和绿肥。土壤微生物的数量也相当巨大，占土壤有机质的 1% ～ 2%，对土壤有机质的转化起着特殊作用。

增加土壤有机质含量的途径主要有：①大力发展畜牧业；②种植绿肥；③秸秆还田；④利用农产品加工废液、废渣（但其废弃物中不得含有对土壤有害的成分，如重金属离子、强酸碱液）；⑤合理轮作，用地养地。

5. 土壤的酸碱度

土壤的酸碱度是指土壤溶液的酸碱度，常用 pH 值来表示。土壤 pH 值影响土壤结构、养分活化和离子交换。一般土壤 pH 值在 6 ～ 7 微酸条件下，养分的有效性最高，对作物生长最有利。过酸的土壤往往引起磷、钾、镁的缺乏，在多雨地区还会缺硼、锌、铜等元素；反之，在碱性土壤中易发生铁、硼、铜、锰、锌的缺乏。多数作物适宜在中性土壤上生长，但对土壤的酸碱度适应范围有差异。

（四）我国主要低产田的土壤改良

农业土壤要求适宜作物生长，有一定厚度，土壤质地沙黏适度，有机质含量高，结构良好，有明显的团粒体和多样的孔隙，没有有害物质。对于土壤及土壤肥力不太好的地块，种植作物产量较低，须经过相当的改良才能改善土壤性能，提高产量。

1. 红壤

这类土壤分布在我国热带、亚热带的山、丘、台、岗地带。低产的主要原因是质地黏重、极易板结、水土流失严重，耕层较浅，养分含量低，酸性偏高。改良的主要方法是增施有机肥，提高土壤肥力；适量施用石灰，中和强酸性；客土掺沙，改善土质；用养结合，合理轮作；深耕结合施肥，加速土壤熟化。

2. 盐碱土

盐碱土主要分布在北方干旱、半干旱地区。低产的原因很复杂，但主要是盐碱较多，pH 值高达 9 ～ 10，肥力低，地下水位高，浅层水质不良，耕性和生产性能差。可采取排水、降低地下水位，灌水压盐，平地深翻，增施有机肥，植树造林等办法来改造。

3. 风沙土

风沙土主要分布在沿长城一带的干旱和半干旱地区。其特点是不抗风、不保土；不抗旱、不保水，土壤贫瘠。改良风沙土首先是植树造林，防风固沙；封沙育草，严禁放牧；在水源充足的地方可引水压沙，引洪淤灌；在流动风沙土地段设置风障等。

4.低产水稻土

低产水稻土主要分布在南方各省。

（1）冷浸田

冷浸田的特征是冷、烂、酸、瘦、毒。其改良措施主要是开好防洪沟、排水沟和灌溉沟；加入新土，最好是旱地土壤；增施肥料，施用石灰；水旱轮作，冬耕晒土。

（2）沉板田

沉板田是质地过沙或粗粉粒过多的低产稻田，低产原因是缺乏黏粒，有机质含量不高，土壤黏聚性差。改良途径主要是客土掺黏，也可翻淤压沙；增施有机肥料，种植绿肥；改进排灌方式。

（3）黏结田

黏结田主要是母质中细粒过多，有机质少，土壤紧实，结构差，通透性差，易旱易涝。改良途径是掺沙改黏；增施有机肥料；晒垡。

第四节　农业气象灾害

一、旱灾

旱灾是由于长期无雨或少雨，因空气干燥、土壤缺水而对农业造成严重损害的气候现象。农作物受旱可分三种情况：一是大气干旱，蒸腾耗水强烈，致使作物体内严重缺水而受害；二是土壤干旱，作物根系不能吸到足够的水分；三是生理干旱，土壤中并不缺水，而是出于其他原因使作物根系吸水发生障碍，如土壤温度过高或过低、土壤通气不良、盐分浓度偏高、施用化肥过量等。

旱灾形成是多因素综合影响的结果。大气环境异常、高气压长时期控制是造成旱灾的气象原因，地形、地貌、土壤、植被状况等都与旱灾形成有关。我国各地旱灾发生的季节很不同，北方具有"十年九春旱"的气候特点，长江中下游易出现伏旱，华南和华北部分地区会发生秋旱。旱灾造成的危害也与季节有关，春旱使春播作物缺苗断垄，影响冬小麦生长，延迟果树发芽；伏旱会造成棉花棉铃脱落；秋旱则影响秋收作物产量及越冬作物播种。旱灾的防御措施主要是针对干旱形成的原因采取相应的措施，有兴修水利、造林种草、合理耕作、选种耐旱作物、作物合理布局、采取抗旱栽培措施等。

二、涝灾

涝灾是指河流泛滥、山洪暴发或田间积水所造成的水灾和涝灾。形成的主要原因是降水时间过长、过于集中。涝灾对耐旱作物影响最大,轻者造成作物倒伏、病害流行或落花落果,重者可造成根系因长期缺氧而死亡。不同作物具有不同的抗旱能力,如水稻、高粱的抗旱能力较强,小麦、大豆、玉米中等,棉花、花生、甘薯、芝麻的抗旱能力较弱。

防御措施主要有:完善水利工程建设,兴修水库,加固堤防,疏浚河道;植树造林,增加森林覆盖面;改良土壤结构,提高渗水、排水能力;建立农田排灌系统;低洼易涝地区,应调整作物布局,多种耐涝作物;注意天气预报,做好防汛准备。

三、霜冻

霜冻是指降温到 0℃ 或 0℃ 以下作物受害的农业气象灾害。根据霜冻发生的季节,可分为两种:一种是春霜冻,又称晚霜冻,在春播作物苗期、果树花期和越冬作物返青期发生危害;另一种是秋霜冻,又称早霜冻,是秋收作物尚未成熟、露地蔬菜尚未收获时出现的霜冻。东北、华北、西北地区,秋收作物灌浆期遭霜冻,会严重减产,品质变劣。华北地区冬小麦拔节后遭霜冻,使主茎和分蘖冻死。棉苗出土后和喜温蔬菜定植后遭霜冻会大量死苗。短期内严重霜冻,会冻死大量果树和经济林木。

不同作物忍耐低温的能力不同,大豆比较耐寒,棉苗抗寒力较弱。小麦拔节前抗寒力很强,拔节后抗寒力明显降低。梨树在幼蕾期抗寒力最强,随后逐渐变弱,从开花到落花期最弱,以后又逐渐增强。苹果在开花前后遇 −2℃ 低温 30min 就受害。霜冻防御措施主要有:根据作物抗寒性不同,选择适宜的种植地点和播期,避开霜冻危害;根据霜冻预报,可灌水、喷水、吹风、熏烟、覆盖防霜;霜冻后加强水肥管理。

四、冷害

冷害是指在农作物生长季节内,0℃ 以上低温所造成的作物损害。冷害在春、夏、秋季都可出现。春季回暖以后,常有间歇性冷空气侵袭,形成倒春寒;夏季在东北出现东北冷害;南方各省双季晚稻发生寒露风。

倒春寒的防御措施主要有:根据倒春寒的发生规律,确定种植制度,避开危害;做好预报工作,及时进行田间管理,增施暖性肥料;提倡水稻保温育秧,合理灌水和使用增温化学剂等。

东北冷害的防御措施主要有:根据当地气候特点,种植适宜作物,选好安全播种期、调整抽穗期和成熟期，达到安全无害；根据气候和冷害发生规律，选用合适的早熟、耐冷、高产品种；采用综合栽培措施，如适时早播、早插、塑料薄膜保温育秧和地膜覆盖，增施磷钾肥和有机肥料，合理使用氮肥，加强田间管理，喷洒催熟剂和增温剂。

寒露风的防御措施主要有：掌握发生规律，以便在寒露风来临前使水稻齐穗；开展预报，了解不同水稻品种抽穗开花期，及时采取有效措施；改善田间小气候，增强防御低温能力，如采取日排夜灌、喷施增温剂、喷施叶面肥；选用抗低温高产品种，培育壮秧，合理施肥，科学用水，提高抗逆能力。

五、冰雹

冰雹是一定大小的固体降水物。冰雹的分布为山区多于平原，内陆多于沿海，中纬度地区多于低纬度和高纬度地区。夏季是降雹日最多、雹期最长，也是对作物危害最大的雹灾出现时期。冰雹降落一般呈带状，降雹时间大多集中在一日中的 14—16 时，每次降雹量大多为 5 ~ 15mm。冰雹的危害程度取决于雹块大小和作物所处的生育时期。

雹灾防御措施主要有：合理作物布局，使农作物的主要生育期与多雹期错开；加强冰雹预报，可人工防雹，发射土火炮；雹灾后及时加强田间管理，按受害作物生育期和严重程度，中耕松土、追施肥料等，促使作物恢复生长。

六、日烧

日烧是由于太阳辐射增温对果树和蔬菜造成的危害。夏季日烧是在干旱天气下，引起干旱失水，结合温度偏高，在灼热的阳光下，使作物的茎叶或果实的向阳面出现日烧斑，导致果实裂果或腐烂。冬季日烧出现在冬天或早春，使处于休眠的果树枝条白天细胞解冻，夜间又发生结冰，如此冻融交替，使树干皮层细胞死亡，树皮表现出红紫色块状或条状日烧斑，或树皮脱落，树干心朽。

日烧的防御措施主要有：对夏季日烧可采用灌溉和保墒措施，保证水分供应，在果面喷波尔多液或石灰水有一定效果；对冬季日烧则可采取树干涂白，缓和温度骤变，修剪时在向阳面适当多留枝条，减轻日烧危害。

七、干热风

干热风是由于高温、低湿和一定风力引起的，在短期内对小麦、水稻造成危害的农业气象灾害。干热风在华北平原主要危害小麦，在长江中下游主要危害水稻。受干热风后，小麦颖壳发白，芒尖干枯或炸芒，叶片、茎秆、穗子变黄。雨后暴热则茎秆青枯，麦粒干瘪，千粒重下降，提前死亡。水稻受害后，穗呈灰白色，空秕粒率增加，甚至整穗枯死, 不结实。小麦受害主要在乳熟中、后期, 水稻在抽穗扬花和灌浆期均有较大的危害。

北方麦区干热风主要分布在华北平原、河西走廊和新疆三个地区。出现时间是 5—7 月, 由东南向西北推迟。长江中下游干热风大多在 7 月上中旬。干热风的防御措施主要有: 浇麦黄水; 营造防护林; 选用抗干热风小麦品种和早熟、中早熟品种; 喷洒化学药剂, 如磷酸二氢钾、草木灰水; 运用农业技术措施, 如促进壮苗、合理施肥、调整播期等。

第五节 绿色食品种植业对产地环境质量的要求

一、产地环境质量对绿色食品生产的影响

绿色食品产地的环境质量状况是绿色食品产品质量最基础因素。植物生活和生长的环境受到污染, 直接对植物生长产生影响、造成危害, 还通过水体、土壤和大气等转移、残留于植物体内, 造成产品污染, 最终危害人类。影响绿色食品生产的环境因子主要有大气、农田灌溉水和土壤。

(一) 大气污染的影响

大气污染物种类繁多。在我国农村的大气环境中, 对环境质量影响较多的污染因子主要是二氧化硫 (SO_2)、氮氧化合物 (NO_x)、氟化物、总悬浮颗粒物 (TSP)。

1. 二氧化硫

二氧化硫是对农作物危害最为严重的大气污染物。它进入植物体破坏叶绿素, 造成叶片失绿, 逐渐枯焦而坏死; 溶于水溶液中成亚硫酸, 与光合作用初期生成的醛类反应生成有毒的 Cr 羟基磺酸。在空气湿度大的空气中, 易被氧化为三氧化硫, 衍生形成硫酸烟雾和酸雨, 严重时可对生态环境造成一系列不良影响, 使河流、土壤酸化, 土壤养分流失, 使一些有害的重金属转化为可溶性的化合物而被植物吸收, 对产品造成污染。

大气中 SO_2 主要来源于工业废气, 此外, 消耗煤、石油、炼焦油的发热的设备、生活燃煤、交通运输也都是 SO_2 的重要来源。

2. 氮氧化合物

氮氧化合物种类较多, 造成大气污染的主要是 NO 和 NO_2, 二氧化氮危害植物的症状与二氧化硫引起的症状很相似, 表现为叶片受伤害, 逐渐坏死。

大气中 NO_2 主要是人为活动产生的, 含氮有机物燃烧; 燃料燃烧时, 一定条件下

空气中氮被氧化；硝酸生产和大量使用硝酸的工业也是污染源。此外，在设施农业生产中，由于大量施用氮肥，土壤发生反硝化反应，可在设施内形成高浓度的 NO_2，对秧苗和蔬菜造成毒害。

3.氟化物

大气中氟污染物主要是氟化氢（HF），它对农作物的毒性很强，作物受害后，首先在嫩叶叶尖、叶缘和幼芽部发生坏死，影响其光合作用和呼吸作用；氟化物对花粉发芽、花粉管伸长有抑制作用，影响到结实；氟化氢被植物吸收后在其体内富集，通过食物链影响到动物和人体的健康。

氟化物污染源主要来自工业厂矿。

4.总悬浮颗粒物

总悬浮颗粒物主要由烟尘、粉尘、金属尘组成。烟尘是碳素物质不完全燃烧产生的，它和粉尘降落附着在作物体上，影响叶片的光合、蒸腾等作用；影响花粉萌发受精；降低产品质量和食用价值。一些粉尘还含有对人体有害的多种金属，它与金属尘不但附在植物表面，而且能被植物吸收，使作物及其产品受到污染。

（二）水体污染的影响

农业生产离不开水，但由于人类活动排放的污染物进入河流、湖泊、海洋和地下水等水体，使水和水体底泥的物理、化学性质、生物群落组成发生变化，降低了水体的利用价值，造成水体污染。水体污染主要有重金属污染；过多的氮、磷等进入水体，造成水体富营养化；还有有害的微生物菌群。

水污染可对农作物等产生直接影响，使作物根部、叶片或其他器官生长发育受碍，导致作物减产，品质降低。重金属会抑制作物根系生长，出现畸形根，叶子卷曲、枯死，并且会在作物体内积累，不能食用。同时，还通过对土壤的影响间接影响农作物的生长。利用富营养化的水体灌溉，过剩的各种形态氮会在土壤中还原生成亚硝酸类物质，造成地下水的污染，还会引起作物徒长、倒伏、晚熟、减产、降低品质等不良影响。

（三）土壤污染的影响

土壤是农作物生长的基体，土壤受到污染，就会影响到作物的生长发育，降低产量和产品品质，有害物质在作物体内及籽实内积累，还会通过种子和繁殖材料影响其后代，并通过食物链危及人类健康。

土壤污染物主要有重金属、农药、有机废物、寄生虫及病原菌、矿渣、粉煤灰等。土壤污染大体是由污水、大气污染、农业污染造成。

污水造成的污染，大多由于使用废水、城市污水灌溉进入土壤，污染物主要是重金属。大气造成的污染是大气中污染物降入土壤中。农业污染则是由农业自身的农事活动和不恰当的农业措施造成，对土壤的污染主要有化学污染、生物污染和物理污染。

在施用矿石肥、生活垃圾肥时，如磷肥、电池等废弃物中含有的重金属，洗涤剂、塑料中含有的多元酚类等有机污染物，以及喷用杀虫、杀菌剂中的有机成分会对土壤造成化学污染。城市垃圾特别是人粪尿、医疗单位的废弃物中含有大量病原体，植物残株落叶上的病虫会造成土壤生物污染。而混于有机肥中未经清理的碎玻璃、金属、塑料片、煤渣等会造成物理污染，使土壤砂砾化，降低土壤保水、保肥能力。

二、绿色食品产地对环境质量的要求

为了避免和减少环境质量对绿色食品产地的不良影响，确保绿色食品产品质量，保护农业生态环境，促进农业可持续发展，绿色食品生产基地应选择在无污染和生态条件良好的地区。基地选点应远离工矿区、公路铁路干线和城市污染的地区，产地所在区域内应无工业企业的直接污染，水域上游、上风口没有污染源对产地构成污染威胁。该区域内的大气、水质、土壤应符合《绿色食品产地环境技术条件》。应有一套保证措施，确保该区域在今后生产过程中环境质量不下降，具有可持续的生产能力。

绿色食品产地确定时，要求对产地的环境现状进行调查和必要的监测。

第二章　农作物主推品种

第一节　水稻主推品种

一、早稻

（一）鄂早 18

品种来源：黄冈市农业科学研究所、湖北省种子集团公司。品种审定编号为鄂审稻 002-2003。

特征特性：该品种属迟熟籼型早稻。株型紧凑，叶片中长略宽，叶色浓绿，剑叶短挺。分蘖力中等，生长势较旺，抽穗后剑叶略高于稻穗，齐穗后灌浆速度快，成熟时叶青籽黄，转色好。区域试验中亩有效穗 27.3 万，株高 86.8 cm，穗长 20.2 cm，每穗总粒数 97.9 粒，实粒数 77.8 粒，结实率 79.5%，千粒重 25.34 克。全生育期 115.5 天，比嘉育 948 长 6.3 天。米质主要理化指标：出糙率 78.4%，整精米率 54.9%，垩白粒率 23%，垩白度 2.9%，直链淀粉含量 17.1%，胶稠度 82 mm，长宽比 3.3，达到国标优质稻谷质量标准。两年区域试验平均亩产 458.94 千克，比对照嘉育 948 增产 9.47%。抗病性鉴定为中感白叶枯病和穗颈稻瘟病。

适宜范围：适于湖北省稻瘟病轻发的双季稻区做早稻种植。

（二）两优 302

品种来源：湖北大学生命科学学院。品种审定编号为鄂审稻 2011001。

特征特性：该品种属中熟偏迟籼型早稻，感温性较强。株型适中，茎秆较粗壮，分蘖力中等，生长势较旺。叶色浓绿，剑叶较短、挺直。穗层整齐，中等偏大穗，着粒均匀，穗顶部有少量颖花退化。谷壳长形，稃尖无色，成熟时转色好。区域试验平均亩有效穗 20.3 万，株高 92.6 cm，穗长 20.9 cm，每穗总粒数 125.5 粒，实粒数 103.0 粒，结实率 82.1%，千粒重 25.06 克。全生育期 115.9 天，比两优 287 长 0.7 天。米质主要理化指标：出糙率 78.9%，整精米率 60.5%，垩白粒率 30%，垩白度 3.6%，直链淀粉含量 20.6%，胶稠度 60mm，长宽比 3.5，达到国标三级优质稻谷质量标准。两年区域试验平均亩产493.30 千克，比对照两优 287 增产 5.38%。稻瘟病综合指数 6.1。抗病性鉴定为高感稻瘟病，中感白叶枯病。

适宜范围：适于湖北省稻瘟病无病区或轻病区做早稻种植。

（三）两优 287

品种来源：湖北大学生命科学学院。品种审定编号为鄂审稻 2005001。

特征特性：该品种属中熟偏迟籼型早稻，感温性较强。株型适中，茎秆较粗壮，叶色浓绿，剑叶短挺微内卷。分蘖力中等，生长势较旺，穗层较整齐，有少量包颈和轻微露节现象。谷粒细长，谷壳较薄，稃尖无色，成熟时叶青籽黄，不早衰。区域试验中亩有效穗 21.2 万，株高 85.5cm，穗长 19.3cm，每穗总粒数 110～138 粒，实粒数 84～113 粒，结实率 79.3%，千粒重 25.31 克。全生育期 113.0 天，比金优 402 短 4.0 天。米质主要理化指标：出糙率 80.4%，整精米率 65.3%，垩白粒率 10%，垩白度 1.0%，直链淀粉含量19.5%，胶稠度 61mm，长宽比 3.5，达到国标一级优质稻谷质量标准。两年区域试验平均亩产 458.27 千克，比对照金优 402 减产 2.21%。抗病性鉴定为高感穗颈稻瘟病，感白叶枯病。

适宜范围：适于湖北省稻瘟病轻病区做双季早稻种植。

二、中稻

（一）广两优香 66

品种来源：湖北省农业技术推广总站、孝感市孝南区农业局、湖北中香米业有限责任公司。品种审定编号为鄂审稻 2009005。

特征特性：该品种属迟熟籼型中稻。株型较紧凑，株高适中，生长势较旺，分蘖力较强。茎秆较粗，部分茎节外露。叶色深绿，剑叶中长、挺直。中等偏大穗，着粒较密，谷粒长形，有少量短顶芒，稃尖无色，成熟期转色较好。区域试验中亩有效穗 16.0 万，株高 128.4cm，穗长 25.3cm，每穗总粒数 177.5 粒，实粒数 140.3 粒，结实率 79.0%，千粒重 29.99 克。全生育期 137.9 天，比扬两优 6 号短 0.6 天。米质主要理化指标：出糙率 80.4%，整精米率 65.2%，垩白粒率 20%，垩白度 3.0%，直链淀粉含量 16.6%，胶稠度 86mm，长宽比 3.0，有香味，达到国标二级优质稻谷质量标准。两年区域试验平均亩产 601.82 千克，比对照扬两优 6 号增产 2.64%。抗病性鉴定为感白叶枯病，高感稻瘟病，田间稻曲病较重。

适宜范围：适于湖北省江汉平原和鄂中、鄂东南的稻瘟病无病区或轻病区做中稻种植。

（二）扬两优 6 号

品种来源：江苏里下河地区农业科学研究所。品种审定编号为国审稻 2005024、鄂审稻 2005005。

特征特性：株型适中，叶片挺且略宽长，叶色浓绿，叶鞘、颖尖无色。抽穗至齐穗时间较长，穗层欠整齐，穗部弯曲，谷粒细长有中短芒。分蘖力及田间生长势较强，耐寒性一般，后期转色一般。区域试验中亩有效穗 17.3 万，株高 117.3cm，穗长 24.3cm，每穗总粒数 159.8 粒，实粒数 124.0 粒，结实率 77.6%，千粒重 27.43 克。全生育期 138.6 天，比对照Ⅱ优 725 短 2.1 天。米质主要理化指标：出糙率 80.4%，整精米率 58.8%，垩白粒率 14%，垩白度 2.8%，直链淀粉含量 15.4%，胶稠度 83mm，长宽比 3.1，达到国标三级优质稻谷质量标准。两年区域试验平均亩产 555.80 千克，比对照Ⅱ优 725 增产 4.87%。抗病性鉴定为高感穗颈稻瘟病，中抗白叶枯病。

适宜范围：适于湖北省鄂西南山区以外的地区做中稻种植。按照中华人民共和国农业部第 516 号公告，该品种还适于在福建、江西、湖南、湖北、安徽、浙江、江苏的长江流域稻区（武陵山区除外）以及河南南部稻区的稻瘟病轻发区做一季中稻种植。

（三）新两优 6 号

品种来源：安徽荃银农业高科技研究所。品种审定编号为国审稻 2007016。

特征特性：属籼型两系杂交水稻。株型适中，叶色浓绿，熟期转色好，每亩有效穗数 16.1 万穗，株高 118.7cm，穗长 23.2cm，每穗总粒数 169.5 粒，结实率 81.2%，千粒重 27.7 克。在长江中下游做一季中稻种植，全生育期 130.1 天，比对照Ⅱ优 838 早熟 3.0 天。米质主要理化指标：整精米率 64.7%，长宽比 3.0，垩白粒率 38%，垩白度 4.3%，胶稠度 54mm，直链淀粉含量 16.2%。两年区域试验平均亩产 572.39 千克，比对照Ⅱ优 838 增产 5.71%。抗病性：稻瘟病综合指数 6.6 级，穗瘟损失率最高 9 级，白叶枯病 5 级。

适宜范围：适于江西、湖南、湖北、安徽、浙江、江苏的长江流域稻区（武陵山区除外）以及福建北部、河南南部稻区的稻瘟病轻发区做一季中稻种植。

（四）丰两优香一号

品种来源：合肥丰乐种业股份有限公司。品种审定编号为国审稻 2007017。

特征特性：属籼型两系杂交水稻。株型紧凑，剑叶挺直，熟期转色好，每亩有效穗数 16.2 万穗，株高 116.9cm，穗长 23.8cm，每穗总粒数 168.6 粒，结实率 82.0%，千粒重 27.0 克。在长江中下游做一季中稻种植，全生育期 130.2 天，比对照□优 838 早熟 3.5 天。米质主要理化指标：整精米率 61.9%，长宽比 3.0，垩白粒率 36%，垩白度 4.1%，胶稠度 58mm，直链淀粉含量 16.3%。两年区域试验平均亩产 568.70 千克，比对照Ⅱ优 838

增产 6.17%。抗病性：稻瘟病综合指数 7.3 级，穗瘟损失率最高 9 级，白叶枯病平均 6 级，最高 7 级。

适宜范围：适于江西、湖南、湖北、安徽、浙江、江苏的长江流域稻区（武陵山区除外）以及福建北部、河南南部稻区的稻瘟病、白叶枯病轻发区做一季中稻种植。

（五）深两优 5814

品种来源：国家杂交水稻工程技术研究中心、清华深圳龙岗研究所。品种审定编号为国审稻 2009016，为 2012 年农业部超级稻主推品种之一。

特征特性：该品种属籼型两系杂交水稻。株型适中，叶片挺直，谷粒有芒，每亩有效穗数 17.2 万穗，株高 124.3cm，穗长 26.5cm，每穗总粒数 171.4 粒，结实率 84.1%，千粒重 25.7 克。在长江中下游做一季中稻种植，全生育期 136.8 天，比对照 Ⅱ 优 838 长 1.8 天。米质主要理化指标：整精米率 65.8%，长宽比 3.0，垩白粒率 13%，垩白度 2.0%，胶稠度 74mm，直链淀粉含量 16.3%，达到国标二级优质稻谷质量标准。两年区域试验平均亩产 587.19 千克，比对照 Ⅱ 优 838 增产 4.22%。抗病性：稻瘟病综合指数 3.8 级，穗瘟损失率最高 5 级，白叶枯病 5 级，褐飞虱 9 级。

适宜范围：适于江西、湖南、湖北、安徽、浙江、江苏的长江流域稻区（武陵山区除外）以及福建北部、河南南部稻区做一季中稻种植。

（六）珞优 8 号

品种来源：武汉大学生命科学学院。品种审定编号为国审稻 2007023、鄂审稻 2006005。

特征特性：株型紧凑，株高适中，茎节部分外露，茎秆韧性较好。叶色浓绿，剑叶较窄长、挺直，叶鞘无色。穗层整齐，谷粒长形，稃尖无色，部分谷粒有短顶芒。有两段灌浆现象，遇低温有包颈和麻壳，后期转色一般。区域试验中亩有效穗 17.9 万，株高 120.7cm，穗长 23.5cm，每穗总粒数 161.6 粒，实粒数 125.1 粒，结实率 77.4%，千粒重 26.83 克。全生育期 141.7 天，比 Ⅱ 优 725 长 2.0 天。米质主要理化指标：出糙率 80.9%，整精米率 62.8%，垩白粒率 19%，垩白度 1.9%，直链淀粉含量 21.78%，胶稠度 56mm，长宽比 3.2。抗病性鉴定为高感穗颈稻瘟病，感白叶枯病，田间稻曲病较重。

适宜范围：适于湖北省鄂西南山区以外地区做中稻种植。按照中华人民共和国农业部第 928 号公告，该品种还适于在江西、湖南、湖北、安徽、浙江、江苏的长江流域稻区（武陵山区除外）以及福建北部、河南南部稻区的稻瘟病、白叶枯病轻发区做一季中稻种植。

（七）天优 8 号

品种来源：广东省农业科学院水稻研究所和广东省金稻种业有限公司。品种审定编号为鄂审稻 2007012。

特征特性：株型适中，植株较矮，茎秆较细，但韧性好，抗倒性较强。叶色淡绿，叶片略宽，剑叶较短、挺直。穗层欠整齐，穗型较小，谷粒长形，稃尖紫色，部分谷粒有中长顶芒。分蘖力中等，生长势较旺，后期转色一般。区域试验中亩有效穗 18.4 万，株高 112.1cm，穗长 22.1cm，每穗总粒数 143.1 粒，实粒数 116.9 粒，结实率 81.7%，千粒重 28.31 克。全生育期 131.5 天，比Ⅱ优 725 短 5.6 天。米质主要理化指标：出糙率 81.2%，整精米率 61.3%，垩白粒率 26%，垩白度 3.8%，直链淀粉含量 20.7%，胶稠度 51mm，长宽比 3.1，达到国标三级优质稻谷质量标准。两年区域试验平均亩产 560.90 千克，比对照Ⅱ优 725 减产 0.60%。抗病性鉴定为中抗白叶枯病，高感穗颈稻瘟病。

适宜范围：适于湖北省鄂西南以外的地区做中稻种植。

（八）Q 优 6 号

品种来源：重庆市种子公司。品种审定编号为鄂审稻 2006008。

特征特性：株型适中，茎秆轻度弯曲，茎节外露，抗倒性较差。叶色浓绿，叶片略宽长，剑叶较宽、挺直，叶鞘紫色。穗层整齐，穗型较大，但着粒较稀，谷粒长形，稃尖紫色，少数谷粒有顶芒。区域试验中亩有效穗 17.3 万，株高 122.6cm，穗长 25.8cm，每穗总粒数 154.4 粒，实粒数 127.1 粒，结实率 82.3%，千粒重 28.49 克。全生育期 134.0 天，比Ⅱ优 725 短 4.3 天。米质主要理化指标：出糙率 80.4%，整精米率 56.0%，垩白粒率 30%，垩白度 3.8%，直链淀粉含量 15.84%，胶稠度 80mm，长宽比 3.2，达到国标三级优质稻谷质量标准。两年区域试验平均亩产 578.78 千克，比对照 H 优 725 增产 3.34%。抗病性鉴定为高感穗颈稻瘟病和白叶枯病。

适宜范围：适于湖北省鄂西南山区以外的地区做中稻种植。

（九）培两优 3076

品种来源：湖北省农业科学院粮食作物研究所。品种审定编号为鄂审稻 2006004。

特征特性：株型适中，茎秆韧性较好，部分茎节轻微外露，抗倒性较强。剑叶长挺微内卷，叶色浓绿，叶鞘紫色。穗层欠整齐，谷粒长形，稃尖紫色，少数谷粒有短芒，灌浆期间部分谷粒颖壳呈紫红色。分蘖力一般，生长势较强，成熟时叶青籽黄。区域试验中亩有效穗 17.4 万，株高 119.1cm，穗长 24.9cm，每穗总粒数 175.1 粒，实粒数 131.7 粒，结实率 75.2%，千粒重 25.31 克。全生育期 135.7 天，比Ⅱ优 725 短 2.7 天。米质主要理化指标：出糙率 81.0%，整精米率 66.8%，垩白粒率 20%，垩白度 2.0%，直链淀粉含量

20.45%，胶稠度 51mm，长宽比 3.0，达到国标二级优质稻谷质量标准。两年区域试验平均亩产 564.54 千克，比对照Ⅱ优 725 增产 1.82%。抗病性鉴定为高感穗颈稻瘟病，感白叶枯病。

适宜范围：适于湖北省鄂西南山区以外的地区做中稻种植。

（十）鄂中 5 号

品种来源：湖北省农业科学院作物育种栽培研究所、湖北省优质水稻研究开发中心。品种审定编号为鄂审稻 2004010，商品名：润珠 537。

特征特性：株型紧凑，分蘖力较强，田间生长势较弱，耐寒性较差。叶色淡绿，剑叶窄、长、挺。穗型较松散，穗颈节短，有包颈现象。一次枝梗较长，二次枝梗较少，枝梗基部着粒少，上部着粒较密，孕穗期遇低温有颖花退化现象。区域试验中亩有效穗 18.7 万，株高 117.9cm，穗长 24.5cm，每穗总粒数 140.9 粒，实粒数 105.3 粒，结实率 74.7%，千粒重 23.99 克。全生育期 147.9 天，比Ⅱ优 725 长 11.9 天。米质主要理化指标：出糙率 78.1%，整精米率 60.0%，长宽比 3.6，垩白粒率 0.0%，垩白度 0.0%，直链淀粉含量 15.1%，胶稠度 83mm，达到国标三级优质稻谷质量标准。2003 年区域试验平均亩产 418.91 千克，比对照Ⅱ优 725 减产 12.31%，减产极显著。抗病性鉴定为高感穗颈稻瘟病。

适宜范围：适于湖北省鄂西南山区以外的地区做中稻种植。

三、晚稻

（一）金优 38

品种来源：黄冈市农业科学研究所。品种审定编号为鄂审稻 2004011，商品名：丰登 1 号。

特征特性：该品种属中迟熟籼型晚稻。株型较紧凑，茎秆粗壮，剑叶宽长、挺直，茎秆、叶鞘基部内壁紫红色。穗层整齐，穗大粒多、粒大，有轻度包颈现象。区域试验中亩有效穗 21.2 万，株高 98.0cm，穗长 23.7cm，每穗总粒数 109.9 粒，实粒数 86.5 粒，结实率 78.7%，千粒重 29.83 克。全生育期 116.4 天，比汕优 64 长 1.4 天。米质主要理化指标：出糙率 82.1%，整精米率 62.6%，长宽比 3.3，垩白粒率 15%，垩白度 2.4%，直链淀粉含量 22.1%，胶稠度 62mm，达到国标二级优质稻谷质量标准。两年区域试验平均亩产 509.80 千克，比对照汕优 64 增产 7.18%。抗病性鉴定为高感穗颈稻瘟病，中感白叶枯病。

适宜范围：适于湖北省稻瘟病无病区或轻病区做晚稻种植。

（二）鄂晚 17

品种来源：湖北省农业技术推广总站、孝感市孝南区农业局和湖北中香米业有限责任公司。品种审定编号为鄂审稻 2006012。

特征特性：属中熟偏迟粳型晚稻。株型紧凑，植株较矮，茎秆韧性好，茎节部分外露。叶色浓绿，剑叶短小、窄挺。穗层整齐，穗型较小，半直立。有效穗较多，谷粒较小，卵圆形、无芒，稃尖无色，脱粒性一般，后期熟色好。区域试验中亩有效穗 26.3 万，株高 84.2cm，穗长 15.0cm，每穗总粒数 97.6 粒，实粒数 83.0 粒，结实率 85.0%，千粒重 23.24 克。全生育期 125.2 天，比鄂粳杂 1 号短 1.6 天。米质主要理化指标：出糙率 83.3%，整精米率 67.0%，垩白粒率 2%，垩白度 0.2%，直链淀粉含量 17.72%，胶稠度 83mm，长宽比 1.8，达到国标一级优质稻谷质量标准，并有香味。两年区域试验平均亩产 471.64 千克，比对照鄂粳杂 1 号减产 1.61%。抗病性鉴定为高感白叶枯病和穗颈稻瘟病，田间纹枯病较重。

适宜范围：适于湖北省稻瘟病无病区或轻病区做晚稻种植。

（三）A 优 338

品种来源：黄冈市农业科学院。品种审定编号为鄂审稻 2009013。

特征特性：该品种属籼型晚稻。株型适中，植株较矮。茎秆粗细中等，剑叶较宽、挺直。穗层较整齐，中等穗，着粒均匀，两段灌浆明显。谷粒长形，稃尖紫色、无芒，成熟期转色较好。区域试验中亩有效穗 20.1 万，株高 102.5cm，穗长 23.8cm，每穗总粒数 145.1 粒，实粒数 105.9 粒，结实率 73.0%，千粒重 27.32 克。全生育期 114.0 天，比金优 207 长 0.9 天。米质主要理化指标：出糙率 81.2%，整精米率 60.6%，垩白粒率 18%，垩白度 2.3%，直链淀粉含量 22.7%，胶稠度 61mm，长宽比 3.1，达到国标二级优质稻谷质量标准。两年区域试验平均亩产 526.26 千克，比对照金优 207 增产 4.13%。抗病性鉴定为感白叶枯病，高感稻瘟病，田间纹枯病较重。

适宜范围：适于湖北省稻瘟病无病区或轻病区做双季晚稻种植。

（四）鄂粳 912

品种来源：湖北省农业科学院粮食作物研究所。品种审定编号为鄂审稻 2010015。

特征特性：该品种属中熟偏迟粳型晚稻。株型适中，分蘖力中等，生长势较旺。茎秆韧性较好，茎节外露。叶色浓绿，剑叶较短、挺直。穗层整齐，半直立穗，中等大，穗数较多，着粒较密。谷粒卵圆形，稃尖无色、无芒，脱粒性较好，成熟时转色好。区域试验中亩有效穗 22.6 万，株高 92.4cm，穗长 15.6cm，每穗总粒数 102.1 粒，实粒数 88.3 粒，结实率 86.5%，千粒重 26.06 克。全生育期 122.9 天，比鄂晚 17 短 0.7 天。米质主要理化指标：出糙率 82.5%，整精米率 71.4%，垩白粒率 14%，垩白度 2.0%，直链淀粉含量 16.2%，胶稠度 82mm，长宽比 2.0，达到国标二级优质稻谷质量标准。两年区域试验平均亩产 505.34 千克，比对照鄂晚 17 增产 5.81%。抗病性鉴定为中感白叶枯病，高感稻瘟病。

适宜范围：适于湖北省稻瘟病无病区或轻病区做晚稻种植。

（五）鄂粳杂 3 号

品种来源：湖北省农科院作物育种栽培研究所。品种审定编号为鄂审稻 2004017。

特征特性：株型紧凑，茎秆粗壮，叶色深，剑叶较宽较挺。穗型半直立，穗轴较硬，谷粒椭圆形，有短顶芒，脱粒性中等。区域试验中亩有效穗 19.7 万，株高 88.4cm，穗长 17.0cm，每穗总粒数 115.1 粒，实粒数 97.4 粒，结实率 84.5%，千粒重 27.29 克。全生育期 126.9 天，比鄂粳杂 1 号短 2.6 天。米质主要理化指标：出糙率 84.3%，整精米率 60.2%，长宽比 1.8，垩白粒率 23%，垩白度 3.3%，直链淀粉含量 17.3%，胶稠度 85mm。两年区域试验平均亩产 491.83 千克，比对照鄂粳杂 1 号增产 3.51%。抗病性鉴定为感穗颈稻瘟病，中感白叶枯病。

适宜范围：适于湖北省稻瘟病无病区或轻病区做晚稻种植。

（六）黄华占

品种来源：广东省农业科学院水稻研究所。品种审定编号为鄂审稻 2007017。

特征特性：株型适中，植株较矮，茎秆韧性好，抗倒性较强。叶片较窄，叶姿挺直。分蘖力强，有效穗多，结实率高，但千粒重较低。谷粒细长，稃尖无色、无芒。区域试验中亩有效穗 26.2 万，株高 93.6cm，穗长 21.7cm，每穗总粒数 119.6 粒，实粒数 100.4 粒，结实率 83.9%，千粒重 22.36 克。全生育期 117.6 天，比汕优 63 短 6.0 天。米质主要理化指标：出糙率 80.2%，整精米率 68.2%，垩白粒率 10%，垩白度 0.8%，直链淀粉含量 18.2%，胶稠度 70mm，长宽比 3.6，达到国标一级优质稻谷质量标准。两年区域试验平均亩产 535.93 千克，比对照汕优 63 增产 6.19%。抗病性鉴定为中感白叶枯病，高感穗颈稻瘟病。

适宜范围：适于湖北省稻瘟病无病区或轻病区做一季晚稻种植。

第二节　玉米主推品种

一、普通玉米

(一) 宜单 629

品种来源：宜昌市农业科学研究所。品种审定编号为鄂审玉 2008004。

特征特性：株型半紧凑。株高及穗位适中，根系发达，抗倒性较强。幼苗叶鞘紫色，成株中部叶片较宽大，花丝红色。果穗锥形，穗轴白色，结实性较好。籽粒黄色，中间型。区域试验中株高 246.2 cm，穗位高 100.4 cm，穗长 18.2 cm，穗粗 4.7 cm，秃尖长 0.6 cm，每穗 14.4 行，每行 35.3 粒，千粒重 333.1 克，干穗出籽率 85.5%。生育期 108.6 天，比华玉 4 号早 0.9 天。容重 761 克／升，粗淀粉（干基）含量 70.26%，粗蛋白（干基）含量 10.49%，粗脂肪（干基）含量 3.42%，赖氨酸（干基）含量 0.30%。两年区域试验平均亩产 607.67 千克，比对照华玉 4 号增产 9.58%。抗病性鉴定为田间大斑病 0.8 级，小斑病 1.3 级，青枯病病株率 2.6%，锈病 0.8 级，穗粒腐病 0.3 级，丝黑穗病发病株率 0.5%，纹枯病病指 14.6。抗倒性优于华玉 4 号。

适宜范围：适于湖北省低山、丘陵、平原地区做春玉米种植。

(二) 中农大 451

品种来源：中国农业大学。品种审定编号为鄂审玉 2009001。

特征特性：株型半紧凑。生长势较强。幼苗叶鞘深紫色，成株叶片数 21 片左右。雄穗分枝数 5 个左右，花药紫色，花丝绿色。果穗筒形，穗轴红色，部分果穗顶部露尖，苞叶覆盖较差。籽粒黄色，中间型。区域试验中株高 280 cm，穗位高 116 cm，穗长 17.0 cm，穗粗 5.2 cm，秃尖 1.4 cm，每穗 16.1 行，每行 32.9 粒，千粒重 339.0 克，干穗出籽率 86.4%。生育期 107.1 天，比华玉 4 号早 1.8 天。容重 752 克／升，粗淀粉（干基）含量 71.42%，粗蛋白（干基）含量 9.67%，粗脂肪（干基）含量 4.11%，赖氨酸（干基）含量 0.26%。两年区域试验平均亩产 612.31 千克，比对照华玉 4 号增产 11.92%。抗病性鉴定为田间大斑病 0.9 级，小斑病 1.5 级，茎腐病病株率 4.3%，锈病 1.8 级，穗粒腐病 1.2 级，纹枯病病指 17.2。田间倒伏（折）率低于华玉 4 号。

适宜范围：适于湖北省丘陵、平原地区做春玉米种植。

(三) 蠡玉 16 号

品种来源：石家庄蠡玉科技开发有限公司。品种审定编号为鄂审玉 2008006。

特征特性：株型半紧凑。株高及穗位适中。幼苗叶鞘紫红色，成株叶片较宽大，叶色浓绿。果穗筒形，穗轴白色。籽粒黄色，中间型。区域试验中株高 256.8cm，穗位高 111.3cm，穗长 17.6cm，穗粗 5.2cm，秃尖长 1.0cm，每穗 17.3 行，每行 34.1 粒，千粒重 305.1 克，干穗出籽率 86.1%。生育期 109.0 天，比华玉 4 号早 0.5 天。容重 763 克／升，粗淀粉（干基）含量 71.18%，粗蛋白（干基）含量 10.12%，粗脂肪（干基）含量 3.85%，赖氨酸（干基）含量 0.31%。两年区域试验平均亩产 615.06 千克，比对照华玉 4 号增产 12.38%。抗病性鉴定为田间大斑病 0.6 级，小斑病 0.6 级，青枯病病株率 3.7%，锈病 0.3 级，穗粒腐病 0.5 级，纹枯病病指 15.5。抗倒性优于华玉 4 号。

适宜范围：适于湖北省低山、丘陵、平原地区做春玉米种植。

（四）登海 9 号

品种来源：山东省莱州市农业科学院。品种审定编号为鄂审玉 2006001。

特征特性：株型半紧凑。株高和穗位适中，根系较发达，茎秆坚韧，抗倒性较强。果穗长筒形，穗轴红色，秃尖较长，部分果穗的基部有缺粒现象。籽粒黄色，中间型，籽粒牙口较深，出籽率较高，千粒重较高。区域试验中株高 247.2cm，穗位高 95.2cm，果穗长 18.8cm，穗行 15.4 行，每行 34.4 粒，千粒重 324.9 克，干穗出籽率 86.3%。生育期 105.4 天，比华玉 4 号短 2.7 天。粗淀粉（干基）含量 74.38%，粗蛋白（干基）含量 8.81%，粗脂肪（干基）含量 4.67%，赖氨酸（干基）含量 0.29%。两年区域试验平均亩产 576.41 千克，比对照华玉 4 号增产 1.82%。抗病性鉴定为大斑病 1.7 级，小斑病 2.35 级，青枯病病株率 6.8%，纹枯病病指 29.4。倒折（伏）率 18.1%。

适宜范围：适于湖北省低山、平原、丘陵地区做春玉米种植。

（五）鄂玉 25

品种来源：十堰市农业科学院。品种审定编号为鄂审玉 2005004、国审玉 2006048。

特征特性：株型半紧凑。株高、穗位偏高，茎秆较粗壮，生长势较强。幼苗叶鞘浅紫色。成株叶色浓绿，叶鞘密生茸毛。雄穗中等大小，花药黄色，花粉充足。雌穗穗柄较短，苞叶较短而紧实，尖端偶尔着生小叶。果穗锥形，穗轴红色。籽粒黄色，中间型，外观品质较优。区域试验中株高 272.8cm，穗位高 115.8cm，果穗长 17.8cm，穗行 16.3 行，每行 39.0 粒，千粒重 303.9 克，干穗出籽率 86.5%。全生育期 154.6 天，比鄂玉 10 长 5.9 天。容重 776 克／升，粗淀粉含量 70.62%，粗蛋白质含量 10.44%，粗脂肪含量 4.3%，赖氨酸含量 0.29%。两年区域试验平均亩产 586.80 千克，比对照鄂玉 10 增产 10.29%。抗病性鉴定为大斑病 0.5 级，小斑病 0.8 级，青枯病病株率 4.7%，锈病严重度 5.0%，纹枯病病指 16.9。倒折（伏）率 6.0%。

适宜范围：适于湖北省二高山地区做春玉米种植。按照中华人民共和国农业部第844 号公告，该品种还适于在湖北、湖南、贵州的武陵山区种植，并注意防止倒伏和防治丝黑穗病。

二、特用玉米

（一）金中玉

品种来源：王玉宝。品种审定编号为鄂审玉 2008009。

特征特性：株型略紧凑。茎基部叶鞘绿色。雄穗绿色，花药黄色，花丝白色。果穗筒形，苞叶覆盖适中，旗叶较短，穗轴白色。籽粒黄色，较大。品比试验中株高 250.3cm，穗位高 105.5cm，穗长 19.2cm，穗粗 4.4cm，秃尖长 2.1cm，每穗 12.7 行，每行 38.7 粒，百粒重 32.9 克。生育期偏长，从播种到吐丝 73.2 天，比对照鄂甜玉 3 号迟 4.6 天。可溶性糖含量 11.5%，还原糖含量 2.02%，蔗糖含量 9.01%。两年区域试验商品穗平均亩产 602.7 千克，比鄂甜玉 3 号增产 7.72%。外观及蒸煮品质较优。抗病性鉴定为田间大斑病 1.7 级，小斑病 1.0 级，茎腐病病株率 1.0%，穗腐病 1.0 级，纹枯病病指 12.0。抗倒性与鄂甜玉 3 号相当。

适宜范围：适于湖北省平原、丘陵及低山地区种植。

（二）福甜玉 18

品种来源：武汉隆福康农业发展有限公司。品种审定编号为鄂审玉 2009006。

特征特性：株型平展。幼苗叶鞘、叶缘绿色，成株叶片数 18 片左右。雄穗分枝数12 个左右，颖壳，花丝绿色，花药黄色。果穗锥形，穗轴白色，苞叶适中，旗叶中等，秃尖较长，籽粒黄色。区域试验中株高 201cm，穗位高 63cm，穗长 19.0cm，秃尖长 1.8cm，穗粗 4.9cm，每穗 14.4 行，每行 34.8 粒，百粒重 38.1 克。播种至吐丝 65.9 天，比鄂甜玉 3 号早 3.5 天。可溶性糖含量 10.0%。两年区域试验商品穗平均亩产 639.21 千克，比对照鄂甜玉 3 号增产 10.65%。果穗蒸煮品质较优。抗病性鉴定为田间大斑病 1.8 级，小斑病 3 级，纹枯病病指 17.3，茎腐病病株率 2.0%，穗腐病 1.0 级，玉米螟 2.2 级。田间倒伏（折）率与鄂甜玉 3 号相当。

适宜范围：适于湖北省平原、丘陵及低山地区种植。

（三）华甜玉 3 号

品种来源：华中农业大学。品种审定编号为鄂审玉 2006004。

特征特性：株型半紧凑。根系发达，茎秆粗壮，节间较短，抗倒性较强。品比试验中株高 200cm，穗位高 75cm。雄花分枝 16～19 个，颖壳，花药浅黄色，花丝绿色。果穗筒形，穗轴白色，籽粒黄白色，穗粗 5.0cm，穗长 18cm，秃尖较长，每穗 16～18 行，每行 34 粒左右。播种至适宜采收期在武汉地区春播一般为 92 天，秋播为 79 天。鲜穗籽粒总糖含量 9.12%，蔗糖含量 7.33%，还原糖含量 1.4%。籽粒黄白相间，皮薄渣少，口感好。

适宜范围：适于湖北省平原、丘陵及低山地区种植。

（四）彩甜糯 6 号

品种来源：湖北省荆州市恒丰种业发展中心。品种审定编号为鄂审玉 2011012。

特征特性：株型半紧凑。幼苗叶缘绿色，叶尖紫色，成株叶片数 19 片左右。雄穗分枝数 13 个左右。苞叶适中，秃尖略长，果穗锥形，穗轴白色，籽粒紫白相间。区域试验平均株高 221cm，穗位高 95cm，空秆率 1.5%，穗长 19.9cm，穗粗 4.9cm，秃尖长 2.2cm，穗行数 13.6，行粒数 34.4，百粒重 37.6 克，生育期 94 天，支链淀粉占总淀粉含量的 97.8%。两年区域试验商品穗平均亩产 770.93 千克，比对照渝糯 7 号增产 0.17%。鲜果穗外观品质和蒸煮品质优。抗病性鉴定为田间大斑病 2.4 级，小斑病 1.3 级，纹枯病病指 15.8，茎腐病病株率 0.4%，穗腐病 1.6 级，玉米螟 2.4 级。田间倒伏（折）率 1.54%。

适宜范围：适于湖北省平原、丘陵及低山地区种植。

（五）京科糯 2000

品种来源：北京市农林科学院玉米研究中心。品种审定编号为国审玉 2006063。

特征特性：株型半紧凑。株高 250cm，穗位高 115cm，成株叶片数 19 片。幼苗叶鞘紫色，叶片深绿色，叶缘绿色，花药绿色，颖壳粉红色。花丝粉红色，果穗长锥形，穗长 19cm，穗行数 14 行，百粒重（鲜籽粒）36.1 克，籽粒白色，穗轴白色。在西南地区出苗至采收期 85 天左右，与对照渝糯 7 号相当。

适宜范围：适于四川、重庆、湖南、湖北、云南、贵州做鲜食糯玉米品种种植。茎腐病重发区慎用，注意适期早播和防止倒伏。

第三节　薯类主推品种

一、马铃薯

(一)鄂马铃薯 5 号

品种来源:湖北恩施中国南方马铃薯研究中心。品种审定编号为鄂审薯 2005001、国审薯 2008001。

特征特性:株型半扩散,植株较高,叶片较小,生长势较强。茎、叶绿色,花冠白色,开花繁茂。结薯集中,薯形扁圆,黄皮白肉,表皮光滑,芽眼浅,耐贮藏。商品薯率偏低。区域试验中株高 59.7 cm,单株主茎数 5.4 个,单株结薯 12.2 个,商品薯率 64.6%。全生育期 89 天,比米拉长 8 天,比鄂马铃薯 3 号短 1 天。品质测定淀粉含量 18.90%,干物质含量 24.65%。两年区域试验平均亩产 1873.4 千克,比对照鄂马铃薯 3 号增产 17.99%。抗病性鉴定为晚疫病发病率 11.09%,轻花叶病毒病发病率 0.31%,青枯病病株率为 0。

适宜范围:适于湖北省二高山和高山地区种植。按照中华人民共和国第 1072 号公告,该品种还适于湖北、云南、贵州、四川、重庆、陕西南部的西南马铃薯产区种植。

(二)鄂马铃薯 4 号

品种来源:湖北恩施中国南方马铃薯研究中心。审定编号为鄂审薯 2004001。

特征特性:株型半扩散,生长势较强。茎、叶绿色,白花。结薯早且集中,薯形扁圆,黄皮黄肉,表皮光滑,芽眼浅,休眠期短,耐贮藏。区域试验中株高 54.9 cm,单株主茎数 6.4 株,单株结薯 12.2 个,大中薯率 64.2%。全生育期 76 天,比米拉短 4 天。品质测定淀粉含量 15.15%,干物质含量 20.92%。两年区域试验平均亩产 1798 千克,比对照米拉增产 26.66%。田间鉴定晚疫病病级为 2 级,轻花叶病毒病发病率 14.1%。

适宜范围:适于湖北省海拔 700 米以下的低山及平原地区种植。

(三)费乌瑞它(Favorita)

品种来源:费乌瑞它马铃薯由荷兰引进,为鲜食、早熟和出口的马铃薯优良品种。

特征特性:属早熟马铃薯品种,生育期 65 天左右。植株生长势强,株型直立,分枝少,株高 65 cm 左右,茎带紫褐色网状花纹。叶绿色,复叶大、下垂,叶缘有轻微波状。花冠蓝紫色,较大,有浆果。块茎长椭圆形,皮淡黄色,肉鲜黄色,表皮光滑,块茎大而整齐,芽眼少而浅,结薯集中。鲜薯干物质含量 17.7%,淀粉含量 12.4%～14%,还原糖含量 0 ～ 3%，粗蛋白含量 1.55%，维生素 C 含量 136 毫克／千克，食用品质极好。该品种耐水肥，适于水浇地高水肥栽培。一般亩产 1500 千克，高产可达 3000 千克以上。块茎对光敏感，植株抗 Y 病毒和卷叶病毒，对 A 病毒和癌肿病免疫，易感晚疫病，块茎中抗病。

适宜范围：适于湖北省平原、丘陵地区种植。

（四）早大白

品种来源：本溪市马铃薯研究所选育，由湖北省农业技术推广总站、华中农业大学引进。品种审定编号为鄂审薯 2012001。

特征特性：属早熟马铃薯品种。株型直立，繁茂性中等，分枝数少，茎基部浅紫色，茎节和节间绿色，叶缘平展，复叶较大，侧小叶 5 对，顶小叶卵形，无蕾。结薯较集中，薯块中等偏大，薯形圆形，白皮白肉，表皮光滑，芽眼较浅，休眠期中等，耐贮性一般，块茎易感晚疫病。区域试验中生育期 58 天，株高 51.3㎝，单株主茎数 2.1 个，单株结薯数 6.0 个，单薯重 87.0 克，商品薯率 81.0%。品质测定干物质含量为 20.0%，淀粉含量为 14.4%。两年区域试验平均亩产 1660.1 千克，比对照南中 552 增产。田间晚疫病发生较重。

适宜范围：适于湖北省平原、丘陵地区种植。

（五）中薯 5 号

品种来源：中国农业科学院蔬菜花卉研究所选育，由湖北省农业技术推广总站、华中农业大学引进。品种审定编号为鄂审薯 2012002。

特征特性：属早熟马铃薯品种。株型直立，生长势中等，茎、叶绿色，复叶中等大小，茸毛少，叶缘平展，匍匐茎中等长。单株结薯数较多，薯块中等偏小，薯形圆形，黄皮淡黄肉，表皮较光滑，芽眼较浅，常温条件下休眠期较短，耐贮性一般。区域试验中生育期 67 天，株高 50.4㎝，单株主茎数 7.4 个，单株结薯数 8.2 个，单薯重 57.8 克，商品薯率 68.1%。品质测定干物质含量为 21.7%，淀粉含量为 15.9%。两年区域试验平均亩产 1622.2 千克，比对照南中 552 增产。田间花叶病毒病、晚疫病发生较重。

适宜范围：适于湖北省平原、丘陵地区种植。

（六）中薯 3 号

品种来源：中国农业科学院蔬菜花卉研究所选育，由湖北省农业技术推广总站和华中农业大学引进。品种审定编号为鄂审薯 2011001。

特征特性：属早熟马铃薯品种。株型直立，生长势较强。茎、叶绿色，侧小叶 4 对，复叶大，茸毛少，叶缘波状，匍匐茎较短。结薯较集中，薯形长圆形，黄皮淡黄肉，表皮略麻皮，芽眼浅。区域试验中生育期 68 天，株高 47.1cm，单株主茎数 3.9 个，单株结薯数 8.8 个，平均单薯重 80.1 克，商品薯率 82.1%。品质测定干物质含量为 20.0%，淀粉含量为 14.4%。两年区域试验平均亩产 2407.3 千克，比对照南中 552 显著增产。田间植株卷叶病毒病、晚疫病发生较重。

适宜范围：适于湖北省丘陵及平原地区种植。

（七）克新 4 号

品种来源：黑龙江省农业科学院克山分院（原黑龙江省农业科学院马铃薯研究所）选育，由湖北省农业技术推广总站、华中农业大学引进。品种审定编号为鄂审薯 2012003。

特征特性：属早熟马铃薯品种。株型直立，生长势中等，分枝较少，茎绿色、有淡紫色素，茎翼波状，宽而明显，复叶中等大小，叶色稍浅，无蕾，匍匐茎较短。薯形圆形，黄皮淡黄肉，表皮有细网纹，芽眼中等深。区域试验中生育期 63 天，株高 41.2cm，单株主茎数 2.2 个，单株结薯数 6.3 个，单薯重 71.5 克，商品薯率 73.9%。品质测定干物质含量为 19.7%，淀粉含量为 13.9%。两年区域试验平均亩产 1458.8 千克，比对照南中 552 增产。田间花叶病毒病、晚疫病发生较重。

适宜范围：适于湖北省平原、丘陵地区种植。

二、甘薯类

（一）鄂薯 7 号

品种来源：湖北省农业科学院粮食作物研究所。品种审定编号为鄂审薯 2008002。

特征特性：属中蔓型品种。种薯繁殖萌芽性较好，植株苗期生长势较弱。茎匍匐生长，绿色，基部分枝数 2.8 个，最长蔓 235cm。叶绿色，掌形，顶叶淡绿色，叶脉绿色。结薯较集中，单株结薯 3.6 个，薯块较整齐、长纺锤形，薯皮粉红色，薯肉橘黄色，大中薯率 81%，烘干率 22.64%。鲜薯水分含量 80.2%，淀粉含量 10.8%，可溶性糖含量 7.71%。两年区域试验鲜薯平均亩产 2937.6 千克，比对照南薯 88 增产 23.95%；薯干平均亩产 776.0 千克，比对照南薯 88 增产 11.82%。对黑斑病、根腐病的抗性较好，重感薯瘟病。

适宜范围：适于湖北省甘薯薯瘟病无病区或轻病区种植。

（二）鄂薯 6 号

品种来源：湖北省农业科学院粮食作物研究所。品种审定编号为鄂审薯 2008001。

特征特性：属长蔓型品种。种薯繁殖萌芽性较好，出苗较整齐。茎匍匐生长，褐绿色，基部分枝数 3.5 个，最长蔓 289㎝。叶绿色，心脏形，顶叶淡绿色，叶脉绿色。结薯较集中，单株结薯 2.9 个，薯块较整齐、纺锤形，薯皮红色，薯肉白色，大中薯率 80%，烘干率 35.63%。鲜薯水分含量 62.2%，淀粉含量 26.6%，可溶性糖含量 3.8%。两年区域试验鲜薯平均亩产 2370.4 千克，比对照南薯 88 增产 0.01%；薯干平均亩产 780.0 千克，比对照南薯 88 增产 12.39%；淀粉平均亩产 596.2 千克，比对照南薯 88 增产 23.9%。对黑斑病、根腐病的抗性较好，感软腐病。

适宜范围：适于湖北省甘薯产区种植。

（三）鄂菜薯 1 号

品种来源：湖北省农业科学院粮食作物研究所。品种审定编号为鄂审薯 2010001。

特征特性：属叶菜类甘薯品种。一般春栽从定植到采收 45 天左右，植株生长势较强。茎匍匐生长，浅绿色，茎粗 0.3㎝ 左右，基部分枝数 13 个左右。茎秆及叶片光滑、无茸毛。心叶尖心形有浅缺刻，绿色，顶叶心形，淡绿色，叶柄基部、叶脉绿色。鲜茎叶蛋白质含量 3.28%，粗纤维含量 1.18%，维生素 C 含量 347.0 毫克／千克。无苦涩味，适口性较好。

适宜范围：适于湖北省平原、丘陵地区种植。

（四）福薯 18

品种来源：福建省农业科学院作物研究所。审定编号为闽审薯 2012001，审定名称：福菜薯 18 号。

特征特性：属叶菜类甘薯新品种。株型短蔓半直立，叶心带齿形，顶叶、成叶、叶脉、叶柄和茎均为绿色。茎尖无茸毛，烫后颜色绿，微甜，有香味，无苦涩味，有滑腻感。两年平均茎尖亩产量 2924.56 千克，比对照增产 24.89%。食味品质优，国家区域试验两年平均食味鉴定综合评分 3.90 分（对照 3.62 分）。病害鉴定结果，综合评价抗蔓割病。室内抗病鉴定结果，中抗蔓割病、中感薯瘟病。

适宜范围：适于福建、湖北等省种植，栽培上注意适时采摘。

（五）鄂薯 8 号

品种来源：湖北省农业科学院粮食作物研究所。品种审定编号为鄂审薯 2011003。

特征特性：属紫薯类型新品种。种薯萌芽性较好，植株生长势较强。叶片心形、绿色，叶脉淡紫色。蔓匍匐生长，绿带紫色，单株分枝数 8 个左右，最长蔓长 240㎝ 左右。薯块纺锤形，薯皮紫红色，薯肉紫色。鲜薯花青苷含量色价为 18.28E。无苦涩味，适口性较好。两年区域试验鲜薯平均亩产 2070.0 千克，比对照南薯 88 减产 9.9%；薯干平均亩产 679.3 千克，比对照南薯 88 增产 0.3%。对甘薯黑斑病、软腐病抗性较好，对蔓割病抗性较差。

适宜范围：适于湖北省甘薯产区种植。

第四节　棉花主推品种

一、铜杂 411F1

品种来源：湖北省种子集团有限公司、江苏省铜山县华茂棉花研究所。品种审定编号为鄂审棉 2008006、国审棉 2009019。

特征特性：属转 Bt 基因棉花品种。植株中等高，塔形较紧凑。茎秆粗壮较硬，有稀茸毛。叶片中等大，叶裂中等，叶色绿。花药白色。铃卵圆形，有钝尖，结铃性较强，吐絮畅。区域试验中株高 121.5cm，果枝数 19.6 个，单株成铃数 30.9 个，单铃重 5.75 克，大样衣分 41.39%，籽指 10.3 克。生育期 122.1 天。霜前花率 88.10%。抗病性鉴定为耐枯、黄萎病。纤维品质指标：2.5% 跨长 28.36mm，比强 28.7 厘牛／特，马克隆值 5.07。两年区域试验平均亩产皮棉 126.93 千克，比对照鄂杂棉 10 号 F1 增产 1.60%。

适宜范围：适于湖北省棉区种植，枯、黄萎病重病地不宜种植。

二、EK288F1

品种来源：湖北省农业科学院经济作物研究所。品种审定编号为鄂审棉 2008003。

特征特性：属转 Bt 基因棉花品种。植株较高大，塔形较松散，生长势较强。茎秆粗壮，有茸毛，果枝较坚硬。叶片较大，叶色绿，叶片功能期较长。花药白色。铃卵圆形，铃尖短或钝尖，结铃性较强，吐絮畅。区域试验中株高 133.8cm，果枝数 18.7 个，单株成铃数 27.4 个，单铃重 6.2 克，大样衣分 40.14%，籽指 10.5 克。生育期 121.41 天。霜前花率 88.05%。抗病性鉴定为耐枯、黄萎病。纤维品质指标：2.5% 跨长 28.3mm，比强 29.3 厘牛／特，马克隆值 5.0。两年区域试验平均亩产皮棉 109.57 千克，比对照鄂杂棉 1 号增产 5.51%。

适宜范围：适于湖北省棉区种植，枯、黄萎病重病地不宜种植。

三、鄂杂棉 10 号 F1

品种来源：湖北惠民种业有限公司。品种审定编号为鄂审棉 2005003、国审棉

2005014。

特征特性：Bt转基因抗虫棉品种。植株中等高，株型塔形，较紧凑。茎秆较坚硬，有稀茸毛。叶片掌状，中等大，叶色较深。果枝着生节位、节间适中。铃卵圆形，中等偏大，吐絮较畅。后期肥水不足易早衰。区域试验中株高112.1cm，果枝数17.3个，单株成铃数25.8个，单铃重5.8克，大样衣分40.39%，衣指7.9克，籽指11.1克。生育期131天。霜前花率85.49%。抗病性鉴定为感枯萎病。纤维品质指标：2.5%跨长30.4mm，比强30.0厘牛／特，马克隆值4.8。两年区域试验平均亩产皮棉106.82千克，比对照鄂杂棉1号增产7.56%。

适宜范围：适于湖北省棉区枯萎病无病地或轻病地种植。按照中华人民共和国农业部公告，该品种还适于江苏、安徽淮河以南以及浙江、江西、湖北、湖南、四川、河南南部等长江流域棉区做春棉品种种植。

四、鄂杂棉29F1

品种来源：荆州霞光农业科学试验站。品种审定编号为鄂审棉2007006。

特征特性：属转Bt基因棉花品种。植株中等高，塔形较松散，生长势较强。茎秆中等粗细，易弯腰，有稀茸毛。叶片较大，植株下部较荫蔽。果枝较长，结铃性较强，内围铃较多，铃卵圆形。对肥水较敏感，管理不当易贪青或早衰。区域试验中株高122cm，果枝数19.3个，单株成铃数29.4个，单铃重5.6克，大样衣分41.12%，籽指9.7克。生育期118.6天。霜前花率88.96%。抗病性鉴定为耐枯、黄萎病。纤维品质指标：2.5%跨长29.3mm，比强29.5厘牛／特，马克隆值5.0。两年区域试验平均亩产皮棉117.06千克，比对照鄂杂棉1号增产8.43%。

适宜范围：适于湖北省棉区种植，枯、黄萎病重病地不宜种植。

五、鄂杂棉11F1

品种来源：湖北惠民种业有限公司。品种审定编号为鄂审棉2005004。

特征特性：植株较高，株型塔形，较松散。茎秆较粗壮，有稀茸毛。果枝较长，与主茎夹角较小。叶片中等偏大，透光性好。铃有卵圆、圆形两种，有铃尖，铃较大，结铃性较强，吐絮畅。区域试验中株高117.3cm，果枝数18.4个，单株成铃数27个，单铃重6.09克，大样衣分40.94%，籽指11.54。生育期134天。霜前花率77.39%。抗病性鉴定为耐枯、黄萎病。纤维品质指标：2.5%跨长31.8mm，比强30.5厘牛／特，马克隆值5.4，两年区域试验平均亩产皮棉103.36千克，比对照鄂杂棉1号增产11.33%。

适宜范围：适于湖北省棉区种植，枯、黄萎病重病地不宜种植。

第五节　豆类主推品种

一、大豆

（一）鄂豆8号

品种来源：仙桃市国营九合垸原种场。品种审定编号为鄂审豆2005001。

特征特性：属南方春大豆早熟品种。株型收敛，叶椭圆形，白花，灰毛，有限结荚习性。幼苗叶缘内卷成瓢状，苗架较纤细，生长势中等偏弱。成株叶片比鄂豆4号略小，叶柄略上举，开花前后长势旺盛。成熟时落叶性较好，不裂荚。荚浅褐色，籽粒椭圆形，种皮黄色，脐浅褐色。区域试验中株高45.7cm，主茎节数9.1个，分枝数1.6个，单株荚数21.2个，每荚粒数2.10粒，单株粒重7.5克，百粒重19.9克。全生育期102天，比鄂豆4号长2天。籽粒粗脂肪含量19.72%，粗蛋白含量43.06%。籽粒外观品质较优。两年区域试验平均亩产161.1千克，比对照鄂豆4号增产11.1%。田间大豆花叶病毒病发病株率3%，轻感大豆斑点病。

适宜范围：适于湖北省江汉平原及其以东地区做春大豆种植。

（二）中豆33

品种来源：中国农业科学院油料作物研究所。品种审定编号为鄂审豆2005003。

特征特性：属南方夏大豆早熟品种。株型收敛，呈扇形，分枝顶端明显低于主茎顶端，分枝节间较短，白花，灰毛，有限结荚习性。叶椭圆形，叶片中等偏小，叶色淡绿。成熟时落叶较好，不裂荚。荚弯镰状，浅褐色，籽粒近圆形，种皮、子叶黄色，脐浅褐色。区域试验中株高64.7cm，主茎节数16.0个，分枝数3.6个，单株荚数47.7个，每荚粒数1.86粒，单株粒重12.2克，百粒重18.4克。全生育期103天，比中豆8号短12天。籽粒粗脂肪含量18.72%，粗蛋白含量46.24%。籽粒外观品质较优。两年区域试验平均亩产148.0千克，比对照中豆8号增产8.6%。田间大豆花叶病毒病发病株率3.0%。

适宜范围：适于湖北省做夏大豆种植。

二、鲜食大豆

（一）早冠

特征特性：早熟品种。有限生长型，株高50～60cm，种皮绿色，荚多，荚角圆，直板，青绿色，白毛，三粒荚多。肉甜嫩，清秀美观，出苗后至鲜荚上市55～60天。适宜保护地种植，上市早效益高。长江流域1—4月播种，亩用种量9千克左右。

适宜范围：适于湖北省做早熟鲜食大豆种植。

（二）95-1

特征特性：早熟品种。有限生长型，株高 50～60㎝。荚多，密集，角圆，荚青绿色，直板，白毛，三粒荚多。长江流域 1—4 月播种，出苗后至鲜荚上市 55～60 天。适宜保护地种植，上市早效益高。

适宜范围：适于湖北省做早熟鲜食大豆种植。

（三）K 新早

特征特性：早熟品种。有限生长型，株高 60㎝ 左右，株型紧凑，结间短，荚多，圆叶紫花，白毛，鲜荚中板而鼓粒，三粒荚见多。抗寒抗病力强，前期产量高，毛豆商品价值高，出苗后至鲜荚上市 60 天左右，种皮黄色。

适宜范围：适于湖北省做早熟鲜食大豆种植。

（四）豆冠

特征特性：早中熟品种。有限结荚习性，植株高大，繁茂，株高 90㎝ 左右，茎秆粗壮，圆角，直板，白毛，三粒荚多，肉甜嫩，鲜食无渣，气味清香，易采摘，商品性佳，耐肥抗倒伏，抗病性强。长江流域 3—6 月播种，生长期 80 天左右，亩产 900 千克左右，亩用种 7～8 千克，种皮绿色。

适宜范围：适于湖北省做早中熟鲜食大豆种植。

（五）K 新绿

特征特性：中熟品种。有限结荚习性，株高 90㎝，主茎结数 18，分枝 6 个，茎秆粗壮，耐肥抗倒伏。圆叶紫花，灰白茸毛，绿色种皮，种脐黄色，两三粒荚多占 54%，荚肥粒大，生长期 80 天左右。亩产 750～900 千克，3—6 月播种，肉甜嫩，直板，白毛，易采摘。

适宜范围：适于湖北省做中熟鲜食大豆种植。

（六）开育九号

特征特性：又称"武引九号""长丰九号""鼓眼八"。该品种属有限结荚习性，株高 70～90㎝，主茎节数 15 个左右，分枝节 4～6 个。株型紧凑，耐肥抗倒，叶片较肥大，光合作用强，圆叶紫花，荚鼓，角圆，荚青绿色，肉嫩，中直板，白毛，三粒荚多。种皮黄色，百粒重 22～24 克。播种期较长，长江流域 2—6 月种植，亩用种量 7.5 千克左右，出苗至上市 80 天左右。

适宜范围：适于湖北省做中熟鲜食大豆种植。

第六节 花生主推品种

一、中花 8 号

品种来源：中国农业科学院油料作物研究所。品种审定编号为国审油 2002011。

特征特性：属珍珠豆型花生品种。全生育期 125 天。株型紧凑，直立型。株高 46㎝，总分枝数 7.7 个，结果枝数 6.1 个。单株荚果数 12.8 个。荚果普通型，种仁椭圆形，中粒偏大，百果重 227.4 克，百仁重 90.8 克，出仁率 75.3%。抗旱性、抗病性强，种子休眠性强。种子含油量 55.37%，蛋白质含量 25.86%。2001 年生产试验平均亩产荚果 331.23 千克，籽仁 248.93 千克，分别比对照中花 4 号增产 15.82% 和 21.81%。

适宜范围：适于湖北、四川、河南南部、江苏北部等地的花生非青枯病区种植。

二、中花 16

品种来源：中国农业科学院油料作物研究所。品种审定编号为鄂审油 2009001。

特征特性：属珍珠豆型品种。株型紧凑，株高中等，茎枝较粗壮。叶片椭圆形，叶色深绿，叶片较厚。连续开花，单株开花量较大。荚果斧头形、较大，网纹较深，种仁粉红色。区域试验中主茎高 43.1㎝，侧枝长 46.8㎝，总分枝数 9.0 个，百果重 219.3 克，百仁重 88.7 克，出仁率 74.8%。全生育期 122.4 天。粗脂肪含量 55.54%，粗蛋白含量 24.85%。两年平均亩产荚果 313.9 千克，比对照中花 4 号增产 17.0%。抗旱性、抗倒性强。种子休眠性强。田间较抗叶斑病和锈病。

适宜范围：适于湖北省花生非青枯病区种植。

三、中花 6 号

品种来源：中国农业科学院油料作物研究所。品种登记号为 ES024-2000。

特征特性：属珍珠豆型早熟中粒种。株型直立紧凑，株高中等，叶色淡绿，叶片较小，叶窄椭圆形。荚果普通型，籽仁椭圆形，种皮粉红色，色泽鲜艳。种子休眠性较强。全生育期 123 天左右。区域试验中主茎高 48.6㎝，侧枝长 51.7㎝，总分枝数 5.9 个，结果枝数 5.1 个，单株总果数 12.2 个，饱果数 10.1 个。百果重 136.2 克，百仁重 54.5 克，出仁率 73.6%。粗脂肪含量 55.46%，粗蛋白含量 32.04%，为食、油兼用优质品种，尤其是蛋白质含量高，适合做食用型加工原料。两年区域试验平均亩产荚果 218.0 千克，比对照中花 2 号增产 8.30%，增产达极显著水平。青枯病抗性率 93.9%，对青枯病抗性较强。

适宜范围：适于湖北省花生青枯病区种植。

四、鄂花 6 号

品种来源：红安县农业技术推广中心站和红安县科学技术局。品种审定编号为鄂审油 2008002。

特征特性：属珍珠豆型花生品种。植株较高，茎枝粗壮，生长势较强。叶倒卵形，叶片较大、较厚，叶色深绿。连续开花，结果集中。荚果斧头形，网纹明显，种仁粉红色。种子休眠性强。区域试验中主茎高 59.3 ㎝，侧枝长 60.8 ㎝，总分枝数 6.3 个。百果重 187.1 克，百仁重 71.1 克，出仁率 70.9%。全生育期 121.1 天。粗脂肪含量 53.13%，粗蛋白含量 28.07%。三年区域试验平均亩产 247.7 千克。抗旱性较强，高抗青枯病。田间锈病、叶斑病发病较轻。

适宜范围：适于湖北省花生青枯病区旱坡地种植。

第三章 农作物主推栽培技术

第一节 水稻栽培技术

一、水稻集中育秧技术

（一）水稻集中育秧的主要方式

1.连栋温室硬盘育秧，又称智能温室育秧或大棚育秧。

2.中棚硬软盘育秧。

3.小拱棚或露地软盘育秧。

（二）技术总目标

提高播种质量（防漏播、稀播），提高秧苗素质（旱育秧、早炼苗），提高成秧率（防烂种、烂芽、烂秧死苗）。

（三）适合于机插的秧苗标准

要求营养土厚 $2\sim2.5\,cm$，播种均匀，出苗整齐。营养土中秧苗根系发达，盘结成毯状。苗高 $15\sim20\,cm$，茎粗叶挺色绿，矮壮。秧块长 $58\,cm$，宽 $28\,cm$，叶龄 3 叶左右。

（四）水稻集中育秧技术

1.选择苗床，搭好育秧棚

选择离大田较近，排灌条件好，运输方便，地势平坦的旱地做苗床，苗床与大田比例为 $1:100$。如采用智能温室，多层秧架育秧，苗床与大田之比可达 $1:200$ 左右。如用稻田做苗床，年前要施有机肥和无机肥腐熟培肥土壤。选用钢架拱形中棚较好，以宽 $6\sim8$ 米、中间高 $2.2\sim3.2$ 米为宜，棚内安装喷淋水装置，采用南北走向，以利采光通风，大棚东南西三边 20 米内不宜有建筑物和高大树木。中棚管应选用 4 分厚壁钢管，顺着中棚横梁，每隔 3 米加一根支柱，防风绳、防风网要特别加固。中棚四周开好排水沟。整耕秧田：秧田干耕干整，中间留 80cm 操作道，以利运秧车行走，两边各横排 4～6 排秧盘，并留好厢沟。

2.苗床土选择和培肥

育苗营养土一定要年前准备充足，早稻按亩大田 125 千克（中稻按 100 千克）左右备土（一方土约 1500 千克，约播 400 个秧盘）。选择土壤疏松肥沃，无残茬、无砾石、无杂草、无污染、无病菌的壤土，如耕作熟化的旱田土或秋耕春耖的稻田土。水分适宜时采运进库，经翻晒干爽后加入 1%～2% 的有机肥，粉碎后备用，盖籽土不培肥。播种前育苗底土每 100 千克加入优质壮秧剂 0.75 千克拌均匀，现拌现用，黑龙江省农科院生产的葵花牌、云杜牌壮秧剂质量较好，防病效果好。盖籽土不能拌壮秧剂，营养土冬前培肥腐熟好，忌播种前施肥。

3.选好品种，备足秧盘

选好品种，选择优质、高产、抗倒伏性强的品种。早稻：两优 287、鄂早 18 等。中稻：丰两优香一号、广两优香 66、两优 1528 等。常规早稻每亩大田备足硬（软）盘 30 张，用种量 4 千克左右。杂交早稻每亩大田备足硬（软）盘 25 张，用种量 2.75 千克。中稻每亩大田备足硬（软）盘 22 张，杂交中稻种子 1.5 千克。

4.浸种催芽

（1）晒种

清水选种：种子催芽前先晒种 1～2 天，可提高发芽势，用清水选种，除去秕粒，半秕粒单独浸种催芽。

（2）种子消毒

种子选用适乐时等药剂浸种，可预防恶苗病、立枯病等病害。

（3）浸种催芽

常规早稻种子一般浸种 24～36 小时，杂交早稻种子一般浸种 24 小时，杂交中稻种子一般浸种 12 小时。种子放入全自动水稻种子催芽机或催芽桶内催芽，温度调控在 35℃挡，一般 12 小时后可破胸，破胸后种子在油布上摊开炼芽 6～12 小时，晾干水分后待播种用。

5.精细播种

（1）机械播种

安装好播种机后，先进行播种调试，使秧盘内底土厚度为 2～2.2cm。调节洒水量，使底土表面无积水，盘底无滴水，播种覆土后能湿透床土。调节好播种量，常规早稻每盘播干谷 150 克,杂交早稻每盘播干谷 100 克,杂交中稻每盘播干谷 75 克,若以芽谷计算,乘以 1.3 左右系数。调节覆土量,覆土厚度为 3～5mm,要求不露籽。采用电动播种设备一小时可播 450 盘左右(一天约播 200 亩大田秧盘),每条生产线需工人 8～9 人操作,播好的秧盘及时运送到温室,早稻一般 3 月 18 日开始播种。

(2)人工播种

①适时播种:3 月 20—25 日抢晴播种。②苗床浇足底水:播种前一天,把苗床底水浇透。第二天播种时再喷灌一遍,确保足出苗整齐。软盘铺平、实、直、紧,四周用土封好。③均匀播种:先将拌有壮秧剂的底土装入软盘内,厚 2～2.5cm,喷足水分后再播种。播种量与机械播种量相同。采用分厢按盘数称重,分次重复播种,力求均匀,注意盘子四边四角。播后每平方米用 2 克敌克松对水 1 千克喷雾消毒,再覆盖籽土,厚3～5mm,以不见芽谷为宜。使表土湿润,双膜覆盖保湿增温。

6.苗期管理

(1)温室育秧

①秧盘摆放:将播种好的秧盘送入温室大棚或中棚,堆码 10～15 层盖膜,暗化 2～3天,齐苗后送入温室秧架上或中棚秧床上育苗。②温度控制:早稻第 1～2 天,夜间开启加温设备,温度控制在 30℃～35℃,齐苗后温度控制在 20℃～25℃。单季稻视气温情况适当加温催芽,齐苗后不必加温,当温度超过 25℃时,开窗或启用湿帘降温系统降温。③湿度控制:湿度控制在 80% 或换气扇通风降湿。湿度过低时,打开室内喷灌系统增湿。④炼苗管理:一定要早炼苗,防徒长,齐苗后开始通风炼苗,一叶一心后逐渐加大通风量,棚内温度控制在 20℃～25℃为宜。盘土应保持湿润,如盘土发白、秧苗卷叶,早晨叶尖无水珠应及时喷水保湿。前期基本上不喷水,后期气温高,蒸发量大,约一天喷一遍水。⑤预防病害:齐苗后喷施一遍敌克松 500 倍液,一星期后喷施移栽灵防病促发根,移栽前打好送嫁药。

(2)中、小棚育秧

①保温出苗:秧苗齐苗前盖好膜,高温高湿促齐苗,遇大雨要及时排水。②通风炼苗:一叶一心晴天开两挡通风,傍晚再盖好,1～2 天后可在晴天日揭夜盖炼苗,并逐渐加大通风量,二叶一心全天通风,降温炼苗,温度 20℃～25℃为宜。阴雨天开窗炼苗,日平均温度低于 12℃时不宜揭膜,雨天盖膜防雨淋。③防病:齐苗后喷一次移栽灵防治立枯病。④补水:盘土不发白不补水,以控制秧苗高度。⑤施肥:因秧龄短,苗床一般不追肥,脱肥秧苗可喷施 1% 尿素溶液。每盘用尿素 1 克,按 1:100 对水拌匀后于傍晚时分均匀喷施。

7.适时移栽

由于机插苗秧龄弹性小，必须做到田等苗，不能苗等田，适时移栽。早稻秧龄20～25天，中稻秧龄15～17天为宜，叶龄3叶左右，株高15～20cm移栽，备栽秧苗要求苗齐、均匀、无病虫害、无杂株杂草、卷起秧苗底面应长满白根，秧块盘根良好。起秧移栽时，做到随起、随运、随栽。

（五）机插秧大田管理技术要点

1.平整大田

用机耕船整田较好，田平草净，土壤软硬适中，机插前先沉降1～2天，防止泥陷苗。机插时大田只留瓜皮水，便于机械作业，由于机插秧苗秧龄弹性小，必须做到田等苗，提前把田整好。田整后，亩可用60%丁草胺乳油100毫升拌细土撒施，保持浅水层3天，封杀杂草。

2.机械插秧

行距统一为30cm，株距可在12～20cm内调节，相当于可亩插1.4万～1.8万穴。早稻亩插1.8万穴，中稻亩插1.4万穴为宜，防栽插过稀。每蔸苗数早杂4～5苗，常规早稻5～6苗，中杂2～3苗，漏插率要求小于5%，漂秧率小于3%，深度1cm。

3.大田管理

（1）湿润立苗

不能水淹苗，也不能干旱，及时灌薄皮水。

（2）及时除草

整田时没有用除草剂封杀的田块，秧苗移栽7～8天活蔸后，亩用尿素5千克加丁草胺等小苗除草剂撒施，水不能淹没心叶，同时防治好稻蓟马。

（3）分次追肥

分蘖肥做两次追施，第一次追肥后7天追第二次肥，亩用尿素5～8千克。

（4）晒好田

机插苗返青期较长，返青后分蘖势强，高峰苗来势猛，可适当提前到预计穗数70%～80%时自然断水落干搁田，反复多次轻搁至田中不陷脚，叶色落黄褪淡即可，以抑制无效分蘖并控制基部节间伸长，提高根系活力。切勿重搁，以免影响分蘖成穗。

二、水稻湿润育秧技术

水稻湿润育秧技术作为手工插秧的配套育秧方法，适宜不同地区、水稻种植季节及不同类型水稻品种育秧。该技术操作方便、应用广泛、适应性强。

（一）秧田准备

选择背风向阳、排灌方便、肥力较高、田面平整的稻田做秧田，秧田与本田的比例为1：（8～10）。在播种前10天左右，干耕干整，耙平耙细，开沟做畦，畦长10～12米，畦宽1.4～1.5米，沟宽0.25～0.30米，沟深0.15米。畦面要达到"上糊下松，沟深面平，肥足草净，软硬适中"的要求。结合整地做畦，每亩秧田施用复合肥20千克，施后将泥肥混匀耙平。

（二）种子处理与浸种催芽

播种前，选择晴天晒种2天。采用风选或盐水选种。浸种时用强氯精、咪鲜胺等进行种子消毒。浸种时间长短视气温而定，以种子吸足水分达透明状并可见腹白和胚为好，气温低时浸种2～3天，气温高时浸种1～2天。催芽用35℃～40℃温水洗种预热3～5分钟，后把谷种装入布袋或箩筐，四周可用农膜与无病稻草封实保温，一般每隔3～4小时淋一次温水，谷种升温后，控制温度在35℃～38℃，如果温度过高要翻堆。谷种露白后要调降温度到25℃～30℃，适温催芽促根，待芽长半粒谷、根长1粒谷时即可。播种前把种芽摊开在常温下炼芽3～6小时后播种。

（三）精量播种

早稻3月中下旬抢晴播种。早稻常规稻30千克／亩，杂交稻秧田播种量20千克／亩为宜。单季常规稻10～12千克／亩，杂交稻秧田播种量7～10千克／亩。双季晚稻常规稻播种量20千克／亩，杂交稻秧田播种量10千克／亩。播种时以芽长为谷粒的半长，根长与谷粒等长时为宜。播种要匀播，可按芽谷重量确定单位面积的播种量。播种时先播70%的芽谷，再播剩余的30%补匀。播种后进行塌谷，塌谷后喷施秧田除草剂封杀杂草。

（四）覆膜保温

南方早稻一般采用拱架盖塑料薄膜保温的方法，也可用无纺布保温，采用高40～50cm的小拱棚，然后盖上膜，膜的四周用泥压紧，防备大风掀开。单季稻和连作晚稻秧田搭建遮阳网，防止鸟害和暴雨对播种造成影响，出苗后撤网。

（五）秧苗管理

早稻：出苗期保持畦面湿润，畦沟无水，以增强土壤通气性。出苗后到揭膜前，原则上不灌水上畦，以促进发根。揭膜时灌浅水上畦，以后保持畦面上有浅水，若遇寒潮可灌深水护苗。早稻播种到齐苗，若低于35℃一般不要揭膜。若高于35℃，应揭开两头通风降温，齐苗到2叶期应开始降温炼苗，晴天上午10点到下午3点揭开两头，保持膜内在25℃左右。早上揭膜，傍晚盖膜，进行炼苗。揭膜时每亩秧田施尿素和氯化钾各4～6千克做"断奶肥"，以保证秧苗生长对养分的需求，秧龄长的在移栽前还可再施尿素和氯化钾各2～3千克做"送嫁肥"。

单季稻和连作晚稻：播种后到一叶一心期，保持畦面无水而沟中有水，以防"高温烧芽"。一叶一心到二叶一心期，仍保持沟中有水，畦面不开裂不灌水上畦，开裂则灌"跑马水"上畦。3叶期以后灌浅水上畦，以后浅水勤灌促进分蘖，遇高温天气，可日灌夜排降温。晚稻一叶一心期追施"断奶肥"和300ppm浓度多效唑每亩药液75千克喷施一次，4ˉ5叶期施一次"接力肥"，移栽前3～5天施"送嫁肥"，每次施肥量不宜过多，以每亩尿素和氯化钾各3～4千克为宜。

（六）病虫草害防治

塌谷后及时喷施秧田除草剂封杀杂草，秧苗期应及时拔除杂草。早稻注意防治立枯病、稻瘟病，单季稻和晚稻防治稻蓟马、稻纵卷叶螟、苗稻瘟等病虫危害。移栽前用螟施净100毫升对水45千克喷施，做到带药移栽。

三、水稻抛秧栽培技术

水稻抛秧栽培技术是指利用塑料育秧盘或无盘抛秧剂等培育出根部带有营养土块的水稻秧苗，通过抛、丢等方式移栽到大田的栽培技术。根据育苗的方式，抛秧稻主要有塑料软盘育苗抛栽、纸筒育苗抛栽、"旱育保姆"无盘抛秧剂育秧抛栽和常规旱育秧手工掰块抛栽等方式。湖北省以塑料软盘育苗抛秧和无盘旱育抛秧为主。

（一）塑料软盘育苗抛秧技术

1.播前准备

（1）品种选择

选择秧龄弹性大、抗逆性好的品种。双季晚稻要根据早稻品种熟期合理搭配品种，一般以"早配迟""中配中""迟配早"的原则，选用稳产高产、抗性强的品种，保证安全齐穗。

（2）秧盘准备

每亩大田须备足434孔塑料50张。秧龄短的早熟品种可备561孔塑料育秧软盘40～45张。

（3）确定苗床

选择运秧方便、排灌良好、背风向阳、质地疏松肥沃的旱地、菜地或水田做苗床。苗床面积按秧本田 1 :（25 ～ 30）的比例准备。营养土按每张秧盘 1.3 ～ 1.4 千克备足。

2.播种育秧

（1）播期

一般早稻在 3 月下旬至 4 月上旬播种，晚稻迟熟品种于 6 月 5—10 日播种，中熟品种于 6 月 15—20 日播种，早熟品种于 7 月 5—10 日播种。

（2）摆盘

在苗床厢面上先浇透水，再将塑料软盘 2 个横摆，用木板压实，做到盘与盘衔接无缝隙，软盘与床土充分接触不留空隙，无高低。

（3）播种

将营养土撒入摆好的秧盘孔中，以秧盘孔容量的 2/3 为宜，再按每亩大田用种量，将催芽破胸露白的种子均匀播到每具孔中，杂交稻每孔 1 ～ 2 粒，常规稻每孔 3 ～ 4 粒，尽量降低空穴率，然后覆盖细土使孔平并用扫帚扫平，使孔与孔之间无余土，以免串根影响抛秧。盖土后用喷水壶把水淋足，不可用瓢泼浇。

（4）覆盖

早稻及部分中稻需要覆盖地膜保温。晚稻需要覆盖上秸秆防晒、防雨冲、防雀害，保证正常出苗。

（5）苗床管理

①芽期：播后至第 1 叶展开前，主要保温保湿，早稻出苗前膜内最适温度 30℃ ～ 32℃，超过 35℃ 时通风降温，出苗后温度保持在 20℃ ～ 25℃，超过 25℃ 时通风降温。晚稻在立针后及时将覆盖揭掉，以免秧苗徒长。②2 叶期：一叶一心到二叶一心期，喷施多效唑控苗促蘖。管水以干为主，促根深扎，叶片不卷叶不浇水。早、中稻膜内温度应在 20℃ 左右，晴天白天可揭膜炼苗。③3 叶至移栽：早稻膜内温度控制在 20℃ 左右。根据苗情施好送嫁肥，一般在抛秧前 5 ～ 7 天亩用尿素 2.5 千克均匀喷雾。在抛栽前一天浇一次透墒水，促新根发出，有利于抛栽和活蔸，抛栽前切记不能浇水。晚稻秧龄超过 25 ～ 30 天的，对缺肥的秧苗可适当施送嫁肥，但要注意保证秧苗高度不超过 20cm。

3.大田抛秧

（1）耕整大田

及时耕整大田，要求做到"泥融、田平、无杂草"。在抛栽前用平田杆拖平。

（2）施足基肥

要求氮、磷、钾配合施用，以每亩复合肥 40～50 千克做底肥。

（3）适时早抛

一般以秧龄在 30 天内、秧苗叶龄不超过 4 片为宜。晚稻抛栽期秧龄长（叶龄 5～6 叶）的争取早抛，尽量在 7 月底抛完。

（4）抛秧密度

早稻每亩抛足 2.5 万穴，中稻每亩 1.8 万穴左右，晚稻每亩 2 万穴左右，不宜抛秧过密过稀。

（5）抛栽质量

用手抓住秧尖向上抛 2～3 米的高度，利用重力自然入泥立苗。先按 70% 秧苗在整块大田尽量抛匀，再按 3 米宽拣出一条 30cm 的工作道，然后将剩余 30% 的秧苗顺着工作道向两边补缺。抛栽后及时补蔸匀苗。

4.大田管理

（1）水分管理

做到"薄水立苗、浅水活蘖、适期晒田"。抛栽时和抛栽 3 天内保持田面薄水，促根立苗。抛栽 3 天后复浅水促分蘖。当每亩苗达到预期穗数的 85%～90% 时，应及时排水晒田，促根控蘖。后期干干湿湿，养根保叶，切忌长期淹灌，也不宜断水过早。

（2）施肥

抛秧后 3～5 天，早施分蘖肥，每亩追尿素 10 千克。晒田后复水时，结合施氯化钾 7～8 千克。

（3）防治病虫害

主要防治稻蓟马、稻纵卷叶螟，重点防治第四代三化螟为害造成白穗。

（二）无盘旱育抛秧技术

水稻无盘旱育抛秧技术是水稻旱育秧和抛秧技术的新发展，利用无盘抛秧剂（简称旱育保姆）拌种包衣，进行旱育抛秧的一种栽培技术。旱育保姆包衣无盘育秧具有操作简便、节省种子、节省秧盘、节省秧地、秧龄弹性大、秧苗质量好、拔秧方便、秧根带土易抛、抛后立苗快等技术优势及增产作用，一般每亩大田增产 5% ～ 10%。尤其是对早稻因为干旱或者前期作物影响不能及时移栽，须延长秧龄以及对晚稻感光型品种要求提前播种，延长生育期，确保晚稻产量显得特别重要。技术要点如下：

1. 秧田准备

应选用肥沃、含沙量少、杂草较少、交通方便的稻田或菜地做无盘抛秧的秧床秧田。一般一亩大田需秧床 30 ～ 40 平方米。整好秧厢，翻犁起厢时一并施入足够的腐熟农家肥，同时，还应施 2 ～ 2.5 千克复合肥与泥土充分混合，培肥床土。按 1.5 米开厢，起厢后耙平厢面。

2. 选准型号

无盘抛栽技术要选用抛秧型的旱育保姆，籼稻品种选用籼稻专用型，粳稻品种选用粳稻专用型。

3. 确定用量

按 350 克旱育保姆可包衣稻种 1 ～ 1.2 千克来确定用量。旱育保姆包衣稻种的出苗率高、成秧率高、分蘖多，因此须减少播种量。大田用种量杂交稻每亩 1.5 千克左右，常规稻 2 ～ 3 千克，秧大田比 1：（12 ～ 15）。

4. 浸好种子

采取"现包即种"的方法。包衣前先将精选的稻种在清水中浸泡 25 分钟，温度较低时可浸泡 12 小时，春季气温低，浸种时间长；夏天气温高，浸种时间短。

5. 包衣方法

将浸好的稻种捞出，沥至稻种不滴水即可包衣。将包衣剂倒入脸盆等圆底容器中，再将浸湿的稻种慢慢加入脸盆内进行滚动包衣，边加种边搅拌，直到包衣剂全部包裹在种子上为止。拌种时，要掌握种子水分适度。稻种过分晾干，拌不上种衣剂。稻种带有明水，种衣剂会吸水膨胀黏结成块，也拌不上或拌不匀。拌种后稍微晾干，即可播种。

6. 浇足底水

旱育秧苗床的底水要浇足浇透，使苗床 10㎝ 土层含水量达到饱和状态。

7. 匀播盖籽

将包好的种子及时均匀撒播于秧床，无盘抛秧播种一定要均匀，才能达到秧苗所带泥球大小相对一致，提高抛栽立苗率。播种后，要轻度镇压后覆盖 2 ～ 3㎝ 厚的薄层细土。

8.化学除草

盖种后喷施旱育秧专用除草剂，如旱秧青、旱秧净等。

9.覆盖薄膜、增温保湿

为了保证秧苗齐、匀、壮，播种后要盖膜，齐苗后逐步揭膜，揭膜时要一次性补足水分。

10.抛秧前浇水

抛拔秧前一天的下午苗床要浇足水，一次透墒，以保证起秧时秧苗根部带着"吸湿泥球"，利于秧立苗，但不能太湿。扯秧时，应一株或两株秧苗一起拔起。

11.旱育抛秧方法

大田田间管理及病虫害防治等同塑料软盘育苗抛秧技术。

四、水稻直播栽培技术

水稻直播栽培（简称直播稻）是指在水稻栽培过程中省去育秧和移栽作业，在本田里直接播上谷种，栽培水稻的技术。与移栽稻相比，具有减轻劳动强度，缓和季节矛盾，省工、省力、省本、省秧田，高产高效等优点，已逐渐成为水稻生产的重要栽培方式。

直播栽培有水直播、旱直播和水稻旱种三种，其中水直播已成为目前水稻直播栽培的主要方式。水直播是在土壤经过精细整地，田平沟通，在浅水层条件下或在湿润状态下直接播种。

（一）选用优良品种

应选苗期耐寒性好、前期早生快发、分蘖力适中、株型紧凑、茎秆粗壮、抗倒力强、抗病性强、植株较矮的早熟、中熟品种。早稻可选用两优287、两优42、鄂早18等，中稻可选用广两优香66、扬两优6号、天两优616、Y两优1号、丰两优香一号、Q优6号、珞优8号等。

（二）精细整地，田平沟通

直播水稻做到早翻耕，田面平，田面泥软硬适中，厢沟、腰沟、围沟三沟相通，排灌通畅，使厢面无积水。平整厢面要在播种前一两天完成，待泥沉实后再播种。

（三）适时播种，确保全苗

一般直播水稻比移栽水稻迟播7～10天，直播早稻一般在4月上中旬，日均温度在12℃以上播种。直播早稻常规稻亩用种量5千克，杂交稻亩用种量2.5～3千克。直播中稻播期视茬口而定，一般中稻常规品种亩用种量 3 千克左右，杂交稻亩用种量 2 千克左右为宜。直播稻浸种催芽以破胸播种较为适宜。播种方法有撒播、点播和条播，大面积的直播可用机械条播。播种采取分厢定量的办法，先稀后补，即先播 70% 种子，后用 30% 种子补缺补稀，关键要确保均匀，播后轻埋芽。点播的不少于每亩 2 万穴。当秧苗 3～4 叶期时要及时进行田间查苗补苗，进行移密补稀，使稻株分布均匀。

（四）平衡施肥

直播水稻要以施有机肥为主，适当配施氮、磷、钾肥。施肥原则是"两重两轻一补"，即重底、穗肥，轻施断奶、促蘖肥，看苗补粒肥。基肥占施肥量的 40%，追肥占 60%，底肥一般每亩施农家肥 2500 千克、复合肥 30～40 千克。苗期追肥在 3 叶期，亩施尿素 5 千克、钾肥 5 千克。中期控制施肥，防止群体过大而引起倒伏。看苗酌施穗肥，如晒田后苗落黄较重，则每亩可施尿素 2～4 千克、钾肥 3～5 千克，落色不重可不施。穗粒肥于拔节后至齐穗期，每亩叶面喷施磷酸二氢钾 150 克。

（五）科学管水

管水要结合施肥、除草进行干湿管理，浅水勤灌，够苗后重晒田，促深扎根防倒伏。一般二叶一心前湿润管理促扎根，切忌明水淹苗。二叶一心后浅水促分蘖。中期适度多次搁田，可采用"陈水不干、新水不进"的方法，封行够苗后重晒田，防倒伏。抽穗灌浆期采用间歇灌溉法，成熟期干湿交替，切忌过早断水，收割前 7 天断水。

（六）化学除草

直播前 5 天整好田、开好沟，撒施除草剂丁草胺或草甘膦，保水 4～5 天后再排水播种。播种后 1～3 天，喷雾或撒施扫弗特除草。当秧苗三叶一心时，视田间稗草密度，如需要可再选择二氯喹啉酸可湿性粉剂除稗草；如阔叶草及莎草杂草大量发生时，加苯磺隆可湿性粉剂，结合追肥撒施，药后保水 5～7 天。

（七）综合防治病虫

在重视种子消毒，预防恶苗病等种传病害的基础上，根据病虫情报及时地做好稻飞虱、稻纵卷叶螟、二化螟、稻瘟病、稻曲病、纹枯病等水稻病虫害的防治工作。

五、水稻免耕栽培技术

水稻免耕栽培技术是指在水稻种植前稻田未经任何翻耕犁耙，先使用除草剂摧枯灭除前季作物残茬或绿草、杂草，灌水并施肥沤田，待水层自然落干或排浅水后，将秧苗抛栽或直播到大田中的一项新的栽培技术。

水稻免耕栽培田块要求：选择水源条件好、排灌方便、耕层深厚、保水保肥性能好、田面平整的田块进行。易旱田、沙质田和恶性杂草多的田块不适宜做免耕田。

（一）水旱轮作田免耕栽培

水稻水旱轮作免耕栽培是指油菜、早熟西瓜、小麦、蔬菜等田块，收获后不用翻耕，喷施克瑞踪除草后，即可抛秧、插秧、直播水稻。

1.免耕抛秧

免耕抛秧就是秧苗直接抛在未经耕耙的板田上，操作程序是：①种子用适乐时包衣、浸种，旱育秧苗。②收割油菜、小麦等前茬作物后，排干田水，喷施克瑞踪除草。③施土杂肥，沟内填埋秸秆，灌水泡田，施复合肥或有机氮素肥做底肥，整理田坡。④田水自然落干到适宜水深后进行抛秧或丢秧。⑤抛秧3天后复水，灌水时缓慢，以防止漂秧。⑥返青后按照常规施用稻田除草剂。⑦常规管理。免耕抛秧每亩抛秧穴数比翻耕多5%～10%，秧龄比移栽稻短，叶龄不超过3叶，苗高以10～15cm为宜。大田基肥要腐熟，防止出现烧根死苗现象。最好不用或少用碳酸氢铵。

2.免耕插秧

免耕插秧就是在未经耕耙的田块上直接栽插秧苗。采用板田直插，应选用土质较松软的壤土、轻壤土。免耕插秧的程序是：①种子用适乐时包衣、浸种，培育壮苗。②收割油菜、小麦等前茬作物后，排干田水，喷施克瑞踪除草。③施土杂肥，沟内填埋秸秆，灌水泡田，施复合肥或有机氮素肥做底肥，整理田埂。④田水自然落干到适宜水深后进行插秧。⑤插秧3天后复水，灌水时应缓慢，以防止漂秧。⑥返青后按照常规施用稻田除草剂。⑦常规管理。

3.免耕直播

免耕直播就是将稻种直接播在未经翻耕的板田上。免耕直播的操作程序是：①种子用适乐时包衣，浸种催芽。②收割油菜、小麦等前茬作物后，排干田水，喷施克瑞踪除草，要喷匀喷透。③施土杂肥，灌水泡田，施复合肥或有机氮素肥做底肥，整理田坡，整平田面。④田水基本落干后进行播种。亩用种量杂交稻1.25千克，常规稻4.0千克。⑤播种1天后喷施或撒施扫弗特除草。⑥常规管理。

免耕直播要注意：一是不要选用漏水田和水源不足的田块；二是播种量比翻耕田稍多；三是双季晚稻不宜采用直播。

4.秸秆还田

具体做法是：油菜收获后不要平沟，将油菜秸秆全部埋入沟中踩实，将高于田面的土耙在秸秆上，压住秸秆，防止上水后漂起。到了秋季，再将30%～50%的水稻秸秆埋入沟中，在沟的左侧犁出一条新沟，犁出的土顺势填入沟内，埋在秸秆上。每年如此，每年将沟往左移动一次，3～5年后可将全田埋秸秆一遍，这是提高地力的有效途径。早晚稻连作田收后即脱粒、喷药，24小时后灌水、施肥、抛秧。

（二）冬干田免耕栽培

冬干田杂草容易防除，地块平整，适宜免耕抛秧和免耕直播，操作程序是：

1.种子用适乐时包衣，浸种催芽，培育壮苗。

2.喷施克瑞踪防除冬干田杂草。

3.灌水泡田，整理田埂，以复合肥或有机氮素肥做底肥。

4.田水自然落干到适宜水深后进行播种、抛秧、丢秧或插秧。

5.3天后复水，灌水时应缓慢，以防止漂秧。

6.按照常规方法，施用稻田除草剂。

7.进行常规管理。

（三）双季晚稻免耕栽培

双季晚稻田是连作水稻田，适合免耕抛秧，土质较松软的也可免耕插秧。双季晚稻免耕要解决的关键问题是早稻稻桩产生的自生稻。技术上要掌握两点：一是齐泥割稻浅留稻桩；二是必须喷施克瑞踪杀灭稻桩。早稻收割后稻桩冒浆时尽快喷药，喷雾时雾滴要匀要粗，使药水渗入稻桩内，提高灭茬效果；灌深水淹稻桩。

双季晚稻的免耕栽培程序：

1.选择适宜品种的高质量种子，进行浸种催芽，培育壮苗。

2.齐泥收割早稻，浅留稻桩。

3.排干田水，喷施克瑞踪灭稻桩。

4.复水，灌水泡田，施用复合肥或有机氮素肥做底肥。

5.田水自然落干到适宜水深后进行抛秧或插秧。

6.灌深水淹稻桩，灌水时应缓慢，以防止漂秧。

7.返青后按照常规施用稻田除草剂。

8.常规管理。

（四）除草剂（克瑞踪）在水稻免耕栽培中的使用要点

在水稻免耕栽培技术中，化学除草和灭茬是技术的核心环节之一。选用的灭生性除草剂要具备安全、快速、高效、低毒、残留期短、耐雨性强等优点。湖北省在水稻免耕栽培中使用克瑞踪除草剂效果较好，应用较广泛。克瑞踪在免耕栽培中使用要点如下：

1. 喷药水量以将杂草全部喷湿为标准。

2. 田间积水要尽量放干后再喷药，积水深影响除草效果。

3. 不要用混浊的泥水兑药，泥水会降低克瑞踪的效果。

4. 喷施克瑞踪后一天就可上水。

六、水稻机械化育插秧技术

水稻机械化育插秧技术是继品种和栽培技术更新之后进一步提高水稻劳动生产率的一次技术革命。水稻机械插秧省工、省时、省秧田，与人工手插秧相比，机械插秧实现了宽行、浅栽、定穴、定苗栽插，具有返青快、分蘖早、有效穗多、抗逆性强、不易倒伏等特点。水稻插秧机不仅能减轻水稻移栽的劳动强度，节约生产成本，还能促进水稻增产，稻农增收。

（一）水稻机械化育秧

1. 育秧方式。按载体分为双膜育秧和软硬盘育秧，可以工厂化集中育秧或房前屋后、大田进行育秧，采取旱育秧、湿润育秧、淤泥育秧等方式。

2. 秧田准备。按照 1∶80 ～ 100 的比例留足秧田。

3. 种子准备。选择当地农业部门的主推品种，每亩按 3 ～ 4 千克准备种子。种子的发芽率要求在 90% 以上，发芽势达 85% 以上。

4. 精细播种。按照秧龄 18 ～ 20 天推算播期，播种前要准备好秧床，秧盘与地面要铺平、铺实，秧盘与秧盘之间不能留有间隙，四周要用土培实。播种可以采用人工均匀播种或全自动机械播种流水线。

5. 苗期管理。根据育秧方式和茬口的不同，采取相应的增温保湿措施，确保安全齐苗。

6. 秧苗要求。苗高 80 ～ 200mm，秧苗直立，茎秆粗硬，盘根如地毯，秧苗密度均匀，秧苗成块不散，分秧时根系不纠缠。同时搞好病虫防治。

（二）机械插秧

1. 栽前准备。适宜机械化插秧的秧苗应根系发达、苗高适宜、茎部粗壮、叶挺色绿、均匀整齐。参考标准为：叶龄三叶一心，苗高 12 ～ 20 ㎝，茎基宽不小于 2 mm，根数 12 ～ 15 条／苗。软硬盘秧起盘后小心卷起盘内秧块叠放于运秧车，堆放层数一般 2 ～ 3 层。

2. 整田质量要求。田块平整，高低差不超过 30 mm，土壤软硬适中。

3. 机械插秧。手扶式插秧机的作业行数一般为 4 行或 6 行，工作效率为 2 ～ 4 亩／小时。乘坐式高速插秧机的作业行数有 6 行、8 行或 12 行，一般选用 6 行，其工作效率可达 4 ～ 8 亩／小时。

4. 插秧质量要求。要求达到漏插率小于 5%，伤秧率小于 4%，均匀度合格率大于 85%，作业覆盖面达 98%。

5. 适宜推广区域：湖北省水稻产区。

6. 注意事项：首趟是插秧的基准，应保持插秧直线性。插植臂工作响声大时，应停机，向插植臂盖内加机油。若插植臂停止工作，并发出异响，应迅速切断主离合器，熄灭发动机，确认故障原因，并及时排除。田间转弯时，应停止栽插部件工作，并使栽插部件提升。过沟和田埂时，插秧机应升起，直线、垂直缓慢行驶。

七、无公害水稻栽培技术

无公害水稻栽培在无超标或无超标污染源、良好的自然生态环境（主要包括温、光、水、气、土五大要素）中，生产无污染、安全卫生、营养优质稻米，其重点是抓好产地环境、优选品种、培育壮秧、合理密植、平衡施肥、科学管水、综合防治病虫害、适时收获等几大环节。

（一）选择生产基地

应选择在生态条件良好，远离污染源，并具有可持续生产能力的农业生产区域。具体指标是：

1. 空气质量。在标准状态下，空气污染物浓度限值低于 GB 3095—1996 标准中的二级标准浓度限值。

2. 灌溉水质量。农田灌溉水质要达到 GB 5084—2005 的标准，才能灌入基地使用。

3. 土壤环境质量。土壤符合环境质量 GB 15618—1995 标准中的二类二级的标准。

（二）优选品种

选用高产、优质、抗病虫害强、抗逆性强、生育期适中且适宜生产基地种植的品种，并使用质量合格种子。

（三）培育壮秧

1.适时播种

播种期应根据气候条件、品种特性、前后茬口时间衔接来确定。要将水稻的抽穗—成熟期定在最佳的气候条件下，确定最佳的播种期。一般武汉地区早稻在3月中下旬到4月上旬播种，中稻在4月中下旬播种，一季晚稻可推迟到5月上旬播种，双季晚稻播种时间是迟熟品种6月上中旬，中熟品种6月下旬播种。

2.种子播前处理

一般杂交稻大田亩用种量1～1.25千克，常规稻亩用种量2～2.5千克。在晒种、精选的基础上进行消毒处理，用50%强氯精可湿性粉剂1000～1500倍液浸种1天，再进行催芽，破胸温度掌握在35℃～38℃。

3.采用旱育秧，降低播种量，增加秧龄弹性

一般早、晚稻秧龄25～30天，中稻30～35天。

4.秧田管理

一是要选好秧田，科学施好基肥。二是要及时用好秧田追肥。秧田追肥，要在3叶期前施好断奶肥，在移栽前4～5天追一次送嫁肥。三是要做好控苗促蘖工作。

（四）合理密植

当秧龄指标达到移栽标准时，要适时早栽。宽行窄株，要求插得浅，行株距直，每穴栽插苗数均匀。栽插密度应根据品种类型、地理条件、土壤肥力和种植形式等综合考虑。杂交稻、大穗型品种、肥力中偏上的田块和采用抛秧方式的栽（抛），密度偏稀，一般每亩大田栽1.2万穴左右，每穴插2粒谷秧苗；常规稻、穗数型品种、肥力中偏下的田块和采用手工栽秧方式的密度偏密，一般每亩大田栽1.5万～2.0万穴，每穴栽4～5粒谷秧苗。

（五）平衡施肥

施肥原则是以"稳促结合"为主，早稻、双季晚稻采取"前促、中控、后保"施肥法，中稻采取"攻中、稳前后"施肥法。在施肥上坚持以基肥为主，基肥与追肥结合；以有机肥为主，有机肥与无机肥结合。提倡测土配方施肥。水稻一般亩施纯氮10～14千克，氮、磷、钾比例为2：1：2。基肥为总施肥量的60%以上，有机占80%以上。追肥为总施肥量的35%～40%，化肥占80%以上。其中水稻前期追肥为总施肥量的20%～25%，中期追肥为总施肥量的10%～15%，后期追肥为总施肥量的5%～10%。水稻基肥、前期、中期、后期追肥的比例大致为6：（2～2.5）：（1～1.5）：（0.5～1.0）。

在这个比例的基础上，早稻、双季晚稻中期追肥可少一点，前期多一点；中稻则是中期追肥可多一点，前期少一点。

（六）科学管水

采取浅水栽（抛）秧，湿润立苗，寸水返青，薄水分蘖，适时晒田，当出间苗数达到预期穗数的 80% 时即开始晒田，多次轻晒。复水后浅灌勤灌，深水孕穗，足水抽穗，干干湿湿灌浆，间歇灌溉，待田面水自然落干后再上新水，收获前 3～5 天断水，防止后期脱水过早，影响优质稻谷品质。晒田要坚持"苗到不等时，时到不等苗"的原则。够苗晒田，杂交稻 20 万～22 万苗，常规稻 28 万～30 万苗，或到了晒田的时候，双季晚稻要保证齐穗，晒到不陷脚为宜。

（七）综合防治病虫害

遵循"预防为主，综合防治"的植保工作方针，从稻田生态系统出发，实施健身栽培，综合运用多种防治措施，将有害生物控制在经济允许值以下，并保证稻米中的农药残留量符合规定。

1. 农业防治

一是选用抗逆性强的品种，减轻病虫害的发生；二是采用合理耕作制度，实行轮作换茬、种养（稻鸭、稻鱼、稻蟹等）结合、健身栽培等农艺措施，减少病虫害的发生。

2. 物理防治

使用杀虫灯、粘虫板等进行灯光或性激素诱杀；人工捕捉、除去杂草和病虫危害植株。

3. 生物防治

注意保护和利用天敌，维护天敌种群多样性，发挥天敌的控害作用；优先推广使用生物农药，如苏云金杆菌、井冈霉素等。

4. 化学防治

一是加强病虫害的预测预报，及时掌握病虫草害发生情况。二是严格按照无公害生产规定的水稻病虫害防治指标，在防治适期施药。三是宜一药多治或农药合理混用。四是有限制地使用具有三证的高效、低毒、低残留农药品种，控制施药量与安全间隔期。五是采用农药加载体撒施方法，防治水稻前期一代螟虫和杂草。六是对水稻叶面病虫、穗部病虫实行针对性低容量喷雾。禁止使用高毒、高残留农药。

（八）适期收获

当 95% 以上谷粒黄熟后即可收割，确保稻谷质量，避免过早过迟收获造成空秕率增高、米质降低和发芽、霉烂。收获时无公害稻谷与普通稻谷分收分晒。切忌在公路、沥青路面及粉尘污染严重的地方脱粒、晒谷。

（九）安全贮运

贮运时要单收单贮单运，运输工具应清洁、干燥、防雨。仓库要消毒、除虫、灭鼠，要避光、低温、干燥和防潮贮存。严禁与有毒、有害、有腐蚀性，易发霉、发潮，有异味的物品混运混存。

第二节　玉米栽培技术

一、鲜食玉米优质高产栽培技术

随着种植业结构的调整，"鲜、嫩"农产品成为现代化都市农业发展的方向，其中以甜糯为代表的鲜食玉米因其营养成分丰富、味道独特、商品性好，备受人们青睐，市场前景十分广阔，农民的经济效益很好。

（一）选用良种

一般要选用甜糯适宜、皮薄渣少、果穗大小均匀一致、苞叶长不露尖、结实饱满、籽粒排列整齐、综合抗性好且适宜于本地气候特点的优良品种。在选用品种时，应结合生产安排选用生育期适当的品种，如早春播种要选早熟品种，提早上市；春播、秋播可根据上市需要，选用早、中、晚熟品种，排开播种，均衡上市；延秋播种以选早熟优质品种较好。

（二）隔离种植

以鲜食为主的甜、糯特用玉米其性状多由隐性基因控制，种植时需要与其他玉米隔离，以尽量减少其他玉米花粉的干扰，否则甜玉米会变为硬质型，糖度降低，品质变劣。糯玉米的支链淀粉会减少，失去或弱化其原有特性，影响品质，降低或失去商品价值。因此生产上常采用空间隔离和时间隔离。空间隔离须在种植甜、糯玉米的田块周围300米以上，不要种与甜、糯玉米同期开花的普通玉米或其他类型的玉米，如有树林、山岗等天然屏障则可缩短隔离距离。时间隔离，即同一种植区内，提前或推后甜、糯玉米播种期，使其开花期与邻近地块其他玉米的开花期错开20天左右，甚至更长。对甜、糯玉米也应注意隔离。

（三）分期播种

鲜食玉米适宜于春秋种植。根据市场需要和气候条件，分期排开播种，对均衡鲜食玉米上市供应非常重要，特别是采用超早播种和延秋播种技术，提早上市和延迟上市，是提高鲜食玉米经济效益的一个重要措施。一般春播分期播种间隔时间稍长，秋播分期播种时间较短。

春播一般要求土温稳定在 12℃以上。为了提早上市，武汉地区在 2 月下旬播种，选用早熟品种，采用双膜保护地栽培，3 叶期移栽，5 月下旬至 6 月上中旬可收获，此时鲜食玉米上市量小，价格高。采用地膜覆盖栽培技术，武汉地区于 3 月中旬播种。露地栽培于清明前后播种。4 月下旬不宜种植。

秋播在 7 月中旬至 8 月 5 日播种。秋延迟播种于 8 月 5—10 日播种，于 11 月上市，此时甜玉米市场已趋于淡季，产品价格高，但后期易受低温影响，有一定的生产风险。

（四）精细播种

鲜食甜、糯玉米生产，要求选择土壤肥沃、排灌方便的沙壤、壤土地块种植。鲜食甜、糯玉米特别是超甜玉米淀粉含量少，发芽率低，顶土力弱。为了保证甜玉米出全苗和壮苗，要精细播种。首先，要选用发芽率高的种子，播前晒种 2～3 天，冷水浸种 24 小时，以提高发芽率，提早出苗。其次，精细整地，做到土壤疏松、平整，土壤墒情均匀、良好，并在穴间行内施足基肥，一般每亩施饼肥 50 千克、磷肥 50 千克、钾肥 15 千克，或氮、磷、钾复合肥 50～60 千克，以保证种子出苗有足够的养分供应，促进壮苗早发。最后，甜玉米在播种过程中适当浅播，超甜玉米一般播深不能超过 3cm，普通甜玉米一般播深不超过 4cm，用疏松细土盖种。此外，春季可利用地膜覆盖加小拱棚保温育苗，秋季可用稻草或遮阴网遮阴防晒防暴雨育苗。

（五）合理密植

鲜食玉米以采摘嫩早穗为目的，生长期短，要早定苗。一般幼苗 2 叶期间苗，3 叶期定苗。育苗移栽最佳苗龄为二叶一心。

根据甜、糯玉米品种特性、自然条件、土壤肥力和施肥水平以及栽培方法确定适宜的种植密度。一般甜玉米的适宜密度范围在 3000～3500 株，糯玉米的适宜密度范围在3500～4000 株，早熟品种密度稍大，晚熟品种密度稍小。采取等行距单株条植，行距50～65cm，株距 20～35cm。

（六）加强田间管理

鲜食甜、糯玉米幼苗长势弱，根系发育不好，苗期应在保苗全、苗齐、苗匀、苗壮上下功夫，早追肥，早中耕促早发，每亩追施尿素 5～10 千克。拔节期施平衡肥，每亩尿素 5 ～ 7 千克。大喇叭口期重施穗肥，每亩施尿素 5 ～ 20 千克，并培土压根。要加强开花授粉和籽粒灌浆期的肥水管理，切不可缺水，土壤水分要保持在田间持水量的 70% 左右。

甜、糯玉米品种一般具有分蘖分枝特性。为保主果穗产量的等级，应尽早除蘖打杈，在主茎长出 2 ～ 3 个雌穗时，最好留上部第一穗，把下面雌穗去除，操作时尽量避免损伤主茎及其叶片，以保证所留雌穗有足够的营养，提高果穗商品质量，以免影响产量和质量。

在开花授粉期采用人工授粉，减少秃顶，提高品质。

（七）防治病虫害

鲜食甜、糯玉米的营养成分高，品质好，极易招致玉米螟、金龟子、蚜虫等害虫危害，且鲜果穗受害后，严重影响其商品性状和市场价格，因此对甜玉米的虫害要早防早治，以防为主。在防治病虫害的同时，要保证甜玉米的品质，尽量不用或少用化学农药，最好采用生物防治。

玉米病虫害防治的重点是加强对玉米螟的防治，可在大喇叭口期接种赤眼蜂卵块，也可用 Bt 乳剂或其他低毒生物农药灌心，以防治螟虫危害。苗期蝼蛄、地老虎危害常常会造成缺苗断垄，可用 50% 辛硫磷 800 倍液对水喷雾预防。

（八）适时采收

采收期对鲜食甜、糯玉米的商品品质和营养品质影响较大，不同品种、不同播种期，适宜采收期不同，只有适期采摘，甜、糯玉米才具有甜、糯、香、脆、嫩以及营养丰富的特点。鲜食甜玉米应在乳熟期采收，以果穗花丝干枯变黑褐色时为采收适期；或者用授粉后天数来判断，春播的甜玉米采收期在授粉后 19 ～ 24 天，秋播的可以在授粉后 20 ～ 26 天为好。糯玉米的适宜采收期为玉米开花授粉后的 18 ～ 25 天。鲜食玉米还应注意保鲜，采收时应连苞叶一起采收，最好是随采收，随上市。

二、鲜食玉米无公害栽培技术

鲜食玉米实行无公害栽培，可生产安全、安心的产品，满足人们生活的需要，实现农民增收、农业增效，对促进鲜食玉米产业的持续、健康发展有着重要意义。

（一）选择生产基地

选择生态环境良好的生产基地。基地的空气质量、灌溉水质量和土壤质量均要达到国家有关标准。生产地块要求地势平坦，土质肥沃疏松，排灌方便，有隔离条件。空间隔离，要求与其他类型玉米隔离的距离为 400 米以上。时间隔离，要求在同隔离区内 2

个品种开花期要错开 30 天以上。

(二) 精细整地，施足基肥

播种前，深耕 20 ～ 25cm，犁翻耙碎，精细整地。单作玉米的厢宽 120cm，套种玉米厢宽 180cm，沟宽均为 20cm，厢高 20cm，厢沟、围沟、腰沟三沟配套。结合整地，施足基肥。一般亩施腐熟农家肥 2000 千克，或饼肥 150 千克，或复合肥 60 千克，硫化锌 0.5 千克。

(三) 分期播种，合理密植

根据市场需要和气候条件，分期排开播种。武汉地区春播一般要求土温稳定在 12℃ 左右。如果采用塑料大棚和小拱棚育苗、地膜覆盖大田移栽方式，在 2 月上旬至 3 月上旬播种，二叶一心移栽，5 月下旬至 6 月上旬可收获。大田直播地膜覆盖栽培在 3 月中旬至 4 月上旬，6 月中下旬收获。露地直播在清明前后播种，7 月上旬采收。秋播在 7 月下旬至 8 月 5 日，秋延迟可于 8 月 5—10 日播种，9 月下旬至 11 月中旬采收。

甜玉米大田直播亩用种量 0.6 ～ 0.8 千克，糯玉米亩用种量 1.5 千克。育苗移栽，甜玉米亩用种量 0.5 ～ 0.6 千克，糯玉米亩用种量 1 ～ 1.2 千克。采取宽窄行种植，窄行距 40cm，株距 30cm，种植密度 3000 ～ 4000 株。

(四) 田间管理

1. 查苗、补苗、定苗

出苗后要及时查苗和补苗，使补栽苗与原有苗生长整齐一致。二叶一心至三叶一心定苗，去掉弱小苗，每穴留 1 株健壮苗。

2. 肥水管理

春播玉米于幼苗 4 ～ 5 叶时追施苗肥，每亩追施尿素 3 千克。7 ～ 9 叶时追施攻穗肥，在行间打洞，每亩追施 25 千克三元复合肥，并及时培土。在玉米授粉、灌浆期，亩用磷酸二氢钾 1 千克对水喷施叶面。秋播玉米重施苗肥，补施攻穗肥。玉米在孕穗、抽穗、开花、灌浆期间不可受旱，土壤太干燥要及时灌跑马水，将水渗透畦土后及时排出田间渍水。多雨天气要清沟，及时排出渍水。

3. 及时去蘖

6 ～ 8 叶期发现分蘖及时去掉。打苞一般留顶端或倒二苞，以苞尾部着生有小叶为最好，每株只留最大一苞。

(五) 病虫害防治

鲜食玉米禁止施用高毒高残留农药，禁止施用有机磷或沙蚕毒素类农药与 Bt 混配的复配生物农药，采收期前 10 天禁止施用农药。

1. 主要虫害

玉米主要虫害有地老虎、玉米螟、玉米蚜等。

（1）地老虎防治方法

一是毒饵诱杀。播种到出苗前用 90% 敌百虫晶体 0.25 千克，对水 2.5 千克，拌匀 25 千克切碎的嫩菜叶，于傍晚撒在田间诱杀。二是人工捕捉。早晨在受害株根部挖土捕捉。三是药物防治。可用 2.5% 敌杀死乳油 3000 倍液、50% 辛硫磷乳油 1000 倍液喷雾或淋根。

（2）玉米螟防治方法

①农业防治：一是选用高产抗（耐）病虫品种；二是推广秸秆粉碎还田，或用作沤肥、饲料、燃料等措施，减少玉米螟越冬基数；三是合理安排茬口，压低玉米螟基数；四是利用玉米螟集中在尚未抽出的雄穗上的为害特点，在危害严重地区，隔行人工去除雄穗，带出田外烧毁或深埋，以消灭幼虫；五是在大螟田间产卵高峰期内，对 5 叶以上玉米苗，详细观察玉米叶鞘两侧内的大螟卵块，人工摘除田外销毁。②生物防治：在玉米螟产卵初期至产卵盛期，将"生物导弹"产品挂在玉米叶片的主脉上，或采摘杂木枝条，插在玉米地里，将"生物导弹"挂在枝条上，每亩按 15 米等距离挂 5 枚，于上午 10 点前或下午 4 点后挂。玉米螟重发田块，间隔 10 天左右每亩再挂 5 枚防治玉米螟。挂"生物导弹"后不宜使用化学农药。③理化诱控：一是灯光诱杀物理防治技术。利用昆虫趋光性，使用太阳能杀虫灯、频振式杀虫灯诱杀大螟、玉米螟等。二是性诱技术。利用昆虫性信息素，在性诱剂诱捕器中安放性诱剂诱杀玉米螟等害虫。④化学防治：发生严重田块，于 5 月上中旬，对 4 叶以上春玉米亩用 0.2% 甲维盐乳油 20 ～ 30 毫升，或 55% 特杀螟可湿性粉剂 50 克，或 90% 敌百虫晶体 100 克，对水 30 千克，用喷雾器点喷玉米心叶部。玉米螟重发田块，于玉米心叶期施用 1% 辛硫磷颗粒剂或 5% 杀虫双大粒剂，加 5 倍细土或细河沙混匀，撒入喇叭口，杀灭心叶期玉米螟幼虫。在小麦与玉米间作田还可选用辛硫磷乳油主防玉米螟，兼治玉米蚜、叶螨、黏虫等。

（3）玉米蚜防治方法

①清除杂草：结合中耕，清除田边、沟边、塘边和竹园等处的禾本科杂草，消灭滋生基地。②药剂拌种：用玉米种子重量 0.1% 的 10% 吡虫啉可湿性粉剂浸拌种，防治苗期蚜虫、稻蓟马、飞虱效果好。③药剂防治：在玉米心叶期，蚜虫盛发前，可用 50% 抗蚜威可湿性粉剂 3000 倍液或 10% 吡虫啉可湿性粉剂 2000 ～ 3000 倍液喷雾，隔 7 ～ 10 天喷一次，连喷 2 次。

2.主要病害

玉米的主要病害有玉米纹枯病、丝黑穗病，玉米大斑病、小斑病等。

（1）玉米纹枯病防治方法

①注意选择抗（耐）病品种，各地要因地制宜引进品种试种。②勿在前作地水稻纹枯病严重发病的田块种玉米，勿用纹枯病稻秆做覆盖物。③合理密植，开沟排水降低田间湿度，增施磷钾肥，避免偏施氮肥。④加强检查，发现病株即摘除病叶鞘烧毁，并用5% 井冈霉素水剂 400 ～ 500 倍液喷雾，隔 7 ～ 10 天喷一次，连喷 2 次；或喷施速克灵可湿性粉剂 1000 ～ 1500 倍液，或 50% 退菌特可湿性粉剂 800 ～ 1000 倍液，2 ～ 3 次，隔 7 ～ 10 天一次，着重喷植株基部。

（2）玉米丝黑穗病防治方法

①选用抗病品种。②精耕细作，适期播种，促使种子发芽早，出苗快，减少发病。③及时拔除病株，带出田外销毁。收获后及时清洁田园，减少田间初侵染病原。实行轮作。④用粉锈宁可湿性粉剂，或 50% 敌克松可湿性粉剂，或福美双可湿性粉剂，进行药剂拌种，随拌随播。

（3）玉米大、小斑病防治方法

①选用抗病品种：这是防治大、小斑病的根本途径，不同的品种对病害的抗性具有明显的差异，要因地制宜引种抗病品种。②健身栽培：适期播种、育苗移栽、合理密植和间套作，施足基肥、配方施肥、及早追肥，特别要抓好拔节和抽穗期及时追肥，适时喷施叶面营养剂。注意排灌，避免土壤过旱过湿。清洁田园，减少田间初侵染病原和实行轮作等。③药剂防治：可用 40% 克瘟散乳剂 500 ～ 1000 倍液，或 40% 三唑酮多菌灵，或 45% 三唑酮福美双可湿性粉剂 1000 倍液，或 75% 百菌清加 70% 托布津（1：1）1000 倍液，也可选喷 50% 多菌灵可湿性粉剂 500 倍液，或 50% 甲基托布津 600 倍液，2 ～ 3 次，隔 7 ～ 10 天一次，交替施用，前密后疏，喷匀喷足。

（4）玉米锈病防治方法

应以种植抗病杂交种为主，辅以栽培防病等措施。具体措施：①选用抗病杂交品种，合理密植。②加强肥水管理，增施磷钾肥，避免偏施过施氮肥，适时喷施叶面营养剂提高植株抗病性。适度用水，雨后注意排渍降湿。③及时施药预防控病：在植株发病初期喷施 25% 粉锈宁可湿性粉剂，或乳油 1500 ～ 2000 倍液，或 40% 多硫悬浮剂 600 倍液，或 12.5% 速保利可湿性粉剂，2 ～ 3 次，隔 10 天左右一次，交替施用，喷匀喷足。

（六）适时采收

鲜食玉米在籽粒发育的乳熟期，含水量 70%，花丝变黑时为最佳采收期。一般普甜玉米在吐丝后 17 ～ 23 天采收，超甜玉米在吐丝后 20 ～ 28 天采收，糯玉米在吐丝后 22 ～ 28 天采收，普通玉米在吐丝后 25 ～ 30 天采收。采收时连苞叶采收，以利于上市延长保鲜期，当天采收当天上市。

（七）运输与贮存

鲜穗收获后就地按大小分级，使用无污染的编织袋包装运输。运输工具要清洁、卫生、无污染、无杂物，临时贮存要在通风、阴凉、卫生的条件下。在运输和临时贮存过程中，要防日晒、雨淋和有毒物质污染，不使产品质量受损。不宜堆码。

三、玉米免耕栽培技术

（一）选择生产基地

选择在地势平坦、排灌方便、土层深厚、肥沃疏松、保水保肥的壤土或沙土田进行。耕层浅薄、土壤贫瘠、石砾多、土质黏重和排水不良的地块不宜做玉米免耕田。

（二）选用优质高产良种

选用优质、高产、多抗（抗干旱、抗倒伏、抗病虫害）、根系发达、适应性广、适宜于当地种植的品种。湖北省平原地区可选用登海 9 号、宜单 629、蠡玉 16 号、鄂玉 25 等品种。

（三）播前除草

选用高效、安全除草剂，在播种前 7 ～ 10 天选晴天喷施。使用除草剂要掌握"草多重喷、草少轻喷或人工除草"的原则。适合免耕栽培用的主要除草剂品种及常规用量是：10% 草甘膦每亩 1500 ～ 2000 毫升、20% 克无踪或百草枯每亩 250 ～ 300 毫升、41% 农达每亩 400 ～ 500 克。

（四）适时播种

玉米萌发出苗要求有一定的温度、水分和空气条件，掌握适宜时机播种，满足玉米萌发对这些条件的要求，才能做到一次全苗，当地表气温达到 12℃以上即可播种。春玉米一般在 3 月下旬至 4 月上旬播种。免耕栽培可采取开沟点播或开穴点播方法进行，每穴点播 2 ～ 3 粒种子，然后用经过堆沤腐熟的农家肥和细土盖肥盖种。

（五）合理密植

为了保证玉米免耕产量，种植密度要适宜。春玉米一般平展型品种亩植 3000 ～ 3800 株，紧凑型品种亩植 4500 株左右，半紧凑型品种亩植 3800 ～ 4500 株。单行单株种植，行距 70㎝，株距紧凑型品种 17 ～ 20㎝，半紧凑型品种 22 ～ 24㎝，平展型品种 26 ～ 30cm。双行单株种植，大行距 80cm，小行距 40cm，株距紧凑型 20 ～ 22cm，半紧凑型 23 ～ 25cm，平展型 30 ～ 34cm。

（六）科学施肥

掌握前控、中促、后补的施肥原则。施足基肥，注意氮、磷、钾配合施用。基肥一般亩施农家肥 2000 千克或三元复合肥 50 千克、锌肥 1 千克。5 ～ 6 片叶时追苗肥，亩施尿素 10 千克。12 ～ 13 片叶时追穗肥，亩施尿素 20 千克。

（七）田间管理

1. 查苗补苗

出苗后及时查苗补苗。补苗方法：一是移苗补缺（用多余苗或预育苗移栽）；二是补种（浸种催芽后补）。补种或补苗必须在 3 叶前完成，补苗后淋定根水，加施 1 ～ 2 次水肥。

2. 间苗定苗

3 叶时及时间苗，每穴留 2 苗。4 ～ 5 叶定苗，每穴留 1 苗。

3. 化学除草

5 ～ 8 叶期，每亩用 40% 玉农乐悬浮剂 50 ～ 60 毫升对水 30 ～ 40 千克喷雾除草，草少则采用人工拔除。

4. 科学排灌

苗期遇旱可用水浇灌，抽雄至授粉灌浆期是需水临界期，应保持土壤持水量 70% ～ 80%，遇旱应及时灌水抗旱，降雨过多应及时排水防涝。

（八）病虫鼠害防治

采取农业防治、物理防治和化学防治相结合的办法综合防治，把病虫鼠害降到最低限度。主要化学防治方法有：

虫害防治：对地下虫害防治，在播种时每亩用 50% 辛硫磷乳油 1 千克与盖种土拌匀盖种。防治玉米螟，可在大喇叭口期将 Bt 颗粒剂撒于心叶内，或用 Bt 乳剂对准喇叭口喷雾，间隔 7 天施用一次。蚜虫的防治，可用 2.5% 扑虱蚜对水 800 倍防治。病害防治：对发生纹枯病的田块，在发病初期每亩用 3% 井冈霉素水剂 100 克对水 60 千克喷雾。对大、小斑病每亩用 50% 多菌灵可湿性粉剂对水 500 倍喷雾防治。鼠害防治：可用 80% 敌鼠钠盐、7.5% 杀鼠迷等防治，严禁使用国家禁止使用的剧毒急性药物。

（九）适时收获

收获干粒的玉米，在全田 90% 以上植株茎叶变黄，果穗苞衣枯白，籽粒变硬时可收获。鲜食甜、糯玉米，适宜在乳熟期采摘。

四、玉米地膜覆盖栽培技术

玉米地膜覆盖栽培不仅具有保温保墒保肥、抑制杂草生长等优点，而且有利于早播早成熟早上市、增产增收，提高经济效益。

（一）选用地块

选择地势较平坦、土层深厚疏松、肥力较高的地块种植。

（二）整地施基肥

播种前，对地块进行深翻，粉碎较大土块并精细整平。结合整地，施足基肥。一般每亩施腐熟农家肥 1500 ~ 2000 千克、过磷酸钙 25 千克、复合肥 20 ~ 25 千克做基肥，然后深翻（深耕 30cm 左右）、整地、起畦。整平土地后按畦面宽 1.3 米（包沟）、畦高 20 ~ 25cm 做畦，整成龟背状。

（三）选用良种

选用优质、丰产、适应性广、抗倒伏、熟期适宜等综合性状好的优良品种，如登海9 号、宜单 629、鄂玉 25、福甜玉 18 号、华甜玉 3 号、鄂甜玉 3 号等。

（四）播栽与覆膜玉米

地膜覆盖栽培播种可比露地栽培提早 10 ~ 15 天。以日平均气温稳定超过 10℃ 为始播期，并结合当地种植制度确定适宜播种期。一般每畦播栽双行，行距 50 ~ 60cm，株距 25 ~ 30cm。

直播分为两种方式：①先播种后覆膜。根据行株距穴播，每穴播 2 ~ 3 粒，播后填平地面，然后覆盖地膜。②先覆膜后播种。播前 3 ~ 5 天覆盖地膜，按行株距用挖穴点播，每穴 2 ~ 3 粒，播后用细土封严地膜孔。播种时要深浅一致，种子播在湿土上。

育苗移栽，可在塑料大棚或小拱棚内，用塑盘或营养钵育苗，出针前膜内温度控制在 35℃ 以下，出针后膜内温度控制在 25℃ 以下，防止烧苗，移栽前三天通风炼苗。在二叶一心前移栽，栽前先在厢面覆膜，按种植行株距打孔移栽，再用细土将地膜孔封严。

覆膜要求地膜铺平、拉紧、紧贴地面，膜边四周用细土盖实，膜面光洁，采光面达70% 以上，以达到保温、保肥、灭草的效果。

（五）田间管理

1. 检查护膜

播种后经常到田间检查，发现漏覆、破损要及时重新覆好，用土封住破损处。

2. 放苗与补苗

当幼苗第一片叶展开时，及时破膜，在幼苗处的地膜开一个 5～7cm 的方形小孔放苗出膜，然后用细土封严膜孔。齐苗后，应及时查苗补缺，发现缺苗，结合间苗，带土补苗。

3. 间苗与定苗

间苗宜早，直播 3 叶期间苗，每穴留 2 苗。5～6 叶期定苗。采取去弱留强的方法，每穴留 1 苗。

4. 追肥

重点是追施穗肥，在玉米大喇叭口期，每亩追施尿素 17.5～22.0 千克，可在行间破膜追肥，施肥后将膜口用细土覆盖。在雌穗吐丝时可补施粒肥，每亩喷施 0.2% 磷酸二氢钾，连续喷施 2～3 次。

5. 抗旱排渍

遇干旱时采取沟灌，将水渗透畦土后及时排田间渍水。多雨天气要清沟，及时排出渍水。玉米抽穗扬花期对水分要求最为敏感，田间持水量应保持在 70%～80% 才能获得高产。

6. 揭膜

大喇叭口期至抽雄穗期前，把地膜揭掉。

7. 病虫害防治

重点抓好地老虎、玉米螟、纹枯病和大、小叶斑病的防治。

虫害防治：防治地老虎，在地老虎孵化盛期，选用辛硫磷或甲基异柳磷，对水喷雾防治 1～2 次。如果在地老虎等地下害虫严重的地域，结合整地用辛硫磷或甲基异柳磷掺细土，播栽前耕作撒入土壤。防治玉米螟，可在大喇叭口期将 Bt 颗粒剂撒于心叶内，或用 Bt 乳剂对准喇叭口喷雾，间隔 7 天施用一次。病害防治：防治纹枯病，在发病初期，及时剥去感病叶鞘和病叶，切断蔓延"桥梁"，阻止危害蔓延，并用井冈霉素可湿性粉剂喷雾防治。防治大斑病和小斑病，可用代森锰锌，或克瘟散乳剂，或三唑酮多菌灵，喷雾防治 2～3 次，隔 7～15 天一次。

严禁施用高毒高残留农药，鲜食玉米在采收前 10 天禁止使用农药。

（六）适时采收

鲜食玉米在乳熟期，含水量为 70%，花丝变黑时为最佳采收期。普通玉米可在苞叶干枯变白、籽粒变硬的完熟期采收。

（七）回收残膜

揭膜时和玉米收获后，要及时清除农膜，带出地外，统一处理，防止污染土壤。

第三节　马铃薯栽培技术

一、秋马铃薯栽培技术

（一）种薯选择及催芽

1.选用优良早熟品种

秋马铃薯主要作为菜用，应选用早熟或特早熟，生育期短，休眠期短，抗病、优质、高产、抗逆性强，适应当地栽培条件，外观商品性好的各类鲜食专用品种。适应本地秋季栽培的马铃薯品种有费乌瑞它、中薯 1 号、东农 303、中薯 3 号、早大白等，种薯应选用 40 克左右的健康小整薯，大力提倡使用脱毒种薯。

2.精心催芽

秋马铃薯播种时，一般种薯尚未萌芽，因而必须催芽以打破其休眠，催芽的时间应选在播种前 15 天进行。要选择通风、透光和凉爽的室内场所进行催芽，催芽的方法主要是采用一层种薯一层湿润稻草（或湿沙）等覆盖的方法进行，一般摆 3 ～ 4 层，也可采用 1 ～ 2 毫克／千克赤霉素喷雾催芽。

（二）精细整地，施足底肥

1.整地起垄

在前茬作物收获后，及时精细整地，做到土层深厚、土壤松软。按 80㎝ 的标准起垄，要求垄高达到 25 ～ 30㎝，并开好排水沟。

2.施足底肥

每亩施用腐熟的有机肥 2000 ～ 2500 千克、含硫复合肥（含量 45%）50 千克做底肥。

（三）适时播种

1.播种期

根据当地的气候特点、海拔高度和耕作制度，合理地确定播种期，最佳播种期应在8月下旬至9月上旬，不得迟于9月10日。播期太迟易受旱霜冻害。

2.密度

垄宽80cm种双行，株距25～30cm，每亩5000～6000株，肥力水平较低的地块适当加大密度，肥力水平较高的地块适当降低密度。

3.播种方式

秋播马铃薯，既要适当浇水降温又要考虑排水防渍，为马铃薯创造土温较低的田间环境。一般宜采用起大垄浅播的方式播种，双行错窝种植。播种深度为8～12cm。播种最好在阴天进行，如晴天播种要避开中午的高温时段。

（四）加强田间管理

1.保湿出苗

播种后如遇连续晴天，必须连续浇水，保持土壤湿润，直至出苗。

2.覆盖降温

秋马铃薯生育前期一般气温比较高。出苗后迅速用麦苗或草杂肥覆盖垄面5～8cm，可降低土壤温度使幼苗正常生长。

3.中耕追肥

齐苗时，进行第一次中耕除草培土，每亩用清水粪加5～8千克尿素追肥一次。现蕾后再进行一次中耕培土。

4.抗旱排渍

土壤干旱应适度灌水，长期阴雨注意清沟排渍。

5.化学调控

在幼苗期喷2～3次0.2%浓度的喷施宝，封行前如出现徒长，可用15%多效唑50克对水40千克喷施2次。

6.叶面喷肥

块茎膨大期每亩用0.2%～0.3%磷酸二氢钾液50千克喷施叶面2～3次，间隔7天。淀粉积累期，每亩用0.2%氯化钾溶液40千克喷施叶面。

（五）病虫害防治

1.晚疫病

当田间发现中心病株时用瑞毒霉、甲霜灵·锰锌等内吸性杀菌剂喷雾，10天左右喷一次，连续喷 2～3 次。

2.青枯病

发现田间病株及时拔除并销毁病体。

3.蚜虫

发现蚜虫及时防治，用 5% 抗蚜威可湿性粉剂 1000～2000 倍液，或 10% 吡虫啉可湿性粉剂 2000～4000 倍液等药剂交替喷雾。

4.斑潜蝇

用 73% 炔螨特乳油 2000～3000 倍稀释液，或施用其他杀螨剂，5～10 天喷药一次，连喷 2～3 次。喷药重点在植株幼嫩的叶背和茎的顶尖。

（六）收获上市

根据生长情况和市场需求进行收挖，也可以在春节前后收获，收获过程中轻装轻放减少损伤，防止雨淋。商品薯收获后按大小分级上市。

二、秋马铃薯稻田免耕稻草全程覆盖栽培技术

（一）种薯选择及催芽

1.选用优良品种

秋马铃薯主要作为菜用，应选用早熟或特早熟，生育期短，休眠期短，抗病、优质、高产、抗逆性强，适应当地栽培条件，外观商品性好的各类鲜食专用品种。适应本地秋节栽培的马铃薯品种有中薯 3 号、东农 303、费乌瑞它、中薯 5 号、早大白、郑薯 6 号等，种薯应选用 40 克左右的健康小整薯，大力提倡使用脱毒种薯。

2.精心催芽

秋马铃薯播种时，一般种薯尚未萌芽，因而必须催芽以打破其休眠，催芽的时间应选在播种前 15 天进行。要选择通风、透光和凉爽的室内场所进行催芽，催芽的方法主要是采用一层种薯一层湿润稻草（或湿沙）等覆盖的方法进行，一般摆 3～4 层，也可采用 1～2 毫克／千克赤霉素喷雾催芽。

（二）开沟排湿，规范整厢

中稻收割时应齐泥收割(或铲平或割平水稻禾蔸)，1.6米或2.4米开厢，要开好厢沟、围沟、腰沟，做到能排能灌，开沟的土放在厢面并整碎铺平。保持土壤有较好的墒情（如果割谷后田间墒情较差，可在开厢挖沟前1～2天灌跑马水，然后再开沟整厢）。如果田间稻桩比较高，杂草又比较多时，在播种前3～5天均匀喷雾克瑞踪杀灭杂草和稻茬。

（三）播种、盖草

秋马铃薯8月底至9月上旬播种，每亩6000株左右，采用宽窄行(50cm×30cm)种植，平均行距40cm，株距按密度确定（28～30cm）。摆种时行向与厢沟垂直（厢边一行与厢边留17～20cm），将种薯芽朝上，直接摆在土壤表面，稍微用力压一下，使种薯与土壤充分接触，以利接触土壤水分和扎根。

施足底肥。底肥以磷、钾肥和有机肥为主，每亩用45%～48%含量的50千克复合肥、8～10千克钾肥、5千克尿素混合后，点施于两薯之间或条施于两行中间的空隙处，使种薯与肥料间距保持5～8cm，以防间距太短引起烂薯缺苗。再用每亩约1000千克腐熟有机肥或渣子粪（或火土）点施在种薯上面（将种薯盖严为好）。

种薯摆放好、底肥施好后，应及时均匀覆盖稻草，覆盖厚度10cm左右，并稍微压实(秋马铃薯应边播种边盖草)。一般三亩稻谷草盖一亩马铃薯，盖厚了不易出苗，而且茎基细长软弱。稻草过薄易漏光，使产量下降，绿薯率上升。如果稻草厚薄不均，会出现出苗不齐的情况。

（四）加强田间管理

1.及时接苗

稻草覆盖栽培马铃薯出苗时部分薯苗会因稻草缠绕而出现"卡苗"的现象，要及时"接苗"。

2.适时追肥

齐苗后亩用尿素5千克化肥水点施或用稀水粪（沼气液）加入少量尿素点施。如果中期植株出现早衰现象，用0.2%～0.3%磷酸二氢钾喷施叶面。

3.抗旱排渍

在马铃薯生育期间特别是结薯和膨大期遇旱一定要浇水抗旱，在雨水较多时要注意清沟排渍。

4.喷施多效唑

在马铃薯初蕾期亩用15%多效唑50克对水40千克均匀地喷雾，如果植株生长特别旺盛，应隔 7 天后再喷一次，控制地上部分旺长，促进早结薯和薯块的膨大。

（五）及时防治病虫害

1.晚疫病

当田间发现中心病株时用瑞毒霉、甲霜灵·锰锌等内吸性杀菌剂喷雾，10 天左右喷一次，连续喷 2～3 次。

2.青枯病

发现田间病株及时拔除并销毁病体。

3.蚜虫

发现蚜虫及时防治，用 5% 抗蚜威可湿性粉剂 1000～2000 倍液，或 10% 吡虫啉可湿性粉剂 2000～4000 倍液等药剂交替喷雾。

4.斑潜蝇

用 73% 炔螨特乳油 2000～3000 倍稀释液，或施用其他杀螨剂，5～10 天喷药一次，连喷 2～3 次。喷药重点在植株幼嫩的叶背和茎的顶尖。

（六）适时收获分级上市

秋马铃薯要在霜冻来临之前及时收获，以防薯块受冻而影响品质，收获后按大小分级上市，争取好的价位。

三、冬马铃薯栽培技术

（一）种薯选择和处理

1.选用优良品种

选用抗病、优质、丰产、抗逆性强、适应当地栽培条件、商品性好的各类专用品种。为了提早成熟一般选用早熟、特早熟品种，如费乌瑞它、东农 303、中薯 1 号、中薯 3 号、中薯 4 号、中薯 5 号、郑薯 6 号、早大白、克新 4 号等。大力推广普及脱毒种薯，种薯宜选择健康无病、无破损、表皮光滑、均匀一致、贮藏良好，具有该品种特征的薯块做种。

2.切块

播种前 2～3 天进行，切块的主要目的是打破种薯休眠，扩大繁殖系数，节约用种量。50 克以下小种薯一般不切块，50 克以上切块。切块时要纵切，将顶芽一分为二，切块应为菱形或立方块，不要切成条或片状，每个切块应含有一到两个芽眼，平均单块重 40 克左右。切块要用两把切刀，方便切块过程中切刀消毒，一般用含 3% 高锰酸钾溶液消毒也可用漂白粉对水 1 ∶ 100 消毒，剔除腐烂或感病种薯，防止传染病害。

3.拌种

切块后的薯种用石膏粉或滑石粉加农用链霉素和甲基托布津（90 ∶ 5 ∶ 5）均匀拌种，药薯比例 1.5 ∶ 100，并进行摊晾，使伤口愈合，不能堆积过厚，以防止烂种。

4.推广整薯带芽播种技术

30 ～ 50 克整薯播种能避免切刀传病，还能最大限度地利用顶端优势，保存种薯中的养分、水分，增强抗旱能力，出苗整齐健壮，结薯增加，增产幅度达 30% 以上。

（二）精细整地，施足底肥

1.整地

深耕，耕作深度 25 ～ 30㎝。整地，使土壤颗粒大小合适，根据当地的栽培条件、生态环境和气候情况进行做垄，平原地区推广深沟高垄地膜覆盖栽培技术，垄距 75 ～ 80㎝，既方便机械化操作，又利于早春地温的提升和后期土壤水分管理。丘陵、岗地不适宜机械化操作地区，推广深沟窄垄地膜覆盖栽培技术，垄距 55 ～ 60㎝，更利于早春地温的提升和后期土壤水分管理。

2.施肥

马铃薯覆膜后，地温增高，有机质分解能力强，前期能使土壤中的硝态氮和铵态氮含量提高，植株生长旺盛，消耗养分多。地膜覆盖后不易追肥，冬春地膜覆盖栽培必须一次性施足底肥。在底肥中，农家肥应占总施肥量的 60%，一般要求亩施腐熟的农家肥 2500 ～ 3000 千克，化肥亩施专用复合肥 100 千克（16-13-16 或 17-6-22）、尿素 15 千克、硫酸钾 20 千克。农家肥和尿素结合耕翻整地施用，与耕层充分混匀，其他化肥做种肥，播种时开沟点施，避开种薯以防烂种，适当补充微量元素。

3.除草与土壤药剂处理

整地前亩用百草枯 200 克加水喷雾除草。每亩用 50% 辛硫磷乳油 100 克兑少量水稀释后拌毒土 20 千克，均匀撒播地面，可防治金针虫、蝼蛄、蛴螬、地老虎等地下害虫。

（三）适时播种，合理密植

1.播种时间

马铃薯播种时间的确定应考虑到出苗时已断晚霜，以免出苗时遭受晚霜的冻害，适宜的播种期为 12 月中下旬至翌年 1 月中旬。播种安排在晴天进行。

2.播种深度

播种深度 5～10cm，地温高而干燥的土壤宜深播，费乌瑞它等品种宜深播（12～15cm）。

3.播种密度

不同的专用型品种要求不同的播种密度，一般早熟品种每亩种植 5000 株左右。

4.播种方法

人工或机械播种均可，大垄双行，小垄单行，人工播种要求薯块切口朝下，芽眼朝上。播后封好垄口。

5.喷施除草剂

播种后于盖膜前应喷施芽前除草剂，每亩用都尔或禾耐斯芽前除草剂 100cm 对水 50 千克均匀喷于土层上。

6.覆盖地膜

喷施除草剂后应采用地膜覆盖整个垄面，并用土将膜两侧盖严，防止风吹开地膜降温，减少水分散失，提高除草效果。

（四）加强田间管理

1.及时破膜

早春幼苗开始出土，在马铃薯出苗达 4～6 片叶，无霜、气温比较稳定时，在出苗处将地膜破口，引出幼苗，破口要小并用细土将苗四周的膜压紧压严。破膜过晚则容易烧苗。

2.防止冻害

地膜马铃薯比露地早出苗 5～7 天，要防止冻害。一般早春，气温降到 -0.8℃时幼苗受冷害。-2℃时幼苗受冻害，部分茎叶枯死。-3℃时茎叶全部枯死。在破膜引苗时，可用细土盖住幼苗 50%，有明显的防冻作用。遇到剧烈降温，苗上覆盖稻麦草保护，温度正常后取下。

3.化学调控

在现蕾至初花期亩用 15% 多效唑 50 克对水 40 千克喷施一次，如长势过旺，在 7 天后再喷一次。对地上营养生长过旺的要加大用量，以促进薯块生长。

4.抗旱排渍

马铃薯块茎是变态肥大茎，全身布满了气孔，必须创造一个良好的土壤环境才利于块茎膨大。马铃薯结薯高峰期（开花后 20 天），每亩日增产量 100 千克以上，干旱将严重影响块茎膨大，渍水又易造成烂根死苗，或者引起块茎腐烂。所以，抗旱时，要轻灌速排，最好采用喷灌。

5.中耕培土

马铃薯进入块茎膨大期后，必须搞好中耕培土工作，尤其是费乌瑞它等易青皮品种。在马铃薯现蕾期（气温回升后），将地膜揭掉，并迅速搞好中耕培土工作。

（五）主要病虫防治

1.晚疫病

在容易发病的低温高湿天气，用 70% 代森锰锌可湿性粉剂 600 倍液，或 25% 甲霜灵可湿性粉剂 800 倍稀释液，或克露 100 ~ 150 克加水稀释液，喷施预防，在出现中心病株后立即防治。若病害流行快，每 7 天左右喷一次，连续 3 ~ 5 次，交替喷施。

2.青枯病

发病初期用 72% 农用链霉素可溶性粉剂 4000 倍液，或 3% 中生菌素可湿性粉剂 800 ~ 1000 倍液，或 77% 氢氧化铜可湿性微粒粉剂 400 ~ 500 倍液灌根，隔 10 天灌一次，连续灌 2 ~ 3 次。

3.环腐病

用硫酸铜浸泡薯种 10 分钟。发病初期，用 72% 农用链霉素可溶性粉剂 4000 倍液，或 3% 中生菌素可湿性粉剂 800 ~ 1000 倍液喷雾。

4.早疫病

在发病初期，用 75% 百菌清可湿性粉剂 500 倍液，或 77% 氢氧化铜可湿性微粒粉剂 400 ~ 500 倍液喷雾，每隔 7 ~ 10 天喷一次，连续喷 2 ~ 3 次。

5.蚜虫

发现蚜虫时防治，用 5% 抗蚜威可湿性粉剂 1000 ~ 2000 倍液，或 10% 吡虫啉可湿性粉剂 2000 ~ 4000 倍液，或 20% 氰戊菊酯乳油 3300 ~ 5000 倍液等药剂交替喷雾。

（六）采收

根据生长情况与市场需求及时收获，收获后按大小分级上市，争取好的价位。

第四节　棉花栽培技术

一、地膜（钵膜）棉高产栽培技术

（一）选用良种

选用中熟优质高产杂交棉品种，武汉地区宜选用鄂杂棉系列或鄂抗棉系列品种。

（二）适时播种

地膜棉：①播前5～7天精细整地，达到厢平土细无杂草，沟路相通利水流。②提前粒选、晒种（2～3天），播时用多菌灵、种衣剂或稻脚青搓种。③4月上旬定距点播，每穴播健籽2～3粒。④播后每亩用都尔150毫升对水50千克喷于土表，随即抢晴抢墒盖膜，子叶转绿破孔露苗。⑤1叶期间苗，2叶期定苗（去弱苗、留壮苗），6月20日左右揭膜。

钵膜棉：①苗床选在避风向阳、地势高朗、排灌较好、无病土壤、方便管理及运钵近便的地方，苗床与大田比为1：15。②每亩大田按8000钵备土，年前每亩苗床提前施下优质土杂肥100担，或人粪尿20担，翻土冬炕。制钵前15～20天，每亩增施尿素8千克，过磷酸钙25千克，氯化钾10千克，确保钵土营养。③中钵育苗，钵径4.5㎝，高7.5㎝。④3月底至4月初播种，每钵播籽2粒。播前要粒选、晒种（2～3天），药剂搓（浸）种。播时达到"三湿"（钵湿、种湿、盖土湿）。播后盖细土、覆盖。⑤齐苗前封膜保温，齐苗后晴天通风炼苗，1叶期间苗，并搬钵蹲苗，2叶时定苗。⑥培育壮苗，4月底或5月初3～4叶时，带肥带药（移栽前5～7天喷氮肥、喷施多菌灵）移植麦林（苗龄30天左右）。

（三）合理密植

中等地力，每亩1500⁻2000株，种植方式"一麦两花"或等行栽培。

（四）配方施肥

一般每亩施用纯氮17千克左右、五氧化二磷3～5千克、氧化钾12千克以上。地膜棉每亩底肥施用优质土杂肥80～100担（或饼肥25千克），碳铵20千克，过磷酸钙20千克，氯化钾5千克。6月20日左右揭膜后，蕾肥亩施饼肥50千克，复合肥10千克。壮桃肥亩施尿素8～10千克。钵膜棉移植麦林时，每亩施用清水粪30担或复合肥8千克。移植苗发新叶时，亩追尿素4～5千克。棉苗出林，亩追水粪12担左右，碳铵5千克，氯化钾5千克。蕾肥、花铃肥和壮桃肥施用水平同地膜棉。视苗情可酌情多次喷施叶面肥。

（五）科学化调

对弱苗、僵苗和早衰苗，结合打药，可喷施 1 万倍的喷施宝或 3000 倍的 802。对肥水较足的棉田，7 ～ 8 叶时，亩用缩节胺 1 克或 25% 的助壮素 4 毫升对水 50 千克喷施调节。盛蕾初花期，亩用缩节胺 1.5 ～ 2 克或 25% 的助壮素 6 ～ 8 毫升对水 50 千克喷施调控，喷后 10 ～ 15 天，如苗旺长，亩用缩节胺 2 ～ 2.5 克或助壮素 8 ～ 10 毫升对水 50 千克喷施。当单株果枝达 18 层以上时，亩用缩节胺 3 ～ 4 克或 25% 的助壮素 12 ～ 16 毫升对水 50 千克，喷雾棉株中、上部，可抑制顶端生长，调节株型。对 10 月中旬的贪青迟熟棉，每亩宜用乙烯利 100 克对水 40 千克喷雾催熟。

（六）抗旱排涝

根据棉花的生育要求，应遇旱及时灌水，有涝迅速排出，特别是要注重 6 月下旬前后梅雨季节的排涝防渍和入伏后的抗旱保桃管理。

（七）中耕除草

当灌水、雨后棉田板结或杂草丛生时，要适时中耕、松土、除草和培土壅根。

（八）综防病虫

要以棉花的"三病"（苗病、枯黄萎病及铃病）、"三虫"（红蜘蛛、红铃虫与棉铃虫）为主要防治对象，并兼治其他。对苗期根病，宜用多菌灵或稻脚青。叶病则用半量式波尔多液防治。枯黄萎病可选用抗病品种，药剂防治，及早拔除病株深埋，或实行水旱轮作。铃病开沟滤水，通风散湿，喷施药剂或抢摘烂桃。对"三虫"要根据虫情测报，及时施药防治。

（九）整枝打顶

现蕾后，要抹赘芽，整公枝。7 月底或 8 月初，按照标准（达到果枝总数）适时打顶。

（十）及时收花

8 月中下旬棉花开始吐絮后，要抢晴及时采收，做到"三不"（不摘雨露花、不摘笑口花和不摘青桃），细收细拣，五分收花。

二、直播棉栽培技术

（一）选择优良品种

选用优质高产杂交抗虫棉或常规品种，武汉地区宜选用鄂杂棉系列或鄂抗棉系列品种。

（二）精细整地，施足底肥

播种前整地 2 ～ 3 次，厢宽 180cm，厢沟宽 30cm，深 20cm，并开好腰沟和围沟，整地水平达到厢平、土碎、上虚下实，厢面呈龟背形。

结合整地：亩施有机肥 2000 ～ 2500 千克、碳铵 20 ～ 25 千克、过磷酸钙 30￣40 千克、氯化钾 15 ～ 20 千克，或 45% 复合肥 35 ～ 40 千克做底肥。

（三）适时播种

4 月下旬至 5 月上旬播种，每亩播 2000 ～ 2500 穴，每穴播种 2 ～ 3 粒，播种深度 2 ～ 3cm，覆土匀细紧密，每亩用种量 500 ～ 600 克。

（四）苗期管理

及时间苗、定苗，齐苗后 1 ～ 2 片真叶时间苗，3 ～ 4 片真叶时定苗，每亩留苗 2000 ～ 2500 株，同时做好缺穴的补苗，确保密度。

中耕松土 2 ～ 3 次，深度 4 ～ 6cm，达到土壤疏松、除草灭茬的目的，结合中耕松土，追施提苗肥，亩施尿素 5 ～ 7.5 千克。

苗期病虫防治，主要是防治立枯病、炭疽病、蚜虫、地老虎、棉蓟马等病虫危害。

（五）蕾期管理

中耕 2 ～ 3 次，深度 8 ～ 12cm，结合中耕培土 2 ～ 3 次，初花期封行前完成培土。

每亩用饼肥 40 ～ 50 千克，拌过磷酸钙 15 ～ 20 千克，或 45% 复合肥 20 ～ 30 千克做蕾肥，开沟深施，对缺硼的棉田喷施 2 ～ 3 次 0.1% ～ 0.2% 硼酸溶液 40 千克左右。

现蕾后及时打掉叶枝，缺株断垄处保留 1 ～ 2 个叶枝，并将叶枝顶端打掉，促进其果枝发育，除叶枝的同时抹去赘芽。

蕾期主要防治枯萎病、黄萎病、棉蚜、棉盲蝽、棉铃虫等病虫危害。

（六）花铃期管理

重施花铃肥，每亩施尿素 15 ～ 20 千克、氯化钾 15 ～ 20 千克，结合最后一次中耕开沟深施，施后覆一层薄土，补施盖顶肥，8 月 15 日前，每亩施尿素 5 ～ 7.5 千克。叶面喷施 0.2% ～ 0.3% 磷酸二氢钾溶液 2 ～ 3 次。

进入花铃期后，每隔 15 天进行化控一次，每亩用 2 ～ 3 克缩节胺对水 40 ～ 50 千克喷雾，打顶后 7 ～ 10 天进行最后一次化控，亩用 4 ～ 5 克缩节胺对水 50 千克喷棉株上部。

当果枝数达到 20 ～ 22 层时打顶，打顶时轻打，打小顶，只摘去一叶一心。

如遇较严重的干旱，土壤含水量降到 60% 以下时，要灌水抗旱，抗旱时采取沟灌为宜，灌水时间应在上午 10 时前或下午 5 时后，如遇大雨或长期阴雨，应及时组织清沟排渍。

花铃期主要防治棉蚜、红蜘蛛、红铃虫、棉盲蝽、烟粉虱、棉铃虫等虫害。

（七）后期管理

视植株长相喷施 1% 尿素加 0.2% ～ 0.3% 磷酸二氢钾溶液，喷施 2 ～ 3 次，每次间隔 10 天，分批打去主茎中下部老叶，剪去空枝，防止田间荫蔽。

10 月中旬温度在 20℃以上时，用 40% 乙烯利喷施桃龄 40 天左右的棉桃，促其成熟，药液随配随用，不能与其他农药混用。

当棉田大部分棉株有 1 ～ 2 个铃吐絮，铃壳出现翻卷变干，棉絮干燥，即可开始采收，每隔 5 ～ 7 天采摘一次，采摘的棉花分品种、分好次，晒干入库或上市。

第五节　豆类栽培技术

一、毛豆栽培技术

（一）选择良种

选用豆冠、绿宝石、K 新绿以及六月爆等毛豆品种。

（二）整地施底肥

选择土层深厚，质地肥沃，排水良好的地块，播种前 10 ～ 15 天精细整地做畦，包沟 1 ～ 1.2 米做畦，要求达到深沟高畦，结合整地亩施腐熟有机肥 1500 ～ 2000 千克，或商品有机肥 150 ～ 200 千克加过磷酸钙 25 ～ 30 千克，或三元复合肥 40 ～ 50 千克做底肥。

（三）适时播种

露地春播地温要稳定在 12℃以上，一般在 3 月下旬至 4 月中旬播种，秋播在 7 月下旬至 8 月中旬播种，每畦播 2 行，采用穴播，穴距 22 ～ 25㎝，每穴播种 3 ～ 4 粒，亩播 6000 ～ 7000 穴，亩用种量 5 ～ 6 千克，播后及时覆土，覆土深度 2㎝ 左右。

（四）田间管理

毛豆播种出苗后，及时查苗补苗，移密处的苗带土补栽到缺苗的地方。

播种覆土后 2 天内进行封闭除草，用金都尔 1000 倍液或 90% 乐耐斯乳油 1000 倍液对水 40 ～ 45 千克，均匀地喷于厢面。

在苗期要经常注意中耕松土和锄草，在遇大雨后放晴时，要及时松土和培土。

真叶展开追施第一次苗肥，用 5% 人粪尿或 0.5% 碳酸氢铵和过磷酸钙溶液浇施，第二次在出苗半个月时，结合中耕松土亩施含硫复合肥 15 千克，开花后 15 ～ 20 天亩施含硫复合肥 20 千克，始花期、盛花期和结荚期分别进行二次根外追肥，促进豆粒充实饱满，根外追肥以叶面喷施钼酸铵和磷酸二氢钾为主。

春毛豆一般不须灌水，秋毛豆遇旱要在傍晚时分适当地灌跑马水，在开花结荚期要保持土壤的湿润。

（五）防治病虫

主要病害有立枯病、锈病、炭疽病等。立枯病用噁霉灵 1000 倍液或甲霜灵 800 倍液防治，炭疽病用 70% 托布津 800 倍液或 30% 爱苗乳油 3000 倍液防治，锈病用 75% 百菌清 600 倍液或腈菌唑 1500 倍液防治。

主要虫害有甜菜夜蛾、斜纹夜蛾、豆荚螟、豆秆蝇、蚜虫、白粉虱等。甜菜夜蛾、斜纹夜蛾用抑太保 1500 倍液或安打 3500 倍液或除尽 1500 倍液进行防治，豆荚螟、豆秆蝇用康宽或阿维菌素防治，蚜虫、白粉虱用吡虫啉 3000 倍液或啶虫脒 2000 倍液防治。

（六）采收

当植株大部分达到豆粒饱满、色泽鲜绿时即可采收，采收时剔除病虫、变色和不饱满的豆荚。

二、夏大豆栽培技术

（一）选用优良品种

选用中豆 30 等中豆系列品种。

（二）整地施底肥

前茬作物收获后，及时清茬整地，要求整平、整细、包沟 2 米开厢，沟宽 30 ～ 40cm，沟深 20 ～ 25cm，结合整地亩施腐熟有机肥 1500 ～ 2000 千克，或三元复合肥 35 ～ 40 千克，或大豆专用肥 40 ～ 50 千克做底肥。

（三）适时播种

一般在 6 月初至 6 月中旬播，最迟不能超过 6 月 25 日，播种方式有条播和穴播两种。

（四）田间管理

出苗后及时查苗补苗，3 叶期间苗，5 叶期定苗，肥力水平高的地块留苗 1.2 万株，肥力水平低的地块留苗 1.5 万～ 1.6 万株。

苗期视植株长势施苗肥，亩施尿素 5 ～ 7.5 千克，植株生长过旺可酌情减少或不施苗肥。进入开花结荚期用 0.05% ～ 0.1% 钼酸铵溶液或 2% 过磷酸钙溶液 50 千克喷施叶面，喷施 2 ～ 3 次，间隔时间为 7 天。

播后芽前进行封闭除草，亩用 72% 都尔 100 ～ 200 克或 50% 乙草胺 100 ～ 150 克对水 30 ～ 40 千克均匀喷于厢面。也可在大豆 1 ～ 3 叶期，田间杂草 3 ～ 5 叶期，亩用 15% 精禾草克 75 克加 25% 落威 50 ～ 60 克对水 50 千克，对准杂草喷雾。

大豆生育期如遇大旱要及时组织灌水抗旱，抗旱时最好进行沟灌，灌水不能浸上厢面，切忌大水浸灌。

（五）防治病虫

大豆主要病害有立枯病、根腐病和白绢病等，可在播种前用 50% 多菌灵或 50% 福美双播种，也可在苗期用 50% 托布津或 60% 代森锌 100 克对水 50 千克茎叶喷雾防治。

主要虫害有造桥虫、大豆卷叶螟、棉铃虫、甜菜夜蛾和斜纹夜蛾等。发生虫害时，选用高效低毒低残留农药防治 2 ～ 3 次，间隔 7 天，每亩喷药液量不能少于 50 千克，喷药时间宜在上午 9 时前或下午 5 时后进行。

第六节　花生栽培技术

一、春播露地花生栽培技术

（一）品种选择和种子处理

1.选用优良品种

选用适合本地种植的中果型或中果偏大型品种，中花 4 号、中花 6 号、中花 8 号、中花 12 号、天府 11 号等优质高产良种，在青枯病发病较重地区，应选用中花 4 号、中花 6 号和天府 11 号等抗病高产品种。

2.晒种、剥壳

在播种前 3 ～ 5 天选择晴好天气晒种 2 天，晒完后剥壳，挑选饱满、无病、无虫的种仁做种子。

3.药剂拌种

每亩用种仁 13 ~ 15 千克，亩用钼酸铵 25 克或花生增产王 100 克，用 15 千克清水充分溶解后，将花生种仁放入药液中，轻轻拌匀后随即取出晾干，然后再播种，拌药剂后的花生种必须当天播完，不宜久放。

（二）精细整地，施足底肥

1.整地

选择沙壤、轻壤或中壤质地的地块，在播种前进行深耕精整，达到活土层深，厢面平整。

2.施底肥

结合整地亩施优质土杂肥 1000 ~ 1500 千克、碳酸氢铵 25 ~ 30 千克、过磷酸钙 40 ~ 50 千克、氯化钾 10 千克、熟石膏粉 20 ~ 30 千克，或含量为 15-15-15 三元复合肥 40 ~ 50 千克加熟石膏粉 20 ~ 30 千克。

3.开沟做厢

按包沟 180cm 开厢、厢面宽 150cm，呈龟背形，中间略高，同时开好腰沟、围沟和厢沟，做到三沟配套。

（三）逐时早播，合理密植

1.播种时间

4 月中旬至 5 月上旬，中果偏大型品种适当早播，中果型品种适当迟播。

2.密度

中果偏大型品种亩播 9000 ~ 11000 穴，每穴播 2 粒；中果型品种亩播 11000 ~ 12000 穴，每穴播种 2 粒，亩用种仁量 13 ~ 15 千克，播种深度 3 ~ 5cm。

3.化学除草

播种后将厢面整平，亩用都尔 150 毫升对水 50 千克均匀地喷于厢面。

（四）加强田间管理

1.清棵蹲苗

花生出苗后要及时进行清棵蹲苗，将播种过深未出土的枝、叶清理出来。

2.中耕、除草、追肥

中耕除草一般进行 2 次，第一次在齐苗后，浅锄除草；第二次在开花期，深中耕一次，并进行壅蔸。结合中耕除草看苗追施一次苗肥，亩施尿素 3 ～ 5 千克，花生下针后，亩用 0.2% ～ 0.3% 磷酸二氢钾溶液 40 ～ 50 千克叶面喷施 1 ～ 2 次。

3.排渍抗旱

花生的生育前期一般年份雨水较多，要及时进行清沟排渍，清好三沟，排明水，滤暗水。花生抗旱能力较强，一般可以不抗旱，但如遇大旱则必须抗旱，抗旱时最好用喷灌或沟灌，不能漫灌。

4.控制徒长

地膜花生易出现徒长，如第一对侧枝的第 8 ～ 12 片叶的节间距达 10cm，株高和侧枝超过 40cm 时，每亩用 15% 多效唑 50 克对水 50 千克对叶面均匀喷雾，但不要把药液喷在果针上，对徒长较严重的田块，隔 7 天再喷一次。

5.病虫防治

花生主要虫害有蛴螬、地老虎、金针虫等地下害虫，用米乐尔等药剂播种时一起施下进行防治，对蚜虫、斜纹夜蛾、红蜘蛛等害虫用 2.5% 溴氰菊酯 50 毫升或 2.5% 功夫乳油 30 毫升对水 50 千克喷雾。主要病害有青枯病、叶斑病和锈病等，危害最重的是青枯病，采取综合措施防治，一是选用抗病品种；二是轮作换茬，最好是水旱轮作。对叶斑病和锈病可用托布津和多菌灵等杀菌剂防治。

6.及时收晒

到花生秧由青转黄，荚果内皮变成褐色时，就已到了 9 ～ 10 成熟，即可采收，收获后及时晒干，整净。

二、地膜花生（含鲜食）栽培技术

（一）良种选择和种子处理

1.选用优良品种

选用适合本地种植中大果型的品种，中花 5 号、中花 7 号、天府 11 号、中花 12 号等优质高产品种，在青枯病区应选用中花 4 号、中花 6 号和天府 11 号等抗病高产品种。

2.晒种

在播种前 3 ～ 5 天选择晴好天气带壳晒种 2 天。

3. 药剂拌种

每亩用种量 15 千克,种仁用钼酸铵 25 克或花生增产王 100 克,用 15 千克水充分溶解,将花生种仁放入药液中,轻轻拌匀后随即取出晾干,然后播种,拌药剂后的花生种必须当天播完,不宜久放。

(二)精细整地,施足底肥

1. 整地

选择沙壤、轻壤或中壤质地的地块,在播种前进行深耕精整,达到活土层深,厢面平、净、细。

2. 施底肥

结合整地亩施优质土杂肥 1000 ~ 1500 千克、碳铵 25 ~ 30 千克、过磷酸钙 40 ~ 50 千克、氯化钾 10 ~ 15 千克、熟石膏粉 20 ~ 30 千克,或含量 15-15-15 三元复合肥 40 ~ 50 千克加熟石膏粉 20 ~ 30 千克。

3. 开沟起垄

开好围沟和腰沟,按 80cm (包沟)起垄,垄面宽 50cm,将垄面整平整细。

(三)适时早播,合理密植

1. 播种时间

3 月中旬至 4 月上旬,大果型品种适当早播,中果型品种适当迟播。

2. 密度

大果型品种亩播 8000 ~ 10000 穴,中果型品种亩播 10000 ~ 12000 穴,每穴播种 2 粒,亩用种仁 15 千克左右,播种深度 3 ~ 5cm。

3. 化学除草

种后覆盖平整,亩用都尔 150 毫升对水 50 千克均匀地喷于垄面。

4. 覆盖地膜

喷施除草剂后,迅速盖好地膜,膜四周用土压实、封严,地膜上如有破裂,一定要用细土封住破口,以免遇大风时吹损地膜。

(四)加强田间管理

1. 破膜放苗

子叶出土展开后,趁晴好天气在上午 9 时前或下午 5 时后,将地膜开十字形小口,放苗出膜，然后在开口处用细土封好膜口。

2.清棵蹲苗

花生出苗后要及时进行清棵，清除播种口周围的杂草，将播种过深未出土的枝叶清理出来，清棵后再用细土封住膜口。

3.排渍和抗旱

春季和初夏雨水较多，要及时进行清沟排渍。地膜花生抗旱能力较强，一般情况下可不抗旱，但如遇特大干旱则必须抗旱，抗旱时采用沟灌为宜。

4.控制徒长

地膜花生易出现徒长，如第一对侧枝的第 8 ~ 12 片叶的节间距达 10cm，株高和侧枝超过 40cm 时，每亩用 15% 多效唑 50 克对水 50 千克对叶面均匀喷雾，但不要把药液喷在果针上，对徒长较严重的田块，隔 7 天再喷一次。

5.叶面追肥

花生下针后，亩用 1% ~ 2% 尿素溶液加 0.2% ~ 0.3% 磷酸二氢钾叶面喷施 1 ~ 2 次。

6.病虫防治

花生主要虫害有蛴螬、地老虎、金针虫等地下害虫，用米乐尔等药剂播种时一起施下进行防治，对蚜虫、斜纹夜蛾、红蜘蛛等害虫用 2.5% 溴氰菊酯 50 毫升或 2.5% 功夫乳油 30 毫升对水 50 千克喷雾。主要病害有青枯病、叶斑病和锈病等，危害最重的是青枯病，采取综合措施防治，一是选用抗病品种；二是轮作换茬，最好是水旱轮作。对叶斑病和锈病可用托布津和多菌灵等杀菌剂防治。

7.及时采收

鲜食花生在荚果达到 7 ~ 8 成熟时（荚果内皮黄白色）即可收获，收获后当天售完为好，如当天不能售完，要摊开存放、不能堆放，鲜食花生在常温下可存放 2 天，0℃ ~ 5℃ 时，可存放 5 ~ 7 天，如收干花生要到 9 ~ 10 成熟时再收获（荚果内皮变褐色），收获后及时晒干。

三、夏播花生栽培技术

（一）品种选择和种子处理

1.选用早熟、中小果型品种

选用适合本地种植的中花 4 号、中花 2 号、中花 6 号、中花 8 号等中果型或中果偏小的优质高产品种，在花生青枯病发病较重地区，应选用中花 4 号、中花 2 号和中花 6 号等抗病高产品种。

2. 剥壳晒种

在播种前 3 ～ 5 天选择晴好天气晒种 2 天，晒完后剥壳，挑选饱满、无病、无虫的种仁做种子。

3. 药剂拌种

每亩用种仁 13 ～ 15 千克，亩用钼酸铵 25 克或花生增产王 100 克，用 15 千克清水充分溶解后，将花生种仁放入药液中，轻轻拌匀后随即取出晾干，然后再播种，拌药剂后的花生种必须当天播完，不宜久放。

（二）精心整地，施足底肥

1. 整地

选择沙壤、轻壤或中壤质地的地块，在播种前进行深耕精整，达到活土层深，厢面平整。

2. 施底肥

结合整地亩施优质土杂肥 1000 ～ 1500 千克、碳酸氢铵 25 ～ 30 千克、过磷酸钙 40 ～ 50 千克、氯化钾 10 千克、熟石膏粉 20 ～ 30 千克，或含量为 15-15-15 三元复合肥 40 ～ 50 千克加熟石膏粉 20 ～ 30 千克。

3. 开沟做厢

按包沟 180cm 开厢，厢面宽 150cm，呈龟背形，中间略高，同时开好腰沟、围沟和厢沟，做到三沟配套。

（三）适时播种，合理密植

1. 播种时间

夏花生的播种时间应在 5 月下旬至 6 月上旬，最迟不能超过 6 月 15 日。

2. 种植密度

夏花生因生育期较短，要适当加大种植密度，一般要求每亩播种 12000 穴左右，用小果型品种还可适当加大密度，每穴播种 2 粒，亩用种仁量 13 千克左右，播种深度为 3 ～ 4cm。

3. 化学除草

播种后将厢面整平，亩用都尔 150 毫升加水 50 千克均匀喷于厢面。

（四）加强田间管理

1. 清棵蹲苗

花生出苗后要及时进行清棵蹲苗，将播种过深未出土的枝、叶清理出来。

2. 中耕除草追肥

中耕除草一般进行 2 次，第一次在齐苗后，浅锄除草；第二次在开花期，深中耕一次。结合中耕除草看苗追施一次苗肥，亩施尿素 3 ～ 5 千克，花生下针后，亩用 0.2% ～ 0.3% 磷酸二氢钾溶液 40 ～ 50 千克叶面喷施 1 ～ 2 次。

3. 排渍抗旱

花生的生育前期一般年份雨水较多，要及时进行清沟排渍，清好三沟，排明水，滤暗水。花生抗旱能力较强，一般可以不抗旱，但如遇大旱则必须抗旱，抗旱时最好用喷灌或沟灌，不能漫灌。

4. 控制徒长

夏播花生密度较大，易出现徒长，如果到生育中期，植株出现徒长，每亩用 15% 多效唑 50 克对水 50 千克均匀地喷于叶面，但不要把药液喷洒在果针上，对徒长较严重的田块，隔 7 天再喷一次。

5. 及时收晒

田间植株颜色由青转黄，荚果内皮变成褐色时，花生就已是 9 ～ 10 成熟了，即可采收，收获后及时晒干、整净。

第四章 玉米形态与发育

玉米,是一年生禾本科作物,在植株型态方面具有与其他禾本科植物不同的特点,它植株高大、根系发达、叶片宽大、雌雄同株异花、花序类型不同、异花授粉、穗轴粗大、籽粒肥大,又有多种多样的类型和色泽,等等。这些独有的形态特点决定了其相应的育种方法。

玉米育种工作者,要想做好玉米育种工作,首先应系统地了解与育种工作密切相关的形态特征,这对选育自交系、鉴定性状、改良株型、掌握开花习性、配制杂交种有着重要的意义。掌握了玉米生命活动的规律,能有效地改造现有品种,创造新品种。

第一节 形态特征

一、根的形态结构和功能

玉米的根是须根系,由初生根(又名胚根、种子根、临时根)、次生根(永久根、节根、水根、第二次根)和支撑根(支柱根、支持根、气生根)组成。

种子发芽后,最先生出一条主胚根或叫初生根,在胚节处可生出 3～5 条侧胚根,有时可达 8～9 条,由于它们是在胚的两侧生出,所以叫侧胚根。这类根通常不分枝,而垂直向下生长。它们在植株形成次生根之前,起着供应幼苗水分和养分的作用。

从种子到地表茎节(芽鞘节)之间称为根茎(地中茎、中胚轴),这一组织的伸长对于幼苗出土十分重要,其长度因播种深度而异。

次生根是根系的主要部分,在 3～4 叶期,于密集的地下茎节上轮生,最初次生根在一个茎节上大体出现 4 条,以后逐渐增多,垂直向下生长,在土壤结构良好的肥沃土壤中可深扎 2 米以上。根系水平分布范围,一般直径可达 1 米左右。70% 以上的根系集中于土表下 0～30㎝。次生根通常为 50～90 条,有的能达 100 多条。这么多的次生根一层一层地轮生于地下茎节上,一般为 4～9 层,随品种、类型与水肥等栽培条件而有较大的差异。玉米主要依靠这部分根系吸收土壤中的水分和无机盐类。

支撑根（气生根）：一般在拔节至抽穗期，在地面上靠近地表的 1～3 茎节上轮生出来。若水肥充足，直到第 6～8 节上也可能发生支撑根。玉米的这部分根相当粗大，根尖能分泌黏液，但不一定能全部入土，入土后能分生侧根，具有稳固植株的作用，可增强抗倒能力，吸收水分和养分，与次生根作用相同。它本身还有合成氨基酸的功能。据测定，在玉米支撑根中，氨基酸的含量为茎叶中的 10～15 倍，种类也比较多。这些氨基酸一部分被运送到地上部各个器官合成蛋白质，一部分在根内直接合成蛋白质。

根系的分布、长度和干重受外界条件（土壤水分、温度、肥沃程度）的影响很大。据观察，每株根重出入很大。在极肥沃疏松的土壤中，同一品种，稀植时拔节期的干重，相当于一般土壤密植条件下成熟期的干重。一株玉米的全部根系连接起来，总长度可达 1～2 千米；着生在根尖部位的根毛，每平方厘米就有 42500 条。在各种禾谷类春播作物中，玉米根系所占的土壤容积是最大的。玉米根系与土壤接触的表面积，比根系的体积要大 20～25 倍，比叶片的表面积要大 300～500 倍。玉米植株从土壤中吸收养分和水分，主要依靠根系尖端长满根毛的部分。从根毛的尖端向下，依次可以分为伸长区、分生区和根冠。根毛是幼根尖端的表皮细胞向外突起，并不断增生和依次伸长而产生的。根毛纤细而柔嫩，细胞壁上含有很多果胶质，能分泌酸类，溶解土壤中的有机物质，并把养分和水分吸收到根细胞中。根毛就好像一个"微型泵"，在土壤中不停地吸收周围的水分和养分，通过导管输送到植物的各个器官，供给植物生长发育。根毛的寿命很短，随着新根的产生，老根毛不断脱落，新根毛不断出现。原有老根的坚硬皮层和不透水的部分，就只是起着支持和固定的作用了。

二、茎的形态结构和功能

在禾谷类作物中，玉米的茎秆最为粗壮，直径为 2～4.5cm，高度因类型、品种及栽培条件不同而有很大差异，高者可达 4 米以上，矮者甚至只有 40cm 左右。通常的栽培品种株高在 2～3 米。

玉米茎可分为三部分，即表皮、基本组织和维管束。茎的最外一层是表皮，表皮内有几层排列紧密和硅质化的厚壁细胞。在厚壁细胞的内侧为薄壁细胞，其中布满了不少维管束，外圈管小而数多，里圈数少而管较大。凡是抗倒伏类型的玉米植株，在茎的横切面上都可看到比较发达的维管束。

玉米茎上有一段段的环状突起叫节，节与节之间的茎伸长叫拔节，拔节主要是靠玉米节间基部的分生组织细胞的分化和伸长。伸长的顺序是由下向上逐渐进行，最上面的一个节间最后伸长。玉米的茎由胚轴分化发育而成，早在幼苗阶段即已形成，拔节后依靠茎节的居间分生组织伸长而增长。节间由基部至顶端顺序加长，而茎节的粗度则顺序减少。玉米幼苗期茎节只有 2cm 左右，没有伸长；茎在地下部则有比较密集的 4～6 个节，个别情况可多至 9 个节；拔节后，茎基部节间开始伸长，每昼夜平均伸长 2 ～ 6cm；在雌穗小花分化阶段，节间伸长迅速加快，每昼夜可达 6 ～ 13cm。通常栽培品种地上部有 8 ～ 20 个节，在最后一节顶端长出雄穗。在玉米茎秆迅速伸长之前，应适当控制水肥条件，促使根系下扎，地上部粗壮敦实，为防止倒伏和秆粗穗大奠定基础。

玉米茎节每节着生一片叶子。每个茎节中有腋芽的叶腋处都有一浅沟，沟中着生一枚腋芽，内含雌穗原始体。近表土的地下茎可生分蘖，分蘖多少与品种、类型、土壤肥力及种植密度有密切关系。甜质型和硬粒型（爆裂）玉米比马齿型玉米分蘖多，在土壤肥沃，水、肥充足的条件下，分蘖多；若种植密度大则分蘖少。第一个分蘖多为雄性花或两性花。除了一些植株矮小的、多秆多穗和甜质型玉米外，分蘖大多数不能抽穗和结实，成为无效分蘖，应及早拔除以免消耗营养。

玉米茎秆的表皮是由一层外壁增厚硅质化不透水的细胞组成。表皮下还有很多角质化的厚壁细胞组织的机械组织。机械组织内侧为薄壁细胞组织的髓质，其中散布着许多平行排列的维管束。维管束是由韧皮部和木质部组成。木质部的导管，它是木质化的空管，从根部通过茎秆直达叶片和果穗，把根系吸收的养分和水分源源不断地输送到叶、花、籽粒中去，又把叶片光合作用制造的产物输送到其他部位。茎秆还起着支撑作用，支撑着叶片，使之在空间分布均匀，便于接收阳光和同化二氧化碳。茎秆也是贮藏养分的器官，如青贮玉米所含干物质、糖分、粗蛋白、淀粉、中性洗涤纤维、酸性洗涤纤维、木质素等养分，就贮藏在玉米秸秆中。

三、叶的形态结构和功能

玉米的叶互生，每一茎节上着生一片。中晚熟品种通常生长 18 ～ 22 片叶子（一般成熟时保持在 15 ～ 17 片），晚熟品种有 25 片以上叶子，中熟品种生长 12 ～ 18 片叶子，早熟品种一般着生 8 ～ 12 片叶子。

玉米的叶子，由叶鞘、叶舌、叶片组成。在叶舌的着生部位，叶的背面叶与叶鞘连接的环状结构叫叶环，它是区别展开叶与未完全展开叶的重要标志。有的品种有叶舌，有的则没有叶舌。叶鞘紧紧地包着茎节，植株下部的叶鞘比节间长，而上部的叶鞘比茎节短。叶鞘组织肥厚，质地坚硬，有保护茎节和贮藏养分的作用。叶片着生在叶鞘顶部的叶环上，叶片中央有一主脉，主脉两侧有许多侧脉，相互平行或近于平行，也叫平行脉。叶片与叶鞘紧密连接处着生薄膜状的叶舌，紧贴茎秆，长 0.8 ～ 1.0cm，有阻止雨水、病菌、昆虫进入叶鞘的作用。叶片向上斜挺，像漏斗一样包住茎秆。叶片边缘有波状的皱褶，表面有棱线，有毛或光滑。玉米大多数叶片的正面有茸毛，只有基部第 1 ～ 5 片叶光滑无毛。

叶片包括表皮、叶肉、叶脉三部分。叶片由上下表皮、薄壁组织、机械组织和维管束组成。由于叶缘的薄壁组织生长比维管束快，因此叶缘呈波浪形。上表皮有一层特殊的大型细胞，称为运动细胞。这些细胞壁薄，液泡很大，当气候干旱、水分不足时，运动细胞失水，体积变小，使叶片向上卷缩成筒状，可以减少水分蒸发。

玉米的叶维管束鞘中有叶绿素，这叫叶绿维管束鞘，是典型的 C4 植物。在强光条件下，其光合能力比小麦等作物高，而且光合作用的适温幅度也高。作为"非光呼吸作物"的玉米，在光能利用上，一般情况下，不但可以利用直射光，对散射光也能充分利用。叶片细胞中的叶绿素，在阳光下进行光合作用制造有机物质，供给玉米生长发育。

叶片的上下表皮布满气孔，在 $1cm^2$ 的两面具有 0.8 万～1 万个气孔，但其蒸腾系数仍低于大多数禾谷类作物。植物体内的水分不断以气体状态通过叶片气孔向体外蒸散的现象，叫蒸腾作用。蒸腾作用可以促进根系吸收水分，运输矿物质养分，调节叶片的温度与外界平衡，并且还有吸收作用。矿物质元素以水溶液状态通过叶片气孔的表皮细胞进入叶片内部。如根外的叶面喷肥主要靠叶面的气孔吸收。

玉米叶片数与生育期有相关性，叶片数越多，品种生育期越长。在同一品种内，一般正常气候和栽培条件下，叶片数变化不大，是一个比较稳定的品种特性。

玉米单株叶片面积的规律，由基部到顶部叶片面积是小、大、小。基部 1／3 的叶片，通过光合作用制造营养物质，主要供应拔节前根系生长，其次是形成新叶片，此期称为根叶组。中部 1／3 的叶片光合作用所积累的营养物质，主要是供茎秆和叶片的生长，并促进雌雄穗的形成和分化，称为穗叶组。上部 1／3 的叶片进行光合作用所积累的物质，主要供应籽粒建成和灌浆，增加粒重，称为粒叶组。在一株玉米上，植株中部穗位附近的叶面积最大，俗称"棒 3 叶"，是籽粒灌浆期的功能叶片。

四、花序

玉米是雌雄同株异花植物，雌雄穗着生部位不同，其自然杂交率可高达 95% 以上，自交率在 5% 以下。在一般情况下是雄花先开，有个别情况也有雌花先熟的，花粉依靠风力传播。

（一）雄穗

雄穗又称雄花序，为圆锥花序，着生于茎的顶端。玉米雄穗分主轴和分枝，主轴和茎秆相连，其上生出若干分枝，分枝上也有再生侧枝的。主轴较分枝粗，着生 4～11 列成对的小穗。分枝较细，一般只有 2 列成对小穗。有柄小穗位于上方，无柄小穗位于下方。每个雄小穗外有 2 片护颖，内有 2 朵小花。每朵小花有内外颖（稃）各 1 片，雄蕊 3 个，鳞片 2 个及 1 个退化的雌蕊。雄蕊的花丝顶端着生花药，花药 2 室，内含

2500 粒左右的花粉粒。小花成熟，内外颖张开，花丝伸长，将花药送出颖外，散出花粉，即为开花。据观察，每个雄穗有 2000 ～ 4000 朵小花，每朵小花有 3 个花药，每个花药大约可以产生 2500 个花粉粒，每一个雄穗花序能产生 1500 万～ 3000 万个花粉粒。一个玉米雌穗只有 400 ～ 600 朵雌花，只为雄穗花粉的几万分之一。

开花习性。一般为雄穗伸出顶叶后 2 ～ 3 天散粉，也有延迟至 4 ～ 7 天散粉的，还有随抽穗随散粉的。整个雄穗的开花顺序是第一天主轴中上部约 3 ／ 7 处的小穗先开花，第二天即向其相连接的上、下部延伸，以后依次向上、向下开放。不过由于有柄小穗和无柄小穗在开花时间上的差异，使主轴上、下的开花顺序也稍有交叉。也有个别品种是主轴顶部或分枝上的小花先开。各分枝开花的顺序与主轴相同。不同分枝的开花顺序是上部的分枝先开，然后依次向下开放，也有的是从中上部分枝先开，然后向上、向下依次开放。侧枝则又落后于分枝，但顺序是一样的。

在正常的天气条件下，雄穗开始开花，大多在第三天达盛花期，早的也有第二天达盛花期，分枝多的也有到第四天达盛花期的。除非天气条件不适宜，一般再往后延的情况就很少了。一个雄穗从始花到散粉完毕，不同品种散粉天数也不一致，少的 4 天，多的达 10 天，一般的散粉时间为 6 ～ 8 天。

玉米雄穗的开花散粉与温度、湿度、光照有关。温度在 20℃～ 28℃时开花最多，温度低于 18℃或高于 38℃，雄穗停止开花。适宜的相对湿度为 65% ～ 90%，低于 60%则开花很少。湿度过大，花粉易聚成团，不便飞散，且会造成吸水膨胀，失去生活力。一般光照强度超过 60000 勒克斯或低于 5000 勒克斯时则会对开花产生不利影响。在正常情况下，一天内散粉时间为上午 8—12 时，尤以 9 ～ 12 时开花最多。如遇阴天下雨，则开花时间延迟，下午仍能开花散粉。花药破裂散粉的时间很短，一般 9—16 分钟即散完。花粉散出后，保持生活力的时间长短与外界条件有密切关系。在田间的自然空间中，阳光直射，空气湿度低的高温条件下，其生活力只能保持 2 ～ 3 小时；在避光条件下，温度、湿度正常，则其生活力可保持 24 小时以上。

玉米品种不同，开花时间也不同。如黄改系类品种温度低也有花粉，旅系类低温不能开花，在高温情况下才能散粉。

（二）雌穗

雌穗由叶腋中的腋芽发育而成。茎秆除最上部几节外，每节的叶腋都着生一枚腋芽。基部的腋芽可以长成分蘖，上部的腋芽可能发育成雌穗。由于最上部的第一腋芽优先获得营养，一般情况下，第一个果穗是从上向下第 5 ～ 8 节上的腋芽发育，其生长锥开始分化的时间和分化速度较下部的腋芽始终处于领先地位，故发育快的腋芽发育成雌穗，受精结实而成。具有双穗、多穗特性的品种（系），在较好的水、肥、光照条件下，第一腋芽以下的腋芽也可能发育成雌穗。其余叶腋的腋芽由于营养供应不足，逐渐停止发育。一般每株结 1～2 个果穗。

雌穗又称雌花序，为肉穗花序，是茎的一种变态。其基部的穗柄是一缩短的侧枝，侧枝生有 10 个左右密集的节（又称穗柄或果穗托），每节生一变态叶，叶片退化，只剩叶鞘，这就是苞叶。重叠包被于轴、粒之外，起保护作用，也有光合作用功效。苞叶的长短因品种（系）而异，叶短轴长为短苞叶，叶长轴短为长苞叶，叶轴长度相等为苞叶适中。有的在苞叶顶端又长出小叶，称为剑叶。

侧枝（穗柄）的顶端，苞叶内有穗轴，穗轴上有许多成对小穗纵行排列，每一果穗共有 8～32 行不等（一般为 14～18 行）。每一雌小穗的基部两侧各着生一个短而稍宽的颖片，其中有两朵小花，一朵为不孕花，只有内外稃和退化的雌、雄蕊痕迹，不能结实；另一朵为可孕花，其中包括内外稃和一枚雌蕊，能正常结实，结实后称果穗、棒子。

穗轴因品种而异，粗细不等，细的约 1.8cm，粗的可达 4.5cm。一般穗轴的重量占果穗重量的 15%～25%。穗轴的颜色分为白色、红色、紫色，红色、紫色又有深浅之分，个别的有微显褐色的。穗轴顶端有尖、钝之分，尖的呈锥形，钝的呈平顶，有的呈扁状，有的呈鸭嘴状，有的顶端生有小枝梗。

由于雌穗上的小穗是成对着生的，每一小穗中包含一朵退化花和一朵正常花，所以玉米果穗籽粒行数是双行的。

雌穗的小花发育成熟，结实花有内外稃和一子房、二浆片，其旁边有发育不全的三枚雄蕊。花柱（花柱形如丝状，俗称"花丝"）从子房壁发育伸长，伸出苞叶，长度因品种而异，一般为 7～30cm，最长可达 45cm。如不能授粉则花丝可继续伸长，有的可达 50cm 左右。及时授粉即短，推迟授粉花丝延长。有的品种苞叶长而紧，须剪苞叶花丝才能伸出。花丝陆续伸出苞叶，即为开花，也称吐丝。玉米花丝有粗有细。花丝的顶端具两个裂片，花丝上密集细胞茸毛，茸毛分泌黏液，起黏着花粉作用，玉米花丝的各部位都可接受花粉受精，所以可将花丝（花柱）看作柱头，在形态上并没有花柱和柱头的分别。

一个果穗上的各个小花因其分化时间的早晚不同，以及因其着生部位和花丝伸出速度不同，不同小花的花丝伸出苞叶的时间则有先后之别。一般的规律是，按果穗分为七段计，自上而下第五段（5／7 处）的花丝最先伸出苞叶，随后同时向上、向下发展，其顺序大致为四、六段，到三、七段，再到第二段，最后是顶部的花丝伸出苞叶。越是基部的小花花丝越长，而且多在花束的外围；越是上部的花丝越短，且包围在中间。因为在大多数情况下，同株的雄穗较雌穗开花早，到穗顶部的花丝伸出时，雄花散粉已到末期，粉源不足，甚至已经散完。再加上包在中间，不易落上花粉，故穗顶端常出现秃尖现象。秃尖不完全是花丝造成的，由于分化发育不成熟、干旱、养分不足等也出现秃尖。

一个雌穗花丝抽出苞叶从开始到完毕需 5～7 天。因品种不同花丝吐出的多少与快慢也有差别。苞叶少而松的吐丝快而多，苞叶多而长，而又包裹紧的则吐丝慢而少。有时花丝蜷曲在苞叶内，可采用剪苞叶促进花丝伸出。

雄穗的花粉落到雌穗的花丝上称为授粉。在适宜的温、湿度条件下，花粉落在花丝上 10 分钟后即开始发芽，30 分钟后大量发芽，形成花粉管，2 小时左右伸长的花粉管即可刺入花丝，花粉管继续伸长进入子房，最后达到胚囊，放出两个精子，其中一个与胚囊中的卵子结合成合子，以后发育成胚；另一个精子先与一个极核结合，再与另一个极核融合成胚乳细胞核，以后发育成胚乳。这种受精的方式称为"双受精"。从授粉到受精经过 18～24 小时。花丝在受精后停止生长，受精后 2～3 天花丝变为紫褐色，随即枯萎。

花丝的颜色是五彩缤纷，白色、黄色、绿色、粉色、红色、紫色均有，而且又深浅不一，有的始终保持一种颜色，有的吐丝前后有变化，有的又不是单一颜色，有的花丝上下部颜色不同。

五、种子

玉米的种子实际上是一个果实，在植物学上称为颖果，在农业上叫作籽粒。玉米的种子多种多样，有圆柱形，顶部凹陷，如马齿型玉米；有圆锥形，顶部光滑，如硬粒型玉米；有表面皱缩，浅部透明，如甜质型玉米；有椭圆形如米粒，如爆裂型玉米。种子的大小也有很大差别，每 1000 粒种子的重量，最大的 400～500 克，中等的 200～300 克，最小的只有 50～60 克。生产常用的种子多在 250～350 克。每个成熟的干燥果穗，种子重量占果穗重量的百分率，一般多在 75%～85%。

（一）籽粒的形成与发育

玉米成熟的种子由种皮、胚乳和胚三部分组成。

种子最外面的薄薄的皮层称为种皮。它是由子房壁发育的果皮和珠被发育的种皮组成。是由原来母体植株上的珠被和子房壁发育而成，不是当代受精后的产物。果皮与种皮合生，紧紧连在一起，好像一层角质薄膜。种皮的成分主要是纤维素，表面光滑，包在种子外面，占种子重量的 6%～8%，起保护种子的作用。

靠近种皮内部是一层排列规则致密的细胞，里面含有多量蛋白质的糊粉粒，又叫糊粉层。糊粉层里面就是胚乳。胚乳是两个极核与另一个精子融合产生的受精极核，经有丝分裂产生胚乳细胞而形成的。胚乳占种子重量的 80%～85%。胚乳又分为粉质胚乳和角质胚乳两种。粉质胚乳结构疏松，不透明，含淀粉多，含蛋白质少；角质胚乳因淀粉之间充满较多的蛋白质和胶体状的碳水化合物，使胚乳结构紧密，呈半透明状。胚乳的结构和蛋白质的含量与分布及其由此而形成的种子形态是玉米籽粒分类的主要依据。例如硬粒型玉米籽粒，角质胚乳分布在四周，粉质胚乳在中间，所以籽粒多近圆形；而马齿型玉米，角质胚乳分布在两侧，顶部和中间是粉质胚乳，因而形成顶部凹陷，呈齿状。胚乳中含淀粉 80% ～ 84%，蛋白质 5% ～ 8%，脂肪 0.3% ～ 0.4%。胚乳是供应种子发芽和幼苗生长的主要养分来源。

种子的胚，也称胚芽，胚是由受精卵子（合子）经细胞一系列有丝分裂发育而成。胚位于种子一侧的基部。胚的发育比胚乳快。卵细胞受精后 15 小时左右进行第一次有丝分裂，8 ～ 10 天形成原胚，原胚继续分化出胚芽、胚轴、胚根、子叶（盾片），实际上就是未来发育成新植株的雏形。胚的上端为胚芽，胚芽的外面有一个顶端有孔的锥形体胚芽鞘，有保护幼芽出土的作用。鞘内包裹着几个叶原基和茎叶顶端分生组织，将来发育成新的茎秆和叶片。胚的下端为胚根，外面包裹着胚根鞘。胚芽与胚根由胚轴连接。在胚轴朝胚乳的一面有子叶紧贴胚乳，又称为盾片。胚分化到 25 天左右其分化过程已基本完成，35 ～ 40 天即达到正常大小，其重量占种子的 10% ～ 15%。在种子发芽和幼苗生长时，子叶可以从胚乳中吸收养分。

玉米种子的化学成分主要是淀粉、蛋白质、脂肪和糖类。全部淀粉大约 98% 分布在胚乳内，1.5% 左右在胚内。全部蛋白质的 75% ～ 80% 分布在胚乳内，15% ～ 22% 在胚内。全部脂肪的 15% 分布在胚乳内，80% ～ 85% 分布在胚内。全部糖分的 25% ～ 30% 分布在胚乳内，65% ～ 70% 分布在胚内。

在种子的下端有一个"粒冠尖"或称"粒尾尖"，它实际应算是穗轴的一部分，它与种子相连，使种子连接在穗轴上。但它常常留在种子上，似乎是种子的一部分。当然，它也起保护胚的作用。如果它留在穗轴上，则胚上即出现黑层（黑盾），这种现象有时误认为是病害或胚受损伤所致，其实是正常现象，不影响发芽率。黑层还有另外一个作用，它标志着种子正常成熟。

籽粒从胚和胚乳开始发育到籽粒成熟要经过灌浆、乳熟、蜡熟、完熟这几个既连续又各有特点的发育时期。

灌浆期：从受精到乳熟前期的 15 天左右。此时开始膨大，大量的水分、有机物质和无机盐类从叶茎中向果穗和籽粒中运转，使穗、粒的各器官迅速分化，体积急剧增长，穗轴的发育比籽粒快，到受精后第 10 天即已达正常的长度，但还有几天加粗的时间。籽粒的含水量为 86% ～ 92%。

乳熟期：灌浆末期后的 20 天左右，即受精后的 35 天左右。这个阶段时间较长，营养物质积累越多，籽粒的绝对重量越大，最后产量越高，是管理上主要的着眼点。此时籽粒含水率逐渐下降，内含物先呈乳状，后变为糊状。在乳熟前期，籽粒体积为成熟籽粒的 41%，含水率仍高达 79% ～ 84%，粒重仅为成熟籽粒的 8.5% 左右。到这时，胚根、胚轴、胚芽均已分化完成。至乳熟末期，籽粒体积和种胚体积已达最大值。籽粒迅速增重，达成熟粒重的 60% ～ 80%，含水率为 45% ～ 75%，种子已有发芽能力。

蜡熟期：乳熟末期后的 10 ～ 15 天，即受精后的 45 ～ 50 天。这一阶段籽粒缩水变硬，含水率降到 40% 或 50% 以下（不同品种降水速度不同）。因此，果穗和籽粒的体积略为缩小，马齿型籽粒的顶部微见凹痕。此时籽粒干物质积累继续进行，只能速度减缓，而不能停止。甚至在收穗后，穗轴中的糖分仍能继续往籽粒中运转，并在籽粒中合成淀粉。

完熟期：蜡熟以后至完全成熟，这一阶段，胚乳内的有机物质进一步转化为淀粉和蛋白质等贮藏物质，籽粒继续脱水，逐渐变硬，呈现固有的色泽。此时籽粒水分降到 18% ～ 25%。

玉米籽粒的胚乳，尤其是胚具有很强的吸湿性。这对于种子吸收土壤水分，保证发芽是有利的一面；而对于收购以后的大批量运输和贮藏又有其不利的一面，存在着一定的潜在危险。因而，除在收购时种子水分应尽量争取达到标准外，如水分高应及时烘干。并且在运输和贮藏期间必须保证低温干燥的条件，以保种子安全，防止发热、发霉造成发芽率降低。

（二）籽粒的类型

玉米按照籽粒形状、胚乳性质的有无，分为 9 个类型，或称亚种。同一类型内的不同品种亲缘关系较近，而不同类型间则亲缘关系较远。当前生产上常见的有以下几种类型：

硬粒型：又称燧石型。果穗多呈圆锥形，下粗上细。籽粒近圆形，坚硬饱满，有光泽，顶部及四周的胚乳都是角质淀粉，仅中部有少量粉质淀粉，品质好。一般的较早熟，适应性强，产量不如马齿型高，但较稳定。

马齿型：果穗多呈圆柱形（筒形）。籽粒长而扁平，粉质淀粉在顶部和中部，两侧为角质淀粉，成熟时粉质的顶部凹陷成马齿状，不透明，品质不如硬粒型。一般产量较高，生育期大多数较长。

中间型：又称半马齿型、近硬粒型。其植株、果穗形态和籽粒胚乳的性质均介于马齿型与硬粒型中间，籽粒顶部凹陷程度比马齿型浅。不同的品种籽粒顶部凹陷深浅各异。产量较高，品质较马齿型好。

甜质型：果穗较普通玉米小。籽粒几乎全为角质透明胚乳，内含较多的可溶性碳水化合物、脂肪和蛋白质，淀粉含量低。胚较大，成熟时籽粒表面皱缩，呈半透明状。较早熟，当前我国多做菜用或鲜食。

糯质型：又称蜡质型。籽粒胚乳全部由支链淀粉所组成，水解后形成糊精，食用时有黏性。籽粒表面无光泽，呈蜡状，不透明。当前我国作为鲜食发展较快。

爆裂型：每株结穗较多，但果穗与籽粒都小，籽粒有米粒形，呈鸟嘴状。还有一类为珍珠形，粒较圆，籽粒几乎全为角质胚乳，硬而透明，遇高温有强烈的爆裂性。我国种植较少。

第二节 雌雄穗分化

玉米雌雄穗分化、发育与形成过程有一定的规律。它既受基因支配，又与自然和栽培条件有一定关系。不但雌雄穗分化各期分别具有各自独立的形态变化规律，而且雌雄穗间，以至雌雄穗与植株外部器官如茎叶之间也存在着紧密的相关性。玉米雌雄穗分化形成过程，是玉米一生中的重要发育阶段，也是决定最终经济产量的重要时期。了解玉米雌雄穗分化各个时期的外部形态特征，特别是掌握雌穗分化进程与植株各个器官形成的相关性，以及其与外界条件的关系，在玉米田间管理上就可以增加预见性，减少盲目性。

一、雄穗分化

雄穗分化分为生长锥未伸长期、生长锥伸长期、小穗分化期、小花分化期和性器官形成期。

（一）生长锥未伸长期

雄穗是由茎顶端生长锥分化发育而成，在未分化伸长时，生长锥为表面光滑的半圆形突起，长宽基本相等，基部有叶原基突起。这一时期植株上未拔节，生长锥进行茎节、节间及叶原基的分化，是决定植株节数和叶数的时期。此时在出苗至 5 或 6 叶展开前，大约 20 天。

（二）生长锥伸长期

生长锥开始明显伸长，长度大于宽度 1 倍左右。顶部仍是光滑的，中部和基部出现棱状突起，形成穗轴节片，以后分别形成分枝和小穗裂片（原基）。这一时期茎基部第 5 节开始拔节，但所有各节上腋芽的分化尚未开始。此期持续时间较短，为 3 ～ 6 天。

此时早熟型展开叶 5 片，晚熟型展开叶 6 片，可见叶 8 ～ 9 片。

（三）小穗分化期

此时生长锥继续伸长，基部出现分枝突起，中部出现小穗原基。每个小穗原基又迅速地分裂为两个小穗突起，其中一个大的在上，以后发育成有柄小穗；一个小的在下，以后发育成无柄小穗。此时小穗基部颖片开始形成，同时生长锥基部的突起迅速发育成分枝，并进而分化为成对排列的小穗。此期持续时间为 7 ～ 10 天，植株已进入拔节期。此时展开叶早熟的约 6 片，晚熟的约 8 片；可见叶早熟的 9 ～ 10 片，晚熟的 10 ～ 11 片。

（四）小花分化期

每个小穗突起，此时进一步分化出两个大小不等的小花突起，称为小花分化始期。随后在小花突起的基部出现三角形排列的三个雄蕊原始体，居中有一个雌蕊原始体（但有柄小花与无柄小花在分化程度上有差异），这时称为雌雄蕊形成期，属于两性花阶段。但此后雄蕊继续发育，而雌蕊原始体逐渐停止发育并退化，此时称为雄蕊生长、雌蕊退化期。如果雌蕊不退化，抽穗后就有可能出现雄穗结粒的"返祖现象"。两个小花突起，其中上部较大的发育为有柄小花，下部较小的发育为无柄小花。两朵小花发育不均衡，有柄的较无柄的发育旺盛。此期持续时间为 7 ～ 9 天。植株展开叶早熟的约 7 片，晚熟的约 9 片；可见叶早熟的 10 ～ 11 片，晚熟的为 12 ～ 13 片。此时不同熟期的品种叶片数指标开始拉开距离。此阶段雌穗进入生长锥伸长期直至小花分化始期。

（五）性器官形成期

雄蕊原始体迅速伸长，形成圆柱状，花药分隔成四个花粉囊，称为花隔（或称花药）形成期。此时雌蕊已完全停止发育，覆盖器官长大，护颖逐渐覆盖住上、下位花。此时，早熟、晚熟型的展开叶片数分别为 7 ～ 8 片和 10 ～ 12 片，可见叶分别为 12 ～ 13 片和 14 ～ 16 片。

花隔形成后，花粉囊中的孢原组织产生花粉母细胞，经过减数分裂，形成四分体，称为四分体形成期。此时早熟、晚熟型的展开叶分别为 9 ～ 10 片和 12 ～ 14 片，可见叶分别为 14 ～ 15 片和 17 ～ 19 片。

四分体继续发育，不断充实内含物，最后形成成熟的花粉粒，即花粉粒形成期。此时雄穗被覆器官迅速生长，雄穗体积急剧增大，其长度可比小花分化期增长 10 倍以上。从外表看已孕穗，不久即进入抽雄期。此阶段早熟的约持续 10 天，晚熟的可达 10 ～ 14 天。这一阶段正是玉米的大喇叭口期，无论从植株的营养生长，还是生殖生长来说，均已进入最旺盛阶段，雌穗也已进入小花分化期和性器官形成前期。这时对温、光、水、肥等条件非常敏感，是决定花粉量多少，花粉生活力高低的关键时刻，也是决定雌穗大小和粒数多少的重要时刻。因此，应考虑好此时的群体结构能充分受光，并能获得适宜的温度条件，保证有充足的肥水供应，以促进花粉量大，能充分授粉，并争取穗大、粒多，提高产量。

二、雌穗分化

雌穗是茎秆上的腋芽发育而成的，其分化开始时间较雄穗晚 10 ～ 15 天。分化过程与雄穗类似。

（一）生长锥未伸长期

腋芽生长锥未伸长时亦为基部宽、表面光滑的圆锥体。基部分化出节和短缩的节间，以后发育成穗柄。每节上叶有原始体形成，以后发育成苞叶。

（二）生长锥伸长期

生长锥开始显著伸长，长度大于宽度。在生长锥基部先出现环形皱褶的分节和叶突起，以后叶突起退化消失，在叶突起的腋间分化出小穗原基。这一时期很短，持续 3 ～ 4 天，与雄穗小花分化前期相对应，植株已进入拔节的前中期。叶龄指数为 45% ～ 48%。

（三）小穗分化期

生长锥进一步伸长，由基部向上在叶突起的裂片腋间渐次分化出圆苞状小穗原基。每个小穗原基又迅速分裂为两个小穗突起，随之形成两个并列的小穗。在它的基部出现皱褶状突起，以后发育为护颖。小穗原基的分化是自下而上向顶式分化，当生长锥基部和中部出现成对并列的小穗突起时，生长锥的顶部还是光滑的圆锥体，即上下部的小穗分化不是同步进行的，进程有先后之别。但是在条件适宜的情况下，上部仍可分化出小穗原基，并延续到以后几个分化时期。以上为小穗原基期。小穗原基继续分化，沿纵向一分为二，逐渐形成成对排列的不完全小穗，在小穗原基的基部，出现了护颖原基，继续分化逐渐形成护颖。此时内外颖原基也相继出现。当内外颖片分化形成后，一对完整的小穗形成，小穗分化期即告结束。这个阶段，应保证有充足的水分、养分和光照，以争取穗大、粒多。这一时期持续 6 ～ 8 天，与雄穗花隔形成期交叉，植株叶龄指数为49% ～ 56%。展开叶片数为 10 ～ 12 片。

（四）小花分化期

生长锥继续伸长。每个小穗进一步分化出两个位居上下、大小不等的小花原基，小花原基与穗轴平行排列。上部小花称为上位花，其分化速度超过下位小花继续发育为结实小花，下位小花分化明显落后，逐渐退化为不育花。此时称为小花分化始期。在小花原基形成后，在它的基部外围出现三角排列的三个小圆珠状的雄蕊原基，中央隆起一个雌蕊原始体，此时称为雌雄蕊形成期。在小花分化末期，雄蕊突起发育逐渐停止而消失，雌蕊原始体迅速增大，此时称为雌蕊生长、雄蕊退化期，从这点看来，雌、雄花序分化过程类似，开始均为两性花，只是后来雌穗中的雄蕊、雄穗中的雌蕊分别退化才成为单性花。有时雌穗顶尖也出现雄花，这也是"返祖现象"。每一个小穗中的两朵花，大的上位花继续发育为结实花，小的下位花退化为不育花，因为小穗又是并列的，每个小穗只有一花结实，所以果穗必然是成偶数的粒行。这一时期的环境条件对穗粒行数的多少及其整齐度有一定影响。在良好的条件下，形成的粒行则得以巩固下来，行列也能整齐；反之，粒行不能正常继续发育，则可能粒行数减少，或长成畸形，或表现行列不整齐。此时除对粒行数有影响外，对全穗分化正常小花多少也是关键时刻，为以后多结粒创造条件。此阶段持续 4～7 天。此时雄穗已进入四分体形成期，植株的叶龄指数为62%～66%。

（五）性器官形成期

先是雌蕊原基向穗轴一面的表皮开始隆起，形成皱缩状突起，先是盾状，然后向上内卷而成花柱原基。花柱原基出现后，其中央部分逐渐发育成胚珠，花柱原基向上伸长，由半环状逐步扩展成全环，最后套住中央部分的胚珠。随着花柱的伸长，环形突起变成管状，并继续伸长。此时为花柱伸长期。

花柱完全套住胚珠时，呈三角形排列的雄蕊原基尚未退化，但发育日趋缓慢。由一个小穗分化发育成的上下位两朵小花，发育速度和所处时期也有很大差别，约相差一个分化期。此时花柱的伸长速度日渐加快，当花柱伸长到 0.3 cm 左右时，花柱顶端柱头部分出现分杈。随着花柱继续伸长、分化，上部形成茸毛，子房稍见膨大，雄蕊原基逐步衰退而渐趋枯萎。当花柱伸长到 0.7 cm 左右时，上位花的雄蕊原基已明显枯萎，但并未消失。此时下位花停止在雌雄蕊分化期。当花柱伸长超过 1 cm 时，上位花子房明显增大，雄蕊原基完全消失，下位花也随之消亡。此时便进入了单性发育阶段。

当上位花的雄蕊原基衰退消失后，花柱伸长的速度显著加快，其基部子房膨大，子房壁内胚珠里大孢子母细胞进行减数分裂，先形成单核胚囊，再连续进行三次有丝分裂，形成成熟的八核胚囊，其中包括一个卵细胞和两个极核。此时整个果穗急剧增大，不久花丝即伸出苞叶（吐丝）。这一阶段中，花丝开始伸长时约与花粉粒充实期相对应。此时叶龄指数已达 84%～86%。此期持续时间为 8～10 天。

因为幼穗分化的好坏与最后的产量高低关系极大，但整个分化时间并不长，而且不论早、中、晚熟类型其分化天数又基本相同。雄穗从生长锥伸长至开花一般 30 天左右，雌穗从生长锥伸长至吐丝仅 20 天多一点。故应抓紧管理，尤其是对中、晚熟类型不能误认为生育期长则穗分化时间也长，以免延误时机。

三、雌雄穗分化时期的对应关系

从玉米雌雄穗的分化过程看，雄穗分化开始的时间比雌穗早 10 天左右，且延续时间也略长。分化过程中，前中期相差两个时期，到后期差距逐渐缩小。这种关系对各种类型的玉米来说，均比较稳定一致，故可以根据雄穗分化进程来推断雌穗的分化进程。

四、穗分化与茎节的对应关系

玉米不但内部雌雄穗分化有对应关系，而且与外部茎节的生长也有比较稳定的相关性。通过对茎节的观测也可推断雌雄穗的分化时期。茎与穗分化的关系表现在雄穗的小穗形成之前，茎生长很慢，茎高度仅 3 cm 左右。当雄穗进入小花分化期，茎的生长加快，最长节间依次向上发展。

第三节　玉米与生态环境

玉米原产于南美洲热带地区，在长期的系统进化过程中形成喜好高温多湿的特性，在整个生育期间要求较高的温度和水分。玉米各个生长发育阶段对温度和水分的要求不同，在其他环境条件适宜时，满足玉米各阶段对温度和水分的需要，才能协调并促进玉米良好发育。

一、温度

玉米在生长过程中，从播种出苗到种子成熟所需的热量，在农业气象学上以积温表示。积温是在假定其自然条件（光照、水分、肥力等）都处在最适宜条件下，玉米生长发育所需要的热量资源，是玉米生长发育最低温度以上日平均温度的累积。玉米生长发育最低温度（也叫生物学下限温度）是 10℃，大于 10℃ 以上的日平均温度叫活动积温。活动温度减去生物学下限温度叫有效积温。玉米全生育期活动温度的总和叫积温，有效温度的总和叫有效积温。玉米早熟种需要积温 2000℃～2300℃，中熟种需要积温 2300℃～2800℃，晚熟种需要积温 2800℃～3300℃。

玉米种子发芽的最低温度 6℃～7℃，但在这样低的温度下，种子吸水膨胀的时间会大大延长，发芽速度也很缓慢，且易感菌霉烂；在 10℃～12℃ 的温度下，种子发芽较快而且整齐，所以把这个温度作为播种的最低温度指标。最适宜玉米发芽的温度是 25℃～28℃。当温度高于 44℃ 时，虽然玉米仍能发芽，但却会给以后的植株生长带来不良的影响。温度小于 6℃ 或大于 44℃ 都不利于玉米种子发芽或完全停止发芽。如在潮湿地带低温情况下播种，种子只能膨胀而很久不能发芽，并容易感染真菌而烂种。这是因为在不适宜的温度下发芽，初期包围着玉米胚根、胚芽的根鞘和芽鞘，是由具有一种果胶膜的细胞组成，真菌菌系分泌的酶，易把这些果胶物质水解和溶解而后侵入。在适宜的温、湿度条件下播种，玉米发芽时的根鞘和芽鞘的细胞壁中不是果胶质，而是一种含木质素的纤维素，这些难以水解的细胞壁，能阻止真菌的侵入而使其正常发育生长。

玉米苗期生长的快慢与温度的高低有密切关系。在一定范围内温度越高生长越快。但玉米苗期抵抗低温的能力比生长后期强。出苗后遇到 0℃ 的低温不致冻伤；如果遇到 –3℃ 的短时间的低温，虽然幼苗受损，如果管理及时，几天后仍能恢复正常的生长；在 –4℃ 的低温下只要 1 小时幼苗就会冻死。玉米长出 4 ～ 5 片叶子时，仍能抵抗轻微的霜冻，过了这个时期之后，抗寒力逐渐降低。总的来说，春播玉米温度下降到 3℃ 时就会延长生长，夏播玉米温度高于 40℃ 时也会抑制幼苗的生长，而且对以后植株的形成会产生不良的影响。

苗期的土壤温度直接影响着玉米根系的发育。最适宜根系发育的地温为 20℃ ～ 24℃。温度降低时根的代谢过程减慢，同时也使地上部分的同化作用减弱，不能制造充足的有机养料供给根系生长，因而生长缓慢，温度继续下降到 4℃ ～ 5℃ 时根系就完全停止生长。

春玉米出苗后，当日平均温度达到 18℃ 左右时，植株开始拔节，由幼苗期进入生长旺盛期，并以较快的速度生长。在一定范围内温度越高生长越快。

玉米从抽雄到开花的温度以 25℃ ～ 28℃ 为宜。温度高于 35℃、空气湿度低于 30% 时，散出的花粉在 1 ～ 2 小时内就失水干枯而丧失生活力。在高温干燥的气候条件下雌穗花丝也容易枯萎而减弱授粉能力，从而造成受精结实不良的缺粒现象。

玉米从受精到成熟的籽粒形成阶段，需要 40 ～ 50 天。在前 20 天的灌浆和乳熟前期，温度在 22℃ ～ 24℃ 时就更有利于有机物质的合成和向果穗籽粒中运转；但在成熟后期的 20 天内则要求温度逐渐下降才较有利于干物质的积累。如果在这一时期内温度超过 25℃ 或低于 16℃ 时均影响酶的活动，不利于养分积累和运输，致使结实不饱满。

玉米成熟后期易受秋霜冻危害，大多数品种在 3℃ 的低温下即停止生长，并影响成熟降低产量。如果遇到 –3℃ 的寒流，在果穗上尚未成熟而又含水量很大的籽粒就会失去发芽能力。

二、光照

光是玉米完成正常生长发育必不可缺的因素，是合成有机物质的能量来源。玉米属短日照作物，光照阶段的日照时数在 8 ～ 9 小时条件下发育最快，通过光照阶段时间为

12～20 天。由于在缩短日照的条件下能够加速玉米的发育进程，当高纬度长日照地区的玉米引到低纬度短日照地区种植时，提早抽雄开花，生育期会相应缩短，植株变矮。这种反应晚熟品种较早熟品种敏感。当短日照地区品种引到长日照地区种植时，一般出现植株高大，气生根增多，茎叶繁茂，抽雄开花延迟，生育期变长，有的甚至不能开花结实。据研究，纬度每相差 1 度，春播晚熟品种的生育期大约相差 1.3 天，春播早熟品种大约相差 0.8 天，夏播玉米则相差 0.5 天左右。

玉米是喜光作物，它的光能利用率和受光强度与时间，对产量有直接关系。一般能被玉米叶片吸收的光能约占总辐射量的 43%。光的强弱不但直接影响光合作用的强度，也影响光合产物的运输。据原北京农业大学测定，在有充足光照条件下，净光合生产率为 11.65 毫克／（平方分米·小时），碳水化合物的速度为 4cm／分钟，在遮阴少光处则分别为 4.85 毫克／（平方分米·小时）和 1cm／分钟。所以，合理利用光能就是要设法扩大光合面积，提高光合强度，延长光合时间。在一定范围内随着光强度的递增，光合强度也相应增大。另外，扩大光强度的可利用范围，降低光补偿点和提高光饱和点。光补偿点是光照降低到一定数值时，光合作用吸收的二氧化碳与呼吸作用放出的二氧化碳相等，也就是光合作用制造的有机物质与呼吸消耗相等时的光照强度。亦即比补偿点弱的光已不能利用来进行光合作用。光饱和点是光照强度增加到一定数值时，光合作用不再因光的增强而增强，即呈现光饱和时的光照强度。玉米的光补偿点为 1500～4000勒克斯（米烛光），光饱和点为 3 万～6 万勒克斯，最高可达 10 万勒克斯。它们分别表示对弱光和强光的利用能力，光补偿点较低的玉米在较低的光强度下能够形成较多的光合产物。通常玉米在强烈光照条件下生长健壮，产量高。而夏季阴雨连绵，种植超过该品种的适宜密度，或太阳直射光少，漫射光多的山谷地带种植玉米时，常常因光照不足而降低其光合生产率，不能制造充足的营养物质供给茎穗的生长。

玉米光质反应试验指出：玉米雌穗发育在蓝光和白光下最快，在红光中迟缓；而雄穗在红光中发育并不减慢。在绿光中整个玉米的生长发育都比较慢。我国地处北纬地带，在玉米生长季节时，太阳的光线往往是斜射到玉米植株上面的。这不仅会引起反射降低日照强度，也会改变叶片所承受光线的组成成分的性质。据研究，由绿色叶片上反射出去的光线的损失为：紫外光 2%、蓝光 6%、绿光 15%、红光 17%、暗红光 24%、红外线 18%。由于红光和蓝光的损失，叶片内的叶绿素光合作用强度降低，从而影响了叶片总的生产效能。人们通过长时间的探索，选育光能利用率高的玉米株型，雄穗小，节间距长，叶直立，耐高密。

三、水分

水是玉米进行一切生理生化活动的必要条件。根系从土壤中吸收溶解的无机盐类，并将其输送到各部分中去的活动过程，植株体内有机物质的合成、分解、运转，都必须在有水的条件下才能完成。水分又能保持细胞膨压，保证叶片开张，有利于正常的光合、呼吸及蒸腾作用的进行。在高温条件下，可以通过水分的叶面蒸腾来调节植株的体温，以免受高温的危害。更重要的是水分本身就是光合作用的必需原料，它与二氧化碳化合才能形成糖类物质。所以，玉米生育期间能有充足的水分供应，对于维持玉米的正常生命活动至关重要。

因玉米植株高大，需水较多，生育期又多处在高温季节，所以更增大了其耗水量。根据测定结果，每生产 1 千克玉米干物质须耗水 180～320 千克，生产 1 千克籽粒要耗水 0.663 立方米，在玉米旺盛生长时期，一株玉米在一昼夜内要耗水 1.5～3.5 千克。每公顷春玉米一生耗水总量为 3750～4500 立方米，夏玉米为 3000～3750 立方米。耗水量之所以有一定幅度的差异，是由于品种、产量、自然条件和栽培条件之不同而产生的。

一株玉米在整个生长期间，通过蒸腾作用而散失的水分约为 2000 千克，而作物植株的组成水分不到 2 千克，反应物所需的水分约为 1.25 千克。因此，玉米在吸收的水量中，只利用了 1% 的水分，其 99% 的水分通过蒸腾作用散失到大气中。玉米虽是一种需水量较多的作物，但它却是一种水分利用效率高的作物。玉米的蒸腾系数（制造 1 克干物质所需水分的克数）为 180～320，比小麦（525）、棉花（650）、甜菜（400）等作物低。

影响玉米蒸腾作用的因子很多，除与品种特性有关外，气候因子起着重要的作用。当太阳辐射强、气温高、空气湿度小以及有微风的条件下，叶面蒸腾作用就要加强。另外增施氮肥，使叶片蛋白质增加，提高了叶片的保水能力，因而降低叶片蒸腾系数相对地降低了玉米的需水量，增强了植株的抗旱能力。但土壤湿度的变化对于玉米蒸腾系数的影响不大。

玉米一生中，各个时期需要的水量也不相同。播种到出苗需水量占总需水量的 3%～6%，此时期要求田间持水量在 70% 左右，才能保证良好的出苗。玉米苗期因植株矮小，需水量小，占总需水量的 15%～18%，农业上常在这一时期采取蹲苗措施，促进根系发育。此时田间持水量可控制在 60% 左右。当土壤（壤质土）湿度下限指标为 23%，相当于田间持水量的 90% 以上，土壤中空气相对减少，使根受害，当土壤中氧气为土壤空气的 9%～12% 时则根难以忍受，甚至死亡。另外，成熟期根的生命力减弱，也是根容易受害的时期。

玉米自拔节后，植株开始进入旺盛的营养生长和生殖生长阶段，植体迅速增大，同时气温升高，蒸腾量加大，对水分的要求更为迫切，拔节到灌浆期需水占总需水量的 50% 左右，平均日耗水量可达 51 立方米／公顷左右。特别是抽雄前后一个月的时间内，对水分的反应极为敏感。这个时期缺水，幼穗发育不好，果穗小，籽粒数少，严重缺水时，雄穗和雌穗抽不出来，称为"卡脖旱"。雄雌穗间隔期太长，授粉不良，造成果穗籽粒数减少。所以把抽雄前后作为玉米的"水分临界期"，这个时期必须保证土壤水分为田间持水量的 70% ～ 80%，才有获得高产的可能。

玉米在籽粒成熟阶段，对水分的需要量略有减少，这时期的需水量占总水量的25% ～ 30%。这个时期缺水，将使籽粒不饱满，千粒重下降。蜡熟期以后，籽粒基本定型，对水分的要求逐渐减少，土壤水分对产量的影响也越来越小。

玉米生育期间，如果达到萎蔫系数时，植株开始永久萎蔫，如果长时间得不到水分补充，植株就会干枯而死亡。玉米在不同的土壤中的萎蔫系数为：粗沙土 1.0%，细沙土 3.3%，沙壤土 6.5%，壤土 9.9%，黏土 15.5%。

四、养分

玉米一生中需要从土壤中吸收大量的营养元素，其中以氮、磷、钾三要素需要量最多，综合我国各单位研究资料，玉米每生产 100 千克籽粒约须吸收 N（氮）3.52 千克、P_2O_5 1.15 千克、K_2O 3.15 千克。其次还有钙、镁、硫、硼、锌、钼、铁、锰、铜等元素。不同的营养元素对玉米的生长起着不同的作用，如果某种元素缺乏，在玉米植株的形态上会表现出不同的特征。

（一）氮

玉米对氮的需要量最多，反应极敏感，对玉米的生长发育作用非常大。因为，氮是构成蛋白质、酶和叶绿素的重要成分，在核酸、磷脂、配糖体等化合物中也有氮。合理施用氮肥，可使玉米植株生长旺盛，茎叶繁茂，叶色浓绿，光合作用增强，穗大、粒多、粒重，增产效果显著。如果氮元素缺乏，幼苗呈黄绿色，生长缓慢；拔节抽穗期表现先从下部老叶的叶尖开始变黄，逐渐沿主脉呈"V"字形向上扩展，直至整个叶片变黄，叶尖变干，最后全叶干枯，植株矮小；后期表现雌穗发育迟缓，甚至不能发育，轻则造成小穗，粒少，灌浆受阻，粒秕粒小，重则不能形成果穗而出现空秆。施用氮肥过多或不当会引起植株徒长，易造成倒折，还易造成贪青晚熟。

（二）磷

玉米对磷的需要量虽然较少，但它对玉米生长发育却非常重要。磷主要存在于磷脂中，它是细胞原生质、细胞核、染色体的重要组成部分。细胞的分裂和增殖都必须有磷参与。磷对光合作用和呼吸作用有着极为重要的作用，它能使玉米体内的氮素和糖分很好地转化。施磷可加强根系发育，促进细胞增殖，还可使雌穗受精良好，结实饱满，提早成熟。如果缺磷，幼苗叶片暗淡，呈紫色或红色，根系发育减弱，生长缓慢；拔节抽雄期缺磷，不但根系发育不良，而且植株吸氮能力减弱，茎叶生长缓慢，生育期延长；花粒期缺磷，会造成雌穗花丝抽出延迟，受精不好，粒行不整齐，粒重降低，成熟延迟。

（三）钾

钾能促进碳水化合物的合成和运转，使机械组织发育良好，厚角组织发达，增强植株的抗倒伏能力。钾对氮素的代谢过程有促进作用，钾素充足能形成较多的蛋白质。钾还对雌穗发育有促进作用，能增加单株果穗数。如果缺钾，幼苗生长缓慢，嫩叶呈黄色或黄绿色，从下部向上发展，叶尖和叶缘呈灼烧状变黄，继而干枯。成株除上述特征外，茎节皱缩呈褐色，叶片营养向根部输送受阻，根系发育不良，生根停滞，植株矮小，果穗发育不良，籽粒淀粉含量低，千粒重低，或出现秃尖，易感病和发生倒伏。

（四）钙

钙在植物体内以果胶酸钙的形态存在，是细胞壁中胶层的组成成分。钙对碳水化合物和蛋白质的合成过程有促进作用，钙在植物体内起着半衡生理活动的作用，使土壤溶液达到离子平衡，加强植物对氮、磷的吸收，钙能调节植物体中的酸碱度，也可避免或降低在碱性土壤中钠离子、钾离子等和酸性土壤中残留的氢、锰、铝等离子的毒害作用，使植物正常地吸收铵态氮。玉米缺钙，生长受到抑制，植株矮小，同时，展开的叶尖部分产生胶质，干后即胶粘在一起。

（五）镁

镁主要存在于叶绿素、植素和果胶物质中，是叶绿素和植素的组成成分。叶绿素 a 和叶绿素 b，都是镁的化合物，镁对光合起着重要作用。玉米缺镁，植株开始出现黄白色条纹，然后整个叶片变黄，有时呈紫红色。

（六）硫

硫是构成蛋白质和酶不可缺少的成分，在作物体内几乎所有的蛋白质都含有硫，但形成蛋白质的氨基酸中，只有半胱氨酸、胱氨酸及蛋氨酸中才含有硫，这些氨基酸在很大程度上决定了玉米的营养价值。在植物体中还有一部分的硫以阴离子态的硫酸根离子（SO_4）存在，它们对于植物的生命活动，特别是在植物体所进行的氧化还原过程中起着很大的作用。玉米早期缺硫时，叶脉间的全部叶片变黄，上部嫩叶尤其显著。在晚期，茎基部变红，而且沿着叶缘逐渐扩展到整个叶片。

（七）硼

作物体内硼的含量随作物种类不同而有差异。一般禾本科作物比豆科作物低。硼是以离子态被作物吸收。硼在作物中约有 50% 集中在细胞壁和细胞的间隙里。硼对作物开花时期的营养十分重要。花的柱头、子房、雌雄蕊中都含有相当数量的硼。硼对碳水化合物的运转也起着促进作用。早期生长和后期开花阶段，常表现为植株矮小，生殖器官发育不良，造成空秆和败育；在叶部表现是，新叶窄长，叶脉间出现透明的条纹，稍后变白变干。缺硼严重时，生长点死亡。在穗部的表现为，籽粒基部可见软木褐色圈带。缺硼常出现在碱性土壤中，在酸性土壤中施用石灰过多也会出现缺硼症状。

(八) 锌

锌是植物体内氧化还原的催化剂，促使细胞呼吸，促进生长素的形成，并对光合有促进作用，还能够提高植物对真菌病害的抵抗力。缺锌植株发育慢，节间变短。幼苗期和生长期缺锌，新生叶的下半部呈现淡黄色乃至白色。该叶成长以后，在叶脉之间出现淡黄斑点或缺绿条纹斑，甚至可在中脉和边缘之间看到白色或黄色组织宽带或坏死斑，这时叶面呈白色透明，风吹易折。严重缺锌时，开始叶尖有淡白色病斑，之后突然变黑，有特殊金属光泽，3～5 天后植株死亡，这种情况常在连作或贫瘠生荒地发生。生长中后期缺锌时，雌穗抽丝期延迟。

(九) 铁

植物体内的含铁量，一般为其干重的 0.3% 左右。铁是植物体内一些氧化酶的成分，也是固氮微生物体内固氮酶的成分；铁虽然不是叶绿素的组成成分，但它对叶绿素的形成是必不可少的。因而，缺铁会影响植物的呼吸作用和光合作用，还会影响固氮微生物固定空气中氮素的能力。由于铁在植物体内较难移动，因此缺铁的失绿症状首先在幼嫩叶片上出现。植株下部的叶子变成棕色，茎秆和叶鞘部分则呈红紫色，新长出来的嫩叶，呈现一定程度的缺绿病，有时变成淡黄色甚至白色。

(十) 锰

锰以二价的离子形态被吸收，可促进作物体内氧化还原过程，促进呼吸作用和光合作用。锰还能促进作物体内的硝酸还原。锰对于促进玉米种子萌发及幼苗早期生长的作用是十分明显的，还能促进花粉发芽和花粉管的伸长。玉米植株缺锰症状是顺着叶片长度显现出黄色或黄色条纹，开始呈缺绿斑点，随植株生长，逐渐会合成带。最后，斑点穿孔，这一部分组织破坏并死亡。

(十一) 铜

铜为植物体内多种氧化酶 (如抗坏血酸氧化酶、多酚氧化酶和吲哚乙酸氧化酶等) 的成分，从而在氧化还原反应方面起着重要的催化作用。铜能提高叶绿素浓度，促进光合作用。对脂肪酸的代谢、蛋白质的分解等都为含铜酶所催化。缺铜的植株生长很慢，植株非常矮小，叶子失绿，叶尖发灰，叶顶干枯，叶片向后弯曲，新叶死尖，将来的果穗不能发育或发育得很弱。

由以上可知，玉米一生不但需要三要素，还需要多种矿物质元素。缺乏某种元素，都对玉米生长不利。为满足玉米需要，要多施有机肥，培肥地力，改良土壤。

五、土壤

土壤是玉米生长的基地，是根系活动的场所；土壤的结构和质地对玉米根系的生长和分布以及植株的生长状况均有很大的影响。比较黏重的土壤，结构紧密，通气性较差，雨后容易板结，根系生长屡弱，幼苗发育不良；比较沙性的土壤，结构疏松，通气性好，保苗容易，但保肥保水性能差，不利于根系发育，后期容易脱肥早衰。玉米植株高大，根系发达，是喜肥水的作物。因此，选择土层深厚、土质疏松、透气性良好、有机质含量丰富和保水保肥性能好的土壤种植最为适宜。

深翻改良土壤，增厚活土层。玉米是须根作物，根系密集，数量较大。一株玉米根的总长 1000 ~ 2000 米，入土深达 2 米。要使玉米具有一个发育好、活力强的根系群，必须加厚活土层。活土层是指熟化的耕层土壤。玉米根系入土较深，主要分布在 30 cm 以内的土壤中。所以，提倡耕地深翻，加厚活土层，使土质疏松，空隙适宜，水、肥、气、热诸因素协调，才能更好地满足玉米生长发育的要求。

土壤要疏松通气。玉米需氮较多，通过根部进行呼吸作用，从土壤中吸收玉米所需要的氮肥。所以，提倡玉米地秸秆还田，通过秸秆还田，可以改善土壤团粒结构，使土壤通气良好，有利于根系发育和茎叶生长。玉米根系不仅是吸收水分和养分的器官，而且是许多重要物质的合成器官，即根部利用茎叶提供的碳水化合物和从土壤中吸收的矿物质营养元素，可以合成多种氨基酸，以保证茎叶的生长。一般最适宜的土壤气体容量为 30%，比小麦高 5%。玉米在生长期间，需要勤中耕、深中耕，保证根系生长对氧气的需求。

玉米田要确保排水良好。玉米的生长发育离不开水，但不同生育时期对土壤水分有不同要求。如玉米苗期耐旱怕涝，雨水过大，土壤水分过多会形成芽涝，幼苗发红不长。抽雄前后需水多，干旱影响抽雄吐丝。乳、蜡熟期连续阴雨，土壤水分过多，影响根系活动，出现早衰，粒小、粒秕，粒重降低。

培肥地力增加有机质。玉米一生需要很多氮、磷、钾三要素，还需要各种矿物质元素。三要素可以按需要增加施用，矿物质元素不同，一旦发生症状，就会影响作物生长。所以，要增施有机肥料，培肥土壤。有机肥料主要包括人、畜、禽粪尿，绿肥、厩肥和其他各种有机肥料。连续秸秆还田更有利于改善土壤团粒结构，增加土壤有机质。

质地适宜也是玉米生长的主要条件。玉米适宜在中性的土壤生长，对酸碱度（pH 值）的适应范围为 5 ~ 8，pH 值为 6.5 ~ 7.0 最为适宜。在强酸性或强碱性的土壤生长不良或不能生长，玉米在种子发芽阶段抗盐性最强，在 0.2% ～ 0.5% 盐溶液条件下仍能正常发芽。随着幼苗的生长，抗盐能力逐渐减弱，并对玉米后期的生长和产量形成有明显的影响。

　　和其他农作物相比，玉米对土壤的要求并不算十分严格，无论平原、丘陵、水地、旱塬，都可以种植。为了使玉米能够较好地适应各种土壤生长，充分发挥玉米的增产潜力，在栽培上应根据不同土壤类型采取相应的农业措施，满足玉米生长发育的需要。例如在沙性土壤多施有机肥料，适当增加追肥和浇水次数；在黏性大的土壤中结合深耕增施有机肥料，增加中耕次数，保持土壤疏松，做好排水系统等，使玉米生长良好，以获得较好的收成。

第五章　南方多熟制地区玉米栽培

第一节　自然条件、熟制与玉米生产地位

一、自然条件

江汉平原位于长江中游，汉江中下游，湖北省的中南部，由长江与汉江冲积而成，是中国三大平原之一的长江中下游平原的重要组成部分，江汉平原西起宜昌市枝江市，东达中国中部最大的城市武汉，北至荆门钟祥，南与洞庭湖平原相连，地理坐标是 $29°26'\sim31°10'$ N, $111°45'\sim114°16'$ E。面积 4 万余 km^2，物产丰富，是湖北省乃至全国重要的粮食产区和农产品生产基地，素有"鱼米之乡"之称。

（一）地貌特征

江汉平原主属扬子准地台江汉断坳，地势低平，平均海拔只有 27m 左右，除边缘分布有海拔 $50\sim100$m 的缓岗和低丘外，大体由西北向东南微倾，西北部海拔 35m 左右，东南降至 25m 以下，汉江、东荆河及长江依势由西北流向东南。

平原由古"云梦泽"演变形成，水网交织，湖泊成群，据不完全统计，江汉平原现有大小湖泊 300 多个，较大者有洪湖、汈汊湖、排湖、大同湖及长湖等，平原上垸堤纵横，由于河水泛滥，泥沙淤积，致使沿河地面抬高，长江、汉江和东荆河沿岸地势较高，一般在 $28\sim38$m；江河之间相对低下，形成长形凹地，凹地的地面高程多在 $25\sim28$m，形成垸内低于垸外的地形，凹地地表组成物质主要为黏土，地下水水位一般离地表 $0.5\sim1.0$m，雨季常积水成涝。

（二）气候特点

江汉平原位于亚欧大陆东部的亚热带区域内，属北亚热带湿润性季风性湿润气候。由于冬季西伯利亚—蒙古冷高压与夏季印度季风热低压随季节而转换，使地面盛行风向也相应地产生周期性转换，这就是季风环流，盛行风向随季节更替明显、冬冷夏热，冬干夏雨，雨热同季、气象灾害频繁，冬季风受到来自高纬大陆西伯利亚的冷气团控制，

寒冷而干燥，因此冬季气温低、降水少，夏季受到来自太平洋的东南季风和来自印度洋的西南季风的影响，大陆热源作用与海洋冷源作用达到最强，盛行从海洋吹向大陆的偏南风，同时，受季风的影响，大概在每年的6月中旬雨带移动到长江流域，6—7月江汉平原因准静止锋形成"梅雨"天气，降水集中且多暴雨，7—8月随着雨带北移至华北地区，江汉平原受副热带高气压控制形成"伏旱"天气，春季和秋季为当地的过渡季节，温和且短暂。

灾害性气候特征：江汉平原地处中纬度地带，南北天气系统交互影响频繁，灾害性天气时有发生，种类多种多样，有持续时间较长的旱、涝、连阴雨，也有突发性的飑线、冰雹和龙卷风等，但危害最大的灾害性天气是冬季寒潮，春季低温阴雨，初夏暴雨洪涝，盛夏高温伏旱以及秋季寒露风、连阴雨等。

（三）温度、光照、天然降水

江汉平原年平均气温15℃～18℃，南部高于北部、东部高于西部。受季风影响，冬冷夏热，春季温度多变，秋季温度下降迅速，1月最冷，大部分地区平均气温3℃～6℃；7月最热，平均气温26℃～28℃，极端最高气温达40℃以上，空间分布总体上是南高北低，江汉平原四季分明，夏季最长，平均为121d；冬季次之，为116d；春、秋季短，约64d。江汉平原年均降水量约1200mm，远高于全国平均降水量632mm，江汉平原南部嘉鱼县年均降水1391.87mm，北部钟祥市年均降水量为978.72mm，年均降水量由南向北显著递减，受季风气候影响，年内降水分布7月最多（204mm），12月最少（26mm），降水量主要集中在5—9月，平均降水量760mm，占全年降水量的63%，其中梅雨期（6月中旬至7月中旬）雨量最多，强度最大，高温期与多雨期一致，雨热同季，气候资源丰富多样。江汉平原年均日照时数约2000h，年太阳辐射总值460～480kJ／cm²，在中国属于可利用区范围，大部分地区≥10℃积温和日数分别为5100℃～5300℃和230～250d，全年无霜期约265d。

（四）土壤

江汉平原亚热带温湿季风气候有利于植被生长和有机质及矿物质的转化，并直接影响到土体的干湿交替、物质的淋溶淀积等，在平原潮土地区，江河湖泊泛滥、地下水位有季节性升降活动，使土壤剖面产生频繁的干湿交替和氧化还原过程，影响土壤物质的溶解、移动和淀积，都会影响土壤的结构和肥力。

江汉平原旱地约占耕地总面积的32%，水田约占68%。旱地主要分布在堤内平原，水田主要分布在河间凹地和平原边缘。堤内平原高地在大堤以内，沿大堤分布，地面向内侧稍微倾斜，地势较堤外滩地低，排水较好，土壤质地为粉沙质壤土、粉沙质黏壤土或粉沙质黏土，透水性好，土地适耕性强。河间凹地是人工围垸、溃堤、河道变迁等原因形成的局部洼地，地势低下、常年积水，质地主要为黏壤土或黏土。

二、熟制

江汉平原得天独厚的地理位置和生态条件使其成为华中地区乃至全国的粮仓，古谚云"湖广熟，天下足"，足见江汉平原在粮食生产上的重要地位，当地勤劳的农民和农业科研工作者更是充分发挥自己的聪明才智创造了多种多样的种植方式，例如，春玉米—晚稻连作、玉米—甘薯套作、玉米—大豆套（间）作、玉米—马铃薯套（间）作、玉米—棉花套作、玉米—蔬菜间（连）作等等，高效地利用空间、养分、水分、日照以获得更高的产量和经济效应。

（一）春玉米—晚稻连作一年两熟

该模式春玉米宜选择半紧凑中早熟普通玉米品种或鲜食玉米品种，例如，掖单13、郑单958、美中玉、金中玉、京科甜183、彩甜糯6号、京科糯2000等，春玉米采用厢作，厢宽1m，沟宽20cm，厢沟模式单位宽度为120cm，采用宽窄行方式播2行，株行距40cm×80cm，3叶期间苗，5叶期定苗，定苗密度5000株／亩；春玉米在3月中旬覆膜播种或3月底至4月初进行芽播，全生育期100～120d，活动积温2470℃左右，7月20日以前收获春玉米，春玉米收获后及时泡田破坏原厢沟模式，旋田整地。晚稻采用传统水育秧、人工移栽模式，密度2.06万穴／667.7hm^2；于6月25日前播种，7月底插秧，一般在9月15日前能齐穗，10月下旬收割，能稳产高产。

（二）冬小麦—夏玉米连作一年两熟

江汉平原地区一般在5月底至6月初播种夏玉米，6月5日前最佳，最迟不超过6月10日，条件允许时夏玉米宜抢时早播，每早播一天可增产1%，播种密度以5500～6000株／亩为宜，夏玉米在9月下旬至10月上旬收获，从出苗到成熟100d左右，10月10日左右及时抢播冬小麦。

（三）冬油菜—夏玉米连作一年两熟

冬油菜—夏玉米栽培模式与冬小麦—夏玉米模式相似。油菜在5月初收获，比小麦早10d左右，下茬夏玉米与麦茬夏玉米相比，播种时间更宽裕，生育期更长，产量更高。

（四）鲜食玉米一年三熟

荆州职业技术学院探索了一年三熟鲜食玉米栽培技术。该模式的栽培要点在于通盘考虑，依茬次选择品种，适时播种，合理安排好茬口。早春种植的第1茬鲜食玉米选用早熟类型的甜、糯玉米品种，争取提早上市。第2茬夏玉米和第3茬秋玉米可根据市场需求，选用耐高温、品质优、适口性好的甜、糯玉米中熟或中迟熟品种。第1茬春玉米采用双膜覆盖早熟栽培技术可提前到 2 月上旬播种，采用塑料大棚营养钵育苗，3～4 叶期移栽。移栽前用 70cm 宽的微膜覆盖厢面，移栽后及时用 2m 长的竹弓子和 2m 宽的地膜搭成小拱棚对玉米进行防寒保暖。第 1 茬春甜玉米一般在 5 月底至 6 月初即可上市，第 2 茬夏玉米在 5 月下旬播种，前茬收获前 5～7d 套种在行间，或提前 7～10d 用营养钵育苗，待苗长至 3～4 片叶时移栽，第 3 茬夏玉米到 8 月上旬可上市。第 3 茬秋玉米在 8 月上旬播种，至 10 月中下旬上市，上茬玉米采收后应及时灭茬，以免影响幼苗生长。

（五）春玉米—秋（冬）蔬菜一年两熟

3 月中旬及时整地，地温稳定在 10℃以上时抢墒播种春玉米，7 月底收获，春玉米收获之后接茬播种秋（冬）蔬菜，可供选择的蔬菜种类有：①萝卜 8—9 月播种，当年 10—12 月收获；②菠菜 8—12 月播种，30d 以后分批收获；③芹菜 9—11 月播种，12 月开始采收；④甘蓝、大白菜 9 月中旬播种，小雪前 2～3d 收获。

（六）双季甜（糯）玉米一年两熟

春季甜（糯）玉米在 3 月初至 4 月初地温稳定在 10℃～12℃时即可播种，其中 3 月上旬播种实行地膜覆盖育苗移栽，3 月下旬后播种可露地直播，6 月初至 6 月底收获，生育期 90d 左右，秋甜（糯）玉米 7 月下旬至 8 月上旬播种，10 月 1 日前后收获，生育期 80d 左右。

（七）玉米—棉花套作一年两熟

主要栽培要点如下：

1.作物空间安排

畦宽 2m 开沟做畦，1 行玉米、2 行棉花，畦中间种玉米，两边种棉花，玉米密度 3333 株／亩，株距 10cm；棉花密度 1480 株／亩，株距 45cm。

2.玉米播种与管理

1—2 月翻耕冬炕，3 月上中旬整地、播种，每穴 2～3 粒，播种深度 3～5cm，播后足墒时盖膜；出苗后及时松土、治虫防病，4 月上旬定苗；7 月上中旬收获玉米。

3.棉花播种与管理

4 月 8 日前后营养钵苗床播种，5 月初移栽；移栽后及时防虫、防病；9 月底至 12 月采收籽棉。

（八）双季甜（糯）玉米—红菜薹一年三熟

播种前精细整地，开好沟厢，一般厢面宽 100cm，厢沟宽 20cm、深 15cm，中沟宽

40cm、深 20cm，围沟宽 35cm、深 20cm，并做到中沟、厢沟、围沟三沟配套，便于排渍与灌溉。第一季甜（糯）玉米于 2 月底至 3 月初育苗移栽或在 3 月 20 日左右覆膜直播，行株距为 50cm×35cm，密度 4000 株/亩，6 月 10 日前收获，第二季甜（糯）玉米 6 月 20 日左右播种，9 月 15 日前收获上市。红菜薹 8 月 15—20 日苗床育苗，当菜苗 2 片真叶展开时进行第一次间苗，3 片真叶展开时进行第二次间苗，4 片真叶展开时进行定苗，苗龄达 20～25d，叶龄达 5～6 叶时及时抢墒移栽，当嫩薹达到食用标准时，及时采收。

第二节　玉米种质资源

一、玉米品种类型

（一）玉米品种的用途类型

湖北省地处全国中部，地理区位、自然气候、生产条件等兼具中国南北方玉米生产的优势。全省已经形成了三大优势区域：一是 112°E 以西的鄂西山地春玉米区，面积 490 万亩左右，占全省玉米面积的 50% 以上，是湖北省的传统玉米主产区，面积相对稳定，该地区以套种模式为主，例如，马铃薯/春玉米。二是 31°N 以北的鄂北岗地夏玉米区，面积 280 万亩左右，占全省玉米面积的 30% 左右，是近几年发展较快的玉米产区。该地区以连作模式为主，例如，油菜（小麦）夏玉米。三是 112°E 以东、31°N 以南的江汉平原玉米区，面积 190 万亩左右，占全省玉米面积的 20% 左右，本区域玉米生产以春玉米为主，夏玉米和秋玉米均有不同程度的发展。该地区种植模式样式丰富。例如，玉米—棉花套作、玉米—蔬菜间（连）作、双季甜（糯）玉米—红菜薹、鲜食玉米一年三熟、早稻—秋甜（糯）玉米等。

（二）玉米品种的熟期类型

江汉平原发展玉米生产的条件较好，潜力很大，本区域历来实行多熟制，从一年两熟到三熟制，代表性的种植方式有小麦—玉米—棉花、早春玉米—秋玉米、小麦—夏玉米、春玉米—晚稻等间套连种方式。在江汉平原玉米栽培中，按播种期可分为春播、夏播、秋播三种主要的类型，春玉米一般是 3 月中下旬至 4 月上旬播种，7 月下旬至 8 月初收获；夏玉米一般在 5 月中下旬至 6 月上旬播种，9 月中下旬收获；秋玉米一般在 7 月中下旬播种，10 月底至 11 月收获。

春播须选用生育期 120d 左右的中熟或中晚熟品种，以充分利用温光资源，促进单产提高；夏播宜选用生育期 100d 左右的中熟品种；秋玉米则根据播种的迟早，可采用适宜熟期玉米品种，播种早的采用中熟品种，迟播的采用早熟品种。夏播玉米，夏收至秋播间隔时间大约在 140d，为了充分利用温光资源，建议选用生育期偏迟熟耐高温的品种，即从播种出苗到成熟生育期在 100d 左右的品种，这样既能够保证当季玉米的高产优质，又能够保障秋播小麦等农作物的正常生产活动，实现夏秋两季作物的全面增产丰收，特别要注意不能盲目选用生育期过短的品种，以防造成温光资源的浪费而使玉米产量降低。

二、自育代表性品种选育

（一）宜单 629

宜单 629 由宜昌市农业科学研究院选育。主要选育者为田甫焕、许贵明、黄声东。该品种于 2008 年通过湖北省农作物品种审定委员会玉米品种审定，编号为鄂审玉 2008004；并于 2011 年通过广西壮族自治区玉米品种审定，编号为桂审玉 2011005。

1.亲本来源及特征特性

（1）母本及其来源

母本 S112 源自 2000 年春在 478 自交系中发现的优势单株，经连续自交多代选育而成。

（2）母本的特征特性

植株株型紧凑，株高和穗位较低，中部叶片稍短、较宽大，叶色浓绿；根系发达，高抗倒伏，抗大小斑病、纹枯病等；果穗短筒形，黄粒，白色穗轴，马齿形，籽粒大。

（3）父本及其来源

父本 N75 为宜昌市农业科学院旱粮作物研究所自主选育自的自交系，其源自国外杂交种 97922 的直接选系，含有热带材料的血缘。1997 年开始选系，经过连续南繁北育 6 代以上，至 2001 年育成，N75 的系谱号为 97922-4-3-1-2-1-1。

（4）父本的特征特性

根系发达，抗倒性好，综合抗性强；雄花发达，分枝多而紧凑，花粉量足，花期长；雌穗吐丝快而集中，花柱红色，雌雄开花期间隔短，雌穗先吐丝，果穗结实性好，果穗长锥形，黄色籽粒，偏硬粒型，穗轴白色；籽粒容重大，外观品质优良。

2.推广面积

宜单 629 因在各类试验中表现突出，在 2007 年审定之前，就与湖北腾龙中叶有限公司达成协议，共同开发，提前进入市场，加快了该品种的推广应用步伐。2008年起开始在湖北省大规模地推广种植，先后在武汉、宜昌、襄阳、十堰、恩施等市（州）推广种植，均表现良好，比当地主栽品种显著增产，受到了农户和种子经销商的一致好评。

（二）华玉4号

华玉4号是由华中农业大学植物科学技术学院玉米研究室自主选育的玉米杂交品种。

1.亲本来源

（1）母本及其来源

母本HZ85为华中农业大学植物科学技术学院玉米研究室自主选育自交系，来源于美国杂交种3358，二环系选育，连续6代自交而成。

（2）父本及其来源

父本S7913-1-13，引自四川省农业科学院。

2.推广面积

华玉4号适合西南地区海拔400m以下低山、丘陵、平原地区种植，是湖北省低山、丘陵平原春玉米育种的一次重大突破。该品种审定后到2008年连续多年被湖北省种子管理局选做春玉米区试对照品种。

（三）汉单777

汉单777是由湖北省种子集团有限公司选育的玉米杂交种。

1.亲本来源及特征特性

（1）母本及其来源

母本H70202是湖北省种子集团有限公司自主选育的自交系，其来源于铁岭先锋种子研究有限公司玉米杂交种628318，经过8代连续自交而成。

（2）母本的特种特性

母本H70202株型紧凑，株高较高，穗位低，穗上节间长，植株外形清秀；果穗大，轴红色；根系发达，抗倒性好；抗逆性表现较好，耐热、耐滞性好。

（3）父本及其来源

父本H70492同样是湖北省种子集团有限公司自主选育的自交系，其来源为【（齐319×沈137）×（178×87-1）】×P138，经6代连续自交而成。

（4）父本的特征特性

父本 H70492 株型半紧凑，叶色较浓绿，果穗中等，籽粒较小，硬粒型；抗病性强，尤其对茎腐病、锈病、大小斑病的抗性较强；抗倒性较强，耐热性较好。

2.选育途径和方法

（1）亲本选育过程

①母本：2004 年春季，周广成利用铁岭先锋种子研究有限公司玉米杂交组合628318，进行套袋混粉自交 4 穗，收获时选择表现较好的 3 个果穗；2004 年冬季在海南陵水，将 3 个果穗种植成穗行，选优株自交 30 穗，从中选择最好的 19 个果穗；2005年春季种植成穗行，选择其中最好的 1 个穗行自交 18 穗，当年冬季在海南陵水种植 18个穗行，自交收获 40 个果穗；2006 年春季在湖北鄂州种植 40 行，继续自交，收获 87个果穗，冬季在海南按穗行种植 87 行，自交选择最好的 81 个果穗；2007 年春季种植81 个穗行，边测定配合力边自交加代，最终收获 106 个果穗，选择其中 3 个来源于同一个穗行，综合表现最好且整齐一致的穗行，命名为 H70202。

②父本：2004 年春季，周广成利用玉米自交系齐 319 为母本，与玉米自交系沈 137杂交，组配选系组合齐 319× 沈 137，同时利用玉米自交系 178 与 87-1 杂交，组配选系组合 178×87-1，每个组合做 4 个果穗；2004 年冬季以齐 319× 沈 137 为母本，以178×87-1 为父本杂交 15 穗，筛选收获 8 穗；2005 年春季种植成 8 个穗行，选择其中株型紧凑、综合抗性优良的两行为母本，以玉米自交系 P138 为父本杂交 12 穗，收获时选择 7 穗，然后在海南陵水和湖北鄂州连续自交 6 代，于 2008 年选育而成，命名为H70492。

（2）品比试验

2009 年在襄阳宜城夏玉米品比试验中，亩产 724.59kg，比对照浚单 20 增产 18%；2010 年在襄阳宜城夏玉米品比试验中，亩产 640.08kg，比对照浚单 20 增产 10.4%；2011 年在襄阳宜城夏玉米品比试验中，亩产 667.4kg，比对照蠡玉 16 号增产 5.9%；2012 年在襄阳宜城夏玉米品比试验中，亩产 597.9kg，比对照郑单 958 增产 11.5%。

（3）推广面积和省外应用

汉单 777 是湖北玉米育种的一次重大突破，其既适合做平原春玉米，也适合做夏玉米种植，生产上以夏玉米为主，是湖北省审定的第一个自主选育的夏玉米品种。

第三节　普通玉米实用栽培技术

一、整地

冬季轮作换茬的空地，应深耕炕土，提高播栽质量，夏季连作种植，采取免耕栽培，有利于抢季节、保墒情，争取全苗。

（一）早春玉米深耕整地

适宜玉米生长的是疏松、肥沃、通透性与排水性比较好的土壤。早春播（栽）玉米，宜在冬季深翻整地，在前茬作物收获后，用拖拉机深耕 25 ～ 28cm，利用冬季降雪，低温冻凌土壤，2 月用拖拉机旋耕一遍，碎土保墒，播（栽）前再旋耕一遍，清除未腐烂的前作根茬，按 120cm 宽定距牵线开沟，将开沟的土放在厢中间，略呈龟背形，达到田间厢沟、腰沟和围沟逐级加深，沟直底平，以利排涝防渍。

（二）晚春玉米少耕整地

前茬越冬作物收获后，用旋耕机适墒旋耕一遍，按设计的播（栽）规格，开沟整厢，其优点是整地速度快，耕层土壤细碎，上虚下实，保苗保墒，能保季节适时播栽，提高出苗率与成苗率。

（三）秋玉米稻茬免耕直播

1.茬口安排

早稻 4 月上旬播种，7 月中旬至 7 月底收获。秋（甜）玉米 7 月底至 8 月初播种，10 月底至 11 月收获。

2.早稻收获及开厢

早稻采取机械收获，稻草均匀留在畦面，并按每厢 1.2m（包沟）规格开沟。开沟时挖起来的泥土均匀地抛撒在厢中间，厢面整成龟背形，以利于排水，早稻收获后当天或第二天，及时喷施除草剂杀青灭茬，杀灭杂草，喷药 1d 后回浅水浸泡，让水自然落干，条施复合肥 50kg／亩。

秋玉米播种按 80cm×40cm 宽窄行直接在未经翻耕犁耙的稻田厢面打洞播种，栽前在小行距中施腐熟农家肥 1000 ～ 1500kg／亩，混合过磷酸钙 60kg／亩、氯化钾 10kg／亩或氮磷钾（15-15-15）复合肥 10kg／亩开沟施基肥，施基肥后覆土，施肥时肥料离种子 10cm 左右，以防烧苗。

二、播种

（一）免耕直播

免耕直播技术主要应用于小麦—夏玉米连作模式中的夏玉米生产和早稻—秋玉米连作模式中的秋玉米生产，江汉平原以夏玉米为主，适宜区域有当阳市草埠湖农场、荆州市、钟祥市、荆门市、随州市、天门市、仙桃市、潜江市、松滋市等地。

以夏玉米麦茬免耕直播为例，夏播玉米，季节紧张，加之伏天易出现雨涝或干旱，下雨不利于耕翻整地，干旱翻耕整地易损失土坡水分。因此，可因地制宜推广免耕栽培，免耕栽培既有利于抢季节，适时播栽，又能抗御雨涝或干旱灾害，提高播栽质量。

1.麦秸和残茬处理

小麦收获后要及时对麦秸和麦茬进行处理，否则会对夏玉米播种质量及幼苗的生长产生不良影响。小麦收割时要尽可能选用装有秸秆粉碎和抛撒装置的小麦联合收割机，将粉碎后的麦秸均匀抛撒在地表，形成覆盖，如果使用没有秸秆切抛装置的小麦收割机，秸秆常会成堆或成垄堆放，在播种前需要人工将秸秆挑散并铺撒均匀，或将麦秸清理出农田，否则会严重降低玉米播种质量。另外，小麦机械收获时留茬高度不宜过高，一般应控制在 20cm 以下，留茬过高，遮光会严重影响玉米幼苗的生长发育，植株长势弱，并容易形成高脚苗，抗倒伏能力降低。因此，对留茬较高的地块，可以在播种前用灭茬机械先进行一次灭茬作业，然后再播种玉米，也可在玉米播种时选用带有灭茬功能的免耕播种机，一次性完成秸秆粉碎、灭茬和玉米播种等多项作业。

2.免耕直播

麦秸和残茬处理完后直接在厢面上定距打洞播（栽）夏玉米种（苗），然后喷施玉米专用除草剂，待玉米出苗或移栽成活后，用中耕器对地面及厢沟进行中耕松土和施肥。

3.抢时早播

麦收后应抢时早播，争取在 6 月 5 日前完成播种，最迟不宜迟于 6 月 10 日，播种规格可采用 60cm 等行距或 80cm×40cm 宽窄行种植方式，播种时可采用点播器单粒或双粒点播，尽量做到播深一致。在有条件的地方，可选用单粒精量免耕播种机进行精量播种，可同时完成开沟、播种、施肥、覆土、镇压等一系列工序，采用单粒精量免耕播种机播种，保证了出苗一致，且苗间竞争小，幼苗生长一致，可做到苗全、苗齐、苗壮，免去了后续的间苗和定苗工作，高效、省工、省时。利用单粒精量免耕播种机播种时要注意控制好播种速度，一般不超过 4km／h，以防漏播或重播，保证播种质量，播种后视土壤墒情浇"蒙头水"，以保证正常出苗。

（二）常规播种

1.播种时期

在江汉平原范围内，不论何种种植制度和种植方式，玉米均可以春播、夏播、秋播。判断播种适期主要依据两个方面：第一看温度；第二看土壤墒情，即播种时气温要稳定在8℃左右，土壤表层5cm深处的地温稳定在10℃以上，以便达到种子发芽的要求，且出苗后能够避开－3℃左右的寒潮低温危害；土壤墒情要满足种子萌发和幼苗生长的需求，一般来讲土壤水分应达到田间土壤持水量的60%～70%。地膜覆盖比露地直播可适当提早10～15d播种，江汉平原春玉米适宜播期为3月底至4月初，清明节前完成，玉米和其他作物连作或轮作时，玉米的适播期还须考虑前、后茬作物的熟期和接茬关系，一般而言夏玉米的适播期为5月底至6月初，不宜晚于6月10日，秋玉米适宜播期为7月23日左右。

（1）播期对玉米生育进程和产量的影响

①春玉米

自2月底至4月中旬春播播种结束。播种至出苗天数随播期的推迟而递减，苗期（出苗—拔节）、生育前期（出苗—吐丝）及后期（吐丝—成熟）都随播期延后而呈现递减现象。实验结果表明，玉米种子发芽的最适温度为24℃～31℃，萌动和发芽所需积温分别为1100℃～2200℃，玉米种子在6℃～7℃时开始发芽，但发芽极慢，易霉烂。温度在10℃～12℃时，播种后8～20d出苗，温度20℃以上时仅需5～6d，因此，在2月底至3月上旬早播，如若遭遇持续低温，则因日均温度低，积温少，会致使出苗历期延长，容易产生弱苗和造成前期长势差。同时，播后如遇长时间低温阴雨天气，还存在烂种的风险，因而，在3月中旬以前播种时，一定要覆膜加强防寒保暖，如遇持续低温冷害时应加强管理，3月中旬以后气温逐渐升高，光照时长变长，有利于植株生长发育，因而在3月中旬及以后播种则出苗较整齐一致，及时田管较易培育壮苗。

分期播种结果表明，对春玉米而言，早播或晚播都不利于形成高产，原因是提早播种时日均温度低，积温少，致使出苗历期延长，容易产生弱苗和造成前期长势差，单株干物质积累不够，株高变矮，穗位降低，茎秆变细，叶面积指数、干物质积累量、根冠比等均显著降低。延迟播种，虽出苗整齐一致，但幼苗前期生长过快，生育期缩短；转入生殖生长后遭遇持续高温，在幼穗分化期时影响雄穗和雌穗分化，雌穗分化时间缩短，小花分化数量减少，导致穗行数和行粒数下降，果穗变小，降低每穗粒数；高温同样不利于花粉形成，开花散粉受阻，主要表现在雄穗分枝变小、数量减少，小花退化，花药瘦瘪，花粉活力降低，受害的程度随温度升高和持续时间延长而加剧。玉米籽粒形成和灌浆成熟期间，适宜的日平均温度为24℃～26℃，其中早熟品种适宜的日均温高于晚熟品种,高温(>35℃)使籽粒胚乳细胞增长率降低,细胞分裂时间缩短,细胞大小下降,胚乳细胞数最大值出现时间推迟。另外,高温还会使淀粉粒数下降。高温胁迫还会导致叶片、根系加速衰老致使叶片和果穗脱水速率加快,出现高温逼熟现象,减少千粒重导致减产。总而言之,在保证出苗整齐一致的情况下尽可能提早播种,有利于增加干物质累积为获得丰产奠定基础。

②夏玉米

江汉平原夏玉米播种期为5月底至6月初,6月5日前最佳,最迟不宜超过6月10日。

播种太早会对夏玉米生产造成四个方面的影响:粗缩病发病率提高,主要是因为玉米感病期与灰飞虱种群暴发期和传毒高峰期重叠;营养生长向生殖生长转化时易遭遇高温胁迫,导致幼穗分化困难、生长不良,影响后期开花、散粉;灌浆期时易遭遇阴雨天气,光照不足,降低灌浆速率;脱水成熟时易遭遇高温逼熟,导致减产。

延迟播种也会对夏玉米生产造成四个方面的影响:前期温度高营养生长过快,拔节期、吐丝期和散粉期提前,全生育期缩短,干物质积累减少,减产风险大;江汉平原7月底至8月初易发生伏旱,夏玉米播种过晚易遭遇"卡脖旱",研究表明,干旱对玉米发育后半期的影响大于生育前半期,干旱使细胞、组织、器官严重损伤,使玉米的空秆率增高,穗长、穗粒数、千粒重减少及经济系数降低,对"库"的损伤程度极大,导致严重减产;夏玉米播种过晚,后期温度降低,灌浆时遭遇低温会使胚乳细胞分裂时间和胚乳细胞数值最大值出现时间推迟,低温也会使淀粉粒数下降;低温不利于果穗脱水成熟,增加机械化收获时的损失率和烘干成本,高产条件下玉米播期的确定应首先考虑花后的生态条件,玉米产量形成期避开高温胁迫,减轻后期低温影响是江汉平原夏玉米高产的关键所在。

③秋玉米

秋玉米生长季节气温是由高温向低温发展,各个时期生育天数与春播相反,都随播种延后而生育期延长。秋播播种过早时,气温过高,植株发育过快导致节间细长,机械组织欠发达,秆细弱,易折倒;同时,节间变长致使穗位增高,也增加了倒伏的风险。另外,秋玉米播种过早,幼穗分化期、开花散粉期、籽粒灌浆期还处于高温阶段,高温胁迫会导致果穗变小、授粉困难、结实不良、植株早衰过快等问题,播种过迟,后期气温下降、光照不足,致使植株矮小,结实差,灌浆延迟,脱水慢,不利于收获晾干,因此,秋玉米播种过早、过迟均使得秃尖长增加、穗粒数减少、百粒重下降。

综上可知,决定玉米适宜的播种期,必须根据当时、当地的温度、墒情和品种特性综合考虑,既要充分利用有效的生长季节和有利的环境条件,又要发挥品种的高产特性,因此,高产条件下玉米适宜播期的确定要从两个方面考虑:首先,要考虑花后的生态条件，玉米产量形成期避开高温胁迫，减轻后期低温影响；其次，确保播种后出苗整齐一致，幼苗生长健壮无弱苗，所以，生育期长的中、晚熟品种宜早播，如郁青272、康农玉901、楚单139等，这些品种的生育期都在110～120d；生育期短的早、中熟品种可适当晚播，如宜单629、蠡玉16号、登海9号、中农大451、汉单777、创玉38等，这些品种的生育期均在100～110d。

（2）播期对玉米品质的影响

播期对玉米品质影响的研究还不多，只有少数报道表明，播种期推迟，籽粒脂肪、淀粉含量上升，而籽粒蛋白质含量减少。推迟播种期还会引起籽粒硬度下降，籽粒破碎敏感度随之增加，增加机械收获的困难。

2.种植密度

（1）种植密度的产量效应

老品种在低密度下产量最高，新杂交种在高密度条件下有更好的产量表现；而在低密度条件下新、老品种产量之间没有显著差异；将美国玉米产量持续增长的原因归功于新杂交种提高了对各种逆境条件的抵抗能力，能够适应更高的种植密度。

（2）密度对生长发育的影响

高密度条件下冠层结构不合理，易造成群体内光、温、水、气等资源分布不均衡，增加植株间竞争强度，促使叶片提早衰老，降低光合性能和持续时间，导致空秆率、秃尖长增加，穗长、行粒数、千粒重减少。另外，增加密度还会使第三节茎粗显著变细，穿刺强度显著减弱，增加倒伏率，减少有效穗数，降低产量。

（3）代表品种的适宜密度

江汉平原春播玉米推广面积比较大的品种宜单629，最适密度为4000株／亩，无空秆，倒伏率和折断率总和仅为0%～2.4%，产量607.67kg／亩；蠡玉16号最适密度为3500株／亩，产量615.06kg／亩；登海9号，最适密度为3500株／亩，产量576.41kg／亩；中农大451，最适密度为3500株／亩，产量612.31kg／亩；中科10号，最适密度为3500株／亩，产量607.54kg／亩；正大12，最适密度为3200株／亩，产量490.07kg／亩；郁青272，最适密度为3500株／亩，产量589.26kg／亩；康农玉901，最适密度为3300株／亩，产量589.64kg／亩；楚单139，最适密度为3600株／亩，产量586.67kg／亩；创玉38，最适密度为4000株／亩，产量601.46kg／亩。

三、种植方式

江汉平原独特的地理优势造就了其"鱼米之乡"的称号，勤劳的农民群众在长期实践中更是创造了多种多样的种植方式，例如，玉米—甘薯套作、玉米—大豆套（间）作、玉米—马铃薯套（间）作、玉米—棉花套作、玉米—蔬菜间（连）作等，充分高效地利用空间、养分、水分、日照以获得更高的产量和经济效应。随着生产力的发展、机械化水平的提高，大大减轻了农民的劳动强度，提高了生产效率，玉米适应机械化生产的产业优势使得农民种植玉米的热情逐年高涨，因此，高密度、大规模的单作模式在江汉平原得到了迅速发展。

（一）单作

1.常见类型

（1）春玉米—秋（冬）蔬菜

3月中旬及时整地，地温稳定在10℃以上时抢墒播种春玉米，7月底收获，春玉米收获之后接茬播种秋（冬）蔬菜，可供选择的蔬菜种类如下：

萝卜：8—9月播种，当年10—12月收获。

菠菜：8—12月播种，30d以后分批收获。

芹菜：9—11月播种，12月开始采收。

甘蓝、大白菜：9月中旬播种，小雪前2～3d收获，嘉鱼县潘家湾镇是该模式的典型代表，目前，全镇有5万亩旱地采用"玉米—甘蓝、大白菜"粮菜连作模式，占全镇旱地面积的75%。

（2）冬小麦（油菜）—夏玉米

5月底至6月初播种夏玉米，6月5日前最佳，最迟不超过6月10日，9月下旬至10月上旬收获；10月10日左右及时抢播冬小麦或油菜。采用该模式的主产县（区、市）有：襄州区、枣阳市、老河口市、樊城区、宜城市、南漳县、谷城县、丹江口市、郧县、郧西县、随县、钟祥市以及当阳市草埠湖镇等。

（3）春玉米—晚稻

该模式宜选择中早熟春玉米品种，在3月中下旬播种、盖地膜，全生育期115d左右，7月20日左右收获春玉米，紧接着栽插晚稻，晚稻一般在9月15日前齐穗，10月下旬收割，能稳产高产。

（4）早春甜（糯）玉米—秋甜玉米

春季甜（糯）玉米在3月初至4月初地温稳定在10℃～12℃时即可播种，其中3月上旬播种实行地膜覆盖育苗移栽，3月下旬后播种可露地直播，6月初至6月底收获，生育期90d左右。秋甜（糯）玉米7月下旬至8月上旬播种，10月1日前后收获，生育期 80d 左右。

（5）一窝双株高产栽培技术

除了上述种植模式之外，各地农技部门还探索了一些有特色的高产栽培技术，其中比较典型的是一窝双株高产栽培技术。荆州市农业技术推广中心安排了一组 5 个密度的一窝双株高产栽培比较试验，结果显示：在每亩密度 4300～5500 株范围内，产量随着密度增加而增加；同一密度中，双株处理产量比单株处理产量高 15.6%；每亩 6000 株密度时，因单株处理千粒重高而产量比双株处理产量高 2.7%，所以江汉平原紧凑型玉米种植密度在 5500 株／亩以上时，宜推广宽等行单株栽培方式；种植密度在 5500 株／亩以下（含 5500 株）时，宜推广双株栽培方式，可以获得玉米高产。

2.间距对直播的影响

随着机械化水平提高，玉米单作、直播面积越来越大，研究田间小气候与产量之间的关系就成为现实需要了。多方面的研究表明，行距、密度不同配置形成的田间小气候对玉米产量形成有显著影响。有充分的证据证明在合理的密度范围内，增加密度有利于提高产量，但行距配置、密度与行距互作对产量的影响要复杂得多，在中等密度下，如春玉米 4500 株／亩，中等行距等行距（100cm）双株产量＞中等行距等行距（100cm）单株产量＞小行距宽窄行（60cm×40cm）单株产量＞大行距等行距（150cm）双株产量＞大行距等行距（150cm）单株产量；高密度下，如夏玉米（＞6000 株／亩），中等行距宽窄行（80cm×40cm）产量＞小行距等行距（60cm）产量＞大行距宽窄行（90cm×30cm）产量。结果表明，中等密度 4500 株／亩下，采用中等行距等行距栽培方式，穗行数和千粒重明显更大；而高密度下＞6000 株／亩，采用中等行距宽窄行（80cm×40cm）栽培模式，行粒数、穗粒数和千粒重优势明显。分析原因可能是中等密度下中等行距双株栽培方式（4500 株／亩 |100cm）和高密度条件下中等行距宽窄行（6000 株／亩 |80cm×40cm）种植方式，植株在田间空间配置合理，通风好、风速快，白天升温快，夜间降温快，植株间竞争小，生长健壮，冠层结构更合理，对光、温等资源利用率更高。主要表现在叶面积指数（LAI）、光合有效辐射（PAR）上层截获率、花后群体光合速率（CAP）均值比其他行距配置高，而群体呼吸速率与光合速率的比值（CR／TCAP）则显著低于其他行距配置，积累的光合产物更多。

3.农机具的应用

玉米直播的最大优势就在于可以实现玉米生产全程机械化，包括机械化播种、施肥、喷药（防虫、化学除草）、中耕、收获等。

4.机械化播种

机械化播种首先要选地、整地，玉米机播要选择地势平坦、地块较大、便于机械作业、土质肥沃、排灌方便的地块，在播种前用大型旋耕机或圆盘耙旋耕耙切 1 ～ 2 遍，破土碎茬，并将底肥旋耕于地下，然后用深耕犁或翻转犁深翻 25 ～ 30cm，也可用深耕犁耙配合钉齿耙，深耕的同时碎土保墒，对土地进行平整作业。

为适应玉米机械化播种，应尽量选择籽粒中等大小、均匀一致、硬粒或半硬粒、发芽率高、发芽势强、出苗整齐一致的品种。在播种前可选择晴天太阳较好时将种子摊开晾晒 2 ～ 3d，然后进行种子精选，剔除破损粒、霉病粒、虫伤粒、秕粒和杂粒，提高种子质量，确保一播全苗。

5.中耕追肥

根据地表杂草和土壤墒情适时中耕，第一次中耕一般在玉米苗显行后进行，起到松土、保墒、除草作用，以不拉沟、不埋苗为宜，护苗带 10 ～ 12cm，严格控制车速，一般为慢速，中耕深度 12 ～ 14cm。第二遍开沟、追肥、培土、中耕护苗带宽一般为 12 ～ 14cm，中耕深度 14 ～ 16cm，中耕机具选用铁牛 -55 拖拉机配合 2BQ-6 吸气式精量播种中耕追肥机，中耕机上安装单翼铲、双翼铲、大小杆齿。也可选用新疆 -15 拖拉机带小型中耕施肥机实施中耕施肥，还可自制施肥、中耕机械，如用微型手扶拖拉机做动力改装施肥、中耕、喷药机械。

6.病虫草害机械化防控

玉米病虫草害机械化防控技术是以机动喷雾机喷施药剂防虫、除草免中耕为核心内容的机械化技术，目前，应用较为广泛的机型是 3WF-26 型机动弥雾机。玉米病虫草害机械化防控技术主要包括三个方面：一是在玉米播种后芽前应用 3WF-26 型机动弥雾机喷施乙草胺防治草害；二是对早播田块在苗期（5 叶期左右）喷施久效磷等内吸剂防治灰飞虱、蚜虫等刺吸式害虫，控制病毒病的传播和危害；三是在玉米生长中后期喷施三唑酮防治玉米大小斑病等叶部病害。

3WF-26 型机动弥雾机与大、中、小型拖拉机配套时的作业幅宽分别为 15 ～ 30m、8 ～ 16m、6 ～ 8m，喷药机在喷药作业时作业速度要匀速，4 级以上风不能作业，喷药作业中尽量让喷头离地近些，以免药液损失。在干旱情况下，要加大对水量，降低作业速度或更换大流量喷头，以增加药效，正式作业前要使喷药机压力达到标定值，随着机车驶入随即打开喷头开关，中途停车和地头转弯随机组驶出地块时要马上关闭喷头，避免喷药过量引起药害。

7.机械收获

目前机械收获应用较多的玉米联合收割机有摘穗型和籽粒直收型两种。摘穗型分悬挂式玉米联合收割机和小麦联合收割机互换割台型两种,可一次性完成摘穗、集穗、自卸、秸秆粉碎还田等作业。与大中型拖拉机配套的主要机型有山东大丰、河北农哈哈等4YW系列;与小麦联合收割机互换割台型的主要机型有山东金亿春雨等4YW系列。籽粒直收型玉米收获机是在小麦联合收割机的基础上加装玉米收割、脱粒部件,实现全喂入收获玉米,一次性完成脱粒、清粒、集装、自卸、粉碎秸秆等作业。

(二)间、套、轮作

玉米与其他作物的间、套作大大提高了土地的复种指数,提高了单位面积产量,增加了经济效应,种植模式主要有玉米—甘薯、玉米—大豆、玉米—马铃薯、玉米—棉花、玉米—蔬菜等,玉米—棉花间作是比较有代表性的一种复种模式。

1.玉米—棉花间作

(1)作物空间安排

畦宽 2m 开沟做畦,1 行玉米、2 行棉花,畦中间种玉米,两边种棉花。玉米密度3333 株／亩,株距 10cm;棉花密度 1480 株／亩,株距 45cm。

(2)玉米播种与管理

1—2 月翻耕冬炕,3 月上中旬整地、播种,每穴 2～3 粒,播种深度 3～5cm,播后足墒时盖膜;出苗后及时松土、治虫防病,4 月上旬定苗;7 月上中旬收获玉米。

(3)棉花播种与管理

4 月 8 日前后营养钵苗床播种,5 月初移栽;移栽后及时防虫、防病;9 月底至 11月采收籽棉。

2.冬马铃薯—春玉米套作

主要栽培技术要点是马铃薯冬播以前施肥整地开厢,厢面宽 106cm,厢沟宽27cm,每厢播种 4 行马铃薯;次年春,在两边马铃薯行间各播(栽)1 行玉米,马铃薯株行距为 20cm×33cm,玉米株行距为 27cm×67cm,马铃薯在大雪到冬至间播种,3 月上旬出苗,5 月下旬收获;春玉米在 3 月中下旬播种育苗,4 月上旬在马铃薯行间移栽,7 月中下旬可收获。

四、田间管理

(一) 科学施肥

1.江汉平原玉米施肥原则

（1）玉米需肥特点

在不同的生长时期，玉米对养分的需求比例不同，从出苗到拔节，吸收氮 2.5%、有效磷 1.12%、有效钾 3%；从拔节到开花，吸收氮 51.15%、有效磷 63.81%、有效钾 97%；从开花到成熟，吸收氮 46.35%、有效磷 35.07%、有效钾 0%。在整个生育期内，玉米需要从土壤中吸收多种矿物质营养元素，其中以氮最多，钾次之，磷居第三位。

（2）测土配方施肥

测土配方施肥是以肥料田间试验、土壤测试为基础，根据作物需肥规律、土壤供肥性能和肥料效应，在合理施用有机肥料的基础上，提出大量元素氮、磷、钾及中微量元素等肥料的施用品种、数量、施肥时期和施用方法。测土配方施肥技术的核心是调节和解决作物需肥与土壤供肥之间的矛盾，有针对性地补充作物所需的营养元素，作物缺什么元素就补充什么元素，需要多少补多少，实现各种养分平衡供应，满足作物的需要；达到提高肥料利用率和减少施用量，提高作物产量、改善品质、节省劳力、保护环境的目的。

①玉米营养特征与配方施肥

施肥的主要目的是满足玉米的营养需要。玉米通过根系从土壤中吸收养分的整个时期叫营养期，包含若干营养阶段，不同阶段对营养条件都有不同的要求，这就是玉米营养的阶段性。

玉米植株营养临界期指玉米对某种养分需求十分迫切，过多过少都会造成损失，过少时即使以后大量地补施也无法纠正或弥补的特殊营养阶段，玉米磷的临界营养期在 3 叶期，氮的临界营养期在幼穗分化期，钾的临界营养期在大喇叭口期。

玉米植株强度营养期和高效营养期：强度营养期是指对养分需求绝对数量和相对数量都最多的时期，这一时期植株一般处在旺盛生长阶段，玉米强度营养期为孕穗期。高效营养期是指植株吸收养分最多、肥料营养效果最好的时期，一般而言，高效营养期略晚于强度营养期，玉米高效营养期在喇叭口期至抽雄期。

玉米根系的营养特点：玉米为须根系，大部分根系分布在地表至 40 cm 土层，植株要生长良好，根系就必须发达，分布广泛，以利于更大范围内吸收水分和养分。根深才能叶茂，根系生长除受遗传特性的制约外，主要受土壤、水分、空气、温度、养分种类及含量的影响。一般在临界值以内，干长根，湿长苗；有氧长根，无氧长苗；冷长根，热长苗；瘦土长根，肥土长苗；磷促长根，氮促长苗。根据根系具有趋水、好气、喜冷、厌肥的生长特点及其分布规律，选择对路肥料品种，采取合适的施肥技术，将所需肥料施入根系密集层，才能快速充分地发挥其增产效果。

②土壤条件与配方施肥

土壤质地、结构、pH 值等均影响土壤的保肥供肥性能与施肥方案。

土壤质地：玉米植株在整个生长过程中，要求土壤能够稳定地、持续不断地、适时足量地供应养分，才能满足优质、高产的需要。好的土壤应当是保肥与供肥协调，吸收与释放养分自如的土壤，土壤保肥性和供肥性与土壤有机质，特别是腐殖质的品质、数量及黏粒矿物类型、数量有关。土壤有机质含量高，则阳离子代替量增加，保肥性好；同时，土壤有机质作为良好的胶结剂，可促使形成团粒结构，改善土壤孔隙状况，调节水气比例，使土壤中的好气性微生物和嫌气性微生物各得其所，从而协调土壤养分的吸收与释放，使土壤的保肥性和供肥性有效地统一起来。黏土地黏粒矿物含量高，保肥性好，供肥性较差；沙土地黏粒矿物含量少，质地粗，本身所含养分少，又漏水跑肥，养分保不住；壤土地黏粒矿物含量适中，既有较好的保肥性，也能协调供应养分。

土壤反应：土壤反应即土壤酸碱性，可直接影响植株的生长和养分的转化与吸收，在酸性反应条件下，作物吸收阴离子多于阳离子；在碱性条件下，作物吸收阳离子多于阴离子，土壤反应既能直接影响土壤中养分的溶解或沉淀（化学作用），又能影响土壤微生物的活动（生物作用），从而影响养分的有效性。

③气候条件与配方施肥

气候条件会影响土壤养分状况的变化和玉米吸收养分的能力，从而影响施肥效果。影响肥效的气候条件主要是温度和降雨，高温多雨的地区或季节，有机肥分解快，可施半腐熟的有机肥料，化肥追施一次施用量不宜过大，玉米更不能一次施足易流失的N（氮）肥等。所以，江汉平原春玉米生育后期正是降水量大且集中的时候，选择化肥品种时就应避免使用硝态氮肥，以防随地表径流流失或进入地下水造成养分损失和水质污染。在肥料的分配上也不应将硝态氮肥分配到低洼易涝区，因为一旦降水过多，就会造成土壤中的还原条件，使硝态氮经反硝化作用而大量损失，秋玉米生长中后期，温度较低，雨量较少，有机质分解较缓慢，肥效迟，应施腐熟程度高的有机肥料和速效性的化肥，而且还应适当早施。

④肥料性质与配方施肥

肥料性质包括养分含量、溶解度、酸碱度、稳定性、在土壤中的移动性、肥效快慢、后效大小等，均对玉米的营养吸收产生影响。有机肥料养分全，肥效迟，后效长，有改土作用；化肥养分浓，成分单一，肥效快而短，便于调节玉米不同营养阶段的养分需求。

氮肥：分为铵态氮肥、硝态氮肥和酰胺态氮肥。

铵态氮肥：主要品种有碳酸氢铵、硫酸铵、氯化铵和氨水。共同的特点都是含有铵离子（NH_4^+），都易溶于水，是速效养分，施入土壤后很快溶解于土壤溶液中并解离释放出铵离子，作物能直接吸收利用，肥效快。这些铵离子可与土壤胶粒上原有的各种阳离子进行交换而被吸收保存，免受淋失，故肥效相对较长，遇碱遇热分解挥发，氮素损失；在土壤通气良好时，可在微生物作用下发生硝化作用而转变成硝态氮（NO_3^-），增大在土壤中的移动性；被作物吸收后剩余阴离子，可与土壤中的钙、镁离子结合，生成碳酸钙、硫酸钙和氯化钙，存留于土壤空隙中，造成土壤板结。铵态氮肥可做底肥，也可做追肥，施入土壤后未转变成硝态氮前移动性小，应施于根系集中的土层中。铵态氮肥不宜施于地表，以免挥发损失，尤其是石灰性土壤上更应深施并立即覆土。

硝态氮肥：常用的硝态氮肥有硝酸钠、硝酸钙、硝酸铵和硝酸钾等。共同特点是易溶于水，可直接被植物吸收利用、速效；吸湿性强，易结块，在雨季甚至会吸湿变成液体，硝酸根离子（NO_3^-）带负电荷，不能被土壤胶粒吸附，易随水移动；当灌溉或降水量大时，会发生淋失或流失，因此，硝态氮肥不宜做底肥、种肥，只能做追肥施用。

酰胺态氮肥：尿素是化学合成的酰胺态有机化合物，在土壤溶液中呈分子态存在。绝大部分尿素分子须在尿酶的作用下转变成碳酸铵或碳酸氢铵（7d左右）后，才能被作物大量吸收利用和被土壤吸附保存，尿素转化后的性质与碳酸氢铵完全一样，具有铵态氮的基本性质，所以尿素的肥效比一般化学氮肥慢，尿素不含副成分，对土壤性质没有不利影响，适合在各类土壤上使用。

磷肥：可分为水溶性磷肥、弱酸溶解性磷肥和难溶性磷肥。

水溶性磷肥：包括普通过磷酸钙、重过磷酸钙和三料磷肥以及硝酸磷肥、磷铵、磷酸二氢钾。共同特点是肥料中所含磷素养分都是以磷酸二氢盐形式存在，能溶解于水，施入土壤后能离解为磷酸二氢根离子（$H_2PO_4^-$）和相应的阳离子，易被作物直接吸收利用，肥效快，但水溶性磷肥在土壤中很不稳定，易受各种因素的影响而转化成为作物难以吸收的形态，如在酸性土壤中，水溶性磷能与铁、铝离子结合，生成难溶性的磷酸铁、铝盐而被固定，失去对作物的有效性；在石灰性土壤中，除少量与铁、铝离子结合外，绝大部分与钙离子结合，转化成磷酸八钙和磷酸十钙（磷灰石），一般作物难以吸收利用，水溶性磷肥在土壤溶液中移动性很小，一般不超过3cm，大多数集中在施肥点周围0.5cm范围内。

弱酸性磷肥：指难溶于水，能溶于弱酸的一类肥料，包括钙镁磷肥、脱氟磷肥和钢渣磷肥等，基本性质是肥料中所含磷酸盐不溶于水，不能被植株直接吸收利用；物理性状良好，不吸湿，不结块，肥效慢而长，要发挥肥效，必须具备酸和水，在酸性土壤中使用能逐步转化为作物可以吸收的形态。另外，弱酸性磷肥都含有钙镁、硅等多种成分，能为植物提供较多的营养元素。

钾肥：目前，广泛使用的钾肥有氯化钾和硫酸钾，二者的许多性质是相同的，都溶于水，作物可以直接吸收利用，是速效性肥料，养分含量较高。氯化钾含 K_2O 为 60% 左右，硫酸钾含 K_2O 为 50% 左右，都是化学中性、生理酸性肥料，施入土壤后作物吸收快，而留下氯离子和硫酸根离子，增加土壤酸度，故称为生理酸性肥，最适宜在中性或石灰性土壤中施用，施入土壤后，钾离子能被土壤胶粒吸附，移动性小，不易随水流失或淋失。氯化钾含有氯离子，不宜在盐碱地或忌氯作物上施用；硫酸钾含有硫酸根离子，虽然可以为作物提供硫素营养，但是与钙结合后合成溶解度较小的硫酸钙，长期施用会堵塞土壤孔隙，造成板结，应与有机肥配合施用，钾肥施用时应掌握施在喜钾作物上，施在缺钾土壤上，施在高产地块上，隔茬、隔年施用。

微肥：微肥种类多，品种也多，施用时注意"三性"，即针对性、高效性和毒害性。坚持"缺啥补啥，缺多少补多少"和经济有效的原则，施用方法上尽量采用叶面喷施、浸种、拌种以减少土壤固定。

复合肥料：有化学复合肥料和复混肥料之分。复合肥料如磷酸一铵、磷酸二铵、硝酸钾、磷酸二氢钾等，都是经过化学合成工艺制造而成的；复混肥料一般指用单质肥料和复合肥料经二次加工而成的肥料。与单质肥料相比，具有有效成分含量高、养分种类全面、副成分少、成本低、物理性状好和配比多样化等特点，近年来在配方施肥中发展较快。

⑤栽培技术条件与配方施肥

玉米是否高产、稳产，是各种生态因子综合作用的结果，施肥是否经济有效，与耕作、灌溉、轮作制度、种植密度以及病虫害防治等农业技术条件密不可分。

土壤耕作：精耕细作是中国传统农业的特点。通过耕作不仅可以改变土壤的理化性状和微生物的活动，进而影响土壤中的环境条件，促使土壤养分的分解和调节土壤养分供应状况，还能促控作物根系的伸展和对养分的吸收能力。春播玉米，土壤经过深耕，配方施足基肥；夏播玉米，多采用免耕播种，宜在齐苗后配方施好追肥，然后中耕埋肥，提高肥效。

合理密植：玉米单株生产力比较高，合理密植是夺取高产的基础，玉米密度增加后，配方施肥数量也要相应增加，不然土壤养分不足，单株所得到的营养份额就会减少，反而造成减产。要根据玉米品种特征特性确定合理的种植密度，紧凑型品种比平展型品种适当密植，春播比夏播种植适当密植，单作比套作适当密植，水灌地块比干旱地块适当密植，土壤肥力水平高的比肥力水平低的适当密植。

病虫防治：科学施肥可以促进作物个体强壮生长，增强抗逆能力；相反，若施肥不当，不仅会引起植株代谢失调，还会导致病虫危害，反过来影响肥料的施用效果。如施氮量过多时，玉米植株柔嫩多汁，体内游离氮增加，可诱发病虫害。施用高锰酸钾不仅可以防治某些植物病毒，还可为其提供钾元素和锰元素，起到药肥双效的作用。

（3）控释肥

控释肥是一种具有肥效长、稳定、利用率高等特点的新型肥料。缓控释肥作为一种新型的复合肥料，可以通过外层包膜材料的控制，避免肥料因空气蒸发、雨水淋溶、地下渗透等引起的流失，同时能够控制肥料释放养分的速度与作物需要养分的量相一致，因此能够满足植物在整个生长期对养分的需求，减少了营养元素的损失，使肥效利用率达到80%以上。此外，施用缓控释肥减少了作物施肥的次数，减少了人工劳动成本的投入，节约了成本，起到了高产节能减排、省时省工环保的作用。

综合各方面的研究结果，控释肥最佳的施用方法是：在整地时做底肥旋耕翻施或播种时做底肥沟施，用量为常规肥料的60%～80%，即40～50kg／亩，一次性施入，施肥深度10～15cm，保障玉米正常生长需求，显著提高玉米籽粒产量，增加籽粒中蛋白质、游离脂肪酸和粗脂肪的含量。

（4）玉米施肥原则

玉米对氮肥很敏感，需要量大，利用率高，与农家肥和磷肥配合施用时，在3～10kg／亩范围内，每增施1kg尿素可增产6～11kg玉米，玉米需磷较少，但不能缺，3叶期时缺磷，将导致以后的空秆秃顶，玉米需钾量仅次于氮，尤其对马铃薯、玉米间套地块，增施钾肥不容忽视，玉米施肥原则是以有机肥为基础，重施氮肥、适施磷肥、增施钾肥、配施微肥，采用有机肥与磷、钾、微肥混合做底肥，氮肥以追肥为主。

春玉米追肥应前轻后重，夏玉米则应前重后轻。例如，直播露地春玉米追拔节肥（6～7叶期）时氮素肥料须占施氮总量的1／3，喇叭肥（10～11叶期）占1／3；直播夏玉米因农活忙、农时紧，多数是白籽下种，追肥显得十分重要，拔节肥（5～6叶期）应占总施氮量的2／3，喇叭肥（10～11叶期）占1／3。

（5）玉米施肥量的确定

土壤肥力不同，达到的目标产量也不同，所需的投肥量也不一样。一般情况下高肥力地块通过投肥提供的产量占总产量的30%以上，中等肥力地块占总产量的40%以上，低肥力地块占计划产量的 50% 左右，也就是说，土壤肥力低的地块，施肥增产效果显著。试验、示范表明：在中等肥力地块上，每增产 100kg 玉米需要施氮 5kg，磷 2kg，钾 3kg。这种施肥量的运用十分简便，只须将增产的百千克数乘以百千克粮食需要的肥料数量即可。这仅是一个参照的计算方法，具体运用还应因地、因品种不同而做适当调整。亩产 500kg 玉米的参考施肥量为：有机肥 80 ～ 100kg，氮 9 ～ 11kg，磷 4 ～ 5kg，钾 5 ～ 6kg，锌 1kg。

2.施肥方法

在制定玉米施肥方法时，须综合考虑玉米需肥规律、土质、气候、土壤肥力、肥料种类和耕作制度等多种因素，在玉米生长、发育过程中，吸收氮、磷、钾的比例是比较固定的，吸收比例大约为 3 : 1 : 2.8，前期吸收磷、钾比较多，后期吸收氮比较多，因此，磷、钾肥宜做底肥或种肥，氮肥的 2 ／ 3 宜做追肥。

（1）底肥

施足底肥。播种前施用的肥料为底肥，底肥可培肥地力，改良土壤结构，在玉米的整个生育期间源源不断地供给养分，以保证玉米的正常生长发育。底肥应以有机肥料或者生物菌肥为主，化学肥料为辅。一般每亩有机肥料 40 ～ 80kg，尿素 6 ～ 7kg、磷肥的 2 ／ 3 可以做底肥，钾肥可将绝大部分或全部做底肥施入。

底肥的施用方法应根据底肥的数量、种类和播种期的不同而灵活掌握。如果数量不多，应开沟条施，这样可提高根系土壤的养分浓度，农谚有"施肥一大片，不如一条线"的说法，底肥数量较多时，可在耕前将肥料均匀地撒在地面上，结合耕地翻入土内，钾肥、磷肥和锌肥等化肥最好与有机肥料混合施用，套种玉米可于播种前破背条施底肥，也可将肥过筛，用耧施入。

（2）种肥

种肥是在播种时施在种子附近的肥料，也称口肥。种肥应以幼苗容易吸收的速效肥料为主，施肥时要注意肥料不要与种子接触，施用数量也不能过多，否则会影响出苗。每亩可施用氮 1 ～ 1.5kg，磷，氧，或钾，氧各 0.8 ～ 1kg；锌肥则适宜做拌种，方法是锌肥 10g 加水 50g，拌种 1.5 ～ 2kg，堆闷 1h，摊开阴干即可播种。

（3）追肥

掌握好追肥的时间、方法、数量以及根据缺素情况追施肥料种类是影响玉米产量的几个主要因素，因此，为提高玉米单位产量，实现高产优质的目的，掌握追肥最佳时间、肥料数量、追施肥料种类是非常重要的。

追肥种类：追肥的种类以速效氮为主，例如尿素；以钾肥、磷肥为辅，例如硫酸钾、过磷酸钙或磷酸二氢钾。

追肥数量：高产田、地力基础好、底肥数量多的宜采用轻追苗肥、重追穗肥和补追粒肥的追肥法，苗肥用量约占总追氮量的 30%，穗肥约占 50%，粒肥约占 20%。中产田、地力基础较好、底肥数量较多的宜采用施足苗肥和重追穗肥的二次追肥法，苗肥约占 40%，穗肥约占 30%。低产田、地力基础差、底肥数量少的采用重追苗肥、轻追穗肥的追肥法，苗肥约占 60%，穗肥约占 40%。

掌握最佳追肥时间，实现科学施肥、经济施肥，为玉米增产增收打下坚实的基础。

苗肥：一般在定苗后至拔节期（叶龄指数 30% 左右）追施，即将过去的提苗肥和拔节肥合为一次施用，有促根、壮苗和促叶、壮秆的作用，为穗多、穗大打好基础。苗肥除施用速效 N 肥外，还可同时施入 P 肥和 K 肥，也可施入腐熟的有机肥。

拔节肥：拔节肥能促进中上部叶片增大，增加光合面积，延长下部叶片的光合作用，为促根、壮秆、增穗打好基础。追施拔节肥以 N 肥为主，每亩可用 10 ~ 15kg 尿素沟施或穴施，避免大雨前追施，以防被雨水淋溶；对于土壤中 P、K 肥不足的田块，追肥时也可掺入三元素复合肥，用量 7.5 ~ 10kg／亩。

穗肥：玉米在大喇叭口期追施穗肥，既能满足穗分化的养分需要，又能提高中上部叶片的光合生产率，使运入果穗的养分多，粒多而饱满。穗肥追施以速效 N 肥为主，每亩以追施尿素 15 ~ 20kg 为宜。

粒肥：粒肥是指玉米抽雄以后追施的肥料，一般在灌浆期追施为宜，玉米抽雄以后至成熟期，还要从土壤中吸收 N、P 总量的 40% 左右的养分，同时籽粒产量的 80% 左右是靠后期叶片制造光合产量，因此，后期一般应施入一定数量的速效化肥，保证无机营养的充分供给，延长叶片功能期，提高光合效率，增加光合产物积累，促进粒多、粒重，以获得优质高产。

在追施 P 肥时需要把握住两个时期，以提高追肥效果：一个是作为苗肥与速效 N 一起追施，防止红苗；一个是作为粒肥，在开花、灌浆期追施或叶面肥喷施，叶面喷施时，一般每亩用磷酸二氢钾 250g 对水 75 ~ 100kg，在授粉后 5 ~ 10d 抢晴均匀喷叶。

（4）根外施肥

根外施肥就是将 N、P、K 等化学肥料及微量元素肥料溶解于水，喷在作物叶面上，使作物吸收利用，所以也叫叶面施肥。根外施肥的好处很多，主要表现如下：

①肥效快：喷施叶面肥 10 多分钟后即可进入叶肉，数小时后即可发挥肥效。

②肥效高：叶面喷施化肥的当季利用率可高达 90%。

③用量少：施肥匀根外施肥，如尿素每亩用量只需 1 ～ 1.5kg。

④方法简便：根外施肥只须将肥料溶解于水，还可以结合防治病虫害与化学药剂混合喷施，一举多得。

⑤增产效果明显：玉米开花、灌浆期喷施磷酸二氢钾、过磷酸钙，可促进灌浆，提高千粒重 5 ～ 10g，增产 5% ～ 7%，投资少，收益大。但需要注意的是，根外施肥效果虽好，但施肥的数量毕竟有限，且叶面的吸肥力也不如根部，因而它不能代替作物生长前期的根部追肥，只可作为应急或补救措施，加以补充运用。

（5）机械化中耕施肥

在玉米拔节或小喇叭口期，采用高地隙中耕施肥机具或轻小型田间管理机械，进行中耕追肥机械化作业，一次完成开沟、施肥、培土、镇压等工序。追肥机各排肥口施肥量应调整一致。追肥机具应具有良好的行间通过性能，追肥作业应无明显伤根，伤苗率 < 3%，追肥深度 6 ～ 10cm，追肥部位在植株行侧 10 ～ 20cm，肥带宽度 > 3cm，无明显断条，施肥后覆土严密。中耕施肥机具可选用铁牛-55 拖拉机配 2BQ-6 型气吸式精量播种中耕追肥机，中耕机上安装单翼铲、双翼铲、大小杆齿，也可自制施肥、中耕机械。

（二）节水灌溉

江汉平原地区雨量充沛，年降水量江汉平原 1100 ～ 1300mm，4—10 月玉米活跃生长期占全年降水量的 70% 以上，加上地下水位高，一般不须灌溉，即使少数时段可能发生伏旱，灌溉也比较方便，反而因为雨水较多，降雨日数多、雨量大，易出现滞涝灾害，必须开好田间排水沟和田外排水渠，确保暴雨期间无渍灾，雨后田间无积水。开沟标准：圩墙地中间开"十字沟"，沟深 25 ～ 30cm；四边开围沟，沟深 35 ～ 40cm，沟沟相通，沟直底平，排水通畅。

（三）应对环境胁迫

1.涝害

江汉平原地区涝害多发时期，正是春玉米和夏玉米生长前期，对涝害反应敏感。

（1）危害

抑制根系发育：受淹后玉米根系生长缓慢，根变粗、变短，几乎不生根毛，吸收能力下降，但水淹可刺激次生根生长，次生根弯曲反向向上生长，出现"翻根"现象。

降低光合作用：受涝后玉米常出现"头重脚轻"现象，玉米叶色褪绿，光合能力降低，植株软弱，基部呈紫红色并出现枯黄叶，造成缓慢或停滞，严重的全株枯死。

降低土壤有效养分含量：涝灾发生后，一方面，土壤速效养分随土壤重力水或地表径流而损失；另一方面，土壤好气性微生物活动受到抑制，分解有机物释放养分的活动减弱，而厌氧型微生物还会通过反硝化作用，将硝态氮还原成氧化亚氮、氧化氮和氮气挥发掉。

引起根系中毒：在淹水条件下，厌氧型微生物为了维持呼吸，会从氧化物中夺取氧，产生硫化氢、甲烷、氨等有毒物质，并使氧化亚铁和低价锰等还原性物质过量积累，致使根系中毒，发黑、腐烂，出现"黑根"现象。

影响穗的分化和发育：雄穗分枝数减少，雌穗吐丝期推迟，造成雌雄间隔期拉长，授粉困难，降低穗粒数。持续的强降雨常导致玉米倒折、倒伏严重，播种出苗期涝害、渍害加重疯顶病、丝黑穗病发生，后期涝害、渍害使感茎腐病品种发病严重。

（2）应对

采用综合措施。选用耐涝品种，调整播期，适期播种：涝害多发地区可选择近地面根系及根组织气腔发达的品种，这样的品种一般耐涝性强，在播种时调整播期，使播种期及涝害敏感期避开当地雨涝汛期。

排水降滞，垄作栽培：玉米种植要尽量避免在低畦易涝、土质黏重和地下水位偏高的地块种植，防御涝害首先要因地制宜地搞好农田排灌设施，低畦易涝地内应疏通田头沟、围沟和腰沟，及时排出田间积水，降低土壤湿度。在低畦易涝地区，通过农田挖沟起垄或做成"台田"，在垄台上种植玉米，可减轻涝害。

中耕松土：涝害过后土壤易板结，通透性降低，影响玉米根系的呼吸作用及营养物质的吸收。降水后地面泛白时要及时中耕松土，或起垄散墒，或破除土壤板结，促进土壤散墒透气，改善根际环境，促进根系生长。倒伏的玉米苗，应及时扶正，壅根培土。

及时追肥：玉米是需肥量较大的作物，涝害导致土壤养分流失，根系生长受阻，吸收养分能力降低。苗势弱，叶黄、秆红、迟迟不发苗，要及时追提苗肥，提苗肥可施用含 N、P、K 及各类微量元素的速效复合肥，帮助幼苗恢复生长，促进根系发育，增强茎秆的抗倒伏能力，减轻涝害损失。

2.伏旱

（1）发生时期

伏旱发生时，正是玉米由以营养生长期为主向生殖生长期过渡并结束过渡的时期。叶面积指数和叶面蒸腾均达到其一生中的最高值，生殖生长和体内新陈代谢旺盛，同时进入开花、授粉阶段，为玉米需水的临界期和产量形成的关键需水期，对产量影响极大，玉米遭遇伏旱灾害后植株矮化，叶片由下而上干枯。

（2）应对措施

增施有机肥、深松改土、培肥地力，提高土壤缓冲能力和抗旱能力。

及时灌溉，加强田间管理，在灌溉后采取浅中耕，切断土壤表层毛细管，减少蒸发。

根外喷肥，叶面喷施腐殖酸类抗旱剂，可增加植物的抗旱性；也可用尿素、磷酸二氢钾水溶液及过磷酸钙、草木灰过滤浸出液连续进行多次喷雾，增加植株穗部水分，降温增湿，为叶片提供必需的水分及营养，提高籽粒饱满度。

五、适期收获

受自然条件的影响，江汉平原玉米收获时籽粒水分含量常达 30% 左右，成熟度及含水率都不均匀，适时收获在合理调节下茬作物茬口的条件下，使玉米产量达到最高。合理的干燥方法能减少因霉变导致的产量损失及品质变劣。因此，研究玉米适时收获时期以及籽粒快速干燥方法对保障玉米生产安全有非常重要的意义。

（一）收获时期

每一个玉米品种都有一个相对固定的生育期，只有满足其生育期要求，在玉米正常成熟时收获才能实现高产、优质。判断玉米是否正常成熟不能仅看外表，而是要着重考察籽粒灌浆是否停止，以生理成熟作为收获标准，玉米籽粒生理成熟的主要标志有两个：一是籽粒基部黑色层形成；二是籽粒乳线消失。玉米成熟时是否形成黑色层，不同品种之间差别很大，有的品种成熟以后再过一段时间才能看到明显的黑色层。因此最简单的判断方法是当全田 90% 以上的植株茎叶变黄，果穗苞叶枯白，籽粒变硬(指甲不能掐入)，显出该品种籽粒的固有色泽时即表明已经成熟可收获了。

适时晚收有利于提高产量、降低收获时籽粒含水量。玉米灌浆时间越长，灌浆强度越大，玉米产量就越高，所以在玉米生长后期延长灌浆期是提高产量的重要途径。据试验资料，玉米自蜡熟开始至完熟期，每晚收 1d，千粒重会增加 3～4g，亩增产 5～7kg，如按晚收 10d 计算，亩增产可达 50kg 以上。另外，推迟收获的玉米籽粒饱满、均匀，小粒、秕粒减少，籽粒含水量较低，蛋白质含量高，商品性好，也便于脱粒储存，特别是持绿性好的品种，如宜单 629，适时晚收增产效果更明显，利用机械化收获时，推迟 5～8d 收获更合适。

玉米机械化收获可分为摘穗型和籽粒直收型，相较于传统人工收获更高效、省事，特别是籽粒直收型，可一次性实现摘穗、剥皮、脱粒、清粒、集装、自卸、粉碎秸秆等作业，收获的籽粒可直接送到烘干厂进烘干塔烘干。目前江汉平原使用较多的玉米收获机机型有山东大丰、河北农哈哈和山东金亿春雨等 4YW 系列。

（二）籽粒干燥方法

1.自然脱水

在晒场上直接平铺果穗，厚度为 25～30cm，半天翻动一次，太阳晴好时晾晒 3～4d 即可脱粒，脱粒后籽粒在晒场上继续平铺晾晒，厚度 1～2cm，天气晴好时 3d 即可干燥至安全贮藏水分以下。

2.机械干燥

（1）干燥塔干燥

湿玉米通过提升机从干燥塔上端进入，加热空气通过上部的湿玉米部分，冷空气通过干燥塔下部的热玉米，从底部卸出的玉米已完成了干燥和冷却，能够直接装袋、贮藏，这一过程能在干燥塔内连续、自动完成，很适合大型的自动化作业。

（2）真空低温干燥

玉米含水率在 24% 时将籽粒用提升机送入玉米真空低温干燥装置中，在维持干燥塔内真空度的同时持续注入 40℃左右的高温水加热，采用该装置一次降水幅度可达 10%～15%，每天每套设备可干燥玉米籽粒 300t。真空低温干燥法能有效解决单独高温干燥造成的玉米品质下降问题，保证了玉米品质的色、香、味、形及营养成分，具有环保、消毒、灭菌、干燥品质好、降水速度快、产量高、能耗低、操作方便、经济性价比高等优点。

（3）热风与微波联合干燥

将籽粒用提升机送入热风与微波联合干燥机中后，前期采用 60℃热风干燥，当玉米水分含量降到 20% 时，采用 119W 微波干燥，直至玉米水分降到 12%～14%。与单独热风干燥相比，热风与微波联合干燥的总能耗降低了 50.6%，且微波对玉米霉菌有明显的杀菌效果。

（4）热风薄层干燥

随着热风流速的增加，玉米含水率达到规定值的时间有所缩短，但并不十分明显，热风流速对于玉米干燥速率没有明显的影响；热风温度对于玉米干燥速度有直接的影响，随着热风温度的增加，玉米降至规定含水率的时间明显缩短，干燥速度明显加快；穿流薄层干燥的干燥速率明显大于平流薄层干燥；＞80℃的热风会明显降低籽粒发芽率和品质，选择 50℃～60℃、0.3～0.5m／s 热风干燥较为合理。

第六章　玉米的优质高产栽培技术

第一节　我国玉米主产区的自然地理条件

根据全国各地的土壤、气候、栽培制度和品种生态类型等特点，分为7个玉米产区。

一、东北春玉米区

东北春玉米区包括黑龙江、吉林、内蒙古和辽宁的北部地区。年积温 2000℃～2600℃，生育期日数 120～140 天。年降水量 500～600mm，60% 集中在夏季。温度、水分基本上可以满足玉米生长发育的需要。春季雨水少，蒸发量大，易春旱，注意保墒，抢墒早播。土壤以黑钙土、黑土、棕色土为主，土壤肥沃，地势平坦，适于机械化作业。春播一年一熟制。栽培方式为玉米清种或间作。适宜种植早熟、中早熟或中晚熟品种。一般采用早播促熟，降低粮食含水量以提高产量的栽培方法。4月下旬至5月上旬播种，9月上中旬收获。

二、北方春、夏玉米区

北方春、夏玉米区包括北京、天津、河北、辽宁南部及山西中北部、陕西北部地区。年积温 2700℃～4100℃，生育期日数 150～170 天。年降水量 500～700mm，70% 集中在夏季。气候特点为冬冷夏燥，无霜期较长。山区、丘陵地区昼夜温差较大，有利于玉米干物质积累。土壤有黄土、棕色土及部分黑钙土。种植制度北部为一年一熟制，南部地区多为一年两熟制，即小麦套种玉米或小麦后茬复播玉米。春玉米一般4月中下旬至5月初播种，适于种植中熟或中晚熟品种。夏玉米套种、复播需中早熟或早熟品种。

三、黄淮平原夏玉米区

黄淮平原夏玉米区包括山东、河南、山西南部、陕西中南部、江苏、安徽的淮河以北地区。年积温 4200℃～4700℃，生育期日数 200～230 天。年降水量 400～800mm，分布不均衡，春旱、晚秋旱，夏秋易涝，夏季高温多湿。温带半湿润气候，温度高，无霜期长，日照、雨量比较充足。玉米大、小斑病严重。为一年两熟制。要求种植生育期为 105～120 天的中早熟或中熟品种。近年来机械化程度提高，农作时间缩短，也可种植中晚熟品种。

四、西南山地丘陵玉米区

西南山地丘陵玉米区包括广西、四川、贵州、云南和湖北、湖南的西部丘陵山区、甘肃白龙江以南地区。温带湿润性气候，雨量充沛，海拔差异大，气候变化较复杂。年降水量 600～1000mm，多集中在 4—10 月。有些地区阴雨多雾天气较多，日照少，云贵地区地势垂直差大。土壤多为红、黄黏壤土，山地为森林土。种植制度在高寒山区为一年一熟制，以春玉米为主，要求早熟或中早熟品种。气候温和的丘陵地区以两年五熟的春玉米或一年两熟的夏玉米为主。春玉米要求中熟或中晚熟品种，夏玉米要求中熟或中早熟品种。秋玉米一般 7 月中旬播种，9 月底至 10 月初收获，要求早熟或中早熟品种。

五、南方丘陵玉米区

南方丘陵玉米区包括广东、海南、福建、江西、浙江、台湾、上海和湖南、湖北东部、广西南部、江苏和安徽的淮河以南地区。亚热带湿润性气候，气温高，雨量多，生育期长。3—10 月平均气温在 20℃左右，夏季在 28℃左右。年降水量为 1000～1700mm，台湾、海南达 2000mm 以上。土壤为黄壤和红壤，土质黏重，肥力不高。玉米多在丘陵山区及淮河流域种植，广西南部有双季玉米，湛江、海南有冬种玉米。栽培方式多为畦作，便于排水防涝。一年两熟的春玉米，一般在 3 月下旬至 4 月上旬播种，7 月下旬至 8 月上旬成熟；一年三熟的春玉米，在 2 月下旬播种，6 月中旬成熟；夏玉米 6 月下旬播种，9 月中旬成熟；秋玉米 7 月中旬至 8 月上旬播种，10 月上旬至下旬成熟；冬玉米 11 月上旬播种，翌年 3 月初收获。

六、西北内陆玉米区

西北内陆玉米区包括新疆、宁夏、甘肃地区。雨量少，气候干燥，日照充足，昼夜温差大，有利于玉米栽培。年降水量 200mm 以下，新疆焉耆、甘肃安西等部分地区全年降水量仅 60mm 左右，相对湿度低于 40%，主要靠灌溉种植玉米。因此，玉米一般分布在沿河及主要山脉边缘，利用高山雪水、自流井、坎儿井等进行灌溉来保证玉米产量。土壤为荒漠、半荒漠灰钙土和棕钙土、漠钙土及部分黑钙土。一年一熟的春玉米，一般在 4 月中下旬或 5 月初播种，8 月下旬至 9 月上中旬成熟，要求中晚熟品种或中早熟品种。有部分地区麦田套种玉米或复播玉米，宜用早熟或中早熟品种。

七、青藏高原玉米区

青藏高原玉米区包括青海、西藏和四川的甘孜以西地区。气候特点是高山寒冷，低谷温和，西宁适于玉米生育期为 120 天，拉萨为 140 天，积温均在 1900℃以上，无霜期 90～150 天。全年降水量西藏的拉萨、亚东等地为 900～1400mm，青海的西宁、都兰等地不足 400mm。土壤主要为山地草甸草原土，山地半荒漠、荒漠土及部分山地森林土。玉米主要分布在青海南部农业区的民和、循化、贵德、乐都、西宁等地，西藏的亚东、贡布、拉萨等地。种植制度除个别低谷地是两年三熟制外，基本是一年一熟制。

第二节　玉米生长发育期

玉米从种子入土，经过生根、发芽、出苗、拔节、孕穗、抽雄穗、开花、抽丝、授粉、灌浆到种子成熟，叫作玉米的生育期。玉米生育期的长短，因品种本身的特性而异，但也受外界环境条件的制约，即同一品种，在不同的时期播种，生育期的长短亦有差异，主要原因是玉米生育期间要求一定数量的光温条件才能正常成熟。现在玉米生长发育期间所需温度大多以积温表示，也有用活动积温或有效积温表示的，但已不常见了。积温的计算方法是在玉米全生育期每天气温的总和。活动积温则仅累计大于 10℃的天数的温度，有效积温的计算则不仅累计 10℃以上天数的温度，而且是 10℃记为 0℃，15℃记为 5℃，以此类推。玉米各品种一生中所要求的温度，只能在自然活动积温内提供。玉米所要求的积温，一般规定为：早熟品种 2000℃～2300℃，中熟品种 2300℃～2800℃，晚熟品种 2800℃～3300℃，种植玉米时应根据当地的气候条件，选用合适的品种。玉米是短日照作物，选用品种时还必须同时考虑日照要求。玉米在其一生中，由于生长发育的每一阶段各具特点，对于外界环境条件的要求是不同的。应了解各阶段的具体需要，以便在栽培过程中，尽量满足其要求，达到预期的目的。

一、苗期

苗期阶段主要是营养生长阶段，其范围包括种子发芽、出苗到拔节，即幼苗展现 6～8 片叶，其基部能摸到基节突起，占全生育期的 20% 左右。这阶段的主体是生长根和叶及幼苗由自养过渡到异养。温度对幼苗影响较大。幼苗长到 2 叶为冻害的临界期。一般来说，幼苗 2 叶前如遇霜冻，不会受到伤害，即使叶片冻坏，新叶照常可以生长，因为其生长点没有受冻害。幼苗在 5 叶前，短时间 -3℃～-2℃将会受到危害，-4℃的低温超过 1 小时会造成幼苗严重冻害，甚至死亡。在无霜期较短的地区，催芽抢墒早播，早播也必须控制在当地晚霜来临前玉米幼苗不得超过 2 叶，否则将会受到冻害。温度超过

40℃，幼苗生长受到抑制。根系在土壤 5～10cm 处的温度在 4.5℃ 以下时即停止生长，在 20℃～24℃ 的条件下生长快而健壮。

土壤深度 5～10cm 处的地温稳定在 10℃～12℃ 为播种的最适温度。地温越高出苗越快，5～10cm 的地温 15℃～18℃ 时播种，8～10 天出苗；在 20℃～22℃ 时播种，5～6 天出苗。近年来，在无霜期较短的地区，或需要躲避某时期的自然灾害的地区，推行催芽早播，取得了明显的生产效益。平均气温 18℃ 时，出苗后 26 天开始拔节，而在 23℃ 时，仅需 14 天就到拔节期。耕层内土壤持水量 60%～70% 比较适宜玉米播种以及幼苗生长，低于 40% 或高于 80% 对玉米生长发育都有不良影响。

根系生长与叶片生长两者之间有密切的关系。一般情况下，每展现 2 叶出现一层次生根，即展现 1、3、5 片叶时，出现 1、2、3 层次生根，展现第 6 片叶时出现第 4 层次生根，展现第 8 片叶时出现第 5 层次生根。根系生长的规律，大致是下扎的深度快于水平伸展的长度。玉米展现 1～2 片叶时，根系下扎约 20cm，水平伸长 3～5cm；展现 3～4 片叶时，根系下扎 30～35cm，水平伸长 10～15cm；展现 5～6 片叶时，根系下扎长度为 55～60cm，水平伸长 30～35cm；展现 7～8 片叶时，根系下扎 90～95cm，水平伸长 35～40cm。小苗浅施肥，距苗应在 6cm 左右；大苗深施肥，距苗大约 17cm；大喇叭口期施肥，应在行间冲沟深施为好。一般习惯上只怕玉米吃不上肥料，一律将化肥施在苗根，实际上降低了肥料的利用率。

玉米苗期对肥料的要求不高，但又不能缺肥，一般用量只占总用量的 10%。氮肥不足，幼苗瘦小，叶色发黄，次生根量少，生长慢；氮肥过多，幼苗生长过旺，根系发育较差。缺磷，苗色紫红，根系生长迟缓。缺锌，新生叶脉间失绿，呈现淡黄色或白色，叶基 2／3 处尤为明显，故称白苗病。

二、穗期

从拔节到雌雄穗分化、抽穗、开花、吐丝的生育时期，是营养生长和生殖生长并进阶段。从植株外部形态看，喇叭口期以前为营养生长期，其后以生殖生长为主，是玉米一生中生长发育最旺盛的时期。拔节期为生殖生长开始，全株茎节、叶片已分化完成，并旺盛生长。地下部分次生根分成 5 层左右，靠近地面的茎节陆续出现支撑根。雄、雌穗相继迅速分化，抽穗开花全部完成，茎叶停止生长。

影响穗期茎叶生长和雌雄穗分化发育的主要因素

1.温度

平均气温 18℃ 时，茎开始生长，气温高于 22℃ 时，植株生长与干物质积累迅速增加。穗期最适温度为 24℃～26℃，小穗、小花分化多，有利于穗大粒多。温度高，植株生长快，拔节到抽穗的时间短；温度高于35℃，大气相对湿度低于30%的高温干燥气候，花粉失水而干枇，花丝枯萎，授粉不良；平均气温低于20℃时，花药开裂不好，影响正常散粉。

2.水分

玉米拔节以后，生长茎叶和穗分化。气温高，生长快，蒸腾旺盛，耗水量急剧增加，特别是抽雄前10天左右，生产上称喇叭口期，每株玉米日耗水量1.5～3.5升，折合每亩耗水量5～11立方米。此时要求田间持水量70%～80%，才能有利于雌穗小穗、小花分化，雄穗花粉充分发育，开花抽丝协调，正常授粉结实，增加气生根量，支撑玉米不倒伏。土壤干旱缺水，易形成"卡脖旱"，影响雄穗抽出，或开花早于吐丝，造成花期不遇，降低产量。土壤水分过多，会影响根系的生理活动。出现植株青枯，应及时排水。

3.日照

玉米在8～12小时日照条件下，植株生长发育快，提早抽雄开花；反之，推迟成熟。密度适宜，光照充足，则器官生长协调，光合生产率高，干物质积累多。如果密度过大，光照不足，则光合生产率低，穗小粒少，产量低。

4.肥料

穗期氮素吸收量占总吸收量的53%以上，磷钾肥的吸收量分别占总吸收量的63%和62%。喇叭口期重施肥料，有利于穗大粒多。在生产实践中，此时期玉米长高，天气又热，钻玉米田操作辛苦，而往往将有限的肥料施在小喇叭口期，使玉米后期脱肥而产量降低。

三、花粒期

生殖生长阶段，包括开花、散粉、吐丝、受精及籽粒形成到成熟等过程。雄穗抽出到开花的时间，因品种而异，气温、水分也有影响，雄穗抽出后2～5天开始开花散粉。开花的顺序是先从主轴向上2／3部分开始，然后向上向下同时开花，雄穗分枝的开花顺序与主轴相同。开花时，颖壳张开，花药外露，花粉散出。每个雄穗开花时间长短，因品种、雄穗的长短、分枝多少、气候条件而有所不同，一般为5～6天，最长可达7～8天。散粉最盛的时间在开花后3～4天，每天开花的时间，天气晴朗，为7—11时，其中9—10时开花最多。雨后天气放晴即可散粉。阴雨间断，开花时间延长，但还是能够开花散粉。

雌穗花丝从苞叶中抽出的时间，同样与品种、气候条件有关。在正常情况下，果穗花丝抽出的时间与其雄穗开花散粉盛期相吻合。有少数品种，先出花丝后散粉或散粉末期花丝才抽出来。一个果穗上花丝抽出的时间，与雌穗小花分化的时间是一致的。位于果穗基部向上1／3的部位花丝最先抽出，然后向上向下延伸，最后抽出的是果穗最上部的花丝。一个果穗花丝抽出的时间为 4 ～ 5 天，一般情况下，与其雄穗开花的时间相吻合。花丝抽出苞叶后，任何部位都有接受花粉的能力，完成受精过程。花丝生活能力与温度和湿度有关，一般 5 ～ 6 天之内接受花粉的能力最强。平均温度 20℃ ～ 21.5℃，相对湿度为 79% ～ 92% 时，花丝抽出苞叶 10 天之内生活力最高，11 ～ 12 天显著降低，15 天以后死亡。授粉后 24 小时完成受精。花丝授粉后停止生长，受精后 2 ～ 3 天，花丝变褐色，渐渐干枯。

开花抽丝期间，当温度高于 32℃，空气湿度低于 30%，田间持水量低于 70%，雄穗开花的时间显著缩短。高温干旱，花粉粒在 1 ～ 2 小时内失水干枯，丧失发芽能力，花丝延期抽出，造成花期不遇，或花丝过早枯萎，严重影响授粉结实，形成秃尖、缺粒，产量降低。如能及时浇水，改善田间小气候，可减轻高温干旱的影响。

花期吸收磷、钾量分别占总吸收量的 7.4% 和 27%。磷素不足，抽丝期推迟，受精不良，行粒不整齐。缺钾，雌穗发育不良，妨碍受精，粒重降低。

花丝受精后到成熟之间，主要是生长籽粒。而籽粒的形成过程，大致分为籽粒形成期、乳熟期、蜡熟期和完熟期。

(一) 籽粒形成期

籽粒形成期是指自受精到乳熟。早熟品种为 10 ～ 15 天，晚熟品种大约 20 天。胚的分化基本结束，胚乳细胞已经形成，籽粒体积增大，初具发芽能力，籽粒含水量 90% 左右，籽粒外形呈珠状乳白色，胚乳白色浆，果穗的穗轴基本定长、定粗，苞叶呈浓绿色。

(二) 乳熟期

乳熟初到蜡熟初为 15 ～ 20 天。中早熟品种自授粉后 15 ～ 35 天，晚熟品种自授粉后 20 ～ 40 天。胚乳细胞内各种营养物质迅速积累，籽粒和胚的体积均接近最大值。整个籽粒干物质增长较快，占最大干物质量的 70% ～ 80%。胚的干物质积累亦达到盛期，具有正常的发芽能力。籽粒中含水量 50% ～ 80%，胚乳逐渐由乳状变为糊状，苞叶绿色，果穗增长加粗并与茎秆之间离开一定的角度，俗称"甩棒期"。

(三) 蜡熟期

自蜡熟初到完熟前为 10 ～ 15 天。中早熟品种，自授粉后 30 ～ 45 天，晚熟品种自授粉后 40 ～ 55 天，籽粒干物质积累达到最大值。籽粒含水量下降到 40% ～ 50%，籽粒由糊状变为蜡状，故称蜡熟期。苞叶呈浅黄色，籽粒呈现其固有的形状和颜色，硬度不大，用指甲就能够掐破。

(四) 完熟期

主要是籽粒脱水的过程。籽粒含水量由 40% 下降到 20%。籽粒变硬，呈现出鲜明的光泽，用指甲掐不破，苞叶枯黄。关于完熟期的定义，一直没有精确的说法，各地都凭经验断定。

从植物生理的角度认为，籽粒胚尖上部出现黑层，证明籽粒已经达到生理成熟，实际上许多品种在蜡熟期就已有黑层了。苞叶变黄，这是习惯上的收获期，有的品种苞叶呈浅黄色时，其籽粒已经变硬，通常就说由里向外熟。各地应根据实际情况，决定成熟收获的时间。

籽粒形成时期，自授粉到成熟的 $40 \sim 50$ 天内，对温度要求为 $22℃ \sim 24℃$，在此范围内，温度高，干物质积累快，特别是昼夜温差大，籽粒增重更为显著。当温度低于 $16℃$，光合作用降低，淀粉酶活动受到抑制，影响淀粉的合成和积累，籽粒灌浆不饱；温度高于 $25℃$，出现高温逼熟，籽粒秕小，降低产量。

土壤持水量以 75% 左右为宜，否则植株早枯，粒小粒秕。

光照条件是影响粒重的主要因素之一，籽粒干物质中的绝大部分是通过光合作用合成的。生产上选用品种时，既要考虑到植株叶片大小，又要大穗大粒，这就是人们常说的库源关系。源足库大，才能高产。在管理上，要最大限度保持绿叶面积，特别是果穗以上的绿叶面积，通风透光，增强光合作用，延长灌浆时间，扩大库容量，实现穗大、粒多、粒重，以达到高产的目的。

在灌浆期间，吸收氮素约占总吸收量的 46.7%。氮素适量，可延长叶片功能，防止早衰，促进灌浆，增加粒重；氮素过多，容易贪青晚熟，影响产量。磷素吸收量约占总吸收量的 35%，对受精结实以后的籽粒发育具有重要作用。

第三节 玉米的种植密度

合理密植是提高单位面积产量最经济有效的技术措施之一。美国玉米单产很高，其种植密度也很高，每公顷能种植 8 万株左右，而我国东北一般种植 4.5 万株左右，华北也只有 5.5 万株左右。在生产中玉米合理密植上也存在许多问题和误区，需要解决。在大面积生产中，在可能的密度范围内，合理密植的产量水平较偏稀、偏密的高出8% ～ 10% 。目前，生产中存在的较为普遍的问题是种植密度不够，但其减产幅度不易被察觉。因此，应将合理密植作为主要增产措施予以重视。

一、玉米的合理密植增产

玉米单产的提高，除品种的不断更新、化肥使用量的增加和水利条件的改善外，重要的原因就是在栽培技术中相应地提高了种植密度。合理密植为什么能增产，原因较多，但主要有以下三点。

（一）合理密植能充分协调穗数、穗粒数和粒重的关系

玉米的产量通常用下式表示：籽粒产量 = 公顷穗数 × 穗粒数 × 粒重。公顷穗数、穗粒数和粒重是构成产量的三大要素，增加其中任何一项，在其他两项不变的情况下，产量均会提高。

但是，玉米生产要的是群体产量，而群体产量是由个体组成的，在单位面积上，穗数、穗粒数和粒重之间存在着矛盾。当种植较稀时，穗粒数和粒重提高但收获穗数减少，当穗粒数和粒重的增加不能弥补收获穗数减少而引起的减产时，公顷产量就要降低。但是种植密度过高，个体生长不良，不光穗小粒少粒小，而且空秆增多，由于穗数的增加所引起的增产作用小于由于粒少粒小造成的减产作用，同样会降低产量。因此，在生产中必须合理密植。合理种植密度就是公顷穗数、穗粒数与粒重相互协调并组成最高产量时的密度。

（二）合理密植时叶面积指数

发展比较合理叶片是玉米进行光合作用、生产有机物的主要器官。单位土地面积上的叶面积大小、叶片分布是否合理，影响到群体光合作用的高低、有机物质生产积累的多少和产量的高低。叶面积的大小通常用叶面积指数来表示。叶面积指数是指单位土地面积上的叶面积与土地面积之比（叶面积指数 = 叶面积／土地面积）。玉米一生中叶面积指数的发展动态是：拔节前迅速增加，至散粉期达最大，稳定一段时间后下降。叶面积指数的大小及发展动态是否合理，主要取决于种植密度的高低。当种植密度比较合理时，叶面积指数前期发展较快，散粉期可达最大适宜叶面积指数（如平展型 3.5 ～ 4，紧凑型 4.5 ～ 6），达最大值后稳定时间长，下降速度慢，至成熟时仍保持较高叶面积指数。这种密度的群体光合作用强，生产积累的有机物质多，产量高。

（三）合理密植能提高群体的光能利用率

如山西、吉林两年的密度试验：掖单 13 每公顷密度为 4.8 万株时，叶面积指数为 3.64，光能利用率为 1.18%，籽粒产量 8896.5 千克；密度为 6.9 万株时，叶面积指数 5.14，光能利用率 1.39%，产量最高，为 11005.5 千克；当密度增加至 9 万株时，因密度过大，叶面积指数达 5.52，光能利用率下降至 1.37%，产量也降低，为 9727.5 千克。

二、玉米合理密植的原则

玉米的适宜种植密度受品种特性、土壤肥力、气候条件、土地状况、管理水平等因素的影响。因此，确定适宜密度时，应根据上述因素综合考虑，因地制宜，灵活运用。

（一）株型紧凑和抗倒品种宜密

品种之间在生育期、植株繁茂程度、株型、抗倒伏性等方面都有差别。因此，在确定种植密度时应区别对待。一般来讲，生育期长的、植株高大繁茂的、叶片近似平展的、茎秆质量差的、根系不发达的品种类型，一般耐密性差，不宜密植，种植密度不宜过高，每公顷以 4.5 万～5.25 万株为宜；相反，生育期较短的、植株较矮、叶片上冲、株型紧凑、群体透光性好的品种或茎秆坚韧的品种类型适宜密植，每公顷可种植 6.75 万～9 万株。但这几类品种必须具有秆强、根系发达、有抗倒伏能力。另外，大穗型品种与中小穗型品种相比，种植密度应适当小些。

根系发达的品种耐密性强，一些株型紧凑但抗倒伏能力稍差的品种适宜密度为 6 万～7.5 万株/公顷。还有一些紧凑大穗型的品种，个体生产能力强、群体增产潜力大的品种可根据当地的生产水平灵活掌握，一般可控制在 5.25 万～8.25 万株/公顷的范围内。在相同施肥水平和田间管理的条件下，玉米不同品种和同一品种不同密度在产量表现上是不同的。

（二）肥地宜密，瘦地宜稀

地力水平是决定种植密度的重要因素之一，即高肥力宜密且适宜密度范围相对较宽，低肥力宜稀且适宜密度范围相对较窄。在土壤肥力基础较低，施肥量较少，每公顷产 7500 千克以下的地块，由于肥力不足，密度过高，植株生长差，空秆多，有时会引起减产。因此，种植密度不宜太高，应取品种适宜密度范围的下限值；在地肥、施肥量又多的高效丰产田，就要采用抗倒、抗病能力强的品种，并且要取其适宜密度范围的上限值。中等肥力的宜取品种适宜密度范围的中密度。生产实践表明，同一品种在同一种植区域，只因肥力不同，其适宜密度最大相差可达 25% 左右。例如，稀植型品种在高肥力条件下，适宜密度为每公顷 4.5 万株；在低肥力条件下，每公顷为 3 万～3.5 万株，每公顷相差 1 万～1.5 万株。

（三）水热资源充足的玉米宜密

在确定种植密度时，温度、水分也是必须考虑的环境因素。如果单纯地从温度因素考虑，应该是温度高宜密，温度低宜稀；单纯地从水分因素考虑，应该是水分充足宜密，水分欠缺宜稀。而在自然生产条件下，有时温度高低又是与水分多少相矛盾的，对密度的影响又是相互制约的。例如，部分产区玉米生育期间温度虽然较高，但水分欠缺，种植密度只能稀些；部分产区水分充足，但温度偏低，一般品种类型密植时，温度满足不了要求，生育延迟，低温年份成熟不好，而生育期较短的品种密植时产量高，并能安全成熟；在温度、水分比较协调的产区，可以适当密些。

（四）阳坡地和沙壤土地宜密

适宜的种植密度与土地的地理位置和土质也有关系。一般阳坡地，由于通风透光条件好，种植密度宜高一些；土壤透气性好的沙土或沙壤土宜种得密些，低畦地通风差，黏土地透气性差，宜种得稀一些，一般每公顷可相差 4500 ～ 7500 株。

（五）日照时数长、昼夜温差大的地区宜密

在光照时间长、昼夜温差较大的地区光合作用时间长，呼吸消耗少，种植密度可适宜大一些，如沿海和高原地区；在高温、多湿，昼夜温差小的内陆地区种植密度宜偏稀一些，一般每公顷相差 7500 株左右。

（六）精细管理的宜密

粗放管理的宜稀，在精播细管的条件下，种植宜密，因为精细栽培可以提高玉米群体的整齐度，减少株间以强欺弱、以大压小的情况发生。在粗放栽培的情况下，种植密度以偏稀为好。

三、不同类型玉米合理密植幅度

玉米种植上的合理密植是最大限度地利用土地和热量资源、夺取玉米高产的基本保证。种得太稀或者太密都不可能获得高产，这是很容易理解的。合理密植实际上是要求根据不同品种和不同的生产条件进行适度密植。问题的关键是如何正确地掌握这个"度"。根据品种特性和栽培条件确定密度，一般参照"早熟品种密度高于晚熟品种、春种高于夏种"的原则，高产田选密度上限，中低产田选密度下限。

（一）普通玉米

1.平展型杂交种

晚熟高秆杂交种，每公顷 4.5 万～ 5.25 万株；中熟中秆杂交种，每公顷 5.25 万～ 6万株；早熟矮秆杂交种，每公顷 6 万～ 7.5 万株。

2.紧凑型杂交种

中晚熟杂交种，每公顷 6 万～ 7.5 万株；中早熟杂交种，每公顷 7.5 万～ 9 万株。

（二）糯玉米

适宜种植密度为每公顷 6.75 万～ 9 万株。

（三）青贮饲料

玉米种植密度应略高于普通玉米，可以达到每公顷 6.75 万～ 8.25 万株。

（四）高赖氨酸玉米

多属于平展型品种，适宜密度一般为每公顷 5.25 万～ 7.5 万株。

（五）高油玉米

一般品种植株高大，密度要相应低于普通玉米的品种，生产中多为每公顷 6 万～ 6.75 万株。

（六）爆裂玉米

籽粒小，植株较小，单株生产力低，种植密度要高于普通品种，一般比当地普通玉米适宜密度增加 10% ～ 25%。

（七）甜玉米

多为平展品种，一般种植密度为每公顷 5.25 万～ 6 万株。

（八）笋用玉米

种植密度一般为每公顷 6 万～ 7.5 万株，生产中可采用品种适宜密度的上限。

第四节　提高玉米的灌溉水平

灌溉对玉米高产影响极大。应该在降水偏少和水资源不足的条件下，根据玉米的生育特点，合理用水，科学浇水，充分提高水资源的利用率，推广旱作栽培和节水灌溉技术，稳定提高玉米产量。

一、玉米的需水特性

玉米的需水量也称耗水量，是指玉米在一生中土壤棵间蒸发和植株叶面蒸腾所消耗的水分总量。玉米全生育期需水量受产量水平、品种、栽培条件、气候等众多因素影响而产生差异。因此，需水量亦不尽一致。玉米不同时期的需水规律如下。

（一）播种至拔节

该阶段经历种子萌发、出苗及苗期生长过程，土壤水分主要供应种子吸水、萌动、发芽、出苗及苗期植株营养器官的生长。因此，此期土壤水分状况对出苗能否顺利及幼苗壮弱起决定作用。底墒水充足是保证全苗、齐苗的关键，尤其对于高产玉米来说，苗足、苗齐是高产的基础。夏播区气温高、蒸发量大、易跑墒。土壤墒情不足均会导致程度不同的缺苗、断垄，造成苗数不足。因此，播种时浇足底墒水，保证发芽出苗时所需的土壤水分，并在此基础上，苗期注意中耕等保墒措施，使土壤湿度基本保持在田间最大持水量的 65%～70%，既可满足发芽、出苗及幼苗生长对水分的要求，又可培育壮苗。

（二）拔节至抽雄、吐丝期

此阶段雌、雄穗开始分化、形成，并抽出体外授粉、受精。根、茎、叶营养器官生长速度加快，植株生长量急剧增加，抽穗开花时叶面积系数增至 5～6，干物质阶段累积量占总干重的 40% 左右，正值玉米快速生长期。此期气温高，叶面蒸腾作用强烈，生理代谢活动旺盛，耗水量加大。拔节至抽穗开花，阶段耗水量占总耗水量的 35%～40%。其中拔节至抽雄，日耗水量增至 40.5～51 吨／公顷。抽穗开花期虽历时短暂，绝对耗水量少，但耗水强度最大，日耗水量达到 675 吨／公顷。

该阶段耗水量及干物质绝对累积量均约占总量的 1／4，玉米处于需水临界期。因此，满足玉米大喇叭口至抽穗开花期对土壤水分的要求，对增加玉米产量尤为重要。

（三）吐丝至灌浆期

开花后进入了籽粒的形成、灌浆阶段，仍需水较多。此期同化面积仍较大，此阶段耗水 1335～1440 吨／公顷，占总耗水量的 30% 以上。籽粒形成阶段平均日耗水 57.15 吨／公顷。灌浆阶段平均日耗水 38.40 吨／公顷。

（四）灌浆至成熟期

此阶段耗水较少，每公顷仅为 420～570 吨，占总耗水量的 10%～30%，但耗水强度平均每日仍达到 35.55 吨／公顷，后期良好的土壤水分条件，对防止植株早衰、延长灌浆持续期、提高灌浆强度、增粒重、获取高产有一定作用。

总之，玉米的耗水规律为"前期少、中期多、后期偏多"的变化趋势，高产水平主要表现有三个特点：一是前期耗水量少，耗水强度小；二是中后期耗水量多，耗水强度大；三是全生育期平均耗水强度高。原因是苗期控水对产量影响最小。适量减少土壤水分进行蹲苗，不仅对根系发育，根的数量、体积、干重的增加有利，还可促进根系向土壤纵深处发展，以吸收深层土壤水分和养分。在生育后期为玉米良好的受精、籽粒发育、减少籽粒败育、扩大籽粒库容量，增加粒数、粒重，获得高产，创造一个适宜的土壤水分条件是非常必要的。

二、玉米的灌溉制度和灌溉方法

（一）灌溉制度

适时、适量的灌溉对玉米高产很重要。正常年份一般玉米须浇水两次：第一次在播种前浇好底墒水；第二次在玉米穗分化期即玉米大喇叭口期浇水，此时正是玉米营养生长与生殖生长的关键期，也是玉米的需水临界期，此时缺水对玉米产量影响极大。如遇干旱年份，要在抽雄后再浇一次水，这对玉米的后期生长增加千粒重有很大作用。也可以参考我国主要玉米产区的灌溉制度，根据当地水资源情况，因地制宜制定出合理的灌溉制度。

（二）灌溉方法

1.畦灌

这是一种传统的灌溉方法，具体做法是通过筑埂和挖毛渠把土地筑成一定长方形小格，通常是 4 ~ 5 行玉米为一畦，由毛渠处打开缺口，引水入畦进行灌溉。黄淮海平原都实行小麦、玉米一年两熟制，畦灌的最大优点是能利用小麦原有的灌溉渠系浇水。在实行玉米套种的情况下，无须专门做畦，利用小麦的渠系即可灌溉。

畦的长度一般为 50 ~ 100 米，地面坡降大的可缩短为 10 ~ 20 米，畦的宽度一般为 2 ~ 3 米。畦灌的好处是浇水量大，浇得匀，浇得足。主要缺点是比较费水，而且容易造成地面板结。尽管这种灌溉方法比较落后，但由于受到经济条件的限制，在今后相当长的时间内预计仍为玉米的主要灌溉方法。

2.沟灌

通过培土在行间开沟，将毛渠内的水引入沟内，水在流动的过程中，通过毛细管的作用浸润沟的两侧，同时依靠水的重力作用浸润沟底部的土壤。沟灌的好处是，无须增加水利投资，浇水量比较少，从而可以节约用水，减少土壤团粒结构受水力破坏的程度，土壤比较疏松透气。此外，在极端干旱的情况下，可以采取隔沟浇的办法以加速浇水进度，待浇完后再浇另一沟。在降了大雨之后，可以利用垄沟和毛渠排水，做到一套渠系，灌排两用。实行沟灌时要注意平整土地，使沟底平直，否则就可能发生水流在沟中受阻的情况。

3.喷灌

喷灌是以一定压力将水通过田间管道和喷头喷向空中，使水散成细小的水珠，然后像降雨一样均匀地洒在玉米植株和地面上，这是一种最接近天然降雨的灌溉技术。喷灌的优点是：比地面灌溉省水，无须做畦挖沟，比较省工，水的利用率很高，对土地平整要求不太严格，可以结合灌溉施肥和喷洒农药，生育中后期灌溉可以冲洗叶片的花粉和尘土，有利于提高叶片光合效率。

玉米最适用喷灌，因为它生长在雨季，而天有不测风云，万一浇后又下雨，采用喷灌的也不至于积水成涝，从而影响田间作业和玉米生长。在播种阶段，土层已经干透，采用畦灌时浇水进度很慢，而喷灌时只要喷 2 ～ 3 小时就可以确保全苗。到了生育后期玉米已经长到 2.5 米以上，玉米地犹如青纱帐，进地做畦浇水是一件令人头痛的事。如采用喷灌，则不存在问题。最近几年喷灌发展很快，它既省水又省工，对玉米的增产起了很大作用。

4.渗灌

渗灌又称地下管道灌溉，它是通过地下干、支输配水管，由湿润管通往玉米根际，渗湿根际土壤。这是目前最先进的一种灌溉方法，可以最大限度地降低水资源的损失和浪费。实践表明，渗灌比地面灌溉可节水 40% ～ 55%，增产幅度在 20% 左右。

渗灌的另一个优点是：浇后土壤表面仍保持疏松状态，土壤通气条件良好，有利于根系的发育，也节省了松土除草的用工。渗灌的湿润管可用内径 50 ～ 80mm 的水泥管，也可以采用内径 10 ～ 20mm 的半硬质塑料管。管上部的透水部分的面积约占管周的 1／4，管道的间距以 2 米左右为宜，深埋为 0.5 米左右。渗灌需要挖沟埋管，看起来比较费事，但省水、增产和功效期长。从长远利益来看，不失为一种比较有发展前途的灌溉方法。

5.滴灌

滴灌是利用一种低压管道系统，将灌溉水经过分布在田间地面的一个个滴头，以点滴状态缓慢地、不断地浸润玉米根系最集中的地区，"把水送到玉米的嘴边上"。滴灌最大的优点是能直接把水送到玉米根系的吸收区，避免因渗漏、棵间蒸发、地面径流和喷灌时水分在空中的蒸发等方面的损失，而且对土壤结构也不造成破坏。它在节水方面的效果，在气候干燥地区表现尤为突出。

（三）高产高效节水措施

1.整修渠道

目前地上渠道灌溉面积大，且渗漏水严重，是玉米灌溉中造成水资源浪费的主要原因。最好采取先整修渠道，然后铺一层塑料布的办法。可减少渗漏，确保畅通，一般可节约用水 23% ～ 30%。其方法是先加厚夯实渠埂，然后在渠沟里铺一层塑料布，这是防水渗漏的最佳措施。

2.因地制宜

改进灌溉方法：一是对水源比较丰富、宽垄窄畦、地面平整的地块，可采取两水夹浇的方法；二是对地势一头高一头低的地块，可采取修筑高水渠的方法，把水先送到地势高的一头，然后让水顺着地势往低处流；三是对水源缺乏的地方，可采用穴浇点播的方法，播前先挖好穴，然后再担水穴浇进行点播，一般可节约浇水 80% ～ 90%。

3.推广沟灌或隔沟灌

玉米作为高秆作物，种植行距较宽，采用沟灌非常方便。沟灌除了省水外，还能较好地保持耕层土壤团粒结构，改善土壤通气状况，促进根系发育，增强抗倒伏能力。沟灌一般沟长可取 50～100 米，沟与沟间距为 80㎝ 左右，入沟流量以每秒 2～3 升为宜，流量过大过小，都会造成浪费。

隔沟灌可进一步提高节水效果，可结合玉米宽窄行采用隔沟浇水，即在宽行开沟浇水。每次浇水定额仅为 300～375 吨／公顷，这种方法既省工又省水。控制性交替隔沟灌溉不是逐沟灌溉，而是通过人为控制隔一沟浇一沟，另外一沟不灌溉。下一次浇时，只灌溉上次没有浇水的沟，使玉米根系水平方向上的干湿交替。每沟的浇水量比传统方法增加 30%～50%，这样交替灌溉一般可比传统灌溉节水 25%～35%，水分利用效率大大提高。

4.管道输水灌溉

采用管道输水可减少渗漏损失、提高水的利用率。目前采用的一般有地下水硬塑料管，地上软塑料管，一端接在水泵口上，另一端延伸到玉米畦田远端，浇水时，挪动管道出水口，边浇边退。这种移动式管道灌溉，不仅省水，功效也较高。

5.长畦分段灌和小畦田灌溉

灌溉水进入畦田，在畦田面上的流动过程中，靠重力作用入渗土壤的灌溉技术。要使灌溉水分配均匀，必须严格地整平土地，修建临时性畦埂，在目前土地整平程度不太高的情况下，采取长畦分段灌溉和把大畦块改变成较小的畦田块的小畦田灌溉方法具有明显的节水效果，可相对提高田块内田面的土地平整程度，灌溉水的均匀度增加，田间深层渗漏和土壤肥分淋失减少，节水效果显著。一般提倡的畦田长 50 米左右，最长不超过 80 米，最短 30 米。畦田宽 2～3 米。灌溉时，畦田的放水时间，可采用放水八九成，即水流到达畦长的 80%～90% 时改水。

6.波涌灌溉

将灌溉水流间歇性地，而不是像传统灌溉那样一次使灌溉水流推进到沟的尾部，即每一沟（畦田）的浇水过程不是一次而是分成两次或者多次完成。波涌灌溉在水流运动过程中出现了几次起涨和落干，水流的平整作用使土壤表面形成致密层，入渗速率和面糙率都大大减小。当水流经过上次灌溉过的田面时，推进速度显著加快，推进长度显著增加。使地面灌溉浇水均匀度差、田间深层渗漏等问题得到较好的解决。尤其适用于玉米沟、沟畦较长的情况。一般可节水 10%～40%。

7.膜上灌

膜上灌是由地膜输水，并通过放苗孔和膜侧旁入渗到玉米的根系。由于地膜水流阻力小，浇水速度快，深层渗漏少，节水效果显著。目前膜上灌技术多采用打埂膜上灌，即做成95㎝左右的小畦，把70㎝地膜铺于其中，一膜种植两行玉米，膜两侧为土埂，畦长80～120㎝。和常规灌溉相比，膜上灌节水幅度可达30%～50%。

（四）玉米旱作蓄水保墒增产技术

我国旱作玉米占玉米总面积一半以上。蓄住天上水，保住土中墒，经济合理用水，提高水分利用率，是旱作玉米增产技术的关键。

1.深耕蓄水

旱作玉米区年降水量60%～70%集中在7月、8月、9月三个月。怎样保蓄和利用有限的降雨，就是旱作技术要达到的目的。在一般农田深厚疏松的耕层土壤，截留的降水量可达总降水量的90%以上。土壤的充水和失水过程，大致和降雨季节一致，即早春散墒、夏季收墒、秋末蓄墒、冬季保墒，一般是在降雨末期蓄水量最多，在干旱多风的早春季节失水量最大。劳动人民创造了许多蓄墒耕作措施，如风沙旱地的沙田、黄土高原的梯田、平原旱地的条田等，都是截留降雨的好方法，除暴雨外能接纳全部的降雨，土壤含水量要高出8～10倍。

采取耕耙保墒措施：一是深耕存墒，秋季深耕比浅耕0～30㎝耕层土壤含水量多50%。深耕还能促进玉米根系发育并向深层伸长，扩大吸收水肥范围。二是耙地保墒，使土壤平整细碎，形成疏松的覆盖层，弥合孔隙，切断毛细管、减少蒸发。据测定，深耕后进行耙地可使耕层水分提高10%～28%。三是中耕蓄墒，在玉米生长发育过程中，锄地松土，切断毛细管，抑制水分上升，减少蒸发。

2.培肥土壤，调节地中墒

旱作玉米的表面是贫水，实质是缺肥。增施肥料，培肥地力，改善土壤结构，可以以肥调水，使根系利用土壤深层蓄水。培肥地力，一是进行秸秆还田，增加土壤中的有机物质。二是施用厩肥，增加土壤有机质含量，在耕层形成团粒结构，适宜的孔隙度和酸碱度，促进有益微生物活动，增强土壤蓄水保墒能力。秸秆还田是增加土壤有机质的有效措施之一，连续多年实行秸秆还田，可提高土壤有机质。三是种植苜蓿或豆科绿肥作物，实行生物养田。

3.采用综合技术巧用土壤水

（1）选用耐旱品种种植

与环境条件相适应的品种类型就比不适应的类型好。例如，在旱薄地选用扎根深、叶片窄、角质层厚、前期发育慢、后期发育快的稳产品种，而在墒情较好的肥地，种植根系发达、茎秆粗壮、叶片短宽的中大穗品种，则更表现出适应和增产。但是，抗旱品种并不等于对灌溉有良好反应的品种。有些非抗旱品种在干旱年份可能会取得高产，也可能在灌溉条件下达到很高的产量。显然，无论是在旱地，还是在水浇地，都应该做品种的筛选工作，以作为在同样条件下选用品种的依据。要根据土壤墒情、气候变化，因地制宜，灵活搭配。

（2）播前种子锻炼

采用干湿循环法处理种子，提高抗旱能力。方法是将玉米种子置于水桶中，在20℃～25℃温度条件下浸泡两昼夜，捞出后在25℃～30℃温度下晾干后播种，有条件的地方可以重复处理2～3次，经过处理的种子，根系生长快，幼苗矮健，叶片增宽，含水分较多，一般可增产10%。

（3）选择适宜播期

躲避干旱，迎雨种植，旱作地区降雨比较集中，玉米幼苗期比较耐旱，进入拔节期以后需要较多的水分。根据当地降雨特点，把幼苗期安排在雨季来临之前，在幼苗忍受干旱锻炼之后，遇雨立即苗壮生长。

（4）以化学制剂改善作物或土壤状况

化学调控可以抑制土壤蒸发和叶面蒸腾。保水抗旱制剂在旱作玉米的应用中有两类：一类叫叶片蒸腾抑制剂，在叶片上形成无色透明薄膜，抑制叶片蒸腾，减少水分散失。在干旱季节给玉米喷洒十六烷醇（鲸蜡醇）溶液，叶片气孔形成单分子膜可使玉米耗水量减少30%以上，喷洒醋酸苯汞溶液，调节叶片气孔开合，预防叶片过多失水而凋萎。另一类叫土壤保水剂，主要作用于土表，阻止土壤毛细管水上升，抑制蒸发，起到保墒增温的作用。这类物质多是高分子聚合物和低分子脂肪醇、脂肪酸等，在土壤表面形成薄膜、泡沫或粉状物，抑制水分蒸发。中国农业科学院在10多个省（区）推广的土壤保水剂，采用给玉米拌种、沟施、穴施等方法，有明显的增温保墒效果，种子发芽快、出苗齐、生长健壮、增产增收。

4.秸秆覆盖栽培

将麦秸或玉米秸铺在地表，保墒蓄水，是旱地玉米省工、节水、肥田、高产的有效途径。秸秆覆盖在秋耕整地后和玉米拔节后在地表面和行间每亩铺500～1000千克铡碎的秸秆，也有采用旱地玉米免耕整株秸秆半覆盖，或旱地玉米免耕复合覆盖法。覆盖秸秆后，由于秸秆的阻隔作用，避免了阳光对土表的直接烤晒，地面温度降低，水分蒸发减少。由于秸秆翻入土壤，经高温腐熟成肥，增加了土壤有机质，促进了土壤团粒结构的形成。覆盖后土壤有机质、全氮含量、水解氮、速效磷和速效钾均比传统耕作的土壤增加，而土壤容重普遍下降，从而提高了玉米产量和水分利用率。

三、玉米的涝害与排水

玉米是需水量较多而又不耐涝的作物。土壤湿度超过持水量的 80% 以上时，玉米就发育不良，尤其是在玉米幼苗期间，表现更为明显。水分过多的危害，主要是由于土壤空隙为水饱和，形成缺氧环境，导致根的呼吸困难，使水分和营养物质的吸收受到阻碍。同时，在缺氧条件下，一些有毒的还原物质如硫化氢、氨等直接毒害根部，促使玉米根的死亡。所以在玉米生育后期，在高温多雨条件下，根部常因缺氧而窒息坏死，造成生活力迅速衰退，甚至植株全株死亡，严重影响了产量的提高。玉米种子萌发后，涝害发生得越早受害越严重，淹水时间越长受害越重。玉米在苗期淹水 3 天，当淹到株高一半时，单株干重降低 5% ~ 8%，只露出叶尖时单株干重降低 26%，将植株全部淹没 3 天，植株会死亡。

涝害分为多种，常见的有积涝、洪涝和沥涝。积涝由暴雨所致，因降雨量过大，地势低畦，积水难以下排，作物长时间泡在积水中；洪涝则是由山洪暴发引起，常见于山区平地；另一种是沥涝，由于长时间阴雨，造成地下水位升高，积水不能及时排掉，群众把这种情况叫作"窝汤"。玉米发生涝害后，土壤通气性能差，根系无法进行呼吸，得不到生长和吸收肥水所需的能量。因此，生长缓慢，甚至完全停止生长。遇涝后，土壤养分有一部分会流失，有一部分经过反硝化作用还原为气态氮而跑入空气中，致使速效氮大大减少。受涝玉米叶片发黄，生长缓慢。另外，在受涝的土壤中，由于通气不良还会产生一些有毒物质，发生烂根现象。在发生涝害的同时，由于天气阴雨，光照不足，温度下降，湿度增大，常会加重草荒和病虫害蔓延。

目前常用的防涝、抗涝措施有以下几种：

第一，正确选地。尽量选择地势高的地块种植。地势低畦、土质黏重和地下水位偏高的地块容易积水成涝，多雨地区应避免在这类地块种植玉米。

第二，排水防涝。修建田间"三级排水渠系"，是促进地面径流，减少雨水渗透的有效措施。所谓"三级排水渠系"，是指将玉米田中开出的三种沟渠连成一体。这三种沟渠分别是玉米行间垄沟与玉米行间垂直的主排渠（腰沟）以及每隔 25 米左右与行间平行的田间排水沟。沟深一级比一级增加，可使田间积水迅速排出。为便于排水，南方地区可采用畦做排水的方法。做法是：种玉米时，在地势高、排水良好的地上采用宽畦浅沟，沟深 33cm 左右，每畦种玉米 4 ~ 6 行；在地势低、地下水位高、土壤排水性差的低畦地，则采用窄畦深沟，沟深 50 ~ 70cm，每畦种玉米 2 ~ 4 行。为了便于排出田间积水，要求做到畦沟直、排水沟渠畅通无阻，雨来随流、雨停水泄。华北地区采用的方法是起垄排涝，也就是把平地整成垄台和垄沟两部分，玉米种在垄背上。这样散墒快，下雨时积水可以迅速顺垄沟排出田外，从而保证根系始终有较好的通气条件。对一些低洼盐碱地，为了防涝和洗盐，常将土地修成宽度不等的台田。台田面一般比平地高出 17 ～ 20cm，四周挖成深 50 ～ 70cm、宽 1 米左右的排水沟。有的地区还把土地修成宽幅的高低畦，高畦上种玉米，低畦里种水稻，各得其所。

第三，修筑堰下沟。在丘陵地区，由于土层下部岩石"托水"，加上土层较薄，蓄水量少，即使在雨量不是很大的情况下，也会造成重力水的滞蓄。重力水受岩石层的顶托不能下渗，便形成小股潜流，由高处往低处流动，群众把它称为"渗山水"。丘陵地上开辟的梯田因土层厚薄不匀，上层梯田渗漏下来的"渗山水"往往使下层梯田形成受涝状态，出现半边涝的现象。堰下沟就是在受半边涝的梯田里挖一条明沟，深度低于活土层 17 ～ 33cm，宽 60 ～ 80cm，承受和排泄上层梯田下渗的水流，结合排出地表径流。这种方法是解决山区梯田涝害的有效措施。

第四，选用抗涝品种。不同的玉米品种在抗涝方面有明显的差异。抗涝品种一般根系里具有较发达的气腔，在受涝条件下叶色较好，枯黄叶较少。如北京地区的京早 7 号和京杂 6 号就比其他杂交品种抗涝。各地可在当地推广的玉米杂交品种中，选一批比较抗旱或耐涝的品种使用。

第五，增施氮肥。"旱来水收，涝来肥收"，这是农民在长期的生产实践中总结出来的经验。受涝甚至泡过水的玉米不一定死亡，但多数表现为叶黄秆红，迟迟不发苗。在这种情况下，除及时排水和中耕外，还要增施速效氮肥，以改善植株的氮素营养，恢复玉米生长，减轻涝害所造成的损失。

第六，采取措施促进早熟。一般玉米遭受涝害，生育期往往推迟，贪青晚熟，如果霜冻来得早就会影响产量。为了避免损失，可采取常规方法，隔行、隔株去雄、打底叶，这叫作放秋垄。

第五节　做好玉米播种与田间管理

一、提高玉米播种的质量

（一）整地施肥造墒

春玉米整地应于秋季尽早深耕，施足有机肥，以熟化土壤，积蓄底墒，春季再耕地，要翻、耙、压等作业环节紧密配合，注意保墒。

夏玉米整地利用前茬作物播前深耕、施足有机肥的后效应；利用前茬作物深耕的基础，麦收前造墒，麦收后及早灭茬，抢种夏玉米。前茬收获早、土壤墒情足或在有造墒条件的情况下，可在前茬收获后早深耕，后整地播种；若前茬收获较晚，则应先局部整地，在播种行开沟、施肥、平整、抢种，出苗后行间再深耕。套种玉米在早春破埂埋肥，浇麦黄水造墒播种，前茬作物收获后，再灭茬、深刨、整地。总之，三夏期间，时间紧农活多，气温高墒情差。直播和套种田的整地、施肥造墒、播种既要抓紧，又应灵活掌握。同时不宜深耕细整，因为一则延误农时，加速跑墒，影响播全苗；二则如苗期遇大雨，加重涝害以致因此不能及时管理，造成苗荒和草荒。

（二）选用良种及种子处理技术

1.选用良种

利用优良品种增产是农业生产中最经济、最有效的方法。当前，生产上推广的多是单交种，以生育期长短分中晚熟和中早熟两类。优良杂交种的布局，要注意早、中、晚熟搭配，高、中、低产田选配得当。一般确定1个当家品种，1～2个搭配品种，并引进、试种1～2个接班品种。这样便于因种管理，良种良法配套，避免品种"多、乱、杂"，充分发挥良种的增产潜力。

2.种子精选

种子精选包括穗选和粒选。穗选即在场上晾晒果穗时，剔除混杂、成熟不好、病虫、霉烂果穗后，晒干脱粒做种用。粒选即播前筛去小、秕粒，清除霉、破、虫粒及杂物，使之大小均匀饱满，便于机播，利于苗全、苗齐。

3.种子处理

玉米种子处理包括晒种、浸种、药剂拌种或种子包衣。晒种选晴天晒2～3天，利于提高发芽率，提早出苗，减轻丝黑穗病。浸种可促进种子发芽整齐，出苗快，苗子齐。方法有冷水浸种12～24小时；50℃（2开1凉）热水浸泡6～12小时；用30%或50%的发酵尿液分别浸泡12小时或6～8小时，或用500倍磷酸二氢钾溶液浸泡8～12小时，均可达到同样的效果。浸种应注意：饱满的硬粒型种子时间可长些，秕粒、马齿型种子时间宜短；浸过的种子勿晒、勿堆放、勿装塑料袋；晾干后方可药剂拌种；天旱、地干、墒情不足时，不宜浸种；浸过的种子要及时播种。浸后晾干的种子可用0.5%硫酸铜或用种子重量1%的20%莠锈灵拌种，以防黑粉病和丝黑穗病；也可用辛硫磷、种衣剂拌种、包衣，防治地下害虫。

（三）适时播种，提高播种质量

1.适时播种

玉米播种有"春争日，夏争时""夏播争早，越早越好"之说。春播在 4 月中下旬，套种玉米在 5 月中下旬至 6 月初；夏直播适期在 6 月中下旬，越早越好。在选择了优良的品种和种子之后，适期播种可以获得较高产量和效益。一般认为，当土壤温度有 5 ～ 10 天的时间达到 10℃～ 12℃时，可以播种。播种时理想的土壤含水量为 70% ～ 75%。在土壤墒情较差，播种期间干旱时间较长的年份和地区，须进行灌溉或坐水种。此外，还可调整播期，使玉米在生长发育的关键时期（如抽雄前 15 天至抽雄后的 15 天内）避开季节性的干旱。中早熟品种适播期较长，可根据气候、土壤以及综合生产形势选择播种期。光温敏感性较差的品种如中单 9409，可南方和北方种植，生育期变动不大。光温敏感的品种如掖单 13，在不同地区种植生育期有较大变化。

2.提高播种质量

（1）掌握合适的播种量

应根据不同品种生育期、株型及规格密度、种子的大小、发芽率的高低、整地的好坏、播种方式等而定。玉米播种方法有条播和穴播两种：条播每公顷用种 60 千克左右；穴播用种 22.5 ～ 37.5 千克，一般每穴播种子 3 ～ 4 粒。

（2）播种深度

玉米播种技术要求深度适宜，深浅一致，覆土薄厚均匀严密，播后适时镇压。在比较干旱、土墒不足时，利用抗旱播种技术。适宜的播种深度一般在 4 ～ 6㎝，过深出苗难，苗子弱；过浅易落干，造成缺苗断垄。杂交种比地方种胚芽鞘软，应浅些；黏土、土湿、地势低，浅些；反之，沙土、干土、地势高，深些。盖种覆土深度一般为 3 ～ 5㎝。

（3）玉米施用的基肥要腐熟

用化肥做基肥或种肥应距离种子 5 ～ 6㎝ 以上，以免烧芽。如果用化肥与农家肥混合施用则要求先混合堆沤一个月以上，为安全起见，不宜用混有化肥的农家肥盖种。

（4）提高玉米机械化播种质量

玉米播种分为春玉米的直播和夏玉米的麦田套播、麦收后直播三种形式，适用于套播和直播两种机械化技术。麦行间套种玉米，一般采用开沟点播或人工刨穴点播，或用一种人、畜力小型机具——套种耧进行套播。

以夏玉米为例，玉米直播可在麦收前浇足麦黄水，麦收后整地抢墒播种。来不及整地，可在麦收后贴茬直播，玉米出苗后再进行中耕灭茬，机械化播种可以很好地满足播种质量方面的要求。麦收后的贴茬直播玉米具有很多优点，正在被迅速推广普及，不仅可以抢墒抢时及时播种，还可以省工、省时，麦收后利用机械一次性地就可完成播种作业，而且可以实现麦秸还田覆盖，减少土壤水分蒸发，增加土壤有机质，提高土壤肥力，促进玉米高产。

随着玉米播种机的推广，玉米种植行距的调节和控制有了保障，减少了人工点播所造成的行距大小不一的随意性。玉米行距的调节不仅要考虑当地种植规格和管理需要，还要考虑玉米联合收割机的适应行距要求，如一般的背负式玉米联合收割机所要求的种植行距为 55～75cm。

二、玉米田间管理技术

（一）玉米苗期田间管理

玉米苗期管理是关键，尤其在大面积种植高产晚熟品种的情况下，更应该加强玉米苗期的田间管理，从而获得大面积丰收。

1.查田补种，移苗补栽

由于玉米种子质量和土壤墒情等，会造成已播种的玉米出现不同程度的缺苗、断垄，这将严重影响玉米的产量和品质。所以出苗后要经常到田间查苗，发现缺苗应及时进行补种或移栽。如缺苗较多，可用浸种催芽的种子坐水补种。如缺苗较少，则可移苗栽植。移栽要在阴雨天或晴天下午进行，最好带土移栽。栽后要及时浇水，缩短缓苗时间，保证成活，达到苗全。

2.适时间苗、定苗，早间苗、匀留苗

适时合理定苗是实现合理密植的关键措施。间苗宜早，应选择在幼苗将要扎根之前，一般在幼苗三四片叶时进行。间苗原则是去弱苗，去病苗，留壮苗；去杂苗，留齐苗和颜色一致的苗。如间苗过晚，植株过分拥挤，互争水分和养分，会使初生根系生长不良，从而影响地上部的生长。当幼苗长到四五片叶时，按品种、地力不同适当定苗。地下害虫发生严重的地方和地块，要适当延迟定苗时间，但最迟不宜超过 6 片叶。间、定苗时一定要注意连根拔掉。避免长出二茬苗，间、定苗可结合铲地进行。

3.中耕除草

中耕除草可以疏松土壤，提高地温，加速有机质的分解，增加有效养分，减少土壤水分蒸发，有利于防旱保墒和清除田间杂草等。中耕除草一般应进行三次：第一次在定苗之前，幼苗四五片叶时进行，深度 3～4.5cm；第二次在定苗后，幼苗 30cm 高时进行；第三次在拔节前进行，深度 9～12cm。除草地要净，特别要铲尽"护脖草"。稠地要

注意深度和培土量，头遍耥地要拿住犁底，达到最深，为了耥深，又不压苗、伤苗，可用小犁，应遵循"头遍地不培土，二遍地少培土，三遍地拿起大垄"的原则。

应用化学除草技术。一般玉米田除草常选用乙草胺乳油（土壤处理剂）、乙阿合剂、玉米宝（土壤处理和茎叶处理兼用）等。每公顷用商品量 50% 乙草胺乳油 2250～3000 毫升对水 450～600 升，在播后苗前进行土壤处理，或在玉米苗 3 叶期以前每公顷用 2250～3000 毫升乙阿合剂或玉米宝对水 225～375 升进行茎叶处理，对玉米田杂草均有较好的防效。

4.蹲苗促壮

这种方法能使玉米根系向纵深伸长，扩大根系吸水、吸肥范围，并使幼苗敦实粗壮，增强后期抗旱和抗倒伏的能力，为丰产打下良好基础。蹲苗时间一般以出苗后开始至拔节前结束。当玉米长出四五片叶时，结合定苗把周围的土扒开深 3 cm 左右，使地下茎外露，晒根 7～15 天，晒后结合追肥封土，这样可提高地温 1℃左右。扒土晒根时，严禁伤根。一般苗壮、地力肥或墒情好的地块要蹲苗；苗弱、地力薄或墒情差的地块不用蹲苗。

5.适量追肥

春玉米由于基肥充足，一般不施苗肥。麦垄套种和贴茬抢种的玉米则因免耕播种，多数不施基肥，主要靠追肥。麦收后施足基肥整地播种的夏玉米，视苗情少施或不施苗肥。苗肥应将所需的磷肥、钾肥一次施入，施入时间宜早。对基肥不足的应及时追肥以满足玉米苗期生长的需要，做到以肥调水，为后期高产打下基础。如苗期出现"花白苗"，可用 0.2% 硫酸锌溶液喷洒叶面。也可在根部追施硫酸锌，每株 0.5 克，每公顷施 15～22.5 千克。如苗期叶片发黄，生长缓慢，矮瘦，淡黄绿色，是缺氮的症状，可用 0.2%～0.3% 尿素溶液喷施叶面。

6.防治地下害虫

苗期对玉米为害严重的地下害虫有蝼蛄、蛴螬、地老虎、金针虫等，一旦发生，要对症施药，及时消灭。防治方法：一是浇灌药液，每公顷用 50% 辛硫磷乳油 7.5 千克对水 11250 升顺垄浇灌；二是撒毒土，用 2% 甲基异柳磷粉，每公顷 30 千克，兑细土 600 千克，拌匀后顺垄撒施；三是撒毒谷，用 15 千克谷子及谷秕子炒熟后拌 5% 西维因粉 3 千克，或用 75 千克麦麸炒香后加入 40% 甲基异柳磷对水拌匀，于傍晚撒在田间，每公顷 15～30 千克。

（二）玉米中期田间管理

要提高玉米单产，除选用优良品种、适时播种和加强苗期田间管理外，尤其要加强玉米生产中期的田间管理，以减少空秆和"秃穗"，达到高产的目的。

1.轻施拔节肥

在玉米生长至 6～8 叶时正是拔节时期，是需肥高峰期，应根据苗情结合二遍铲耥，进行追肥。每公顷追 150 千克硝酸铵或 120 千克尿素，同时根外追施硫酸锌 15 千克，可减少秃尖。

2.重施穗肥

玉米穗肥也就是玉米在抽穗前 10 天，接近大喇叭口期的追肥。此期玉米营养生长和生殖生长速度最快，幼穗分化进入雌穗小花分化盛期，是决定果穗大小、籽粒多少的关键时期，也是玉米一生中需肥量最多的阶段，一般需肥量应占追肥总量的 50%～60%，故称玉米的需肥临界期。尤其对中低产地块和后期脱肥的地块，更要猛攻穗肥，加大追肥量，每公顷施碳酸氢铵 375～450 千克。同时，可根据长势适时补充适量的微肥，一般用 0.2% 硫酸锌溶液进行全株喷施，每隔 5～7 天喷一次，连喷 2 次。抽穗后，每公顷还可用磷酸二氢钾 2.25 千克对水 750 升，均匀地喷到玉米植株中、上部的绿色叶片上，一般喷 1～2 次即可。

3.防病治虫

对患有黑粉病的植株，要趁黑粉还未散发之前，及时拔除，深埋或烧毁，以免翌年重茬而染上此病。同时，玉米进入心叶末期即大喇叭口期，正是防治玉米螟的最佳时期，因为这时玉米螟全部集中在叶丛中为害，为用药消灭提供了条件。防治方法：一是菊酯类农药兑成 1000 倍液，摘掉喷雾器的喷头，将药液喷入心叶丛中；二是用 50% 辛硫磷乳剂 500 倍液，喷灌于心叶丛中。

4.抗旱排渍

玉米生长中期，久旱久雨都不利。如遇天旱，应坚持早、晚浇水抗旱，中耕松土，保证玉米有充足的水分；若是多雨天气，则要疏通排水沟，及时排出积水，以利生长发育。

（三）玉米后期田间管理

1.及早补肥

生产实践证明，玉米吐丝后，土壤肥力不足，下部叶片发黄，脱肥比较明显，可追施氮肥总追肥量的 10% 速效氮，或用 0.4%～0.5% 磷酸二氢钾溶液进行喷施，补施攻粒肥，使根系活力旺盛，养根保叶，植株健壮不倒，防止叶片早衰。

2.拔掉空秆和小株

在玉米田内，部分植株因授不上粉等，形成不结穗的空秆，有些低矮的小玉米株不但白白地吸收水分和消耗养分，还与正常植株争光照，影响光合作用。因此，要把不结穗的植株和小株拔掉，从而把有效的养分和水分集中供给正常的植株。

3.除掉无效果穗

一株玉米可以长出几个果穗，但成熟的只有 1 个，最多不超过 2 个。对确已不能成穗和不能正常成熟的小穗，应因地因苗而进行疏穗，去掉无效果穗、小穗或瞎果穗，减少水分和养分消耗，这部分养分和水分可集中供应大果穗和发育健壮的果穗，促进果穗早熟、穗大、不秃尖，提高千粒重。同时，还可增强通风透光，有利于早熟。

4.人工辅助授粉

可两人拉绳于盛花期，晴天 10 ～ 12 时花粉量最多时辅助授粉，一般进行 2 ～ 3 次可提高结实率，增产 8% ～ 10%。人工授粉，能使玉米不秃尖、不缺粒，穗大、粒饱满，早熟增产。

5.隔行去雄和全田去雄

在玉米雄花刚露出心叶时，每隔一行，拔出一行的雄穗，让其他植株的花粉落到拔掉雄穗玉米植株的花丝上，使其授粉。在玉米授粉完毕、雄穗枯萎时，及时将全田所有的雄穗全部拔除。去雄可降低株高、防止倒伏、增加田间光照强度，减少水、养分损耗，增加粒重和产量。据试验，玉米隔行去雄是一项促早熟、夺高产的措施。

6.放秋垄，拿大草

放秋垄可以活化疏松土壤，消灭杂草。放秋垄、拿大草在玉米灌浆后期进行，浅锄以不伤根为原则，有利于通风透光，提高地温，促进早熟，增加产量。

7.打掉底叶

玉米生育后期，底部叶片老化、枯死，已失去功能作用，要及时打掉，增加田间通风透光，减少养分消耗，减轻病害侵染。

8.站秆扒皮

晾晒可促玉米提早成熟 5 ～ 7 天，降低玉米水分 14% ～ 17%，增加产量 5% ～ 7%，同时，还能提高质量，改善品质。扒皮晾晒的时间很关键，一般在蜡熟中后期进行，即籽粒有一层硬盖时，过早过晚都不利。过早影响灌浆，降低产量；过晚失去意义。方法比较简单，就是扒开玉米苞叶，使籽粒全部露在外面，但注意不要折断穗柄，否则影响产量。

9.适时晚收

一般玉米植株不冻死不收获，这样可以充分发挥玉米的后熟作用，可使其充分成熟，脱水好，增加产量，改善品质。

第六节　玉米地膜覆盖栽培

地膜覆盖是使用化肥和推广杂交种以来玉米生产的又一突破性增产技术。玉米地膜覆盖栽培，具有明显的增温、保墒、保肥、保全苗、抑制杂草生长、减少虫害、促进玉米生长发育、早熟、增产作用。通过大面积推广实践证明，地膜覆盖增产幅度大、经济效益高、适应范围广，是农业生产上一项重要的增产、增收措施。

一、地膜覆盖配套技术

（一）适宜地区及地膜、良种选择

1.适宜地区

经多年实践和多点调查，一般年平均气温在5℃以上、无霜期125天左右、有效积温在2500℃左右的地区适宜推广玉米地膜覆盖栽培技术。覆膜玉米要选地势平坦、土层深厚、肥力中上等、排灌条件较好的地块，避免在陡坡地、低洼地、渍水地、瘦薄地、林边地、重盐碱地种植，切忌选沙土地、严重干旱地、风口地块。地膜玉米怕涝，选地时要考虑排水条件，尤其在雨水较多的地区。地膜玉米整地要平整、细致、无大块坷垃，有利于出苗。

2.地膜选择

目前市场上农用地膜来自不同厂家，厚度、价格都有较大区别，购买时应当注意看产品合格证，而且要注意成批、整卷农膜的外观质量。质量好的农膜呈银白色，整卷匀实。好的农膜，横向和纵向的拉力都较好。同时，要量一下地膜的宽度。不同的作物，不同的覆盖方式需要不同宽度的地膜，过宽和过窄都不行。另外，也需要比较一下地膜厚度。一般应选用微薄地膜。0.008mm以下的超薄地膜分解后容易支离破碎，难以回收，造成土壤污染，导致作物减产。还要算好用量，不要盲目购买。用量是根据自己种植的方式，开畦作垄的长度，算出地膜的需要量。

市场上的劣质膜主要有三种表现形式：一是缺斤少两。根据有关规定，一捆农膜的标准净含量为5千克，国家允许每捆偏差为75克。二是产品为再生膜。这种膜透明度差、强度差，手感发脆。三是薄膜厚度低于0.008mm。购买的时候，一定要注意有无合格证、厂名、厂址和品名，并要多拽拽，测试其韧性，查看其透明度，千万不要让不合格农用地膜误了一年的收成。

3.品种选择

玉米覆膜可增加有效积温 200℃ ～ 300℃，弥补温、光、水资源的不足，可使玉米提早成熟 7 ～ 15 天。因此，可选用比当地裸地主栽品种生育期长，需有效积温多的中晚熟高产杂交种。盖膜后玉米播种期提前、生育进程加快、早出苗、早成熟。在品种选择上选择生育期偏长的株型较紧凑，不易早衰、抗逆抗病性强的品种为宜。

（二）栽培方式和密度

1.栽培方式

玉米覆膜大多采用比空方式，即覆膜两垄，空一垄，少数采用大小垄栽培，即两垄覆膜，空大垄沟。不管垄距大小，二比空的是半不空的两垄合二为一，在新起的大垄上做床种两行。

2.栽培密度

每公顷株数一般要比裸地栽培增加 20% ～ 40%，平均为 6 万～ 6.75 万株，紧凑型玉米要达到 6.75 万株以上，最少收获株数不能低于 6.75 万株。当然种植过密，极容易造成空秆或生长后期脱肥，影响产量。

（三）整地做床与施肥

1.整地做床

整地时主要围绕蓄水保墒进行，即秋耕蓄墒，春耕保墒。玉米覆膜要合垄做床，床面宽 70㎝，床底宽 80㎝，床高 10㎝，两犁起垄、埋肥、镇压、做床一次完成，床两边用锹切齐，基肥合于床中两厚垄台内。床面要平、净、匀，耕层要深、松、细。

2.增施基肥

地膜玉米茎叶茂盛，对肥料需求量大，必须增加施肥量。要重视施基肥，基肥以有机肥为主，化肥为辅，高产田一般每公顷施有机肥 60 ～ 75 吨、15 ～ 30 千克硫酸锌、氮肥总量的 60% ～ 70% 做基肥。

（四）播种与覆盖

1.种子处理

播前要精选种子，做好发芽试验（发芽率要达 95% 以上），然后进行晒种、浸种或药剂拌种。浸种就是用冷水浸泡 12 ～ 24 小时，或用 55℃ ～ 58℃热水浸泡 6 ～ 12 小时。用 25% 的粉锈宁或羟锈宁，按 0.3% 剂量拌种，防治黑穗病。可利用种子包衣剂，防治病虫害。也可用 50% 辛硫磷 50 克对水 2.5 升，闷种 25 千克，防治地下害虫。

2.适时播种

地膜覆盖的增温效果主要在前期，占全生育期增加积温的 80% ～ 90%。因此，播种时间要比露地玉米提早 7 ～ 10 天，当 10cm 的地温稳定在 8℃～ 10℃时就可播种。

3.覆膜

覆膜方式有两种：一种是先覆后播。主要是为了提高地温，冷凉山区比较适用，干旱地区可抢墒、添墒覆膜，适期播种。播种时用扎眼器扎眼播种，播后注意封严播种口。二是先播种后覆膜，采用这种方式要连续作业，做床、播种、打药和覆膜一次完成，可抓紧农时，利于保墒。

4.药剂灭草

防杂草主要采取综合措施：一是利用膜内高温烧死杂草幼苗；二是在播种后盖膜前垄面喷药，边喷药边盖膜；三是结合追肥进行中耕除草。草害较重地区，每公顷可用阿特拉津或都尔、乙草胺各 3 千克，混合后对水 1125 升喷雾除草，草害较轻的用药量可降至各 2.25 千克，播种后盖膜前均匀喷施，用药后立即覆膜。

5.加强田间管理

播种后要经常检查田间，设专人看管检查，防止牲畜践踏，风大揭膜和杂草破膜。发现破膜及时覆土封闭，膜内长草要压土。待出苗 50% 时开始分批破膜放苗。放苗应坚持阴天突击放，晴天避中午、大风的原则。一般在播后 7 ～ 10 天发现幼苗接触地膜就应破膜放苗，在无风晴天的上午 10 时前或下午 4 时后进行，切勿在晴天高温或大风降温时放苗。定苗后及时封堵膜孔。缺苗时，结合定苗，采用坐水移栽，或在雨天移栽，齐苗后，对床沟进行早中耕、深中耕，提高地温促苗生长。注意旱灌、涝排。因为仅靠基肥难以满足玉米生长后期对肥料的需求，大喇叭口期要扎眼追肥，要因地、因种、因长势确定合理施肥量，防止早衰和贪青。追肥的数量一般为玉米总需肥量的 30% ～ 40%，以氮肥为主，最好在大喇叭口期施下，每公顷施尿素 375 千克。防治玉米丝黑穗病主要选用抗病品种、轮作倒茬及药剂拌种措施。除了种子包衣防治地下害虫外，每公顷用 22.5 ～ 30 千克 2.5% 美曲磷酯（敌百虫）粉或敌敌畏乳油 1500 ～ 2500 倍液防治黏虫，防治玉米螟主要用毒土灌心，毒土用 50% 辛硫磷乳油加水稀释后，混入细沙制成。玉米生育中后期，覆膜 3 个月后，视雨水多少、温度高低，确定是否揭膜，促进后期生长发育。

6.促早熟增加粒重

由于选用生育期较长的杂交种，要千方百计地促进早熟，确保霜前成熟：一是在播前用增产菌拌种，或喷洒喷施宝、植宝素等植物生长调节剂，促进玉米生长发育；二是采用隔行去雄和站秆扒皮、剪苞叶等管理措施，促进早熟。同时注意适时晚收，有利于后熟，增加粒重。

二、玉米地膜选用

目前由于塑料工业的迅速发展，我国地膜生产的种类繁多，眼下已有 20 余种，其中能够用于玉米栽培的有 10 余种，现将几种常用的介绍如下。

（一）低密度聚乙烯地膜

低密度聚乙烯地膜又名 LDPE 地膜，这种膜透光性好，光反射率低，覆盖测定透光率为 68.2%，反射率为 13% ～ 30%；热传导性小，保温性强，白天蓄热多，夜间散热少，增温、保温效果显著；透水、透气性低，保水、保墒性好；耐低温性优良，脆化温度可达 -70℃；柔软性和延伸性好，拉伸和撕裂强度高，不易破损；耐酸碱，无毒无味，化学稳定性好，不会因沾染农药、化肥而变质。可焊接性好，便于拼接修补。质轻，成本低，每公顷用量 120 ～ 150 千克。是我国用量最大、用途最广泛的品种。其厚度有 0.02mm、0.014mm、0.012mm、0.01mm、0.008mm 不等。每卷重量小于 20 千克，端头小于 3。注意该地膜从生产日期起以不超过一年使用为好。

（二）线性低密度聚乙烯地膜

线性低密度聚乙烯地膜又称 LLDPE 地膜，这种地膜的拉伸、撕裂和抗冲击强，抗穿刺性和抗延伸性等均优于 LDPE 地膜。适合于机械化铺膜，能达到 LDPE 地膜相同的覆盖效果，但厚度却比 LDPE 减少了 30% ～ 50%，大大降低了覆膜成本。其他性能与用途和 LDPE 膜相同。

（三）高密度聚乙烯地膜

高密度聚乙烯地膜又名 HPPE 地膜，这种地膜除具有 LDPE 地膜的优点外，最大特点是强度大，比较薄，每公顷用量 60 ～ 75 千克，成本可降低 40% ～ 50%，但对气候的适应性不如 UPE，更比不上 LLDPE 地膜。

第七节　玉米抗旱栽培

旱地玉米播种面积约占玉米总播种面积的 2／3，西南、华北、西北、东北各省、自治区均有相当大的面积。旱地土壤耕作的重要任务是蓄水保墒，提高降水保蓄率和水分利用率，保证玉米生长发育对水分的需求量。由于各地无霜期长短不一，雨量多少不均，发生旱情的时间各异，在运用抗旱栽培措施时，应因地制宜，灵活掌握。

一、秋翻地，春保墒

秋季施入有机肥料，耕翻后及时耙糖，保蓄秋雨后的土壤水分。春季不再耕翻，而在开始化冻时，多次横竖相间耙糖，破坏毛细管，使土壤上虚下实，耕层的水分不易散失，保蓄冬春土壤中的水分，以保证种子吸收发芽。

播种时，畜力开沟，开沟的深度视墒情而定。一般深耪浅盖土，点播踩籽，使种子与底土紧密结合利于吸水。覆土镇压，连续一次完成，不可拖延时间，避免跑墒；机播跑墒少，利于出苗。最好是边播种边镇压，播完压完。镇压的目的，是封住播种沟保住墒情，同时提升下层水到种子部位，供种子吸水发芽。

二、低温抢墒，催芽早播

低温抢墒播种，这是旱地玉米传统习惯做法，利用返浆水，保证玉米出苗。这种方法最大的弱点是种子在土壤内时间较长，约一个月，且容易粉种、霉烂，影响出苗率。催芽低温早播，既利用土壤返浆时的水分，又争取到自然热量，是抗寒栽培和抗旱栽培中一项切实可行的技术措施。

浸种催芽。用 55℃~60℃ 的热水浸种，当水温下降到 25℃~30℃ 时，继续浸泡种子 12~24 小时，滤水后用麻袋等保温物品覆盖种子催芽，有 70% 以上的种子露白时即可播种。下种时间，应在地表 5cm 处的地温连续 5 天稳定在 6℃ 以上时方可播种。覆土深度不超过 5cm。播种时按照垄沟栽培法，开沟深度以种子接触适宜的底墒为好。

增产的主要原因：一是抓住冬季受冻层阻隔积蓄的水分和春季返浆水融合的时机，利用尚好墒情早播保全苗。此时 5cm 深度的地温稳定在 6℃ 以上，蒸发量最低，日蒸发量约为 3.7mm，春旱的概率最低。二是促使根系生长发育，吸收深层养分和水分，有利于植株生长发育，提高抗旱能力。三是热量利用率高，避开伏旱。可使早播玉米比常规播期玉米增加积温 216℃，与当地的气候条件相吻合。垄沟低温早播玉米，可充分利用自然条件，争取有利的水分，避过干旱影响，从而节约开支，增加收入。

三、抗旱坑栽培

秋翻整地后，每亩配加磷钾肥混合施粪肥 2000~2500 千克。挖坑的时间，最好在上冻前进行，越早越好。目的是接纳雨雪和熟化土壤。田间坑穴排列呈梅花形，横竖成行，行距为 67cm，坑距 1 米左右，每亩 1000 个坑。挖坑深 50cm，长 67cm，宽 50cm。先将 10~15cm 的表土移在一边，再将底部挖一铁锹深，铲松土而不取出，再将混合肥料放入坑中，与土壤混合均匀。封顶有两种方法：一是土壤墒情很好，可将表土封在坑顶，略呈馒头状，用锨拍实，使坑不漏风，以免跑墒；另一种方法，是当时不封顶，在冬春雨雪后，将雪及时扫入坑内，再用表土封顶，当雪融顶塌后，要及时补封顶部，保住墒情。后一种方法虽然费工，但保墒效果极好，又能熟化土壤提高肥力。由于坑内土壤疏松，墒情充足，故可提早播种。播前进行耙耱，将地整平。每坑种 3 ～ 4 穴，每亩种 3000 ～ 3500 株。其增产的主要原因是蓄水保墒，苗齐苗壮，深翻而不乱土层，集中施肥，培肥地力，熟化土壤，提高土壤供肥能力。

四、田间秸秆覆盖栽培

将麦秸或玉米秸铺在地表，保墒蓄水，是旱地玉米省工、节水、肥田、高产的有效途径。秸秆覆盖在秋耕整地后和玉米拔节后在地表面和行间每亩铺 500 ～ 1000 千克铡碎的秸秆，起到保墒作用，同时改善土壤的物理性状，培肥地力，提高产量。

秸秆覆盖增产的主要原因是改善根系环境的生态条件，根系发达，吸收养分和水分能力增强，为穗大粒多奠定了基础。研究表明，覆盖后 25 天，根系的数量和干重分别比对照区高 6.4% 和 29.1%，整个生育期的各个时期均比对照区高。覆盖秸秆影响最大的是第三层支撑根，根条数、根干重高于对照 12.9% 和 18.0%。覆盖秸秆田的百粒重和单株粒数分别高于对照区 1.7 克和 62.7 粒。说明产量的提高是粒数和粒重共同增加的结果，尤以增加粒数最为明显。

五、膜侧播种抗旱法

膜侧栽培玉米，是抗旱保墒的有力措施。具体做法是：玉米种在地膜两边距离膜边3 ～ 5 cm 处，利用地膜传导热和保水作用，使玉米种子发芽和生长发育有足够的温度和水分。玉米为大小行种植，小行 40 ～ 50 cm 宽，大行 80 ～ 90 cm 宽，地膜覆盖小行，大行可以套种豆子、蔬菜等作物。地膜完成任务后，可以于雨季来临前揭去，地膜不受损失，洗净晾干后妥善保存，明年再用。

上述方法是各地试验推广的单一措施，使用时可以根据各地的具体情况配合施用，以培肥地力、保墒蓄水、增温促高产为主要目标，节约开支，增加收入，总结出一套适合本地区的节水型农业技术措施。

第七章 油菜品种改良

第一节 油菜生产发展与品种改良

国内外研究表明，油菜生产发展与品种改良密不可分，良种对提高产量的贡献率约占 30%；如果良种良法（栽培技术、施肥技术等）配套，良种对增产的效果更加明显。我国油菜品种改良始于 20 世纪 30 年代，但仅处于萌芽状态，解放后，油菜生产发展与品种改良大致可分为四个阶段。

第一阶段：新中国成立至 20 世纪 50 年代，全国组织了油菜地方品种的征集、整理和评选工作，各地发掘出许多优良的地方品种，就地繁殖，就地推广。这是新中国第一次用地方良种替换原有的地方品种（白菜型油菜）。与此同时，有条件的大区农业科研单位，如西南、华中、华东以及浙江、四川、湖南、陕西等地农科所相继组建了油菜育种研究机构，并鉴定出可供全国试种和推广的甘蓝型油菜品种——胜利油菜，用以逐步取代各地的白菜型品种，这是全国第二次进行油菜品种更换（白菜型油菜改甘蓝型油菜）。这一阶段，油菜品种改良以品种资源收集、整理、鉴定、评价为主，油菜生产发展处于恢复阶段，全国油菜年种植面积 2500 万亩左右，年均总产量 70 万～90 万吨，亩产 30千克左右。

第二阶段：自 1960 年起到 20 世纪 70 年代，中国农业科学院油料作物研究所在武汉成立，大会期间明确提出我国以发展甘蓝型油菜为主的研究方向。与此同时，各地区和省农业科学院先后开展了油菜育种研究，逐步培育出一批适合各地生产要求的不同熟期的甘蓝型油菜新品种，其中，中国农业科学院油料作物研究所选育的甘油系列，如甘油 3 号、甘油 5 号等品种在油菜生产中发挥了主导作用，用于取代分布于全国油菜主产区的胜利油菜，这是全国第三次进行油菜品种的更换和更新，是真正意义上的油菜品种改良和油菜生产发展的第一次革命。到了 20 世纪 70 年代末，全国油菜年种植面积约为3000 万亩，年均总产量为 150 万吨左右，亩产 50 千克左右。

第三阶段：自 1980 年起到 20 世纪 90 年代，原国家科学技术委员会自"六五"计划开始将甘蓝型油菜品质育种列入国家科技攻关计划，"七五"将甘蓝型油菜杂种优势利用列入攻关计划，从而拉开了我国油菜品质育种和杂种优势育种的序幕。全国各油菜科研单位在农业部领导下，先后多次派遣油菜科学技术人员，分赴法国、德国、波兰、英国、瑞典、加拿大、澳大利亚等国家，考察各国油菜生产、品质育种和品质分析检测技术、仪器设备等方面的情况，征集到一批甘蓝型油菜双低新品种。自"六五"到"九五"计划，中国农业科学院油料作物研究所一直是国家科技攻关的支持单位，联合各兄弟科研单位系统开展了油菜品质育种和杂种优势利用研究。其育种目标从"六五"开始主攻优质（双低）品质育种发展到"八五""九五"高产、双低、抗（耐）病育种。这一阶段是品质育种和高产、抗（耐）病育种相互依存的发展阶段。尽管在 1985 年以后，各科研单位先后育成了一批甘蓝型油菜单双低常规和杂交油菜品种，用以逐步替换生产上应用的常规双高品种（这是全国油菜品种第四次更换），但生产上仍以高产、抗（耐）病常规油菜品种和杂交油菜品种占主导地位。其突出的科研成果有：

1.1987 年中国农业科学院油料作物研究所贺源辉研究员育成的多抗高产广适性油菜新品种——中油 821，该品种高产稳产、抗病性强、适应性广，是 20 世纪 80—90 年代全国范围内推广面积最大的一个优良常规品种。1992 年获国家发明三等奖。

2.1985 年陕西省农垦科教中心李殿荣研究员育成的世界上第一个甘蓝型杂交油菜品种——秦油 2 号，也是 20 世纪 80—90 年代全国推广面积仅次于中油 821 的大面积推广应用品种。1987 年获国家发明二等奖。

3.1972 年华中农业大学傅廷栋教授发现的甘蓝型油菜细胞质雄性不育（Polcm s），被认为是世界上第一个有实用价值的细胞质雄性不育系。

4.1985 年中国农业科学院油料作物研究所研究的"长江中游区水田三熟油菜高产栽培技术"和 1995 年研究的"长江中下游两熟制油菜秋发生物学基础及高产技术"，成果分别于 1985 年和 1995 年获国家科技进步三等奖，上述品种和高产栽培技术极大地推动了我国油菜生产发展，是我国油菜品种改良和油菜生产发展的第二次革命。20 世纪 80 年代是我国油菜生产快速稳定增长期，年种植面积 6500 万亩左右，总产量 490 万～500 万吨，亩产 80 千克左右。进入 20 世纪 90 年代，油菜生产继续保持强劲的增长势头，至 2000 年，全国油菜种植面积 1.1 亿亩，总产 1100 万吨，亩产 100 千克。

第四阶段：20 世纪 90 年代末开始，经过近 20 年的育种攻关，各科研单位相继育成一批优质、高产、抗（耐）病、广适性油菜新品种，并针对优质品种的生理特性，研究提出了相应的优质品种高产保优栽培技术。油菜生产开始以优质品种占主导地位，国家发展计划委员会于 2000 年批准了中国农业科学院油料作物研究所武汉中油科技新产业有限公司实施"双低杂交油菜产业化"示范工程项目，2001 年国家发展计划委员会批准了重庆利农一把手"杂交油菜渝黄 1 号"产业化项目，优质油菜产业化研究从此拉开了序幕，尽管这一阶段才刚刚开始，但已有一批重大成果支持这一阶段的快速发展。例如，中国农业科学院油料作物研究所李云昌研究员选育的优质、高产、抗（耐）病、广适性油菜新品种"中油杂 2 号"，产量在湖北省两年正式区试中比中油 821 增产 19.73%，芥酸含量 0.90%，商品籽硫甙含量 20.70 微摩尔／克，是湖北省区试有史以来第一个连续三年 29 个点次都比对照增产的新品种，该品种被称为"超级油菜"。

第二节　育种途径与育种技术

油菜可分为白菜型油菜、芥菜型油菜和甘蓝型油菜，由于其繁殖方式不同，相应地育种途径和方法也不相同。一般来讲，白菜型油菜是典型的异花授粉作物，自然异交率很高（80% ～ 95%）；相反，甘蓝型油菜和芥菜型油菜为常异交的自花授粉作物，异交结实率一般为 10% ～ 30%。本节仅以甘蓝油菜为例介绍常异交的自花授粉作物常用的育种途径与育种技术。

一、系统育种——单株选择育种法

对自然变异材料进行单株选择的系统育种，是自花授粉作物、常异交的自花授粉作物常用的育种方法。它的选育要点为：

根据育种目标，从现有品种群体中选出一定数量的优良单株，分别脱粒和播种，每一个单株的后代形成一个系统（株系），通过试验鉴定，选优去劣，育成新品种。这样育成的品种，是由一个自然变异的单株发展成为一个系统而来的，故称为系统育种。群众俗称为一株传、一穗传、一粒传。

（一）自然变异现象和纯系学说

任何推广品种都具有特异性、一致性和相对的稳定性，能在一定时期内稳定遗传保持不变。但是，自然条件和栽培条件是不断变化的，具有相对稳定性的品种并不是永恒不变的，随着自然条件的改变或自然杂交、突变等原因，会不断出现新的类型，即自然变异。因此，品种遗传基础的稳定性是相对的，变异是绝对的。

这里涉及一个基本问题，即怎样认识品种的纯和杂。丹麦植物学家约翰逊提出的纯系学说把变异分为两类：一类是遗传变异，另一类是不遗传的变异（环境变异）。要区别这两类变异，必须通过后代鉴定，单株选择只是遗传变异才有效。他指出：在自花授粉作物群体品种中通过单株选择可以分离出许多纯系，即通过选择把它们的不同基因型从群体中分离出来。所谓纯系是指自花授粉作物一个纯合体自交产生的后代，即同一基因型组成的个体群（相当于前边的系统）；在纯系内继续选择是无效的，因为纯系内不同个体的基因型是相同的，它们出现的变异是环境因素影响的结果。

（二）自然变异的原因

产生自然变异的原因不外乎两个方面：内因和外因。内因主要是生物内部遗传物质的变化，遗传物质的变化可能有以下几个方面：一是自然异变，引起基因重组，出现新的性状。二是基因突变，在某些基因位点上发生一系列变异。三是染色体畸变，即染色体数目或结构上发生变异。四是一些新品种推广时，其遗传基础本来不纯而存在若干微小差异，在推广使用过程中，微小差异逐渐积累，发展为明显的变异。这些遗传物质的变异，都可引起性状发生变化。遗传基础物质的变异往往离不开外因（包括自然条件、栽培条件等）的影响。特别是引种驯化异地品种时，由于环境条件变化较大，品种的变异往往更加迅速和明显。由此可见，纯系只是相对存在的，没有绝对的纯系。由于自然异交、基因突变等产生基因重组以及环境条件引起的微小变异逐步发展成为显著变异等，都可以造成纯系不纯（系），从而为系统育种提供了广阔的舞台。

（三）系统育种的方法

系统育种是从选择优良单株开始，必须处理好以下几个问题：

1.选株对象

利用什么材料选株，是系统育种成败的关键。用作系统育种的原始群体（品种）应是当前生产上大面积推广应用的优良品种。这样的品种具有较多的优良性状，适应性强、产量较好，抗性较好；优中选优，最容易见效。而且大面积栽培的品种，由于种植在各种不同的生态条件下，会发生多种多样的变异，为系统育种提供了丰富的选择材料，容易选出更好的品种。没有发展前途的材料和即将被淘汰的品种不宜作为系统育种的对象。

2.选株标准

选株要根据品种的优缺点和育种目标进行，明确选择哪一种类型，确定哪些优良性状是保持和提高的，哪些不良性状是必须改良的。此外，那些不属于既定选择目标的优良变异株也是应该选择的，同时，还必须注意在综合性状优良的基础上重点克服品种存在的缺点。忽视综合性状只突出单一性状的选择，就不会选育出有推广价值的优良品种。

系统育种的选株标准与良种繁育中的选优提纯是两回事。系统育种是根据育种目标选择具有新变异的优良个体，改进现有品种的缺点，培育成新品种。良种繁育是从现有品种中选择该品种典型性状的优株，不符合该品种典型性要求的个体不能当选，这样选株的结果基本上是原品种的再现，而不是培育新品种。

3.选株条件

系统育种是优中选优,选株要在保持原有品种优良特点并且栽培条件较好的种子田、丰产田和生产大田中进行,这样才比较容易观察发生变异株。发生机械混杂的田块或栽培管理过差的田块,由于品种的优良性能不能表现出来,不宜作为选株的材料。但为改进品种的抗性如抗病性,在生病地区选株会提高选择效果。

4.选株数量

系统育种是建立在自然变异的基础上,可遗传变异的频率不是太高,出现优良变异的机会很小,为增加选得优良变异株的可能性,供选的群体应尽可能大,即在大群体中发现优良变异单株。至于选择多少优良单株才好,一般是发现有突出的优良变异单株,有几株选几株。如果为了改良品种的某些性状而这些性状的变异又不十分明显时,就需要选择较大量的植株,经过分系试验,选出最好的。选株的数量大,成功的可能性就大,性状改进的程度也会大。

自我国开始甘蓝型油菜育种以来,首先起步的育种研究都是由系统育种——单株选择开始的,即由生产上大面积推广的胜利油菜田块中,自然分离出不同成熟期的单株,按开花期的迟早选择株型良好、分枝较多、结角较密而角果较长且角果发育良好的优良单株,通过考种后精选优株,从优系繁殖和比较试验中精选优系,再经过 2 ~ 3 年产量比较试验后,育成定型的新品种。

(四)系统育种的程序

油菜系统育种——单株选择的育种程序是:第一年在原始群体(品种)中,通过单株选择后,当选植株的种子分单株种植(可保留部分种子)株行试验,一般一个株系种植 4 ~ 5 行区,约 100 个单株,通过田间系统观察和鉴定后,在田间观察过程中选拔优系,通过产量测定和考种分析后,进一步优中选优(一般选拔优系 1 / 10 ~ 2 / 10);与此同时,可在优系中再选优株即第二次单株选择。第二年将上年当选的株行种成株系圃,进一步进行田间观察、鉴定和室内考种分析,精选出特优系。特优系参加品比试验或直接参加区域试验。区域试验表现优良的品系可在区域同时开展生产试验,通过区域试验和生产试验后,申报品种审定,即可作为新品种推广应用。

二、杂交育种

油菜杂交育种是通过品种间杂交和种间杂交创造新变异而选育品种的方法,是目前国内外各种育种方法中应用最普遍、成效最大的方法。杂交育种的基本原理是杂交后代的基因重组,产生各种各样的变异类型,为育种提供了丰富的品种资源。

第一，基因重组综合双亲优良性状。由于基因重组，可以把不同亲本的优良基因集中到新品种中，使新品种比其亲本具有更多的优良性状。

第二，基因互作产生新的性状。有些性状的表现是不同的显性基因互相作用或互补的结果，通过基因重组，使分散在不同亲本的不同显性互补基因结合，产生不同于双亲的新的优良性状。

第三，基因累积产生超亲性状。数量遗传性状由于基因重组，将控制双亲相同性状的不同基因，在杂交后代中积累起来，形成超亲现象。

（一）亲本选配原则

亲本选配是杂交育种成败的关键，直接关系到杂交后代能不能出现好的变异类型和选出好的品种。选配亲本的一般原则是：

第一，亲本优点多，而且主要农艺性状突出，缺点少且容易克服，两亲本主要农艺性状的优缺点能互相弥补。研究证明，油菜的许多重要性状，如产量构成因素、品质、生育期等大都属于数量性状，杂交后代群体各性状大多介于双亲之间，与亲本平均值有较高的相关。因此，许多性状双亲的平均值大体上可决定杂交后代的表现趋势。如果亲本的优点较多则其后代性状表现的总趋势将会较好，出现优良类型的机会将增多。

第二，选用生态类型差异较大，亲缘关系较远的品种做亲本。育种实践表明，不同生态类型、不同地理起源和不同亲缘关系的品种，具有不同的遗传基础和优缺点，它们的杂交后代遗传基础将更为丰富，由于基因重组，会出现更多的变异类型甚至超亲的有利性状。同时，由于双亲是在不同生态条件下产生的，有利于选出适应好的新品种。但生态型、地理起源只是选配亲本一般的根据，主要还是看实质，其关键在于亲本是否具有育种目标所要求的性状并能较好地传递给后代。一般来说，利用外地不同生态类型的品种做亲本容易引起新种质，克服当地推广品种做亲本的某些缺点，增加成功的概率。但不能理解为生态型必须差异很大才能提高杂交育种的效果。

第三，选用一般配合力好的品种做亲本。一般配合力是指某一亲本品种与其他若干品种杂交后，杂交后代在某个性状上表现的平均值。用一般配合力好的品种做亲本，往往会得到好的后代，容易选出好的品种。一般配合力的好坏与品种本身性状的好坏有一定关系，即一个优良品种常常是好的亲本（配合力好），在其后代中能分离出优良类型。但也不是所有优良品种都是好的亲本，或好的亲本必定是优良品种。有时，本身表现并不突出的品种却是好的亲本，能育出优良品种，即这个亲本品种的配合力好。配合力的好坏要杂交以后才能测知。因此，选配亲本时，除注意品种本身的优缺点外，还应通过杂交积累资料，以便选出配合力好的品种做亲本。

第四，选用当地推广优良品种作为亲本之一。优良品种首先是对当地自然条件和栽培条件有很强的适应性，这在很大程度上取决于亲本本身的适应性。当地推广优良品种在本地有较长时间的栽培，对当地自然、栽培条件有一定的适应性，综合性状一般也较好，用作亲本之一，则杂交育种成功的希望较大。

品种间杂交属于近缘杂交，而种间、属间以上的杂交都属于远缘杂交。油菜杂交育种通常采用品种间杂交和种间杂交同步进行的方法，且甘蓝型油菜与白菜型油菜种间杂交不是一般远缘杂交的范畴，远缘杂交一般杂交不亲本性强，杂种不育性高；而甘白种间杂交表现杂交亲和性强，容易得到杂交种子。油菜杂交育种大量采用甘白杂交的原因是：①我国甘蓝型油菜品种资源早期极其贫乏，而白菜型油菜品种资源则极为丰富；②甘白杂交后代各性状遗传规律处理方式基本上同品种间杂交，仅 F2 代处理方式不同；③从作物育种史的长期实践中，农作物采用种间杂交育种的成果最多，最为显著的例子就是油菜的甘白种间杂交。

（二）杂交方式

影响杂交育种成效的另一种重要因素是杂交方式，就是在一个杂交组合里要用几个亲本以及各亲本杂交的先后次序。杂交方法根据育种目标和亲本特点确定，一般有以下几种：

1.单交

这是常用的一种杂交方式，就是两个亲本——一为母本一为父本成对杂交，用甲 × 乙表示。采用单交时，有哪个亲本做父母本的问题。育种实践表明，在不涉及细胞质控制的性状的情况下，谁做父母本差异不大，习惯上常以最适应当地条件的亲本做母本。单交只进行一次，简单易行，时间经济。当甲、乙两个亲本的优缺点能够互补，性状总体上符合育种目标时，应尽量使用单交方式。

2.复交

这种方式是选用两个以上的亲本进行杂交。一般先将一些亲本配成单交组合，再将这些组合相互杂交，或以这些组合与其他品种杂交。在进行第二次杂交时，可针对单交组合的缺点选择另一个组合或品种，使两者优缺点达到互补。

应用复交时，合理安排各亲本的组合方式以及在各次杂交中的先后次序，是很重要的问题。因此要全面权衡各亲本的优缺点、互补的可能性，以及各亲本的核遗传组成在杂交后代中所占的比重。一般遵循的原则是，综合性状好，适应性强并有一定丰产性的亲本放在最后一次杂交和占较大的比重，以增强杂种后代的优良性状。

3. 回交

两个品种杂交后，子一代再和双亲之一重复杂交，叫回交。回交是在杂交育种中试图将某些优良性状转移到优良品种中去逐步发展起来的一种行之有效的育种方式。特别是在抗病育种和品质育种中经常采用。

（三）杂交后代处理方法及其示例

杂交后代处理的方法很多，油菜杂交育种最常用的方法是系谱法。其主要特点是，自杂种的第一次分离世代（单交的F2、复交的F1）开始选株，分别种成株行，每个株行成为一个系统（株系）。以后各世代都在优良系统中继续选择优良单株，继续种成株行，直到选育成优良一致的株系（品系），做出产量比较试验。在选择过程中，各世代都予以编号以便查找株系历史与亲缘关系，故称系谱法。

第三节　杂种优势利用

两个遗传性不同的亲本杂交产生的杂种一代（F1）优于双亲的现象叫作杂种优势。杂种优势是生物界的普遍现象，从真菌类到高等动植物，无论是远缘杂交还是近缘杂交，无论是异花授粉作物还是自花授粉作物，都能观察到这种现象；同时杂种优势又是一种复杂的生物现象，并不是任何两个亲本杂交所产生的杂种，或杂种的所有性状，都比其亲本优越。油菜是杂种优势利用研究较早且涉及研究领域较为广泛的一个作物。

一、杂种优势测定

为了便于研究和利用杂种优势，需要对杂种优势大小进行测定。常用的测量方法如下。

平均优势法：杂种一代同双亲平均值比较，用百分数表示。

$$平均优势 = \frac{F_1 - 双亲平均值}{双亲平均值} \times 100$$

超亲优势法：杂种一代同较好的一个亲本比较。

$$超亲优势 = \frac{F_1 - 较好亲本}{较好亲本} \times 100$$

对照优势法：杂种一代同对照品种（生产上大面积推广应用品种）比较。

$$对照优势 = \frac{F_1 - 对照品种}{对照品种} \times 100$$

二、细胞核雄性不育杂种

细胞核雄性不育，在遗传上是由核内染色体上的基因所控制的雄性不育类型，因基因表达的形式不同而分为隐性核不育和显性核不育两种类型；又因控制这种雄性不育性的基因数量的不同，可分为单基因核不育，双基因核不育和多基因核不育等几种类型。

（一）单基因隐性核不育的育种利用途径

这类不育性的不育型与可育型杂交后，其后代的遗传方式完全符合孟德尔的遗传方式，F2 表现为 3：1 的分离比例，因此很难找到完全保持系。

（二）双基因隐性核不育的育种利用途径

从中国农业科学院油料作物研究所育成的低芥酸 81008 中发现天然雄性不育株，并育成 117A 不育系，遗传测试表明，117A 不育系是由双隐性重叠基因控制的，F2 代呈 15：1 的分离比例，其繁殖和制种的模式同单基因隐性核不育。1991 年育成低芥酸隐性核不育两系杂种——油研 5 号，此后又利用该不育系育成了双低两系杂种——油研 8 号。

三、细胞质雄性不育杂种

油菜细胞质雄性不育是指遗传上受细胞质和细胞核共同控制的不育类型（遗传学上又称为质核互作不育类型）。它细胞质中有一种控制雄性不育的遗传物质 S，其相对应的细胞质中具有正常的遗传物质 N。核内具有一对或几对影响雄性育性的基因，以一对基因为例，显性基因 $msms$ 能使雄性不育性恢复可育，称为恢复基因，其等位隐性基因 $msms$ 称为不育基因，异质基因型 $msms$ 也能使雄性不育性恢复可育，是杂种优势利用的遗传基础。

雄性不育系：是指雄蕊花药基本或完全败育，不能正常产生花粉或花粉粒空瘪缺乏生育能力的品系，简称不育系，其育性遗传组成为 S（$msms$）。它的雄蕊正常，能接受外系的花粉受精结实。

雄性不育保持系：用来给不育系授粉，保持不育系其不育特性的品系叫雄性不育保持系，简称保持。其育性遗传组成为 N（$msms$）。不育系和保持系一般是同时产生的，或者不育系是由保持系转育而来的。每个不育系都有其特定的同型保持系，利用其花粉进行繁殖，传宗接代。它们互为相似体，除雄性的育性上不同外，其他特性、特征几乎完全一样。

雄性不育恢复系：一些正常可育的品种（系）的花粉授粉不育系后，不但结实正常，而且其后代的不育特性消失了，具有正常散粉生育能力。也就是说，它恢复了不育系的雄性繁育能力，故称为雄性不育恢复系，简称恢复系。

（一）细胞质雄性不育系的选育

目前油菜细胞质雄性不育系主要有以下几种类型：①天然发现的雄性不育株，如波里马不育系等；②品种间杂种后代出现的雄性不育株，如陕2A不育系等；③远缘杂交后代中出现的雄性不育株；④通过细胞融合人工合成产生的雄性不育株。

天然产生的不育系，其来源可能是：原品种具有不育胞质（S），细胞核内是msms基因，即（msms），Ms基因自然突变为ms基因，产生S（msms），自交后出现S（msms）而表现雄性不育；或者S（msms）与具有（msms）核基因品种（系）天然杂交，产生S（msms），再自交出现S（msms）而表现不育。当然在品种长期栽培过程中或引种过程中，也有可能是原品种N（msms）的细胞质基因突变后产生S（msms）而表现不育。傅廷栋教授研究表明，波里马不育系的原始品种波里马的基因型为S（msms），是因为核基因突变而产生的雄性不育。

品种间杂交后代出现的雄性不育，其母本品种可能是S（msms），父本品种为N（msms）或N（msms）或S（msms），因此杂交后代出现S（msms），自交产生S（msms）而产生不育。

（二）保持系选育

1.测定筛选法

用大量现有的品种（系）测交，测交后代观察，选择F1能保持不育特性的对应单株，以后继续用原单株后代与不育系回交，直到不育性保持稳定和不育系形态特征、特性与保持单株后代基本一致，即育成一套不育系和保持系。

2.杂交筛选

如原有保持系存在品质不良等缺点，即可以原保持系为母本与其他优质高产品种杂交，杂交后代与不育系测交，从中筛选优质高产保持系。

3.人工合成选育保持系

在育种实践中，有时会遇到用大量品种（系）与不育系广泛测交，仍找不到理想保持不育系特性的保持系，此时，可以考虑人工合成选育保持系的方法，即用不育系和具有正常细胞质（N）的恢复系杂交，这种方法曾应用于洋葱保持系选育，又称"洋葱公式"。

（三）恢复系选育

1.测交筛选法

其做法与保持系选育一样，广泛用大量现有品种（系）与不育系测交，其 F1 能将不育系恢复可育的父本单株，即为恢复系。

2.杂交选择法

恢复系的杂交选择法与保持系杂交选择法的原理、方法是一样的，只是保持系杂交转育时，一般利用原理保持系做母本，以利用原保持系的可育细胞质，恢复系杂交选择法，原恢复系既可做母本，也可做父本。

3.回交转育法

用非优质的杂种 F1 ［基因型为 S（m sm s）］为母本，以优质高产品种为父本杂交。在杂交后代中，选可育株去雄与父本品系回交，经过连续回交 3～4 代，然后自交 1～2 代，即可育成纯合恢复系。

第八章 油菜优质高效栽培技术

第一节 油菜轻简化栽培技术

油菜轻简化栽培技术是相对于传统的栽培技术来说，采用作业工序简单、劳资投入较少的省时、省力、节本、优质、高效的栽培技术。

轻简化栽培并不是粗放式栽培。推广油菜轻简化栽培技术，有利于减轻劳动强度，降低生产成本，抢时播栽，不误农时，减少水土流失和冬季撂荒，对于促进劳动力转移、发展农村经济具有重要意义。

随着农村劳力的转移，油菜轻型简化栽培技术备受农民欢迎。

从大的范围来说，油菜轻简化栽培的主要内容包括：机械化或半机械化栽培技术；利用植物生长调节剂、除草剂等诱导和调节油菜生长发育技术；一年多熟制栽培、免耕少耕栽培及套播套栽、缓释肥、菌肥、微肥施用等高效栽培技术；土壤、病虫、矿物质营养代谢等快速准确地诊断与防治技术；节肥增效、秆壳综合利用及还田等节约资源和保护环境栽培技术等。

目前油菜生产上以免耕（又称板田、板茬）播种与移栽，机械化整地直播及机械化收获等技术成为各地推广的重点。

一、直播油菜配套栽培技术

以直播加化学除草为主体的油菜现代农艺栽培技术，解决了近年来所采用育苗移栽油菜费工、费时，劳动强度大的问题，为油菜生产省工、省力、节本栽培开辟了一条有效途径。

在20世纪八九十年代，由于直播油菜在播期偏迟，耕作粗放的条件下，发苗不足，弱苗有余，抗旱排涝环境条件较差，产量不易保证等而被育苗移栽技术所替代。现在通过改进栽培措施，采用配套技术，直播油菜在一定范围内也能充分利用群体生长优势，争取每亩有足够的有效角果数，从而取得理想的产量。湖北武穴的试验结果表明亩产甚至可以达到 200 千克以上。直播油菜应注意采用的技术如下：

（一）精细整地，做好播前准备

在水稻产区特别是双季稻产区以及部分棉花产区，直播油菜时间不多，季节紧迫，应抓紧抢时抢墒整地，尽量精耕细作，要达到田平草净，上虚下实，墒情适度，才能做到一次播种一次全苗。如果使用手扶拖拉机开沟，厢宽按 2 ～ 2.5 米设置；如果使用畜犁开设厢沟，一般 2.5 ～ 3 米，高田宜宽，冲田低畦田宜窄，厢沟深 20㎝，腰沟深 25㎝，围沟深 30 ～ 40㎝。保持三沟相通和厢面平整。开沟机开沟可保证厢面均匀覆盖一层碎土，起到保墒、保肥、保全苗的作用。没有开沟机用畜犁开设厢沟，可在开完沟后，向厢面散盖一层稻草，以起到保墒、压肥、稳苗的作用。

播种前如果土壤干燥，要沟灌一次跑马水，待畦面土壤湿润后，排干水马上播种。农民习惯以"田土不陷脚"为适宜直播油菜的标准。若田间墒情好，可随时施肥耕耙、整好沟厢后撒种，然后轻直耙一遍即可，不要多耙深耙。若田间墒情差，千万不要勉强播种。可施肥整地后，将沟厢收好，打上封闭除草药待播，等下雨时冒雨播种。

（二）掌握适宜播种期

中油杂 6 号、湘油杂 3 号、湘油杂 5 号等"双低"杂交油菜，宜在 9 月 25 日以前播种。双季晚稻田油菜可选用湘油 15 号等耐迟播品种，在 10 月 20—25 日播种，一般不超过 10 月底完成播种；如浙双 72 是株型紧凑、茎秆粗壮硬实，播期弹性大，适宜密植的耐迟播半冬性品种，在 10 月中旬至 11 月上旬播种仍然可行。

（三）提高播种质量，争取一播全苗

油菜直播栽培成败的关键是保证足苗、匀苗和壮苗。无论是撒播、条播、穴播，均可以亩用 0.15 ～ 0.3 千克种子＋干细土 20 千克＋"五增"牌油菜专用硼肥 (基肥型) 500 克，拌匀后分厢过秤直播；或播时用 1.5 千克细沙或炒熟的商品油菜籽拌匀播种，确保油菜出苗均匀。有套播油菜经验的农户，套播油菜以晚稻收割前五天播种为好，每亩用种量 0.25 ～ 0.3 千克，不同播种时间播种量应加以调整。一般 9 月播种温度较高，如水分不足不易出苗，或易遭鸟害，播量宜在 0.3 千克左右。10 月 15 日前播种每亩用种量 0.2 千克，10 月 15 日以后播种每亩用种量 0.25 千克。

播后亩用火土灰、土杂肥 500 千克盖籽或用 100 千克稻草覆盖，以利保温保湿促全苗。若遇天气长期干旱，应进行沟灌抗旱促出苗，但严禁畦面漫灌。

（四）合理密植

9 月下旬播种的，每亩定苗 1.5 万～ 1.8 万株，10 月上旬播种的，每亩定苗 1.8 万～ 2.0 万株，10 月下旬播种可增加到 3.0 万～ 4.0 万株。三叶一心期根据出苗情况进行间苗，疏密留稀，去弱留强，并采用多效唑化学调控，5叶期定苗。定苗数量根据地力确定合理留苗密度，肥田宜少，瘦田宜多；定苗原则是去病留健，去弱留壮。

（五）科学施肥，促进冬壮春发

每亩底肥可施腐熟土杂肥1500～2000千克，或高含量的三元复合肥30千克左右，切忌偏施氮肥。同时，配施高含量的持力硼0.2～0.25千克，或硼砂0.5千克。基肥一般在开沟前施下，亩施腐熟有机肥1000千克，尿素10千克，钙镁磷肥25千克，氯化钾7.5千克。苗肥在2～3片真叶和5～6片真叶时分次施用，亩施尿素5～7.5千克。12月下旬看苗酌量施用腊肥（如基肥没施有机肥的田块，亩施厩肥750千克做腊肥）。薹肥一般要适当重施，每亩用尿素7.5千克左右，薹高2～3寸时施用。为防止"花而不实"应重视施用硼肥，在蕾薹期每亩施用高效速溶硼肥100克加水30千克均匀喷施（西部山区要求苗期和蕾薹期各施一次）。

（六）病虫草害防治

直播油菜草害严重，又很难进行中耕除草，因此，必须选用对口的化学除草剂进行播前、播后化学除草，控制草害。播种前每亩大田用10%草甘膦500毫升加水50千克喷雾；播种后杂草3叶期亩用15%精稳杀得50毫升或5%精禾草克50毫升或10.8%高效盖草能30毫升加水40千克喷雾。草多的田块在2月10日前后要进行第二次化学除草。苗期蚜虫防治可用10%蚜虱净每亩15克加水40千克喷雾。开春后抓好蚜虫及菌核病的防治工作，结合清沟培土1～2次，防止油菜倒伏。

二、油菜免耕栽培技术

油菜免耕栽培是指在前茬作物收获前后，不经过耕翻整地，板田直接播种或移栽油菜的种植方式。这种技术具有保持土壤结构、保证适时播栽、提高播栽质量、省工节本等诸多优越性。

我国长江流域油菜的播种移栽时间往往与水稻、棉花茬口发生矛盾，同时常出现的"夹秋旱"、阴雨连绵的天气，以及由于冷浸田、土壤黏重，翻耕地困难而延误油菜播栽期，采取免耕栽培方式，可有效解决季节矛盾及湿害等问题。

（一）免耕栽培的主要类型及特点

1.稻田免耕直播或移栽

应在水稻勾头散籽时适度晒田，在水稻收割前5～7天开沟滤水，保持土壤湿润。收割后立即开好三沟，做到深沟高畦。将沟土打碎均匀撒于畦面，以利畦面平整。若遇多雨天气，要先人工开几条竖沟排出积水，待天气转晴后再补开墒沟。收割水稻后趁田土潮湿播种，防止割放稻而造成田土过干，影响出苗或成活。直播油菜应争取在9月底至10月底尽量早播。免耕移栽的油菜应确保选用5～6叶矮脚壮苗，于10月下旬和11月上旬移栽。秋发油菜在10月20日前移栽。力争水稻收后土壤湿度70%左右移栽，避免烂田移栽。

2.稻田免耕套播

一般掌握稻油共生期5～7天；种子进行物化处理，共生期可延长至10～15天，但最好为7～10天。应选择早熟晚稻茬口，注意播前起好围沟。最佳播期在10月20—25日，最迟在10月30日前播种。应避免油菜苗在荫蔽条件下生长时间过长，形成高脚苗；播前用微波或调节剂处理种子，有利于避免共生期间菜苗下胚轴伸长伏地进而严重影响成苗的问题。掌握适墒播种，尽早开排水沟，加深围沟。腾茬后开沟前及时施用壮苗肥。

3.免耕稻草覆盖直（撒）播

稻草覆盖免耕直播是在稻桩上覆盖稻草后播种油菜的方式。这种方法不仅保土保水保温，抑制杂草生长，还可避免焚烧稻草的空气污染。稻草腐烂后所形成的腐殖质大于一般农户习惯用量的农家肥。

收获水稻时尽量低留稻桩。每公顷施用油菜专用复合肥40～50千克做底肥后，再用4500千克左右的干稻草均匀覆盖，草过厚会造成油菜出苗困难，过少不能有效抑制田间杂草。一般在9月15日—10月15日播种，每公顷用2.25～3.0千克种子与细沙混合全田均匀播种。

4.棉田免耕套播或套栽

选择早茬棉田。播栽前应清除杂草，清理三沟。让茬迟的棉田可推株并垄，在宽行中套播或套栽油菜。棉田地下害虫较多，播种前要防地老虎等害虫。据试验，套播适宜播种期为10月初，适宜套栽期为10月中旬。棉田实行满播满栽，不预留行可减轻倒伏。

（二）免耕栽培技术要点

免耕直（套）播油菜表现生育期伸缩性大，成熟期相对稳定；株体小，靠多株多角高产。因此应选用早熟耐迟播、种子发芽势强，春发抗倒、株高适中、株型紧凑、直立、抗病性好的双低油菜新品种。在管理上应注意以下几个方面的问题：

1.保证播种移栽质量，合理密植

免耕直（套）播一般播量为7.5～9.0千克／公顷。每千克种子用15%多效唑1.5克拌种有利于防止高脚苗。播种方式可采用板田开沟条播、撒播，或挖穴点播、移栽。

一般采用宽行 47cm、窄行 33cm 的宽窄行方式种植。直（套）播应结合中耕追肥及早间、定苗。1¯2 叶期匀苗，4¯5 叶期定苗，留苗密度每亩 22.5 万～45.0 万株，随播期推迟留苗密度应相应增大。

2. 及时中耕培土

免耕油菜地没有进行耕翻，土壤板结，必须在苗期深中耕 2～3 次，结合进行培土壅根，疏松土壤，促进根系下扎，以防后期倒伏。第一次 11 月进行浅中耕，中耕深度 3～5cm，在地面沟泥干爽后及时碎土培根；第二次在 12 月中耕 5～10cm，在行间铺盖麦稻草后，用沟土盖住；第三次是早春浅耕，起到松土升温通气、控制杂草、促进根系发育的作用，但应防止伤根。

3. 及时化学除草

免耕田杂草多，尤其是套播、套栽油菜地。在播种或移栽前 3～5 天，每公顷用 50% 扑草净 1500 克加 12.5% 盖草能 450～750 毫升，对水 750～900 千克土壤表面喷雾。前茬收获立即播种的田块，如果以禾本科杂草为主，每公顷用 10.8% 高效盖草能乳油 300～450 毫升对水 750 千克，于杂草 3¯5 叶期喷雾；以阔叶杂草为主的，每公顷用高特克 375～450 毫升对水 750 千克，于油菜 6¯8 叶期喷雾；禾本科杂草、阔叶杂草混生的每公顷可用 17.5% 快刀乳油 1.5～2.1 升对水 600 千克，于杂草 2¯4 叶期喷雾。

4. 科学施用肥料

免耕油菜以氮肥全程平衡施用比基肥一次使用要好，应注意增施磷钾肥。免耕油菜一般底肥少，追肥又大多施于表土，在油菜生长后期容易出现早衰现象，因此要增施腊肥，追施薹肥，后期看苗补施花肥。

5. 防旱防渍防治病虫害

稻田免耕栽培最关键的问题是避免渍害，因此要坚持做好雨前理墒，雨后清沟，防涝防渍工作。若遇秋、冬干旱，一般灌溉 1～2 次。直播油菜比育苗移栽的密度大，一般在抽薹盛期做好打黄叶、脚叶工作，以利通风透光，减轻病虫害。苗期重点防治蚜虫、菜青虫，花期重点防治菌核病。

三、油菜机械化生产技术

油菜生产全程机械化的重点是机械播种和机械收获两个主要环节。发展油菜生产机械化，既有利于减轻劳动强度，提高生产效率，降低生产成本，又能提高籽粒清洁度，使秸秆粉碎还田，从而减少了秸秆焚烧带来的环境污染，加快了油菜的区域化、规范化种植的步伐。

（一）机械直播

播种速度快，效率高，省工节本，尤其适合规模经营，机械播种还可以实现播种开沟同步进行，有利于提高出苗率。南方油菜机械直播是近几年来发展起来的一项省工节本的高产高效栽培技术。目前我国冬油菜播种机大多采用稻麦条播机，改换排种器，调整行距后播种油菜。

1.品种选用

宜选用生育期较短、发苗快、长势旺的品种，冬发与春发性好，如扬油 4 号、绵油Ⅱ号、浙双 6 号。

2.适期播种

选择单季晚稻成熟期较早的、集中连片面积相对较大、辐射面广的田块。油菜籽播种时间一般选择在单季晚稻收割之后就开始播种，也就是在 10 月 25 日—11 月 15 日，最迟不要超过 11 月 20 日，做到宜早不宜晚。播种期宜在 9 月 25 日—10 月 25 日，提倡适期早播，以提高产量。

3.播种方式

水稻收获后趁墒播种，墒情不足的，灌跑马水造墒。每亩播种量 0.15～0.2 千克，用油菜专用肥或三元复合肥与种子混合均匀。机条播油菜应先开厢后播种，机械或人工开沟，畦宽 2.4～3.6 米，每畦播 6～9 行。宜采用宽行条播，平均行距 40～50㎝，有利于提高中后期田间通风透光的能力，便于病虫草防治等田间操作。种肥用量 12～14 千克／亩，种肥选用吸湿性较差的进口复合肥，筛去 3㎝ 以上的肥料粗颗粒，防止堵住排种口引起断垄。最好选用包衣种子，不仅有利于壮苗，还增加了待播种子颗粒尺寸和重量，便于播量的调整和控制，实现播种均匀一致，减少间苗匀苗工作。播深约 0.5㎝。

播量的调整：在播前先进行各行排量均匀性和行距的调整，然后进行播量调整。为方便调整，复式油菜播种机可通过一定的辅助措施，来达到农艺要求的播种量（0.4～0.6 千克／亩）。方法一：调整时，先将各排种器的排种舌开度调到最小，再按每亩 0.4～0.6 千克／亩油菜种子、1.5 千克尿素、3.5 千克碳铵、1／4 瓶 3911 降水剂的比例混合调均。此时的播量为前三者之总和，即 5.4～5.6 千克／亩，其调整方法可按不同类型播种机的调整进行。方法二：按农艺要求将经过丸粒化处理或掺入炒熟的油菜籽或沙子的油菜种子均匀成条地播入土壤里。单式油菜直播机可通过链条传动比的不同来调整播量。

播种时，在保证农艺要求的播量、播深和行距的前提下，要根据地块大小和形状选择最佳的行走路线和播种方法。在前进过程中不能随意停机，播种机未提升起来时，不能倒退。同时，在播种过程中，机具转弯不宜过急。复式机作业速度不宜过快，一般以地轮 30 转／5 分的速度为宜。

4～5 叶期定苗，9 月底播种的每亩留苗 1.5 万～20 万株，10 月 15 日左右播种的每亩留苗 2.5 万～3 万株。

4.管理技术

机械播种油菜应重施基苗肥，一般 600 千克／公顷施用高浓度复合肥（15-15-15）和 150 千克尿素，以保证油菜冬前早发快长。播前应用 0.3% 多效唑拌种，并调节田土软硬适中，不陷脚，不积水。出苗后定期清理疏通沟系，并开挖配套好排水沟和出水沟。及时补种或移苗补缺。

机播油菜杂草基数较高，草害往往较重，应在油菜播后 30 天左右，杂草基本出齐时及早喷施化学除草剂。早播田块和旺长田块应在 11 月底至 12 月初亩用 30～50 克多效唑化控。机条播油菜群体大，田间较荫蔽，湿度大，病虫害也较移栽油菜重，尤其是蚜虫和菌核病，应及早用药防治。

（二）油菜机械化收获技术

机械收获油菜可节省用工，降低劳动强度，生产效率是人工收获的 40 倍以上，损失率可比人工收获降低 50% 左右。我国油菜收获机械化技术还处于试验示范阶段。目前主要采用两种机械收获方式。

一是分段收获。先由人工或割晒机切割铺放，割茬 25～30㎝，厚度 8～10㎝。经 5～7 天晾晒后，籽粒含水量下降到 14% 以下时，再用联合收割机拣拾、输送、脱粒、秸秆还田。这种方式收获期较长，机械作业成本高，但能提高油菜品质，降低水分，增加产量。

二是联合收获。这种机具工效高，作业成本低，可避开阴雨灾害，油菜适当晚收有利于田间后熟。我国目前主要利用稻麦联合收割机改进和调整后进行油菜收获、秸秆还田作业，如湖州 -200Y、上海向明 200、浙江三联 180、南通五山 2000 型等稻、麦、油兼用型全喂入履带自走式联合收割机。我国目前还没有定型的油菜联合收割机械，但近年来江苏沃得 4LYZ-2 型轮式全喂入油菜联合收割机、4LYZ-2.0 型履带式全喂入油菜联合收割机取得较大的突破，每小时能收获和脱粒油菜 3～5 亩。4LYZ-2 型轮式油菜联合收割机，适合大田块作业，生产效率高，远距离转移比较方便，但如果碰上含水率较高的田块，通过性差一些，且机型大，价格较高。4LYZ-2.0 型履带式油菜联合收割机田间通过性能较好，湿烂田块、大小田块都适应，生产效率也比较高，清选筛面积大，油菜收获质量更好一些，价格适中，但是远距离转移需要车辆运输。

油菜植株高大分枝多，上下植株角果成熟度不一致，分枝相互交错，是机械收获作业的难点。因此在栽培管理上应注意以下几点：

1.品种选择

机收油菜宜选用产量高、抗性强、株高160cm左右、分枝少或不分枝、分枝部位高、分枝角度小、花期与角果层集中、成熟期较一致、茎秆坚硬抗倒、角果不易炸裂的品种种植，如秦优7号、皖油24、绵油11等品种为宜。

2.适当密植

采用直播方式，适当增加密度。直播油菜可获得紧凑型株体，相邻两行间分枝交错重叠状况有所改善，比移栽油菜更利于机械化收获。密度控制在3万～5万株／亩，在适当迟播的条件下有利于增加产量，同时减少单株分枝数，主茎较细，可减少机收的分禾难度。若田间密度不大，分枝多，主茎较粗，收割机前进阻力大，则不宜采用分段收获。可选择一次完成收获脱粒的联合收割机。

3.调节成熟期

采用植物生长调节剂进行化控、化调，使一块田的油菜同时成熟，减少收获损失。如在油菜种子蜡熟期喷施乙烯利等催熟剂，可使油菜达到一次收获目的。

4.适时收获

过早收获，青荚不易脱净，籽粒含水量高，品质差，不易储运；过晚收获则角果炸裂，籽粒脱落，损失严重。割晒适期为全田叶片基本落光，植株主花序70%以上变黄，主花序中下部角果籽粒呈本品种固有颜色，分枝角果80%开始褪绿，主花序角果籽粒含水量为35%左右，为最佳割晒期。割晒适期为7天左右，要集中力量昼夜突击。割茬高度30～40cm，以不丢角果为宜，铺放厚度25～35cm，宽度1.5米左右。晾晒7～10天，籽粒水分降至13%以下，即可拾禾收获。拾禾时间避开中午高温干燥天气，在早晚空气湿度大时进行拾禾。联合收获的时间要比割晒稍晚一些进行，一般要求90%以上果角呈黄色、80%以上籽粒颜色变黑时方可收获，以免收获时损失和菜籽品质下降。要求成熟一块收割一块，对成熟度较高的地块，应选择早晨和傍晚进行收割，以减少损失。秸秆随时粉碎还田。通过改进机械结构，控制收获损失率在8%以内。

其他管理参照免耕直播开沟栽培技术。

四、油菜免耕移栽机开沟配套技术

（一）清沟排渍，机械化开厢沟

要求水稻散籽后及时排水晒田。9月底至10月初，将收割后的稻田留稻桩

15～25cm，采用配套的机械开厢沟，标准为沟宽25cm，沟深20cm，厢宽1.8米。

（二）及早育苗

油菜的壮苗秧龄40天左右，达到6片真叶以上时移栽，应根据前茬作物的收获期，确定育苗播种期，一般在9月15日前后播种。

（三）适时移栽

一般宽行47cm，窄行33cm，穴深4～5cm，穴距随密度而定，一般按每亩8000～12000株的密度移栽为宜，移栽时菜苗靠近穴壁，做到苗正根直，用氮、磷、钾、硼化肥和有机肥配合做压根肥，并及时浇定根水。或整块田栽完后畦沟洇墒，有利于油菜早活棵，早发苗。如果遇到连阴雨天气，要突击板田开沟，及时排出地表水，当板田墒情达到移栽要求时立即抢栽油菜。一旦出现苗等田现象形成了高脚苗，移栽时应将高脚部分深埋土中，有利于防冻害防倒伏。如果板田油菜移栽时遇旱，可在板田上灌一次跑马水，让田面湿润，适时进行移栽。

（四）中耕、施肥、除草

油菜成活后，及早施用氮、磷、钾三元复合肥，每亩30～40千克，有机肥每亩3000千克，或者在开沟前做底肥撒施在厢面上，机械开沟时，将沟土抛撒在厢面上，掩埋好肥料。免耕油菜中耕除草要早，中耕要先浅后深，一般中耕2～3次，消灭杂草，疏松土壤，促进根系生长。

（五）早管促早发，培土防倒伏

在施肥上，一是栽后及时浇施定根清粪水；二是返青成活后早施提苗肥；三是重施开盘肥；四是看苗酌施蕾薹肥。在全田油菜封行前，结合追肥进行培土防止后期倒伏。培土要逐渐加厚，即活棵后第一次要浅，以后逐渐加厚到5～6cm，促根系下扎，以防除杂草和后期倒伏。

（六）注意事项

免耕机械化开厢沟，厢面宽最适为1.2～1.5米，太宽不便于起沟土掩盖肥料，太窄造成覆土厚度过大，不利于油菜生长。重视抓好田间化学除草和越冬前中耕、追肥管理，注意防止油菜后期早衰和倒伏。

第二节　油菜优良品种的选用

一、品种选择应考虑的因素

在市场上流通的油菜品种种类繁多，各品种的生长发育特点均不相同，而且一个作物品种均有一定的适应性，在其他地区表现好的品种在本地区则不一定同样表现好。因此，要认真选择适宜当地的品种进行种植。注意选择品种时应综合考虑不同因素，包括市场、产量、气候、病虫害发生规律以及收获方式等。

(一) 产量

某品种的产量越高，则农户就有可能获得更高的经济效益。但不同油菜品种在相同地区和栽培管理条件下，其产量高低有所不同；相同品种在不同的地区或栽培管理条件下，其产量高低也有所不同。往往温度、光照、水分、土壤等环境条件以及播种时间、种植密度、肥力、病虫草害等栽培因素比品种本身的遗传差距更能影响品种的产量。因此，在选择品种时应选择那些能适应当地栽培特点且多年产量表现稳定的品种。

(二) 农业气候区

农业气候在不同地区间存在差异，相同油菜品种在不同地区的产量表现并不相同。某一品种有其最适宜的农业气候区。农户应根据品种介绍选择品种，保证所选品种要适合当地的生长气候条件、栽培管理措施及耕作制度。

(三) 霜冻或干旱等的影响

冬季和春季霜冻及干旱均会对油菜造成伤害。因此在霜冻或干旱等自然灾害发生较重的地区应选择抗冻或抗旱性强的品种进行种植，从而可在一定程度上减少或避免灾害的影响。

(四) 倒伏

在一般条件下，油菜植株高度为 75 ～ 175 cm。在灌溉区、降雨期和较冷地区，油菜植株容易长得更高，同时也增加倒伏的危险。在这种条件下，应当考虑所选择的品种具有较高的抗倒性。

(五) 耕作制度

油菜具有很好的轮作性，它可以提高土壤肥力、改善土壤结构以及控制病虫草的危害，且合理轮作也是防治油菜菌核病、霜霉病、白锈病、猝倒病的主要措施之一。但进行轮作时，要考虑所选油菜品种在本地区的成熟期，否则将会影响下一季作物的种植。

（六）病虫危害

在病虫害大量发生的地区或年份，或根据本地区的主要病虫害，因地制宜选用抗病虫良种，这是最经济有效的防治措施。

选用本地区适宜的油菜品种要综合考虑以上因素，这也使农户在选择品种时往往比较困难。因此，农户可以选用当地农业局公告的主导品种，或选择自己周围农户种过的好品种。当然，农户自己也可以对新品种进行少量试验种植，来年再做选择。

二、购买油菜种子应注意的问题

购买油菜种子应注意以下细节：

1.正确看待广告宣传，且高价位的品种不等于就可获得高效益。

2.到当地正规的种子销售部门购买并索要购种发票，否则造成损失将得不到赔偿。

3.注意检查包装上所标示的内容。如是否有某地区审定通过的文号或同意引种批文、生产时间、产地、质量指标、生产商、经销商等，生产、经营许可证编号和联系地址、电话。

第三节　油菜优质高产栽培技术规程

一、油菜优质高产育苗技术规程

（一）适用范围

双低杂交油菜和双低常规油菜的高产栽培，适合于长江流域油菜主产省的二熟制和三熟制地区应用。

（二）产品目标

产量目标：每亩产量 125 ～ 175 千克。

品质目标：芥酸≤ 5%，硫苷≤ 40 微摩尔／克（饼）。

（三）育苗

苗床条件：土质松软肥沃，排灌方便，地势平坦。选择两年以上未种过油菜及十字花科作物的旱地做苗床。

苗床面积：苗床与大田按 1 ： 5 备足。

苗床耕整与投肥：播种前一周内耕整 2 ～ 3 次。结合耕整每亩除施腐熟有机肥 100 千克外，另施纯氮 1.3 ～ 2.6 千克、五氧化二磷 4 千克、硼砂 0.5 千克。

播种期：在湖北武汉地区一般为 9 月 10-15 日。

播种量：亩播 0.4 ～ 0.5 千克，均匀撒播，并薄盖一层细土。

间苗：出苗后一叶一心时间苗，疏理窝堆苗、拥挤苗。

定苗：三叶一心时定苗，拔除杂草、异生苗、弱苗，每平方米均匀留苗 70 ～ 80 株。

喷施多效唑或烯效唑：3 叶期视苗情叶面喷施 150mg ／ kg 多效唑或 40mg ／ kg 烯效唑培育矮壮苗。

看苗施送嫁肥：于移栽前一周，每亩追施纯氮 1.3 千克。

苗龄：苗龄 35 ～ 40 天。

(四) 移栽

1.移栽苗素质目标 (壮苗标准)

苗高 16 ～ 18cm，绿叶 6 ～ 7 片，根颈粗 0.5 ～ 0.6cm，直观青绿色，无高脚，叶片厚，叶柄短。

2.大田准备

(1) 大田肥料使用和运筹

①肥料运筹

按重施底肥、增施磷钾肥、必施硼肥的原则，氮肥按底 5 苗 3 薹 2 的比例合理运筹，磷钾硼肥一次底施。

②配方施肥

按氮、磷、钾 1 ： 0.64 ： 0.8 的比例配方施肥，每亩施纯氮 12.5 ～ 17.5 千克、五氧化二磷 8 ～ 11.2 千克、氧化钾 10 ～ 14 千克、硼砂 0.75 ～ 1.0 千克。

(2) 大田耕整

大田耕整 2 ～ 3 次，结合耕整施足底肥，田内开好三沟 (厢沟、围沟、腰沟)，做到明水能排，暗水能滤。

3.移栽期

要求 10 月底以前移栽完。

4.移栽密度

秋发栽培，每亩栽植 7000 ～ 8000 株；冬发栽培，每亩栽植 9000 ～ 10000 株。

5.连片种植

集中连片，不栽植其他异品种，确保品质优良。去除田间其他品种油菜及十字花科作物自生苗。

6.移栽措施

尽量带土移栽，并浇定根水。

（五）苗期管理

追施苗肥：成活返青后，每亩追施纯氮 1.5 千克提苗，15 天后再浇水穴施或雨前撒施纯氮 2.3 千克促苗。

松土、除草：冬前中耕除草 1 ～ 2 次。

防治虫害：优质油菜苗期生长快，叶片嫩绿，易遭虫害，要注重蚜虫和菜青虫的防治。

（六）越冬期管理

松土壅蔸，增施腊肥：越冬期进行一次松土壅蔸，并覆盖草木灰或猪牛栏粪，提高抗寒能力。

早施薹肥：越冬期（1 月下旬）追施薹肥，冬施春用，每亩施纯氮 2.7 千克。

越冬苗目标：秋发目标，单株绿叶数 12 ～ 13 片，叶面积指数 2.5 ～ 3.0；冬发目标，单株绿叶数 9 ～ 11 片，叶面积指数 1.5 ～ 2.0。

（七）薹花期管理

清沟排渍：春后雨水较多，要保持三沟畅通，明水能排，暗水能滤。

防治菌核病：初花期用 40% 的菌核净可湿性粉剂亩施用量 100 克对水 40 千克喷施，盛花期再防一次。有条件的地方结合防病，加喷施一次 1‰ ～ 2‰磷酸二氢钾和 3‰硼砂水溶液。

薹花期长势长相：生长稳健，分枝多，开花旺，无病害，不早衰。

叶面积指数：秋发 3.5 ～ 4.0；冬发 2.5 ～ 3.0。

（八）成熟收获

收获时期：终花后 30 天左右，当全株 2／3 角果呈黄绿色，主轴基部角果呈枇杷色，种皮呈黑褐色时，为适宜收获期，即"八成熟，十成收"。

堆垛后熟：由于菜籽有后熟作用，收获后要堆垛后熟。堆垛后要注意防水防霉变。

摊晒脱粒：堆垛 2 ～ 3 天，抢晴天撤垛摊晒、脱粒，晒干扬净后及时入库。种子含水量应在 9% ～ 10% 以下入库。

防止混杂：双低油菜单收，单脱，单摊晒，单独贮藏。

二、油菜高产直播栽培技术规程

（一）适用范围

双低杂交油菜和双低常规油菜的高产栽培，适合于长江流域油菜主产省的二熟制和三熟制地区应用。

（二）产品目标

1.产量目标

每亩产量 125 ～ 175 千克。

（1）生育指标：越冬指标（小寒节）达绿叶数 5 ～ 6 张，叶面积 180 ～ 200 cm^2，根颈粗 0.45 cm。春发指标（惊蛰节）达绿叶数 9 ～ 10 张，叶面积 550 cm^2 左右，根颈粗 0.9 cm 左右。

（2）产量结构：每亩密度 3 万株左右，单株有效角果数 80 ～ 100 个，每角粒数 14.5 粒以上，千粒重约 4.0 克，理论产量 145 千克左右，最后实产 130 千克以上。

2.品质目标

芥酸 ≤ 5%，硫苷 ≤ 40 微摩尔／克（饼）。

（三）播前准备

1.田块准备

（1）田块选择

选择土壤肥力较好，灌、排水便利的田块。前茬水稻品种以早熟晚粳或中粳类，旱田表面平整无杂草最好。

（2）土壤耕整

及时翻耕整地：前作收获后及时翻耕晒田及耙平耙细，大田宜耕整 2 ～ 3 次，达到疏松平整细碎。机械直播可在抢收前茬后用复式耕种机浅耕、开沟、施肥、播种一次完成。

施肥作厢开沟：结合耕整施足底肥，田内开好三沟（厢沟、围沟、腰沟），做到明水能排，暗水能滤。畦宽 2.4 米，每畦 6 行，机械开沟 20cm 宽。土壤含水率控制在 20%～30%。

稻田准备与耕整：稻田后期水浆管理应兼顾稻、油两利，保持土表干干湿湿。如遇雨水过多，要及时开沟降湿。收割水稻时留茬高度不超过 10cm，并清除田内的稻草，削高垫低，整平田表。如采用套播，晚稻田要求后期保持田土潮湿、软硬适中，以"田土不陷脚"为适宜套播的标准，在晚稻收割前 4 天播种。

2. 种子准备

选用良种：选用"双低"、高产、高抗（抗寒、抗倒、抗菌核病）的优良品种。杂交油菜种子的净度不低于 97%，发芽率不低于 80%；常规油菜种子的净度不低于 98%，发芽率不低于 90%。

考虑机械种植需要：机械播种与收割可选出苗快、个体小、分枝少、耐迟播的品种。

3. 种肥准备

机械半精量播种，拌种肥料选用吸收性较差的复合肥。要用格筛筛除直径 3mm 以上的粗颗粒（一般家用米筛即可）。

（四）播种

1. 播种方式

条直播，每畦条播 4～5 行，行距平均在 30～40cm。

2. 播种时间

9 月 15 日—10 月 20 日，一般不超过 10 月下旬。以 10 月底至 11 月初齐苗，冬前有 50 天以上的生长期为宜。

3. 播种量

亩播量为 0.3～0.5 千克。

4. 播撒均匀

均匀播种于种沟内，可将种子按 1：10 比例与细沙土或炒熟的商品菜籽拌匀后播种。播后及时灌水，遇天气干旱，及时沟灌抗旱促出苗，严禁畦面漫灌，防断垄缺苗，争一播全苗。

（五）壮苗及除草

按播种期确定合理密度：9 月中下旬播种，每亩密度掌握 1.5 万～2 万株；10 月播种在 2 万～3 万株；若 10 月底播种，可增加到 3.5 万～4 万株。

间苗：三叶一心期根据出苗情况进行间苗，疏密留稀，去弱留强。

定苗：5 叶期按密度定苗。

调控壮苗：3 叶期视苗情叶面喷施 150mg ／ kg 多效唑或 40mg ／ kg 烯效唑。

化学除草：采用两次化除。第一次播种后，趁泥土湿润或雨后除草（亩用 50% 敌草胺 100 克加水喷雾）；第二次在 12 月中下旬（直播油菜 4 ˉ 5 叶期）用仙耙除草剂加以补除，必要时采取人工除草控制田间杂草。

（六）肥料使用与运筹

平衡施肥：按氮、磷、钾 1 ：0.64 ：0.8 的比例配方施肥，每亩施纯氮 12.5 ～ 17.5 千克、五氧化二磷 8 ～ 11.2 千克、氧化钾 10 ～ 14 千克、硼砂 0.75 ～ 1.0 千克。

苗期：以促为主，每亩在总施 15 千克纯氮条件下，增施磷、钾肥和硼肥，按 60% 氮肥做基苗肥，前期氮肥分次施用，为全苗早发奠定基础。薹肥或早春接力肥在 10% 左右。

蕾薹期：薹肥适当早一些、重一些，施肥量占 30%，做到见蕾就施（薹高 3 ～ 5cm），促春发稳长。

开花成熟期：看苗施肥灵活运用。长势弱的可采用叶面喷施 1% ～ 2% 尿素、2% ～ 3% 过磷酸钙和（或）0.2% 磷酸二氢钾溶液。

（七）防治菌核病

初花期防治菌核病，再隔 7 ～ 10 天防第二次菌核病。后期注意清沟排水。

（八）适时收获

收获时期：全田 80% 左右角果呈淡黄色或主轴大部分角果籽粒黑褐色时进行收获。人工割倒及机械割晒掌握在八成熟进行，机械联合收获可在九成熟至十成熟进行。

摊晒脱粒：堆垛 2 ～ 3 天，抢晴天撤垛摊晒、脱粒，晒干扬净后，种子含水量在 9% ～ 10% 以下及时入库。

第九章　果菜类蔬菜设施栽培技术

第一节　番茄设施栽培技术

一、植物学性状及对环境条件的要求

（一）植物学性状

根：根系发达，主根入土达 1.5 米，分布半径 1.0 ～ 1.3 米，主要根群分布在 30 cm 土层中。根系的生长特点是一面生长，一面分枝。栽培中采用育苗移栽，伤主根，促进侧根发育，侧根、须根多，苗壮；地上部茎叶生长旺盛，根系分枝能力强。因此，过度整枝或摘心会影响根群的发育。

茎：茎多为半直立，须搭架栽培。腋芽萌发能力极强，可发生多级侧枝，为减少养分消耗和便于通风透光，应及时整枝打杈，形成一定的株型。茎节上易发生不定根，可通过培土、深栽，促使其发不定根，增大吸收面积，还可利用这一特性进行扦插繁殖。

叶：单叶互生，羽状深裂，每叶有小裂片 5 ～ 9 对，叶片和茎上有茸毛及分泌腺，分泌出特殊气味，故虫害较少。

花：完全花，花冠黄色。小花着生于花梗上形成花序。普通番茄为聚伞花序，小型番茄为总状花序。普通番茄每个花序有小花 4 ～ 10 朵，小型番茄每个花序则着生小花数十朵。小花的花柄和花梗连接处有离层，条件不适合时易落花。

果实：多汁浆果，果形有圆形、扁圆形、卵圆形、梨形、长圆形等，颜色有粉红、红、橙黄、黄色。大型果实 4 ～ 7 个心室，小型果实 2 ～ 3 个心室。

种子：种子比果实成熟早，授粉后 35 天具发芽力，50 ～ 60 天完熟。种子扁平，肾形，银灰色，表面具茸毛。千粒重 3.0 ～ 3.3 克，发芽年限 3 ～ 4 年。种子在果实内不发芽是因为果实内有抑制萌发的物质。

（二）对环境条件的要求

1.温度

番茄是喜温蔬菜，生长发育适宜温度20℃～25℃。温度低于15℃，植株生长缓慢，不易形成花芽，开花或授粉受精不良，甚至落花。温度低于10℃，植株生长不良，长时间低于12℃引起低温危害，-2℃～-1℃受冻。番茄生长的温度上限为33℃，温度达35℃生理失调，叶片停止生长，花器发育受阻。番茄的不同生育时期对温度的要求不同，发芽适温为28℃～30℃；幼苗期适宜温度为日温20℃～25℃，夜温15℃～17℃；开花着果期适宜温度为日温20℃～30℃，夜温15℃～20℃；结果期适宜温度为日温25℃～28℃，夜温16℃～20℃。适宜地温20℃～22℃。

2.光照

喜充足阳光，光饱和点70000勒克斯，温室栽培应保证30000勒克斯以上的光照强度，才能维持其正常的生长发育。光照不足常引起落花。强光一般不会造成危害，如果伴随高温干旱，则会引起卷叶、坐果率低或果面灼伤。

3.水分

属半耐旱作物，适宜土壤湿度为田间最大持水量的60%～80%。在较低空气湿度（相对湿度45%～50%）下生长良好。空气湿度过高，不仅阻碍正常授粉，还易引发病害。

4.土壤及营养

番茄对土壤条件要求不严，但在土层深厚、排水良好、富含有机质的土壤上种植易获高产。适合微酸性至中性土壤。番茄结果期长，产量高，必须有足够的养分供应。番茄对氮、磷、钾、钙、镁五大营养元素吸收的比例是1∶0.3∶1.8∶0.7∶0.2。番茄需钾最多，其次是氮。生育前期需要较多的氮、适量的磷和少量的钾，中后期须增施钾肥和磷肥，特别是钾肥，能够提高植株抗性、改善果实品质。此外，番茄对钙的吸收较多，生长期间缺钙易引发果实生理病害。番茄生长发育还需要硼、锌、铁、锰、钼等微量元素营养，在一些土壤中会出现有些微量元素营养缺乏，就需要增施微量元素肥料。番茄对缺硼非常敏感，增施硼肥常常比较有效。

二、茬口安排

秋冬茬栽培：7月中旬至8月中旬播种，8月下旬至9月中旬定植，11月上旬至翌年1月收获。

冬春茬栽培：9月上旬至10月上旬播种，10月下旬至11月中旬定植，翌年1月上旬至6月收获。

早春茬栽培：12 月上旬至翌年 1 月中旬播种，2 月上旬至 3 月下旬定植，5 月上旬至 8 月收获。

夏秋茬栽培：5 月中旬至 6 月下旬播种，6 月下旬至 8 月上旬定植，9 月下旬至 12 月上旬收获。

三、品种选择

选择耐低温弱光性强的品种，叶片不宜太大，植株生长不宜太旺盛。常见国内外品种主要有晋番茄 4 号、晋番茄 6 号、晋番茄 9 号、金棚 1 号、保冠 1 号、印第安、倍盈、齐达利、欧盾、爱吉 106、爱吉 2012 等。

晋番茄 4 号：山西省农业科学院蔬菜所育成。无限生长类型，中熟，植株生长势强，节间短，连续坐果性强，成熟果大红色，果色鲜艳，果面光滑，不易裂果，果肉厚，果脐小，果实近圆形，一般单果重 200～300 克。适宜做日光温室大棚早春茬、夏秋茬及做露地栽培。

晋番茄 6 号：山西省农业科学院蔬菜所育成。无限生长类型，中早熟，叶量中等，节间较短，总状花序，果实高扁至近圆形，成熟果大红色，果脐小，不易发生畸形果，不易裂果，果实硬度好，耐贮耐运，单果重 180～250 克。适宜做日光温室大棚各茬口栽培。

晋番茄 9 号：山西省农业科学院蔬菜所育成。无限生长类型，中早熟，果实近圆形，果脐小，幼果无绿色果肩，成熟果实大红色，果面光滑，果肉厚或较厚，不易裂果，口感甜酸适中，单果重 200～260 克，大小均匀，果实硬度高，耐贮运，复合抗病性强。适宜做日光温室大棚各茬口栽培。

金棚 1 号：西安皇冠蔬菜研究所育成。无限生长类型，早熟，植株生长势中等，开展度小，叶片较稀，茎秆细，节间较短，坐果能力强，果实圆形，大小均匀，成熟果粉红色，无棱沟，单果重 200～250 克。适宜做日光温室大棚各茬口栽培。

保冠 1 号：西安秦皇种苗有限公司育成。无限生长类型，早熟，叶片较稀，叶量中等，在低温弱光下坐果能力强，果实膨大快，果实圆形，表面光滑发亮，单果重 200～350 克。适宜做日光温室大棚各茬口栽培。

印第安：西班牙西方种子公司育成。无限生长类型，中早熟，生长势强，果形扁圆，单果重 180～230 克，每穗挂 4～6 个果，商品性好，耐热、耐裂、耐雨季高温，硬度好。适宜做日光温室大棚秋冬茬、冬春茬栽培。

倍盈：从瑞士先正达种子有限公司引进。无限生长型，早熟，生长势强，耐热性强，在高温、高湿条件下能正常坐果，果实大红色，微扁圆形，单果重 200 克左右，色泽鲜艳，硬度好，复合抗病性强。适合做日光温室大棚夏秋茬、早春茬栽培。

齐达利：瑞士先正达种子有限公司的一代杂交番茄品种。无限生长型，中熟，节间短，果实扁圆形，单果重约 200 克，果实硬度好，耐贮运，抗 TY 病毒。适宜做日光温室大棚秋冬茬、冬春茬栽培。

欧盾：美国圣尼斯种子公司的一代杂交番茄品种。无限生长类型，中早熟，粉红果，果实近圆形，果实大小均匀，单果重 150～230 克，果皮光滑，无绿肩，肉厚，硬度高，货架期长，适合长途运输和贮存。适宜做日光温室大棚各茬口栽培。

爱吉 106：江苏绿港现代农业发展股份有限公司育成。无限生长类型，中早熟，生长势旺盛，开展度大，坐果率高。果色粉红亮丽，果形略高圆，匀称美观，单果重 260～280 克，货架期长，适合长途运输和储存，抗 TY 病毒。适于做日光温室大棚早春、秋延后栽培。

爱吉 2012：江苏绿港现代农业发展股份有限公司育成。无限生长型，早熟，生长势强，成熟果大红，果色鲜艳，转色均匀，果实圆形，无果肩，单果重 230～260 克，硬度好，耐裂性好，货架期长，抗 TY 病毒。适于做日光温室大棚越冬、早春茬栽培。

四、育苗技术

种子处理：温汤浸种，在 50℃～55℃ 热水中，浸种 20 分钟。药液浸种，10% 磷酸三钠溶液浸种 20 分钟，清水冲净；或者用 0.1% 高锰酸钾溶液浸种 20 分钟，清水冲净。

催芽：20℃～30℃ 的水中浸泡 10 小时左右，保持"润而不浸、先湿后干"，催芽 24～36 小时为宜。

育苗基质配制：土肥比为 7：3 或 6：4，要用肥沃的耕层土作为育苗土，春季育苗注意用热性肥料。

播种：底水浇透，水完全渗下去后，撒一层过筛的细土作为"翻身土"，把浸种催芽后的种子均匀撒播于苗床中，每平方米苗床播种量 5 克左右。播种后覆盖 1cm 过筛的细土，土面加盖薄膜保湿。

浇水：低温季节，苗期控制浇水，以防温度过低；高温季节，要小水勤浇，以降低温度。

分苗（倒苗）：两叶一心时进行为宜。

温度管理：苗期要进行变温管理，出苗前高温→苗齐低温→分苗前低温→分苗后高温→缓苗后低温→栽苗前低温。

成苗标准：通常当番茄幼苗日历苗龄达 60 天左右，株高 20cm 左右，具 6～8 片叶，第一花序现蕾时，即可定植。

五、整地、施基肥

选 3 年之内未种过茄科作物（茄子、辣椒、青椒、马铃薯）且透气好的中性或弱酸性土壤。基肥深施，666.7 平方米 =1.00005 亩施腐熟鸡粪、羊粪、马粪等有机肥 10 立方米左右。采用地膜覆盖，在寒冷季节栽培要用马鞍形或米形，进行膜下浇水，畦宽约 1.4 米；春提早、秋延后栽培，可以用拱形高垄地膜覆盖栽培，畦宽约 1.3 米。

六、定植

大行距 80cm，小行距 50～60cm，株距 40～45cm，每 666.7 平方米栽 2100～2400 株。定植后 5～7 天，原则上不放风，尽量提高温湿度，促进缓苗。

七、定植后管理

（一）水肥管理

1. 浇水

定植时浇定植水，浇水量要小；定植后 5～7 天浇缓苗水，要浇透水；浇缓苗水之后进行蹲苗，即通过控制浇水，进行 2～3 次浅中耕，促进根系下扎。当第一穗果坐住并开始膨大时结束蹲苗，浇催果水，之后干了就浇。浇水要掌握"见干见湿"原则，即土壤干了再浇，每浇必透。番茄浇水还要注意"一听四看"，即听天气预报，看天、看地、看棚、看苗。

2. 追肥

当第一穗果坐住并开始膨大时结合浇催果水施催果肥，每 666.7 平方米追 10～15 千克复合肥或氮磷钾肥。盛果期追肥，结合浇水追肥 3～6 次，每次 10～15 千克，不超过 20 千克，一般一次清水一次肥水。必要时喷施一些诸如硼、铁等微量元素肥料。中后期，叶面喷施 0.2% 尿素加 0.3% 磷酸二氢钾，也可喷施其他适宜的叶面肥料。

（二）光温管理

开花结果之前，白天不超过 25℃，晚上 10℃～15℃，防止营养生长过旺；开花结果之后，白天 20℃～28℃，晚上 15℃～18℃，最低不低于 10℃，揭苫前 10℃左右，不超过 30℃不需要放风。白天温度超过 30℃时，要盖回帘遮阴。转色期温度要进一步提高，白天 25℃～32℃，晚上 17℃～19℃。

下午阳光不再能照到棚膜，关闭风口，注意在放风口处安装 60 目的防虫网。

（三）植株管理

1.整枝打杈

由于品种及栽培方式的不同，番茄的整枝方法也不相同，生产上采用的整枝方法主要有四种。

（1）单干整枝

只留主枝，而把所有的侧枝陆续摘除。用这种方式整枝使单株结果数减少，但果形增大，而且早熟性好，前期产量高。这种整枝适合早熟密植矮架栽培和无限生长类型品种，但这种整枝方式在果实商品性状方面不如改良式整枝，而且容易早衰。

（2）双干整枝

除主枝外，再留第一花序下生长出来的第一侧枝，而把其他侧枝全部摘除，让选留的侧枝和主枝同时生长。这种整枝方式可以增加单株结果数，提高单株产量，但早期产量和总产量以及单果重量均不及单干整枝。这种整枝方式适用于土壤肥力水平较高的地块和植株生长势较强的品种。

（3）一干半整枝

除主茎外，保留第一花序下方的第一侧枝，仅留 1 穗果后即摘心，上面留 2 片叶，其余侧枝全部摘除。这种整枝方式总产量比单干整枝高，有限生长类型的品种多采用此法整枝。

（4）改良单干整枝

除主枝外，保留主茎第一花序下方的第一侧枝，但不坐果，只保留侧枝上 1～2 片叶，其余侧枝全部摘除。用这种方式整枝，植株发育好，叶面积大，坐果率高，果实发育快，商品性状好，平均单果重量大，前期产量比单干整枝和一干半整枝高，总产量比单干整枝高。打杈要掌握前期晚打、中后期早打的原则。

2.打病叶、打老叶

病叶、黄化叶片全部可以打掉。第一穗果实收获结束后，第一穗以下的叶片可以全部打掉；第二穗果实收获结束以后，第二穗以下的叶片可以全部打掉，以此类推。注意打病叶、老叶要在晴天早晨无露水时进行。

3.疏花疏果

结合打杈、摘心，应进行疏花、疏果。番茄栽培在花期应疏掉多余的花蕾及畸形花，坐果以后应疏掉果形不整齐、形状不标准及同一果穗发育太晚的果实，以减少因结果数过多而引起的营养不足，加快果实肥大，增加单果重，提高果实的整齐度，改善品质，提高商品性。番茄单株坐果数一般大果型品种每穗应留 3～4 个果，中果型品种应留 4～5 个果，小果型品种可留 5 个以上。

4.上架绕蔓

宜在晴天下午进行。架材可采用竹竿、树枝、作物秸秆、塑料杆、尼龙绳等。可采用直插小架、拱形架"人"字形架、篱壁联架、三角架、"人"字花架等，也可用尼龙绳吊蔓。搭架也要掌握时间。过早，架后不便中耕，土壤没进行充分翻晒，植株根系小，不发棵；搭晚了，操作不便，容易伤秧，影响植株生长。

搭架时要注意：

（1）老架杆要放在石灰水池中或用 3% 来苏水喷洒消毒，以减轻病害传播。

（2）架杆要离植株 7～8 ㎝ 外侧插入，插杆离植株过近，易伤根系，插在内侧角度大，不坚固。

（3）架杆插入土中不要太浅或过深，太浅不牢固，过深插入部分因土壤腐蚀，会减少架杆的使用年限。绑蔓的材料一般用马蔺草、稻草、塑料绳、麻皮等。绑蔓时先从杆的内侧上架，先绑缚一道，再把蔓翻转到架杆外侧，使每株叶片和果实都在架外侧均匀展开。

（四）保花保果

采用 2，4- 二氯苯氧乙酸 15～20 毫克／千克点花，番茄灵 25～30 毫克／千克点花或喷花，也可用番茄通等其他适宜的保花保果激素。20℃～25℃，晴天上午 9—10 点，每隔 3 天一次，每穗花开 2～3 朵，温度高时适当降低浓度，温度低时则升高浓度。

八、病虫害综合防治

（一）常见病害及防治

1.猝倒病

（1）症状：幼茎基部发生水浸状暗斑，继而绕茎扩展，逐渐缢缩成细线状。幼苗地上部因失去支撑能力而倒伏地面。苗床湿度大时，在病苗及其附近床面上常密生白色棉絮状菌丝。

（2）发病条件：属苗期发生的土传性真菌性病害。在连阴天床温低、湿度大时易发生。

（3）防治方法：床土消毒用五氯硝基苯和代森锰锌，每平方米苗床各 5 克拌于"垫子土"和"盖子土"中；苗期注意通风排湿，阴天切忌补水；发病后可用 72.2% 普力克水剂 400 倍液喷淋，每平方米喷淋兑好的药液 2 ～ 3 升，或用 58% 雷多米尔锰锌可湿性粉剂 500 倍液、64% 杀毒矾可湿性粉剂 500 倍液、72.2% 普力克水剂 600 倍液喷洒，隔 5 ～ 7 天再喷一次。苗床湿度太大时，可拔除中心重病植株，用 25% 多菌灵粉剂拌上细土撒在病区。

2. 病毒病

（1）常见类型及症状

①花叶型：叶片上出现黄绿相间或深浅相间的斑纹，叶脉透明，叶略有皱缩的不正常现象，病株略矮。

②蕨叶型：植株不同程度矮化，上部叶片全部或部分变成线状，中、下部叶片向上微卷，花冠加长增大，形成巨花。

③条斑型：可发生在叶、茎、果上，病斑形状因发生部位不同而异，在叶片上为茶褐色的斑点或云纹，在茎果上为黑褐色斑块，变色部分仅处于表层组织，不深入茎果内部。条斑型在强光与高温下易发生。

④卷叶型：叶脉间黄化，叶片叶缘向上方弯卷，小叶呈球形，大叶片扭曲，呈螺旋状畸形。整个植株萎缩，有时丛生，染病早的，多不能开花结果。

⑤黄化曲叶病型：病毒也叫 TY 病毒，染病番茄植株矮化，生长缓慢或停滞，顶部叶片常稍褪绿发黄、变小，叶片边缘上卷，叶片增厚，叶质变硬，叶背面叶脉常显紫色。

（2）发病条件

病毒可由种子携带，也可在土壤中病残体上残留，还可由烟粉虱、白粉虱及蚜虫传播，株间可通过汁液传染。高温干旱的条件有利于该病的发生；氮肥过量，植株组织生长细弱柔嫩或土壤瘠薄、板结、黏重、排水不良时，发病重。

（3）防治方法

对该病目前比较有效的防治方法是以农业防治为主的综合防治措施。

①选用抗病毒病品种。

②种子消毒和药剂处理。除温汤浸种外，种子须用 10% 磷酸三钠或 2% 氢氧化钠溶液浸泡 15 ～ 20 分钟。

③实行 2 年以上的轮作，配方施肥，增强植株抗病性。

④加强栽培管理，促进根系发育，轻蹲苗，早采收，适当晚打第一杈，高温干旱期注意勤浇水，及时防蚜虫。

⑤药剂防治。发病前定期喷药防病，发病后可喷洒 1% ～ 5% 植病灵乳剂 1000 倍液，或 20% 病毒 A 可湿性粉剂 500 倍液，或抗病剂 I 号 200 ～ 300 倍液，或高锰酸钾 1000 倍液。此外，可喷 α–萘乙酸 20 毫克／升，或增产灵 50 ～ 100 毫克／升，并用 1% 过磷酸钙、1% 硝酸钾做根外追肥，均可提高植株抗病性。

⑥防治烟粉虱、白粉虱、蚜虫等，减少传染。

3. 早疫病

（1）症状

苗期、成株期均可染病。主要侵害叶、茎、花、果。叶片感病，初呈针尖大的小黑点，后发展为不断扩展的轮纹斑，边缘多具浅绿色或黄色晕环，中部出现同心轮纹，轮纹表面生有毛刺状不平坦物。茎部染病，多在分枝处产生褐色至深褐色不规则圆形或椭圆形病斑，凹或不凹，表面生黑色霉状物。果实染病，始于花萼附近，初为椭圆形或不定型褐色、黑色斑，凹陷直径 10 ～ 20mm；后期果实开裂，病部较硬，密生黑色霉层。

（2）发病条件

由气传性真菌病菌引起，日均温 21℃ 左右，空气相对湿度大于 70% 时易发生和流行。

（3）防治方法

①加强栽培管理。培育壮苗，合理密植，浇水实行膜下暗灌，注意通风排湿，控制棚内室内湿度；定期喷药防病。

②药剂防治。发病前可用 50% 扑海因可湿性粉剂 1000 ～ 1500 倍液，或 75% 百菌清可湿性粉剂 600 倍液，或 58% 甲霜灵·锰锌可湿性粉剂 500 倍液，或 64% 杀毒矾可湿性粉剂 500 倍液。发病后可用 70% 代森锰锌可湿性粉剂 500 倍液，或 50% 多菌灵可湿性粉剂 500 倍液，或 50% 甲基托布津可湿性粉剂 800 倍液，或 64% 杀毒矾可湿性粉剂 500 倍液，或 58% 甲霜灵·锰锌可湿性粉剂 500 倍液，交替施用。

4. 晚疫病

（1）症状

幼苗、叶、茎和果实均可受害，以叶和青果受害严重。幼苗染病，病斑由叶片向主茎蔓延，使茎变细并呈黑褐色，致全株萎蔫或折倒，湿度大时表面生白霉；叶片染病，多从植株下部叶尖或叶缘开始发病，初为暗绿水浸状不规则病斑，扩大后转为褐色。高湿时，叶背病健交界处长白霉；茎上病斑呈黑色腐败状，导致植株萎蔫；果实染病主要发生在青果上，病斑初呈油浸状暗绿色，后变成暗褐色至棕色，稍凹陷，边缘明显，云纹不规则，果实一般不变软，湿度大时其上长少量白霉，迅速腐烂。

（2）发病条件

属气传性真菌病害。发病的适宜气温为18℃～25℃，空气相对湿度85%以上。

（3）防治方法

①从栽培措施上进行预防，如实行轮作，加强通风，高垄栽植，浇水实行膜下暗浇，控制棚内室内湿度，发病前定期喷药防治。

②药剂防治。发病后可用72.2%普力克水剂800倍液，或40%甲霜灵可湿性粉剂700～800倍液，或64%杀毒矾可湿性粉剂600倍液，或70%乙铝·锰锌可湿性粉剂500倍液，5～7天喷一次，连喷3～4次，阴雨天每666.7平方米可用45%百菌清烟雾剂250克。

5.灰霉病

（1）症状

该病可危害花、果实、叶片及茎。果实以青果受害较重，残留的柱头或花瓣多先被侵染，后向果面或果柄扩展，致果皮呈灰白，软腐，病部长出大量灰绿色霉层，果实失水后僵化；叶片多从叶尖开始染病，病斑呈"V"形向内扩展，初为水浸状，浅褐色，边缘不规则，具深浅相间轮纹，后干枯，表面生有灰霉致叶片枯死；茎部染病，开始也呈水浸状小点，后扩展为长椭圆形或长条形斑，湿度大时病斑上长出灰褐霉层，严重时引起病部以上枯死。

（2）发病条件

该病由靠气流、雨水和接触传播的真菌性病菌引起，发病温度为2℃～31℃，最适温度为20℃～23℃。以高湿为发病条件，尤以空气相对湿度大于90%时易发病。此外，管理不当、密度过大，都会加快此病的发展。

（3）防治方法

①轮作倒茬，加强管理。采用高垄或半高垄，浇水选晴天上午且实行膜下暗灌，浇水后加强通风，及时中耕，通风散湿，增施磷、钾肥，清洁田间。

②实行变温管理。晴天上午晚放风，使棚温迅速升高，当棚温升至33℃时，再开始放顶风，以降低产孢量。当温度降至25℃以上时，中午继续放风，使下午棚温保持在20℃～25℃，棚温降至20℃时半闭通风口以减缓夜间棚温下降，夜间棚温保持在

15℃～17℃，阴天也要进行短期通风排湿，控制棚内温度。

③药剂防治。苗期、定植前棚内用 10% 速克灵烟剂熏蒸，每 666.7 平方米每次 500 克；定植缓苗后可用 50% 速克灵可湿性粉剂 1000～5000 倍液或 50% 百菌清可湿性粉剂 800 倍液防治 2 次，间隔 7～10 天。花果期根据发病重的特点，可采用"局部二期联防法"，重点防治第一、二层果。始花期用 2，4- 二氯苯氧乙酸处理时，加上 0.1% 速克灵。果实膨大期，发病前要进行防病。发病后可用 50% 速克灵可湿性粉剂 800 倍液连喷 2～3 次，间隔 7～10 天。阴雨（雪）天可用 10% 速克灵烟剂，每 666.7 平方米每次 250～500 克，于傍晚时点燃，密闭温室熏蒸。也可用 5% 百菌清粉尘剂或 10% 灭克粉尘剂喷洒。

6.叶霉病

（1）症状

主要危害叶片，严重时也危害茎、花和果实。叶片染病，叶面出现不规则形或椭圆形淡黄色褪绿斑，叶背部病初生白色霉层，后霉层变为灰褐色或黑褐色绒状。条件适宜时，病斑正面也可长出黑霉，随病情扩展，叶片由下向上逐渐卷曲，植株呈黄褐色干枯。果实染病，果蒂附近或果面形成黑色圆形或不规则形斑块，硬化凹陷，不能食用。嫩茎或果柄染病，症状与叶片类似。

（2）发病条件

为气传性真菌病害。在温度为 9℃～34℃、空气相对湿度 80% 以上时，易发病；适宜的条件为气温 20℃～25℃，空气相对湿度 90% 以上，尤以湿度大、夜温高时易发病。此外，遇连阴雨天气，棚内室内通风不良，棚内室内湿度大或光照弱时，该病发展迅速。

（3）防治方法

①栽培管理。加强棚内室内温、湿度管理，适时通风，适当控制灌水。灌后及时排湿，使其形成不利于病害发生的温、湿度条件。合理密植，及时整枝打杈，控制氮肥，提高植株抗病力。

②药剂防治。发病前，定期喷药防病。发病后，可用 70% 代森锰锌可湿性粉剂 500 倍液，或 70% 甲基托布津可湿性粉剂 800 倍液，或 75% 百菌清可湿性粉剂 500 倍液，隔 7～10 天一次，连喷 2～3 次，严重时，间隔可缩短至 3～5 天；也可用 45% 百菌清烟剂于傍晚时进行熏蒸，每 666.7 平方米每次 300 克。

（二）常见生理病害

1.脐腐病

脐腐病又称蒂腐果、顶腐果，俗称"黑膏药""烂脐"。在番茄上发生较普遍，病果失去商品价值，发病重时损失很大。通常在花后15天左右，果实核桃大小时发生，随着果实的膨大病情加重。发病初期，在果实脐部出现暗绿色、水浸状斑点，后病斑扩大，褐色，变硬凹陷。病部后期常因腐生菌着生而出现黑色霉状物或粉红色霉状物。幼果一旦发生脐腐病，往往会提前变红。番茄脐腐果发生的原因目前尚未明确，多数人认为是果实缺钙所致。为防止脐腐病的发生，可采用如下措施：土壤中施入消石灰或过磷酸钙做基肥；追肥时要避免一次性施用氮肥过多而影响钙的吸收；定植后勤中耕，促进根系对钙的吸收；及时疏花疏果，减轻果实间对钙的争夺；坐果后30天内，是果实吸收钙的关键时期，此期间要保证钙的供应，可叶面喷施1%过磷酸钙或0.1%氯化钙，能有效减轻脐腐病的发生。

2.筋腐病

筋腐病又称条腐果、带腐果，俗称"黑筋""乌心果"等。筋腐果有两种明显的类型：一是褐变型筋腐果，在果实膨大期，果面上出现局部褐变，果面凹凸不平，果肉僵硬，甚至出现坏死斑块。切开果实，可看到果皮内维管束褐色条状坏死，不能食用。二是白变型筋腐果，在绿熟期至转色期发生，外观看果实着色不均，病部有蜡样光泽。切开果实，果肉呈"糠心"状，病果果肉硬化，品质差。番茄筋腐果病因至今尚有许多不明之处，但普遍认为番茄植株体内碳水化合物不足和碳／氮比值下降，引起代谢失调，致使维管束木质化，是导致褐变型筋腐果的直接原因。而白变型筋腐果主要是由于番茄花叶病毒侵染所致。生产中可通过选用抗病品种，改善环境条件，提高管理水平，实行配方施肥等方法，来防止筋腐病的发生。

3.空洞果

典型的空洞果往往比正常果大而轻，从外表看带棱角，酷似"八角帽"。切开果实后，可以看到果肉与胎座之间因缺少充足的胶状物和种子而存在着明显的空腔。空洞果的形成是由于花期授粉受精不良或果实发育期养分不足造成的。生产中选择心室数多的品种，不易产生空洞果；生长期间加强肥水管理，使植株营养生长和生殖生长平衡发展，正确使用生长调节剂进行保花保果处理等，均可防止空洞果的发生。

4.畸形果

畸形果又称番茄变形果，尤以番茄设施栽培中发生较多。番茄畸形果多是由于环境条件不适宜而致。扁圆果、椭圆果、偏心果、菊形果、双（多）心果产生的直接原因是，在花芽分化及花芽发育时，肥水过于充足，超过了正常分化与发育所需的数量，致使番茄心室数量增多，而生长又不整齐，从而产生上述畸形果。使用生长调节剂蘸花时，浓度过高易形成尖顶果。为防止畸形果的发生，应加强育苗期的温光水肥管理，在花芽分化期，尤其是第一花序分化期，即发芽后 25～30 天，有 2～3 片真叶时，要防止温度过高或过低；开花结果期合理施肥，使花器得到正常生长发育所需的营养物质，防止分化出多心皮及形成带状扁形花而发育成畸形果。另外，使用生长调节剂保花保果时，要严格掌握浓度和处理时期。

5.裂果

番茄裂果使果实不耐贮运，开裂部位极易被病菌侵染，使果实失去商品价值。根据果实开裂部位和原因不同，可分为放射状开裂、同心圆状开裂和条纹状开裂。裂果的主要原因是高温、强光、土壤干旱等，使果实生长缓慢，如突然灌大水，果肉细胞还可以吸水膨大，果皮细胞因老化已失去与果肉同步膨大的能力而开裂。为防止裂果的发生，除选择不易开裂的品种外，管理上应注意均匀供水，避免忽干忽湿，特别应防止久旱后过湿。植株调整时，把花序安排在架内侧，靠自身叶片遮光，避免阳光直射果面造成果皮老化。

6.日烧果

日烧果多在果实膨大期绿果的肩部向阳面出现，果实被灼部呈现大块褪绿变白的病斑，表面有光泽，似透明革质状，并出现凹陷。后病部稍变黄，表面有时出现皱纹，干缩变硬，果肉坏死，变成褐色块状。日烧是因果实受阳光直射部分果皮温度过高而致。番茄定植过稀、整枝打杈过重、摘叶过多，是造成日烧果的重要原因。天气干旱、土壤缺水或雨后暴晴，都易加重日烧果。为防止日烧，番茄定植时须合理密植，适时适度整枝、打杈，果实上方应留有叶片遮光，搭架时，尽量将果穗安排在番茄架的内侧，使果实不受阳光直射。

第二节　辣（甜）椒设施栽培技术

一、植物学性状及对环境条件的要求

（一）植物学性状

根：辣椒主根不发达，根群多分布在 30cm 的耕层内，根系再生能力比番茄、茄子弱。

茎：茎直立，黄绿色，具深绿色纵纹，也有的是紫色，基部木质化，较坚韧。一般为双杈状分枝，也有三杈分枝。小果型品种分枝较多，植株高大。有较明显的节间，一般当主茎长到 5～15 片叶时，顶芽分化为花芽，形成第一朵花。其下的侧芽抽出分枝，侧枝顶芽又分化为花芽，形成第二朵花。以后每一分杈处着生一朵花。丛生花则在分杈处着生一朵或更多。

叶：单叶互生，卵圆形、披针形或椭圆形全缘，先端尖，叶面光滑，微具光泽。

花：完全花，较小，单生或丛生 1～3 朵，花冠白或绿白色。花萼基部连成萼筒，呈钟形，先端 5 齿，宿存。花冠基部合生，先端 5 裂，基部有蜜腺。雄蕊 5～6 枚，基部联合花药长圆形，纵裂。雌蕊 1 枚，子房 2 室，少数 3 或 4 室。属常异交作物，虫媒花。浆果，果皮肉质，于心皮的缝线处产生隔膜。

果：果身直、弯曲或螺旋状，表面光滑，通常具腹沟、凹陷或横向皱褶。果形取决于心皮数，一般为两心皮，有锥形、短锥形、牛角形、长形、圆柱形、棱柱形等。果顶有尖，果实下垂，或向上，或介于两者之间。

种子：种子肾形，淡黄色，胚珠弯曲。千粒重 4.5～7.5 克。种子寿命 3～7 年。

(二) 对环境条件的要求

1. 温度

在不同生育期要求不尽相同。种子发芽适温 20℃～30℃，低于 15℃不能发芽，变温条件有利于发芽。幼苗期最适气温、地温分别为 28℃和 30℃，气温高于 38℃或低于 10℃、地温高于 38℃或低于 8℃，幼苗会停止生长发育，高于 30℃或低于 15℃影响茎、叶生长和花芽分化，因此苗期昼温控制在 25℃～28℃，夜温控制在 18℃～20℃。随着植株的生长，对温度的适应能力有所增强，开花结果昼温为 20℃～27℃，夜温为 15℃～20℃，高于 35℃或低于 15℃将影响植株生长和授粉结实，引起落花落果，尤其在连阴天气须特别注意。整个生育期内，温差必须控制在 15℃以内，越冬茬栽培时，必须注意保温，最低温不要低于 12℃。

2. 光照

辣椒要求中长日照和中等光照强度，对日照长度不太敏感，但在 10～12 小时日照下开花结果早而快。其光饱和点为 30000～40000 勒克斯，光照过强反而会降低产量，补偿点为 1500～2000 勒克斯，与其他果菜类相比较耐弱光，这对冬春季日光温室生产比较有利。但是日光温室越冬茬栽培辣椒，整个结果期一直处于弱光季节，特别是植株中下部常常光照不足，表现为茎秆较细，节间加长，叶薄色淡，抗逆性降低，落花落果。因此，在低温寡光阶段要注意改善光照条件。

3.水分

由于辣椒根系不发达,既不耐旱,也不耐涝,特别是大型果品种,对水分要求更加严格。土壤过干过湿都会影响辣椒的正常生长发育。幼苗期适当控制水分促其根系下扎,以防徒长;开花坐果期以土壤含水量相当于田间持水量的55%左右为宜,即保持地面见干见湿为好。空气相对湿度以70%～80%最好,湿度过大易发生病害,授粉困难。高温、干旱又将严重影响开花坐果。

4.土壤营养

辣椒适于在中性或微酸性土壤(pH值为5.6～6.8)中栽培。要求土壤疏松肥沃、通气透水良好、总盐量低,相对于其他果菜对土壤肥力要求高很多,对氮、钾肥有特别的嗜好,一般要求氮、磷、钾的比例以1:0.5:1为好。

二、茬口安排

根据季节气候特点在时间安排上应以秋冬茬、冬春茬和早春茬为主,尽量避免严寒期栽培。

秋冬茬:7月上旬播种,11月上旬始收。

冬春茬:10月上旬播种,2月中旬始收。

早春茬:11月上旬播种,3月中旬始收。

日光温室辣椒666.7平方米产量一般在4000～5000千克。秋冬茬易于栽培,但其与南方露地栽培同期上市,受南菜北调的影响,价格一般不会太高,每千克价格在3元左右,种植效益不高。冬春茬与早春茬辣椒上市期正好处于辣椒市场的空白期,价格较高,一般价格可维持在每千克6～7元的水平,但栽培难度较大。

三、品种选择

日光温室辣椒种植应考虑商品流向和品种对日光温室的适应性,如有的地区市场欢迎长形尖椒,有的则需要圆椒。

尖椒品种:晋椒501、晋椒303、良椒2313、湘研1号、湘研3号、早杂2号、汴选7号、沈椒3号、苏椒1号、苏椒3号、羊角椒、保加利亚尖椒等。

圆椒品种:晋黎602、晋椒203、晋椒202、洛椒3号、早丰1号、苏椒5号、牟椒1号、中椒2号、辽椒3号、津椒3号、甜杂1号、海花3号、茄门甜椒、农大40、双丰甜椒等。

四、育苗技术

（一）种子处理

每 666.7 平方米用种量一般为 30 ~ 50 克。浸种前将种子置于阳光下暴晒 1 ~ 2 天，晒种有利于提高发芽率和发芽势，并可杀死附着在种子表面的病原菌。

（二）浸种催芽

将种子放入 55℃ 的热水中不断搅拌，等到水温降到 30℃ 时，倒掉过多的水（使水淹住种子为宜），保持 30℃ 水温，浸泡 6 ~ 7 小时后，将种子放在粗布上，加入种子重量 1% 的小苏打后擦搓，搓洗干净种皮上的黏质。后将种子装入纱布袋（注意袋子要大些，以便翻动，使之透气，保证发芽快而整齐），埋于湿锯末盆中，放置于 28℃ ~ 30℃ 的环境中催芽。最好进行变温处理，即一天中适温 25℃ ~ 30℃ 占 16 ~ 18 小时，低温 16℃ ~ 20℃ 占 6 ~ 8 小时，或者 30℃ 下 8 小时，20℃ 下 16 小时。每天早晚将种子用水淘洗翻动一次。经 5 ~ 6 天后见少数种子刚刚露白时就应播种。若此时播种准备工作尚未做好或遇到恶劣天气，可将催芽盆移放到 13℃ ~ 16℃ 冷凉处进行蹲芽。

（三）营养土准备

将 3 年内未种过茄科蔬菜、马铃薯的肥沃田园土和充分腐熟的有机圈肥破碎过筛后，按 7 : 3 的比例混合均匀，同时每立方米营养土中均匀加入 1 千克磷酸二铵和 100 克 50% 多菌灵，将营养土配制好后待用。

（四）播种方法

采用平畦育苗，播前将配制好的营养土做成育苗床，浇好底水，待水渗下后，筛盖 3 ~ 5mm 厚营养土，即可播种。将浸种催芽的种子加入少量干沙轻轻拌匀，均匀撒播。每平方米须用干籽 15 克左右。播后再盖 2mm 厚营养土，并盖地膜增温保墒以利于出苗。666.7 平方米需 45 克种子和 3 平方米育苗面积，也可用基质育苗、穴盘育苗。

（五）育苗期的温度管理

根据气温变化和幼苗生长变化情况，进行科学的变温管理，是培育壮苗的基本措施之一。播种后出苗前不通风，尽量提高温度，注意夜间保温，使地温在 20℃ 为宜，促进早出苗。苗出齐后，揭掉地膜。从齐苗到真叶顶心，要增加光照时间，适当通风降温，昼温最高不超过 30℃，夜晚保持室温在 15℃ 左右，地温控制在 20℃ 左右以促进根系发育，防止地上部徒长。顶心后，为使第一片真叶顺利生长和展开，须提高温度，白天高温控制在 30℃，下午可控制在 22℃ 盖帘，同时开始进行通风锻炼。室温降到 20℃ 时停止通风。

通风时注意严防冷风直接吹入。如果通风不久发现叶片开始上翘，说明通风过猛，要缩减通风量。通风还要看地温,如早晨揭帘时地温接近或低于 13℃,就要适当推迟通风时间,将室温上调,使土壤蓄积热量。移栽前 2 ~ 3 天适当降温,凌晨最低气温在 13℃ 以上,其目的在于延缓生长,积累养分,加强幼苗锻炼,为移栽后缓苗创造条件。

平畦撒播时原来覆土很浅,在幼芽刚顶土时要加覆一层 3 ~ 5cm 厚的细土,以利种子脱壳。到第一片真叶顶心时进行间苗,拔掉过密和过弱苗,间距控制在 2.5 ~ 3cm。边间苗边用指头将所留苗子的根隙处轻轻压实,间苗后喷水一次,防止"吊苗"。

基质盘育苗一般不间苗,但需每隔 4 ~ 6 天喷一次水,掌握见干见湿的原则,即基质表面发干时将水喷透。每喷两次清水,改喷一次 0.2% 磷酸二氢钾和 0.3% 尿素混合营养液(平畦育苗也可喷洒)。并应随时倒盘(调换前后位置),使幼苗生长健壮整齐。

(六)分苗移栽

辣椒苗根系的再生能力比番茄弱得多,移栽要早,尽量少伤根,以免影响缓苗及秧苗的健壮生长和花芽分化,造成早期落花,降低产量和收入。分苗前将事先准备好的营养土根据用苗数量做成大小适宜的苗床(一般单苗按 10cm × 10cm 营养面积计算,1 平方米苗床可栽 100 株幼苗),苗床做好后将水灌足。待干湿适宜时按行距 10cm 拉线开一面垂直的小沟,将幼苗按 10cm 株距摆匀,根系放展,深度与原来相同,稍垫一点将幼苗稳住后再在沟内滴浇扎根水,待水下渗后覆土稳苗,栽完后再在行间滴水一次,湿透表土,促进缓苗。移栽宜在晴天进行,当阳光强烈致苗发蔫时,应适当遮阴。

(七)缓苗期的光温管理

在移栽后缓苗期间(3 ~ 5 天)不通风,保持高温、高湿以发根缓苗。随后通风量的变化和调节温度的节奏加快一些,逐渐达到白天 22℃ ~ 25℃,夜间 13℃ ~ 20℃,如发现地温偏低,适当提高中午的气温以增加地温。到定植前 5 ~ 7 天要加大通风量和延长通风时间,进行低温炼苗,白天最高温度降到 23℃ 以下,夜间最低温度降到 10℃,使之适应定植。冬春茬从移栽到定植这段时间,正遇低温短日照天气,温室内的光照时间短,光照强度多在光饱和点以下,故应注意改善光环境,选用透光性好的无滴膜,经常打扫保持膜面干净(据测定膜面有灰尘、草屑时透光量减少 8% ~ 23%)。在保温许可的范围内,尽量早揭晚盖草帘,延长光照时间,遇到阴冷下雪天气也要适当揭帘见光,使幼苗的生长发育和花芽分化得以顺利进行。

(八)水肥管理

缓苗后,见表土发干时滴浇一次透水。以后就要适当控制浇水,中耕松土,进行蹲苗,以促进根系发育,直到幼苗第 3 ~ 4 片真叶展开时才浇水。在这段时间,如果土壤墒情尚好,而中午植株下部叶片发生萎蔫时,可在晴天上午 9 时以后采取喷洒的方法进行补水。若发现营养不足可以选喷辣椒营养液，或者喷洒 0.2% 磷酸二氢钾和 0.3% 尿素的混合营养液，进行 2 ~ 3 次根外追肥。囤苗：于定植前 5 ~ 7 天浇一次透水，按株行距切块，仍在苗床内靠紧，摆放整齐，四周壅土，进行囤苗，并需草帘遮阴防苗发蔫，待恢复后继续见光，通过囤苗结合通风锻炼，可使秧苗更加健壮，发出新根，定植时不散坨，缓苗快。

五、整地、施基肥

选 3 年之内未种过茄科作物（茄子、辣椒、青椒、马铃薯）且透气好的中性或弱酸性土壤。

辣椒为吸肥量较多的蔬菜，每生产 1000 千克需氮 3.5 ~ 5.4 千克、五氧化二磷 0.8 ~ 1.3 千克、氧化钾 5.5 ~ 7.2 千克。从出苗到现蕾、初花期、盛花期和成熟期吸肥量分别占总需肥量的 5%、11%、34% 和 50%；从初花至盛花结果是吸收养分和氮素最多的时期；盛花至成熟期，植株的营养生长较弱，这时对磷、钾的需要量最多。

根据辣椒需肥规律和土壤肥力的高低，设施辣椒施肥要重施基肥。每 666.7 平方米施入充分腐熟的有机肥 8000 千克左右，再加尿素 20 ~ 30 千克、过磷酸钙 30 ~ 40 千克、硫酸钾 20 ~ 30 千克、生物肥 50 千克、硅酸钙肥 80 千克、硫酸锌 2 千克、硫酸铜 2 千克、硫酸镁或硝酸镁 10 ~ 20 千克。老龄大棚，可增施一些酵素菌肥类生物有机肥。土传病害（特别是死棵病）严重的大棚，应增施一些芽孢杆菌类生物有机肥。

深耕晒土后，有土传病害的田块须提前 7 ~ 15 天盖膜，将室温提到 50℃ 以上，高温消毒一周。南北向开垄，垄高 15 ~ 20cm，130cm 种植一垄，每垄 2 行，保持垄面宽度 70cm。而后在垄边开两行浅沟，相距 50cm，提前浇足底水，经过 1 ~ 2 天晒沟使地温回升后再定植。

六、定植

秋冬茬育的苗，苗龄 50 ~ 60 天定植，以后育苗越迟，苗期越长。冬春茬与早春茬育的苗，一般苗龄在 80 ~ 100 天定植。

（一）定植密度

辣椒栽植密度较大，定植时按宽窄行做成大小垄沟，行株距 50cm × 40cm 双苗定植。

（二）定植方法

选择晴好天气，于上午 9 时到下午 3 时定植最好。在预先浇好底水的浅沟中按株距呈"丁"字头挖穴安苗，深度与畦面相平，浇透扎根水，待水渗下后从垄中间取土封沟，使垄面两行苗之间形成一道浅沟，便于以后在膜下灌水。缓苗后再盖地膜，掏苗。

七、定植后管理

（一）肥水管理

浇水：定植前浇坐底水，定植时浇缓苗水，随后每天在叶面喷雾可加快缓苗。初冬定植时，底墒好的缓苗可不浇水，直接进行蹲苗；春前定植的，缓苗后在膜下浅沟暗浇1～2次水，再行蹲苗，直到门椒膨大生长后与追肥配合，选择晴天正式浇第一次水，以后根据生长和天气变化，采取小水勤浇的方法进行浇水。浇灌的水要事先预热，使水温保持在12℃以上。辣椒不宜大水漫灌和旱涝不均。过度干旱时骤然浇水会发生落花、落果和落叶。要使土壤经常保持适当的湿润状态，营造一个既不缺水又疏松通气的土壤环境，以确保辣椒的生长发育。采用滴、渗灌设备对辣椒供水、供肥最好，进入始收期后，每666.7平方米每天平均1立方米水就可以了，采用水肥同供的方法。供肥量按采摘量折算，通过施肥器均匀加入水中。若发现疫病病株，即可利用滴灌，在根区局部施药防治。

追肥：辣椒苗期需肥量不大，主要集中在结果期。整个结果期吸收的氮占总量的57%，磷、钾分别占61%和69%，门椒采收之前，不仅植株不断增长，而且第二、三层果实（对椒和四门斗）也在膨大生长，上面陆续开花坐果，这是追肥的关键时期。当门椒长到3cm左右时，结合浇水进行第一次追肥。由于辣椒对氮、钾肥有特别的嗜好，因此肥料管理应以氮、钾肥为主，666.7平方米每次追施量为尿素10千克、生物钾肥10千克（也可用磷酸二氢钾5千克或硫酸钾5～10千克），或者浇灌充分腐熟稀粪2000千克左右。此后根据情况每浇2～3次水就追一次肥。追肥掌握多次少量。

（二）光温管理

定植后为促进缓苗要保持高温、高湿环境，白天不透风，适当提早盖帘时间，把室温提高到28℃～30℃，以利蓄热。但是最高温度不宜超过30℃，若超过30℃或苗发生萎蔫时，适当加盖草帘遮阴。移栽到整个果实采收期，中午温度一般不要超过30℃，温度过高会给坐果和果实发育带来不良影响，导致产量下降；夜间温度的掌握，自盖帘以后到夜间10点，根据具体情况由20℃～23℃逐渐降到18℃左右，以促进光合产物的运转。至次日揭帘时最低温度以15℃为限，有时可能出现短暂10℃左右的低温。3月以前，光照时间短，积温困难，而大苗、大秧需积温又高，可采取少放风或不放风，适当补充二氧化碳，积累地温，同时后墙加挂反光膜，前坡面晚间（最冷时）多加一层草帘，减少13℃以下室温的出现率。若条件允许可在棚内建造沼气池，在严冬季节利用沼气灯补光增温，一方面，可预防植株长时间处于光饥饿状态，适当提高温室内的温度；另一方面，又可增加温室内二氧化碳浓度，避免通风不良。随着天气转暖，逐渐加大通风量，单靠顶部通风不能解决问题就放底风。到露地栽培定植期可不再盖帘。外界最低温度稳定在15℃以后夜间也要适当通风。另外，在果实上一旦发现日烧病，就要在午间光最强时放下草帘遮光1～2小时。

（三）植株管理

当辣椒株高超过60cm时，要按穴插竹竿支撑植株；应少施氮肥，多施磷、钾肥，以防徒长；盖地膜的辣椒，如出现植株生长过旺、结果少时，可在门椒采收后，将第一分枝以下的老叶全部打掉，以利通风透气；上部枝叶繁茂的，可将两行植株间向内生长且长势较弱的分枝剪掉；后期秋季扣棚后集中进行一次植株调整，打去第三分枝以下的全部老叶，并适当剪去一部分植株内侧的徒长枝；大棚内植株生长旺盛，株型高大，枝条易折，可用纤维绳吊枝，或在畦垄外侧用竹竿水平固定植株，防止植株倒伏。

（四）保花保果

日光温室高温高湿往往是造成辣椒落花、落果的主要原因，因此棚栽辣椒，花期要适当增加放风量，降低湿度，控制温度。辣椒开花结果期需要的温度，白天应保持在25℃～30℃，超过32℃就要通风降温，夜间温度应保持在18℃～20℃，若昼夜温差太小，就易落花落果。

此外，可以人为采取措施，如用植物生长调节剂蘸花或喷施，对棚内室内辣椒生长期间保花保果有重要作用。利用生长素番茄灵40～45毫克／千克水溶液，以手持喷雾器喷花，或用植物生长素2，4-二氯苯氧乙酸15～20毫克／千克水溶液抹花，可提高坐果率。为防止重复蘸液，可在2，4-二氯苯氧乙酸水溶液中加入少量食品红做标志。2，4-二氯苯氧乙酸水溶液抹花最好在上午10时以前进行，时间太晚效果不好。

用于植株叶面喷洒的生长调节剂：定植后喷用3000～4000倍植物多效生长素，开花期喷用4000～5000倍矮壮素，开花前后喷用30～50毫克／千克增产灵或6000～8000倍辣椒、甜椒灵，共3次。生产上也可通过晃棵促进辣椒完成授粉，达到保花保果的目的。

（五）采摘与保鲜

辣椒可连续结果，多次采收，青果、老果均能食用，故采收时间不严格，一般在花凋谢20～25天后可采收青果。为了提高产量，有利于上层多结果及果实膨大，应及时采收。第一、二层果宜早采收，以免坠秧，影响上层果实的发育和产量的形成。其他各层果宜充分"转色"后再采收，即果皮由皱转平、色泽由浅转深并光滑发亮时采收。采收盛期一般每隔3～5天采收一次。以红果作为鲜菜食用的，宜在果实八九成红熟后采收。干制辣椒要待果实完全红熟后再采收。

采收宜在晴天早上进行。中午水分蒸发多，果柄不易脱落，采收时易伤及植株，并且果面因失水过多而容易皱缩。下雨天也不宜采收，采摘后伤口不易愈合，病菌易从伤口侵入而引起发病。

辣椒保鲜是调节淡旺季，延长供应期，提高产值的重要手段。辣椒较耐贮藏，一般可贮藏 1 ～ 3 个月。

一般果皮角质层厚、表皮细胞层数多的较耐贮藏。栽培过程中应多施有机肥，增施磷、钾肥，及时防治病虫害。采收前 2 ～ 3 天内不宜浇水，更不宜在下雨天或雨后立即采收。采收已经充分绿熟的果实，果面光滑、有光泽，果肉厚而坚硬。过嫩的果实，呼吸作用强，果肉薄，贮藏后易褪绿、萎蔫。过老的果实，贮藏期间容易转红，变软，风味变劣。

采摘后，剔除病、虫、受损伤果。采摘、选果、包装、运输过程中，要轻拿轻放，防止机械伤。果实采后放入垫纸的筐中，置于凉爽处预冷 1 天，待果实的温度降低，果面变凉、变干后进行贮藏。

辣椒适宜的贮藏温度为 7℃ ～ 9℃，低于 6℃ 易受冷害，相对湿度为 85% ～ 90%，气体成分为 2% ～ 4%，二氧化碳低于 4%。辣椒保鲜可采用低温人工气调贮藏。贮藏过程中要防止辣椒干腐、软腐、各种变色斑、组织肿大或坏死、表面粗糙以及中毒、劣变、冷害等。

八、病虫害综合防治

（一）苗期病害及防治

辣椒幼苗出土前有烂种，子叶期有猝倒病、立枯病，真叶发出后有灰霉病。

1.猝倒病

防治方法：

（1）尽量避免使用带菌土壤，苗床用地进行消毒，可控制苗期立枯病、猝倒病、枯萎病等病害。

（2）不使用未腐熟肥料。

（3）做好苗床的通风透气工作。

（4）药剂防治。发病前及发病初期喷腐光（含氟乙蒜素）乳油 1500 ～ 2000 倍液或均刹（80% 乙蒜素）乳油 1500 ～ 2000 倍液。

2.立枯病

本病可结合猝倒病一并防治。

3.灰霉病

防治方法：

（1）本病主要是由床土带菌、低温高湿、气流传播引起的，因此床内要保持较高的温度和良好的通风条件。

（2）彻底清除中心病株并喷药消毒。

（3）发病前喷腐光（含氟乙蒜素）乳油 1500 ～ 2000 倍液进行预防，发病初期喷施耐功水剂 1000 倍液 1 ～ 2 次进行治疗。

（二）成株期病害及防治

1.病毒病

防治方法：

（1）辣椒地要选择通透性良好的沙壤土用高畦窄垄栽培。

（2）3 年以后轮作周围尽量少种或不种黄瓜、烟草。

（3）种子用 10% 磷酸三钠消毒。

（4）苗期做好诱蚜防蚜工作。幼苗出土后用纱网小拱棚笼罩，并喷啶虫脒或苦参碱等农药消灭有翅蚜，防止传毒。

（5）发病初期喷病毒比克／氨基寡糖素／腐殖吗琳胍复配腐光和叶面肥进行防治。

2.细菌性病害

细菌性病害包括青枯病、软腐病、疮痂病、细菌性叶斑病。

防治方法：

（1）选用抗性强的无病种株留种。

（2）温汤浸种。方法是用冷水预浸 4 ～ 5 小时，再在 52℃ 热水中浸 30 分钟；也可用 1000 微克／克链霉素或用种子重量 0.1% 的高锰酸钾浸种 5 分钟，可以杀死种子表面的病菌。

（3）实行 3 年以上轮作。

（4）烧毁病残株，清洁田园。

（5）增施磷、钾肥。

（6）及时喷药。发病前和发病初期用普施美（1% 多抗霉素）水剂 1000 倍液或链霉素 100 ～ 200 微升／升等轮换喷洒，进行防治，每隔 7 ～ 10 天一次，连喷 2 ～ 3 次。

3.疫病

防治方法：

（1）选用抗病品种。

（2）实行 3 年以上轮作。

（3）培育无病壮苗。

（4）避免田间渍水，雨后及时清除发病中心。

（5）畦面覆盖地膜或稻草。

（6）节约用水，注意排水，控制田间湿度。

（7）药剂防治。35% 霜霉威盐酸盐 300 ～ 400 倍液或 50% 福美双可湿性粉剂 800 倍液交替施用，并复配 32% 唑酮乙蒜素，7 ～ 10 天一次，连施 2 ～ 3 次。

4.白粉病

防治方法：

（1）深耕翻土，深埋病菌以减少越冬病原。

（2）实行水旱轮作或 3 年以上轮作。

（3）选用抗病品种。

（4）发病初期用大地粉清水剂 1000 倍液复配克菌（32% 唑酮乙蒜素）乳油 1000 倍液复配增效王喷施，7 ～ 10 天一次，连用 2 ～ 3 次。

5.褐斑病

防治方法：参见炭疽病防治方法。

6.枯萎病

防治方法：

（1）实行 3 ～ 5 年轮作，施用充分腐熟的有机肥，适当增施钾肥，提高植株抗病力。

（2）选用抗耐病品种。

（3）种子消毒。用 0.1% 硫酸铜溶液浸种 5 分钟，洗净后催芽播种。

（4）药剂防治。用腐光（含氟乙蒜素）乳油 1500 ～ 2000 倍液灌根，每株灌 50 ～ 70 毫升药液，5 ～ 7 天一次，连灌 2 ～ 3 次。

7.炭疽病

防治方法：

（1）选用无病果留种，防止种子传病。

（2）选用抗病品种。

（3）防止果实在强烈的阳光下暴晒。

（4）发病前后喷迪炭水剂 1000 倍液复配克菌（32% 唑酮乙蒜素）乳油 1000 倍液 2 ～ 4 次。

（三）虫害及防治

在辣椒定植后危害性比较大的虫害主要有三类：一类是地下害虫，一类是螨类和蚜虫，一类是果实类害虫。

1.地下害虫

地下害虫主要有土蚕、蝼蛄、蛴螬、根蛆、根蚜、蚯蚓等。防治要从定植开始，坚持每隔 7 ～ 10 天施药 1 ～ 2 次，直到枝繁叶茂为止。可采用的药剂有毒死蜱或者阿维菌素。

2.螨类和蚜虫

可在刚发现有少量叶卷时喷施药剂。用阿维菌素或克螨特等防治效果较好。防治蚜虫最好在定植后或刚有害虫时进行，可用 1% 苦参碱加啶虫脒、吡虫啉或乐果处理防治，每隔 7 ～ 10 天一次。

3.果实类害虫

果实类害虫主要有青菜虫、棉铃虫、烟青虫等。可在发现有虫果后坚持用药剂防治到底，可用药剂有高效氯氟氰菊酯、毒死蜱等。

第三节　茄子设施栽培技术

一、植物学性状及其对环境条件的要求

(一) 植物学性状

根: 茄子的根系比较发达, 主要由主根和侧根组成, 主根上分生侧根, 再分生二级、三级侧根, 茄子的主根粗而强, 长达 1.3 ~ 1.7 米, 主要根群多分布于 33cm 范围内的土层中。茄子根系木质化较早, 不定根的发生能力较弱, 伤根后根系再生能力较差。不宜进行多次移植, 否则移植后幼苗主根停止生长, 势必影响茎、叶的生长。栽培上茄子分苗和起苗定植时, 一定要避免伤根。

茎: 茄子的茎为圆形, 直立、粗壮, 株高 80 ~ 110cm, 品种不同差异很大, 有的甚至高达 2 米以上。色泽为紫色或绿色。茄子茎和枝条的木质化程度比较高。幼苗时期茎是草质的, 随着植株逐渐长大, 茎轴及枝条的干物质逐渐增加而开始木质化。因此, 一般情况下, 植株完全能够承载地上部植株与果实的重量而不需要支架。虽然如此, 生产上为了防止倒伏, 合理空间布局, 一般都设立支架。保护地栽培中, 可以采用吊架的形式调整株型, 以便更好地通风透光。茄子分枝为假二杈分枝。早熟品种在主茎 5 ~ 8 片叶后, 中晚熟品种在主茎 8 ~ 9 片叶后, 顶芽发育成花芽, 形成第一朵花。顶芽形成花芽后, 花芽下的两个侧芽生成一对一级侧枝, 几乎均衡生长。当侧枝长出 2 ~ 3 片叶时, 其顶芽又形成花芽, 其下两个侧芽再生成一对二级侧枝, 依此分枝方式继续形成各级侧枝。茄子的分枝能力较强, 需要注意及时整枝打叶, 改善株行间的通风透光条件。根据茄子分枝能力强、侧芽萌发快的特点, 越夏栽培进入 7 月下旬以后, 可剪掉大部分枝条, 秋季萌发的新果枝仍然可以继续生长。

叶: 茄子的叶片为单叶、互生, 卵圆形或长椭圆形。叶紫色或绿色, 在氮肥充足、温度稍低的条件下, 叶色深, 因为茄子的嫩叶中含有花青素, 在低温、多肥的条件下花青素显现很浓, 且顶芽呈钩状弯曲。茄子叶的颜色与果实颜色相关, 紫茄子品种的叶带紫色, 而白茄子和绿茄子品种的叶呈绿色。

花: 茄子为自花授粉植物, 花为两性花, 单生或簇生, 整个花由花萼、花冠、雄蕊、雌蕊四部分组成。花冠由 5 ~ 6 片花瓣组成, 紫色或白色, 花瓣基部合生成筒状。萼片的颜色与茎相同。雄蕊围绕着雌蕊, 雌蕊基部膨大部分为子房, 子房上端是花柱, 花柱的顶部为柱头, 开花时雄蕊花药的顶孔开裂散出花粉, 雌蕊的柱头接受花粉。授粉后花粉粒在柱头上萌发, 穿过花柱, 到达内胚囊, 胚珠受精后发育成种子, 并产生激素, 刺激子房膨大成为果实。冬季保护地栽培因温度过低, 花粉不能正常发育, 需要采用人工

辅助激素处理。茄子花器的大小、花的质量与植株的长势有很大关系，生产上常把花器作为判断植株生长势的重要指标。植株生长健壮，叶片大而肥厚，花则表现为花梗粗、花柱长、花药筒外露，能正常授粉，结果力强，生产上称之为长柱花；反之，表现为花瘦小、花柱短、不能露出花药筒，则不能正常授粉，即使授粉也容易长成畸形果，甚至造成落花落果，生产上称为短柱花。短柱花的形成原因多为肥料、光照不足，干旱和夜温过高等，应及时进行肥水调整。簇生花一般只是基部的一朵完全花坐果，其他花往往脱落，但也有同时着生 2 个果以上的情况，簇生果一般发育迟缓，生产上常选择摘除，以免无谓消耗养分。茄子开花的时间因环境条件不同而有所不同，天气晴朗、温度和水分等条件都适宜时早晨 5 时半开花，7 时开药，7—10 时授粉；而在阴天时，下午才能授粉。茄苗的花期可持续 3～4 天，且夜间花也不闭合，从开花前 1 天到开花后 3 天内，都有授粉能力，这使人工授粉或点花有比较充裕的时间。

果：茄子的果实是由子房发育而成的，属于浆果。食用嫩果，果肉主要由果皮、胎座和心髓部构成，胎座的海绵薄壁组织很发达，是果实的主要食用部分。茄子果实的形状有圆球形、扁球形、椭圆形、卵圆形和长棒形等；果实的颜色有鲜紫色、暗紫色、紫红色、白色、绿色等，而以紫红色最多见；果肉颜色有白色、黄白色和绿色。圆形茄子的果肉比较致密，海绵组织细胞排列紧密，间隙小，含水量少，适于炒食和加工茄干等；而长茄则正好相反，果肉细胞排列较疏松，含水分多，较柔嫩，适合清蒸、炒食、油炸及盐渍加工等。茄子授粉后，花冠脱落，萼片留存，并随着果实的生长逐渐增大，而幼果的膨大速度明显大于萼片，故在萼片边缘形成尚未着色的白色圆圈，俗称"茄眼"。判断茄子的老嫩，可看茄眼的大小，茄眼大，则茄子嫩；如果茄眼逐渐变得不明显时，证明茄子生长变慢，应及时采收，否则不仅会使果实品质降低，还能影响其他果实的生长发育。

种子：茄子的种子发育比果实发育要晚，果实在商品成熟时，种子仍然很幼嫩，只有在达到植物学成熟时，种皮才会逐渐变硬。茄子种子多为黄色，扁平，呈肾形，千粒重为 4～5 克，每个大圆茄有种子 2000～3000 粒，长茄有种子 800～1000 粒。种子由种皮、胚乳和胚组成。胚由胚根、胚芽、下胚轴和子叶组成，胚根萌发后发育成植株的根，胚芽发育成地上植株，子叶是幼胚的叶子，胚芽位于两片子叶之间，子叶对胚芽有着重要的保护作用和营养作用。茄子种子的寿命为 4～5 年，但具有发芽能力的使用年限为 2～3 年，选种时要注意选用新种，陈种子发芽率低，尤其是发芽势低，播种后出苗不齐，造成大小苗现象。

（二）对环境条件的要求

1. 温度

茄子喜温，它对温度的要求比番茄高，耐热性较强，但在高温多雨季节易产生烂果。种子发芽阶段的最适温度为30℃，低于25℃时，发芽缓慢且不整齐。最适宜生长温度为20℃～30℃，低于20℃时，受精和果实发育不良；低于15℃时，生长发育受阻，落花严重；低于13℃时，生长基本停止，遇霜植株冻死；0℃～1℃时则发生冻害。相反，35℃以上时，茎叶虽能正常生长，但花器官发育受阻，短花柱比例升高，果实畸形或落花落果。

2. 光照

茄子属喜光性作物，光补偿点为2000勒克斯，饱和点为40000勒克斯。日照时间越长，发育越旺盛，花芽分化早，开花早，植株发育壮。在弱光下，特别是在光照时间短的条件下，花芽分化质量降低，短柱花增多，落花率上升，而且果实着色也会受影响，尤其是紫色品种受影响更为明显。

3. 水分

茄子喜水、怕涝，因其枝叶繁茂，蒸腾量大，需水量多，生长期间土壤田间持水量达80%为好，空气相对湿度以70%～80%为宜。但不同生育阶段对水分的要求有所不同，门茄形成以前需水量相对较小，门茄迅速生长后需水量逐渐增加，直到对茄收获前后需水量最大。栽培上要充分满足茄子对水分的需求，否则就会影响其生长发育。水分不足时结果少，果面粗糙，品质差。但湿度过高时，病害严重，尤其是土壤积水，易造成沤根死苗。茄子根系发达，较耐干旱，特别是在坐果以前适当控制水分，进行多次中耕，能促进根系发育，防止幼苗徒长，利于花芽分化和坐果。

4. 土壤与养分

茄子对土壤和肥料要求较高，适于富含有机质及保水保肥力强的壤土和沙壤土，较耐盐碱，pH值在6.8～7.3范围内生长良好。如果土壤干旱和瘠薄，则果实皮厚肉硬，种子变老，风味不佳，产量低。茄子对氮、磷、钾三要素的需求量与番茄相似，但对氮素肥料要求较高。

二、茬口安排

北方地区温室栽培有三种茬口。

秋冬茬：7月下旬至8月中旬播种，9月中旬定植，11月上旬至翌年1月采收。

冬春茬（越冬茬）：9月上旬至10月上旬播种育苗，11月上旬至12月上旬定植，翌年1月上旬至6月为采收期。

早春茬：12月上旬播种，2月上旬至3月上旬定植，4月中旬至7月上旬采收。

三、品种选择

温室栽培，宜选用较耐弱光，生长势中等，耐寒性较强，抗病性强，始花节位低，果实生长速度快，早期产量高的早熟品种。目前以长茄和卵茄为主，如西安绿茄、苏崎茄、鹰嘴茄、鲁茄1号、辽茄3号、辽茄4号、布利塔、晋茄早1号与东方长茄等。选择栽培品种时，还要考虑到当地市场和外销市场的消费习惯，以选用对路适销的品种。

第十章 大田作物常见病害防治

第一节 小麦主要病害发生与防治

一、小麦根腐病

（一）发病特点

小麦根腐病又叫小麦根腐叶斑病。在东北、西北春麦区发生较重，黄淮海冬麦区也很普遍。种子带菌严重的不能萌发；幼苗染病，早期在芽鞘上形成黄褐色或褐黑色梭形斑，边缘清晰，扩展后引起种根基部、根间、分蘖节和茎部褐变，产生黑色霉状物，最后根系朽腐，麦苗平铺在地上，下部叶片变黄，逐渐黄枯而死。成株期染病，叶片上出现梭形小褐斑，后扩展为长椭圆形或不规则形浅褐色斑，病斑两面均生灰黑色霉，严重的整叶枯死。在小穗上会出现褐斑和白穗。

（二）病原物

镰刀菌，为真菌性病害。

（三）主要田间防治措施

1.选用适合当地栽培的抗病品种，种植不带黑胚的种子。

2.施用堆肥或腐熟的有机肥。麦收后及时耕翻灭茬，使病残组织当年腐烂，以减少下年初侵染源。

3.播种前药剂拌种。药剂可用万家宝、扑海因可湿性粉剂、代森锰锌可湿性粉剂、福美双可湿性粉剂、三唑酮乳油、喷克可湿性粉剂等。

4.成株开花期喷洒敌力脱乳油或福美双可湿性粉剂。

二、小麦纹枯病

（一）发病特点

小麦从播种后的整个生育期都可受害而表现症状。症状持续发展先后表现为烂芽，病苗死苗，茎部病斑连片形成云纹状病斑，植株死亡，形成白穗。田间表现症状往往由成株成簇白穗而发展至成片白穗，提早枯死，湿度大时，茎基部看白色霉层，霉层间有颗粒状物，即病原菌的菌核。

（二）病原物

禾谷丝核菌，为真菌性病害。

（三）主要田间防治措施

1.避免早播。一般在播种期内适当推迟 5 ～ 10 天。

2.增施有机肥，配合施用氮磷钾肥。

3.药剂拌种。用种子重量 0.2% 的 33% 纹霉净（三唑酮加多菌灵）可湿性粉剂或用种子重量 0.03% ～ 0.04% 的 15% 三唑醇（羟锈宁）粉剂，或种子重量 0.03% 的 15% 三唑酮（粉锈宁）可湿性粉剂拌种。

4.拔节期前喷药防治。春季小麦返青后和拔节期再使用粉锈宁、羟锈宁、井冈霉素、烯唑醇在小麦茎基部均匀喷雾防治。

三、小麦白粉病

（一）发病特点

小麦白粉病主要危害叶片、叶鞘、茎秆，穗部也有发生。病叶开始时出现褐绿色小点，逐步扩大为圆形或椭圆形病斑，生有一层白粉状霉层，后期变为灰白或灰褐色。

（二）病原物

禾本科布氏白粉菌小麦专化型，为真菌性病害。

（三）主要田间防治措施

1.选用抗病品种。针对该病的抗病品种较多，可根据实际情况选择适当品种种植。

2.加强栽培管理。注意合理密植，通风透光，防止倒伏，使小麦植株生长健壮。

3.药剂防治。要抓好两个关键时期：一是播种期药剂拌种，可选药剂有种子重量 0.03% 的（有效成分）25% 三唑酮（粉锈宁）可湿性粉剂或 15% 三唑酮可湿性粉剂。

二是生长期田间喷雾防治，可选药剂有 20% 三唑酮乳油 1000 倍液、40% 福星乳油 8000 倍液等。

四、小麦全蚀病

(一) 发病特点

小麦全蚀病又称小麦黑脚病、立枯病。诊断要点是拔节后茎基部表面及叶鞘内布满紧密交织的黑褐色菌丝层，呈"黑脚"状，后颜色加深呈黑膏药状，上密布黑褐色颗粒状子囊壳。这是全蚀病区别于其他根腐病的典型症状。重病株地上部明显矮化，发病晚的植株矮化不明显。但在干旱条件下，病株基部"黑脚"症状不明显，也不产生子囊壳。

(二) 病原物

禾顶囊壳禾谷变种和禾顶囊壳小麦变种，为真菌性病害。

(三) 主要田间防治措施

1.温汤浸种。对怀疑带病种子用 51℃～54℃ 温水浸种或用托布津药液浸种。

2.增施腐熟有机肥。有助于加强植株营养，改善根际微生物生态环境。

3.药剂拌种。用立克秀或苯醚甲环唑悬浮种衣剂 (华丹) 拌麦种，晾干后既可播种也可贮藏再播种。

4.小麦播种后 20～30 天，用三唑酮 (粉锈宁) 可湿性粉剂，顺垄喷撒，翌年返青期再喷一次，不仅可控制全蚀病危害，并可兼治白粉病和锈病。

五、小麦锈病

(一) 发病特点

小麦锈病主要分为条锈病、叶锈病和秆锈病三种。

条锈病主要发生在华北、西北、淮北等北方冬麦区，以及西南的四川、云南等地，叶锈病在华北、东北、西北等地严重发生，秆锈病主要发生在我国东南沿海一带、长江中下游及南方各省的冬麦区，以及东北、西北、内蒙古等地的春麦区。

(二) 病原物

担子菌亚门柄锈菌属，为真菌性病害。

(三) 主要田间防治措施

1.选种抗耐病品种及品种合理布局。为防止病原物产生抗性，应当多种抗耐品种并合理搭配种植，做到"当年品种有搭配，来年品种有两手"。

2.加强田间管理，培育壮苗，适当浇水。

3.药剂防治。对条锈病，当外来病原使田间发病率达 1%，越冬后当地病原形成发病中心时即开始防治；对叶锈病，一般在抽穗前后防治（病叶率 5% ～ 10%）。秆锈病在扬花灌浆期（病秆率 1% ～ 5%）。所采用的药剂主要包括：粉锈宁（三唑酮）乳剂（胶悬剂）、25% 羟锈宁（三唑醇）。

六、小麦丛矮病

（一）发病特点

染病植株上部叶片有黄绿相间条纹，分蘖增多，植株矮缩，呈丛矮状。冬小麦播后20 天即可显症，可见心叶有黄白色相间断续的虚线条，后发展为不均匀黄绿条纹，分蘖明显增多。病株一般不能拔节和抽穗。冬前未显症和早春感病的植株在返青期和拔节期陆续显症，心叶有条纹，与冬前显症病株比，叶色较浓绿，茎秆稍粗壮，拔节后染病植株只有上部叶片显条纹，能抽穗的籽粒秕瘦。

（二）病原物

北方禾谷花叶病毒，属病毒性病害。

（三）主要田间防治措施

1.清除杂草、消灭毒源。

2.小麦平作，合理安排套作，避免与禾本科植物套作。

3.精耕细作、消灭灰飞虱生存环境，压低毒源、虫源。适期连片播种，避免早播。麦田冬灌水保苗，减少灰飞虱越冬。小麦返青期早施肥水提高成穗率。

4.药剂防治。用甲拌磷拌种堆闷 12 小时，防效显著。出苗后喷药保护，包括田边杂草也要喷洒，压低虫源，可选用氧化乐果乳油、马拉硫磷乳油或对硫磷乳油，也可用扑虱灵（噻嗪酮、优乐得）可湿性粉剂。小麦返青盛期也要及时防治灰飞虱，压低虫源。

七、小麦黄矮病

（一）发病特点

小麦从幼苗到成株期均能感病。苗期感病时，叶片失绿变黄，病株矮化严重，其高度只有健株的 1／3 ～ 1／2，甚至更矮。病重的病苗甚至不能越冬，或越冬不能拔节、抽穗，能抽穗的籽粒也很秕瘦。感病较晚的病株，矮化现象不很明显，典型症状为：上部幼嫩叶片从叶尖开始发黄，逐渐向下扩展，使叶片中部也发黄，发黄的叶片呈亮黄色，有光泽，叶脉间有黄色条纹。穗期感病的麦株仅旗叶发黄，症状同上。个别品种染病后，叶片变紫。

（二）病原物

大麦黄矮病毒，属病毒性病害。

（三）主要田间防治措施

1.选育抗、耐病品种，一些农家品种有较好的抗耐病性，因地制宜地选择近年选育出的抗耐病品。

2.加强栽培管理，及时消灭田间及附近杂草。冬麦区适期迟播，春麦区适当早播，确定合理密度，加强肥水管理，提高植株抗病力。

3.有条件的地方冬小麦采用地膜覆盖，防病效果明显。

4.药剂防治。及时防治蚜虫，可用占种子量 0.5% 灭蚜松或 0.3% 乐果乳剂拌种，或 40% 乐果乳油 1000 ～ 1500 倍液或 50% 灭蚜松乳油 1000 ～ 1500 倍液、2.5% 功夫菊酯或敌杀死、氯氰菊酯乳油 2000 ～ 4000 倍液、50% 对硫磷乳油 2000 ～ 3000 倍液等喷洒。

八、小麦赤霉病

（一）发病特点

本病从幼苗至抽穗皆可发生，引起苗枯、茎腐和穗腐，尤以穗腐发生普遍并且严重。穗腐始于开花后，表现为小穗和颖壳初变褐色后转灰白色，潮湿时颖壳缝和小穗基部先现粉红色霉层，后现针头大蓝黑色小粒，病穗籽粒干瘪。

（二）病原物

子囊菌亚门玉米赤霉菌，为真菌性病害。

（三）主要田间防治措施

1.消灭越冬病原。清除田间稻麦桩、玉米秸秆等病残体。

2.加强栽培管理。因地制宜调整播期，配方施肥，增施磷钾，勿偏施氮肥；整治排灌系统，降低地下水位，防止根系早衰。

3.药剂防治。播种前进行石灰水浸种，方法参见小麦散黑穗病。首次施药应掌握在齐穗开花期，喷药 2 ～ 3 次，隔 5 ～ 7 天喷一次。可选用 50% 多菌灵可湿性粉剂 800 倍液或 60% 多菌灵盐酸盐（防霉宝）可湿性粉剂 1000 倍液、50% 多霉威可湿性粉剂

800 ~ 1000 倍液、60% 甲霉灵可湿性粉剂 1000 倍液等。

九、小麦散黑穗病

（一）发病特点

主要在穗部发病，病穗比健穗抽出早。最初病小穗外面包一层灰色薄膜，成熟后破裂，散出黑粉，黑粉吹散后，只残留裸露的穗轴。病穗上的小穗全部被毁或部分被毁。一般主茎、分蘖都出现病穗，但在抗病品种上有的分蘖不发病。小麦同时受腥黑穗病菌和散黑穗病菌侵染时，病穗上部表现出腥黑穗，下部为散黑穗。散黑穗病菌偶尔也侵害叶片和茎秆，在其上长出条状黑色孢子堆。

（二）病原物

担子菌亚门裸黑粉菌，属真菌性病害。

（三）主要田间防治措施

1. 建立无病种子田。无病繁种田应设在大田 300 米以外，繁种田的种子应使用严格处理后的无菌种子。

2. 清除侵染源。小麦抽穗前，加强田间检查，发现病穗立即拔除，以减少病菌传播，减轻下一年病害的发生。

3. 温汤浸种。把麦种置于 50℃ ~ 55℃ 热水中，立刻搅拌，使水温迅速稳定至 45℃，浸 3 小时后捞出，移入冷水中冷却，晾干后播种。

4. 石灰水浸种。将选好的麦种用石灰水浸泡（优质生石灰 0.5 千克，溶在 50 千克水中），气温 20℃时浸 3 ~ 5 天，气温 25℃时浸 2 ~ 3 天，30℃浸 1 天，浸种以后不再用清水冲洗，摊开晾干后即可播种。浸种时要求水面高出种子 10 ~ 15cm，种子厚度不超过 66cm。

5. 药剂拌种。可用 12.5% 烯唑醇可湿性粉剂 10 ~ 15 克，对水 700 毫升，拌 10 千克种子；或用种子重量 63% 的 75% 萎锈灵可湿性粉剂、种子重量 0.08% ~ 0.1% 的 20% 三唑酮乳油拌种。

第二节 水稻主要病害发生与防治

一、水稻稻瘟病

（一）发病特点

水稻整个生育期各部位均能发生稻瘟病,根据发生时期和发生部位不同可分为苗瘟、叶瘟、节瘟、穗颈瘟、谷粒瘟等,常发生并且危害大的主要有苗瘟、叶瘟、节瘟、穗颈瘟和谷粒瘟。尤其穗颈瘟或节瘟发生早而重,可造成白穗以致绝产。

1.苗瘟

苗瘟主要发生于幼苗期,叶片上形成褐色、梭形或不定型病斑,有时可在病斑上形成灰绿色霉层。

2.叶瘟

分蘖至拔节期危害较重。由于气候条件和品种抗病性不同,病斑分为四种类型。在田间常见的有慢性型与急性型病斑。

慢性型病斑:开始在叶上产生暗绿色小斑,渐扩大为梭菜斑,常有延伸的褐色坏死线。病斑中央灰白色,边缘褐色,外有淡黄色晕圈,叶背有灰色霉层,病斑较多时连片形成不规则大斑,这种病斑发展较慢。

急性型病斑:在气象有利时产生,病斑为暗绿色,近圆形、椭圆形或不规则形,病斑背面密生灰绿色霉层。多发生在感病品种上,稻株嫩绿时最易发生。急性型病斑发展很快,它的出现常是叶瘟流行的预兆。如果天气转晴干燥或施药防治,急性型病斑将转为慢性型病斑。

3.节瘟

节瘟常在抽穗后发生,初在稻节上产生褐色小点,后渐绕节扩展,使病部变黑,易折断。发生早的形成枯白穗。仅在一侧发生的造成茎秆弯曲。

4.穗颈瘟

穗颈瘟发生于颈部、穗轴、枝梗上,病斑初为暗褐色小点,以后上下扩展形成黑褐色条斑,轻者影响结实、灌浆以致秕粒增多,重者可形成白穗,全不结实。

5.谷粒瘟

谷粒瘟发生于颖壳或护颖上,初为褐色小点,后扩大成褐色不规则形病斑,有时使整个谷粒变为褐色、暗灰色而成为瘟谷。

（二）病原物

半知菌亚门灰梨孢，属真菌性病害。

（三）主要田间防治措施

1.选用高产抗病品种。最好不用单一品种，可以用 2 ～ 3 个抗病品种搭配种植。如可选用空育 131、合交 16、合交 19、东农 416、东农 415 等品种。

2.减少病原。收割的病草、病谷应与稻草、稻谷分开堆放，不得四处散落，收割后尽早对其进行处理。对发病重的病种子应进行消毒，以减少病原。

3.加强管理。在培育壮秧的前提下，要做到早插秧，多施基肥，早追肥，注意氮、磷、钾配合施用，有机肥和化肥配合施用，适当施用含硅酸的肥料（如草木灰、矿渣、窑灰钾肥等）。平整土地的前提下，实行合理浅灌，分蘖末期进行排水晒田，孕穗到抽穗期要做到浅灌，以满足水稻需水的要求，有条件的地区设置晒水池，以提高灌水温度。

4.种子处理。用 56℃ 温汤浸种 5 分钟。用 10% 401 抗菌剂 1000 倍液或 80% 402 抗菌剂 2000 倍液、70% 甲基托布津（甲基硫菌灵）可湿性粉剂 1000 倍液浸种 2 天。也可用 1% 石灰水浸种，10℃～15℃ 浸 6 天，20℃～25℃ 浸 1～2 天，石灰水层高出稻种 15㎝，静置，捞出后清水冲洗 3～4 次。

5.药剂防治。抓住关键时期，适时用药。早抓叶瘟，狠治穗瘟。在秧田和本苗出现发病中心时抓紧喷药防治，控制病情扩展蔓延，隔 5～7 天再喷一次。防治穗颈瘟，着重保护抽穗期，在打尖苞期、始穗期、齐穗期各喷药一次，在特别严重的发病田，如果病情尚未控制，后期雨水又多，在乳熟期再喷施一次。药剂可选用 20% 三环唑（克瘟唑）可湿性粉剂 1000 倍液、40% 稻瘟灵（富士一号）乳油 1000 倍液、50% 多菌灵或 50% 甲基硫菌灵可湿性粉剂 1000 倍液、40% 克瘟散乳剂 1000 倍液、50% 异稻瘟净乳剂 500～800 倍液等。上述药剂也可添加 40 毫克／千克春雷霉素或加展着剂效果更好。

二、水稻胡麻斑病

（一）发病特点

从秧苗期至收获期均可发病，稻株地上部均可受害，以叶片为多。种子发芽期芽鞘受害，变成褐色，重者枯死。稻株以叶片受害最普遍，主要在叶片上散生许多如芝麻粒状大小的病斑。病斑中央为灰褐色至灰白色，边缘为褐色，周围有黄色晕圈，病斑的两端无坏死线，这是与叶稻瘟病的重要区别。严重时，病斑互相融合成不规则的大病斑，病叶片由叶尖逐渐向下干枯，以致整株枯死，易感病品种，叶片上会产生不规则的急性型大病斑，上面密生一层黑褐色霉层。穗颈和枝梗发病受害部暗褐色，造成穗枯。谷粒染病早期受害的谷粒灰黑色扩至全粒造成瘪谷。后期受害病斑小，边缘不明显。病重谷粒质脆易碎。

（二）病原物

半知菌亚门稻平脐蠕孢，属真菌性病害。

（三）主要田间防治措施

1.加强管理。合理施肥，增施腐熟堆肥做基肥，及时追肥，增加磷钾肥。要浅灌勤灌，避免长期水淹造成通气不良。酸性土注意排水，适当施用石灰。

2.清除病原。深耕灭茬，压低病原。病稻草要及时处理销毁。

3.药剂防治。重点应放在抽穗至乳熟阶段，保护剑叶、穗颈和谷粒不受侵染。方法和药剂参见水稻稻瘟病。

三、水稻纹枯病

（一）发病特点

水稻整个生育期都可发生，抽穗前后危害最重，主要危害叶鞘和叶片，严重时也能危害穗部和深入茎秆。

叶鞘受害，初在近水面处生暗绿色水渍状边缘不清楚的斑点，后渐渐扩大成边缘淡褐色，中央灰白色的椭圆形大斑，病斑常连片呈云纹状。受害重者，叶鞘干枯，上面的叶片随之枯黄。叶片染病，病斑也呈云纹状，边缘褪黄，发病快时病斑呈乌绿色，叶片很快腐烂。茎秆受害，初生灰绿色斑块，然后绕茎扩展，可使茎秆一小段组织呈黄褐色坏死，严重的引起稻株折倒。穗颈部受害，初为乌绿色，后变灰褐色。

（二）病原物

担子菌亚门瓜亡革菌，属真菌性病害。

（三）主要田间防治措施

1.减少病原。每年插秧前打捞菌核并带出田外深埋。

2.加强栽培管理。合理密植，改善群体通透性。配方施肥，巧施追肥，贯彻"施足基肥，早施追肥，灵活追肥"的原则。使禾苗前期攻得起，中期控得住，后期不贪青。严格水位管理，贯彻"前浅、中晒、后湿润"的用水原则，避免长期深灌或晒田过度，做到"浅水分蘖，够苗晒田促根，肥田重晒，瘦田轻晒，浅水养胎，湿润保穗，不过早断水，防止早衰"。

3. 药剂防治。防治适期为分蘖末期至抽穗期。分蘖后期病穴率达 15%，孕穗期病穴率达 10% ～ 15% 即施药防治，药剂可用 5% 田安水剂 400 倍液、2 万单位井冈霉素 300 倍液或 28% 多井悬浮剂 500 ～ 700 倍液，连续喷 2 ～ 3 次。

四、水稻稻曲病

（一）发病特点

水稻稻曲病又称为黑穗病、绿黑穗病、谷花病、青粉病，俗称"丰产果"。该病只发生于穗部，危害部分谷粒。受害谷粒先在颖壳的合缝处露出淡黄色块状物，后逐渐膨大，最后包裹全颖壳，比健谷大 3 ～ 4 倍，墨绿色表面光滑，后破裂，散生墨绿色粉末，切开病粒，中心白色，外围黄色，最外层墨绿色。感染稻曲病的籽粒成为稻曲球，含有许多有害物，不能食用。

（二）病原物

半知菌亚门稻绿核菌，属真菌性病害。

（三）主要田间防治措施

1. 农业防治及种子处理同水稻稻瘟病。

2. 药剂防治。水稻孕穗后期为药剂预防的最佳时期，当田间多数水稻植株剑叶抽出 1 ／ 2 至全部抽出，植株呈锭子形但未破肚，在水稻破口前 10 天左右施药，效果最佳。药剂可选用稻瘟康按 500 倍液、30% 苯甲·丙环唑 20 毫升／亩、5% 井冈霉素水剂 300 毫升／亩、15% 三唑酮可湿性粉剂 60 克／亩或 80% 多菌灵可湿性粉剂 80 克／亩，对水 50 千克／亩进行喷雾防治。

五、水稻白叶枯病

（一）发病特点

水稻白叶枯病又称白叶瘟，整个生育期均可受害，苗期、分蘖期最重。叶片最易染病，常见的为叶缘型和急性型，在田间基本见不到凋萎型（枯心型）。

1. 叶缘型

主要危害叶片，严重时也危害叶鞘，发病先从叶尖、叶缘发生，初为暗绿色或黄绿色，半透明水渍状斑点，随后沿叶缘一侧或两侧，或沿叶片中脉继续发展成为波纹状的黄色、黄绿色或灰绿色病斑，最后变为枯白色，病部及健部界线分明。潮湿时，病斑常溢出蜜黄色颗粒菌脓，干后成蜜黄色鱼子状小粒，为识别白叶枯病的重要特征之一。

2.急性型

病叶先产生暗绿色病斑，随后迅速扩展使叶片变灰绿色，并向内侧卷曲，失水青枯。多见于上部叶片，此种症状的出现表示病害正在急剧发展。在空气湿度大或雨后傍晚和清晨露水大时，常从新病斑表面吐出混浊状的水珠或黄色胶珠状的细菌脓，干后硬结成粒，容易脱落。

（二）病原物

水稻黄单胞菌，为细菌性病害。

（三）主要田间防治措施

1.清除病原。重病田的稻草和打场的残渣瘪谷，必须经高温堆肥后发酵应用，避免直接还田。

2.加强管理。要采用因土配方施肥，氮肥切忌多施、晚施。严禁稻田间串灌、漫灌，防止稻田受淹。田间出现发病中心，要放出积水保持湿润状态，防止病菌随水扩散。

3.种子处理。播前用 50 倍液的福尔马林浸种 3 小时，再闷种 12 小时，洗净后再催芽。也可选用浸种灵乳油 2 毫升，加水 10 ～ 12 升，充分搅匀后浸稻种 6 ～ 8 千克，浸种 36 小时后催芽播种。

4.药剂防治。大田施药适期应掌握在零星发病阶段，以消灭发病中心。药剂可选用 10% 杀枯净可湿性粉剂 400 ～ 500 倍液、50% 叶枯青可湿性粉剂 500 ～ 1000 倍液、15% 敌枯双 1500 ～ 2000 倍液。根据病情隔 5 ～ 7 天再喷一次。

六、水稻条纹叶枯病

（一）发病特点

1.苗期

心叶基部出现褪绿黄白斑，后扩展成与叶脉平行的黄色条纹，条纹间仍保持绿色。发病株矮化不明显，但一般分蘖减少。高秆品种发病后心叶细长、柔软并卷曲成纸捻状，弯曲下垂而成"假枯心"症状；矮秆品种发病后心叶展开仍较正常，不呈枯心状，出现黄绿相间条纹。秧苗期发病的植株多数枯死。

2.分蘖期

先在心叶下一叶基部出现褪绿黄斑，后扩展形成不规则黄白色条斑，老叶不显病，病株常枯孕穗或穗小畸形不实。

3. 拔节后

在剑叶下部出现黄绿色条纹，一般不出现枯心，但抽穗畸形，很少结实。

（二）病原物

水稻条纹叶枯病毒，属病毒性病害。

该病毒只能通过介体昆虫传播，传毒昆虫主要是灰飞虱。该病毒的寄主范围仅限于禾本科作物及杂草。

（三）主要田间防治措施

1. 耕翻灭茬，铲除杂草，切断灰飞虱迁飞的桥梁与避难所，降低灰飞虱虫量，从而减轻条纹叶枯病的发生。

2. 调整播期，使水稻易感期避开灰飞虱迁飞高峰期。

3. 调整稻田耕作制度和作物布局。成片种植，防止灰飞虱在不同季节、不同成熟期和早、晚季作物间迁移传病。忌种插花田，秧田不要与麦田相间。

4. 加强栽培管理。秧苗期防治徒长，大田期做到促控结合。避免偏施氮肥，增施磷、钾肥，提高植株抗病力。

5. 药剂拌种。每亩用 17% 菌虫清可湿性粉剂 20 ～ 30 克再加 10% 吡虫啉可湿性粉剂 10 克进行浸种处理；对虫量基数大、带毒率高的田块，可每亩再用 5% 锐劲特悬浮剂 30 ～ 40 毫升进行拌种处理。

6. 喷雾防治。早稻、晚稻秧田平均有成虫 18 头／平方米和 5 头／平方米，本田 1 头／平方米时进行防治。所选药剂参见稻飞虱。

七、水稻恶苗病

（一）发病特点

水稻恶苗病又称徒长病，从苗期到抽穗期都可能发病。秧田期发病：一般播种几天就可以发病，有的发芽不久就枯死，但典型的症状要在秧田末期才能表现出来：病苗比壮苗要纤细得多，而且长得比较高，颜色呈淡黄绿色。病苗多在移栽前死亡，从枯死苗近地面部分会产生淡红色的霉状物，有的呈白色。大田发病：移栽后 1 个月左右才出现病株，初期症状与秧苗病状一样，发病严重时一般在抽穗前枯死。后期一般在病株下部、茎的附近或者叶鞘上散生或聚生很多黑色小点。

（二）病原物

半知菌亚门串珠镰孢属，属真菌性病害。

（三）主要田间防治措施

1.建立无病留种田，选栽抗病品种，选留无病种子，并选用健壮种谷，剔除秕谷和受伤种子。

2.清除病残体，在秧苗期发现病株及时拔除并带离秧田集中烧毁，病稻草收获后做燃料或沤制堆肥。

3.加强栽培管理，催芽不宜过长，拔秧要尽可能避免损根。做到"五不插"：不插隔夜秧、不插老龄秧、不插深泥秧、不插烈日秧、不插冷水浸的秧。

4.种子处理：浸种处理是预防恶苗病首选的关键性措施。用石灰水澄清液浸种，15℃～20℃时浸3天，25℃浸2天，水层要高出种子10～15cm，避免直射光。或用福尔马林浸闷种3小时，气温高于20℃用闷种法，低于20℃用浸种法。或用25%咪鲜胺（施保克）3000倍液、10%二硫氰基甲烷（浸种灵）5000倍液或80%乙蒜素（抗菌剂402）、多菌灵、甲基硫菌灵（甲基托布津）等浸种。

八、水稻烂秧病

（一）发病特点

烂秧是秧田中发生的烂种、烂芽和死苗的总称。

烂种是水稻种子在贮藏、浸种和催芽过程中受到伤害，降低或丧失活力，播后发生腐烂的一种烂秧形式。

烂芽指稻种落田后未转青就引起的死亡。我国各稻区均有发生。分生理性烂芽和传染性烂芽。生理性烂芽常见的有淤籽：播种过深，芽鞘不能伸长而腐烂；露籽：种子露于土表，根不能插入土中而萎蔫干枯；跷脚：种根不入土而上跷干枯；倒芽：只长芽不长根而浮于水面；钓鱼钩根：芽生长不良，黄褐卷曲呈现鱼钩状；黑根：根芽受到毒害，呈"鸡爪状"，种根和次生根发黑腐烂。传染性烂芽又分为绵腐型烂芽和立枯型烂牙：低温高湿条件下易发病，发病初在根、芽基部的颖壳破口外产生白色胶状物，渐长出棉毛状菌丝体，后变为土褐或绿褐色，幼芽黄褐枯死，俗称"水杨梅"。立枯型烂芽：开始零星发生，后成簇、成片死亡，初在根芽基部有水浸状淡褐斑，随后长出棉毛状白色菌丝，也有的长出白色或淡粉红霉状物，幼芽基部缢缩，易拔断，幼根变褐腐烂。

死苗指第一叶展开后的幼苗死亡，多发生于2～3叶期。分青枯型和黄枯型两种：

青枯型死苗，病株最初叶尖停止吐水，继而心叶突然萎蔫，卷成筒状，随后下部叶片很快失水萎蔫卷筒，直至全株呈污绿色而枯死。病株根系呈暗色，根毛稀少。黄枯型死苗从下部叶开始，叶尖向叶基逐渐变黄，再由下向上部扩展，最后茎基部软化变褐，幼苗黄褐色枯死，俗称"剥皮死"。

（二）病原物

生理性烂秧是环境条件不适而导致生理失调引起的。侵染性烂秧是真菌侵染引起的，主要有鞭毛菌亚门绵霉属、腐霉属和半知菌亚门镰孢属、丝核菌属真菌，均属土壤真菌，能在土壤中长期腐生生活。

（三）主要田间防治措施

1.精选种子，选成熟度好、纯度高且干净的种子，浸种前晒种。

2.抓好浸种催芽关。浸种要浸透，以胚部膨大突起，谷壳呈半透明状，通过谷壳隐约可见月牙白和胚为准，但不能浸种过长。催芽要做到"高温（36℃～38℃）露白、适温（28℃～32℃）催根、淋水长芽、低温炼苗"。

3.提高播种质量。日均气温稳定在12℃时方可播于露地育秧，均匀播种，抢在寒流的"冷尾暖头"。根据天气预报使播后有3～5个晴天，有利于谷芽转青。播种量要适中，落谷均匀，播种以谷陷半粒为宜，播后撒灰，保温保湿有利于扎根竖芽。

4.加强水肥管理。施肥要掌握基肥稳、追肥少而多次，先量少后量大，提高磷钾比例。齐苗后施"破口"扎根肥，可用清粪水或硫酸铵掺水洒施，二叶展开后，早施"断奶肥"。播后至出苗，以通气供氧为主，畦面保持湿润，有利于扎根出苗。若遇大雨要及时灌排水。一叶展开后可适当灌浅水，2～3叶期灌水以减小温差，保温防冻。寒潮来临要灌"拦腰水"护苗，冷空气过后转为正常管理。

5.药剂防治。绵腐病，于播种后或初发时，用75%敌克松可湿性粉剂1000倍液或用0.1%硫酸铜液（田间保持薄水层）防治。对水稻旱育秧立枯病，首要是秧板消毒，土壤杀菌可选常用的敌磺钠、噁霉灵等，也可每平方米用1～2毫升移栽灵加水3千克，喷洒于浇透水而未播种的苗床上。

九、水稻矮缩病

（一）发病特点

主要分布在南方稻区。又称水稻普通矮缩病、普矮、青矮等。水稻在苗期至分蘖期感病后，植株矮缩，分蘖增多，叶片浓绿，僵直，生长后期病稻不能抽穗结实。病叶症状表现为两种类型。

白点型：在叶片或叶鞘上出现与叶脉平行的虚线状黄白色点条斑，以基部最明显。始病叶以上新叶都出现点条，以下老叶一般不出现。

扭曲型：在光照不足的情况下，心叶抽出呈扭曲状，随心叶伸展，叶片边缘出现波状缺刻，色泽淡黄。孕穗期发病，多在剑叶叶片和叶鞘上出现白色点条，穗颈缩短，形成包颈或半包颈穗。

（二）病原物

水稻矮缩病毒，属病毒性病害。

该病毒可由黑尾叶蝉、二条黑尾叶蝉和电光叶蝉传播，以黑尾叶蝉为主。病毒在黑尾叶蝉体内越冬，黑尾叶蝉在看麦娘上以若虫形态越冬，翌春羽化迁回稻田为害，早稻收割后，迁至晚稻上为害，晚稻收获后，迁至看麦娘、冬稻等 38 种禾本科植物上越冬。

（三）主要田间防治措施

1.水稻秧田种植要做到尽量远离重病田，不种插花田，将生育期相近或者相同的品种进行连片种植，防止叶蝉在早、晚稻和不同熟性品种上传毒。

2.早稻早收，避免虫源迁入晚稻。收割时要背向晚稻。

3.推广化学除草，消灭看麦娘等杂草，压低越冬虫源。

4.治虫防病。及时防治在稻田繁殖的第一代若虫，并要抓住黑尾叶蝉迁入双季晚稻秧田和本田的高峰期，把虫源消灭在传毒之前。可选用噻嗪酮可湿性粉剂，或 35% 速虱净乳油、速灭威可湿性粉剂，对水喷洒，隔 3～5 天一次，连喷 1～3 次。

第三节　禾谷类杂粮主要病害发生与防治

一、玉米黑粉病

（一）发病特点

玉米黑粉病虽属局部侵染性病害，但在玉米的整个生育期间皆可发生，玉米的气生根、茎、叶、叶鞘、包穗均可受害。受害组织因受病原菌的刺激而肿大成瘤，病瘤未成熟时，外披白色或淡红色、具光泽的薄膜，后转呈灰白色或灰黑色；病瘤成熟时外膜破裂，散出黑粉，此即为病原菌的厚垣孢子（冬孢子），此为本病症状的最大特点；茎节、果穗上的病瘤直径可达15㎝。同一植株上常多处生瘤，或同一部位多个病瘤聚集成堆。雄穗受害部位多长出囊状或角状小瘤，雌穗受害部位多在上半部，仅个别的小花会发病，其他未发病的仍可以结实；茎上的病瘤多生于茎节的腋芽；叶上的病瘤多生于叶片中肋两侧，细如豆粒，密集成串。

（二）病原物

病原为担子菌亚门的玉蜀黍黑粉菌。

（三）主要田间防治措施

1.种植抗病品种。品种抗病性差异明显，选育和推广抗病品种是防治黑粉病的根本措施。

2.清除病原。玉米收获后，及时深耕灭茬；播种前，清除田间病株残体，减少越冬病原。堆沤有机肥要经过高温发酵。

3.药剂防治。在玉米出苗前地表喷施杀菌剂（除锈剂）；用粉锈宁拌种；在玉米抽雄期是最佳的防治时期，常用药剂有1% 井冈霉素 0.5 千克加水 200 千克、50% 甲基托布津可湿性粉剂 500 倍液、50% 多菌灵可湿性粉剂 600 倍液、40% 菌核净可湿性粉剂 1000 倍液、50% 农利灵 1000 ～ 2000 倍液、50% 退菌灵 800 ～ 1000 倍液，喷药重点为玉米基部，保护叶鞘。

二、玉米丝黑穗病

（一）发病特点

玉米丝黑穗病俗称"火焰包""乌米""灰包"等，是幼苗侵染的系统性病害，一般到穗期才出现典型症状，有些品种或自交系在幼苗长出 6 ～ 7 片叶时就表现出明显症状。病株雄花的全部或部分小花受害，花器变形，颖片增长呈叶片状，不能形成雄蕊，小花基部膨大形成菌瘿，呈灰褐色，破裂后散出大量灰粉，受病重的整个花序被破坏变成黑穗。果穗受病外观短粗，无花丝，苞叶叶舌长而肥大，成熟时苞叶开裂散出黑粉，内混有许多丝状物。大多数是雄花和果穗都表现黑穗症状，少数病株只果穗成黑穗而雄花正常，雄花成黑穗而果穗正常的极少见。病果穗较粗短，基部膨大，不抽花丝，苞叶叶舌长而肥大，大多数除苞叶外全部果穗被破坏变成菌瘿，成熟时苞叶开裂散出黑粉。

（二）病原物

病原物为担子菌亚门轴黑粉菌，属真菌性病害。

（三）主要田间防治措施

1.选择抗病品种，并采用能防止丝黑穗病的种衣剂包衣。

2.加强栽培管理。合理轮作倒茬，履行 3 年以上的轮作是减轻玉米丝黑穗病的有效途径。特别是玉米丝黑穗病严重的地方，要多种一些薯类、豆类等作物，尽量避免连续多年重茬种植。实在倒不过茬的，也要轮换种植抗病品种。适期播种，播前选种、晒种、足墒浅播，以加快发芽出苗，减少病菌入侵机会。

3.清除病原。施用腐熟厩肥。含有病残体的厩肥或堆肥，必须充分腐熟后才能施用，最好不在玉米地施用，以防止病菌随粪肥传入田内。及时拔除病株，将田间已发生的病株及时拔除，并带出田间管理，不可随意丢弃，对上年玉米残体进行焚烧消灭病原，减轻发病。

4.药剂防治。用三唑类杀菌剂拌种对防治玉米丝黑穗病有良好的效果，常用药剂有 17% 三唑醇拌种剂或 25% 三唑酮（粉锈宁）可湿性粉剂按种子重量的 0.3% 拌种。12.5% 腈菌唑乳油 100 毫升加水 8 升混合均匀后拌种子 100 千克，风干后即可播种，2% 立克秀粉剂 2 克加水 1 升混合均匀后拌种 10 千克，风干后播种。

三、玉米矮花叶病

（一）发病特点

玉米的整个发育期均可感染，受害植株表现褪色、矮化、不育，有时提早枯死，症状严重度主要取决于品种的感病性及侵染时间的早晚，早期侵染导致严重及更显著的症状。幼苗染病心叶基部细胞间出现椭圆形褪绿小点，断续排列成条点花叶状，并逐渐发展成黄绿相间的条纹症状，后期叶尖的叶缘变红紫而干枯。感病的叶鞘、果穗也能出现花叶状。

（二）病原物

病原物为 MDMV 粒子，称玉米矮花叶病毒，属马铃薯 Y 病毒组。

（三）主要田间防治措施

1.因地制宜，合理选择抗病杂交品种，如丰单 1 号、农大 3138 等。

2.清除病原。在田间尽早拔出病株，适时清除杂草。

3.消灭传病昆虫。在传毒蚜虫迁入玉米地始期和盛期，及时喷洒 50% 氧化乐果乳油 800 倍液、50% 抗蚜威可湿性粉剂 3000 倍液或 10% 吡虫啉可湿性粉剂 2000 倍液。

四、玉米大、小斑病

（一）发病特点

1.玉米大斑病：玉米整个生长期皆可发生，但多见于生长中后期，特别是抽穗以后。主要侵害叶片，严重时叶鞘和苞叶也可受害，一般先从植株底部叶片开始发生，逐渐向上蔓延，形成边缘暗褐色、中央淡褐色的大斑，梭状（或纺锤状），后期病斑长纵裂，严重时病斑融合，叶片变黄枯死。潮湿时病斑上有灰黑色霉层。

2.玉米小斑病：玉米整个发育期均可发病，但以抽雄和灌浆期最重。主要危害叶片，叶鞘、苞叶和果穗也可染病。叶片受害后，病斑呈椭圆形、纺锤形或长方形，黄褐色或灰色，边缘颜色较深，严重的斑面上可出现灰黑色霉层，病叶易萎蔫枯死。

（二）病原物

玉米大斑病病原菌为半知菌亚门的大斑凸脐蠕孢菌，玉米小斑病由半知菌亚门的玉蜀黍平脐蠕孢菌引起。

（三）主要田间防治措施

1.选择抗病品种。不同的品种对玉米大斑病和玉米小斑病的抗性不同，因此，在种植时尽量选择抗性好的品种。

2.清除病原。及时清除田间感病植株以及合理轮作都可以减少初侵染源。

3.药剂防治。在心叶末期到抽雄期或发病初期喷药防治，每亩可用药剂有50% 好速净可湿性粉剂 50 克、50% 多菌灵可湿性粉剂 600 倍液、40% 菌核净可湿性粉剂 1000 倍液、75% 百菌清可湿性粉剂 300 倍液、50% 退菌灵 800～1000 倍液等。

五、玉米粗缩病

（一）发病特点

受害植株严重矮化，仅为健康株高的 1／3～1／2，有时提早枯死。叶片感病后背面侧脉上出现蜡白色突起物，明显变得粗糙。幼苗染病心叶基部细胞间出现椭圆形褪绿小点，断续排列成条点花叶状，并逐渐发展成黄绿相间的条纹症状，后期叶尖的叶缘变红紫而干枯。感病的叶鞘、果穗也能出现白色条斑。果穗畸形，花丝极少，植株严重矮化，雄穗退化，雌穗畸形，严重时不能结实。

（二）病原物

玉米粗缩病毒。

（三）主要田间防治措施

1.加强监测和预防。玉米粗缩病目前尚无特效药剂防治，一旦发病基本上无产量。因此，玉米苗期出现粗缩病的地块，要及时拔除病株预防发病，还要挑选抗病毒品种。

2.要坚持治虫防病的原则。应采取减少灰飞虱虫源和做好传毒昆虫防治等措施，力争把传毒昆虫消灭在传毒之前。玉米等作物播种前和收获前清除田边、沟边杂草，精耕细作，及时除草，以减少虫源。对玉米田及四周杂草喷氧化乐果乳油加甲胺磷乳油。适当调整玉米播期，使玉米苗期错过灰飞虱的盛发期。合理安排种植方式。加强田间管理，及时追肥浇水，提高植株抗病力。结合间苗定苗，及时拔除病株，以减少病株和毒源，严重发病地块及早改种豆科作物或甜、糯玉米等，以增加经济收入。

3.喷药杀虫。根据灰飞虱虫情预测情况及时用扑虱灵，在玉米5叶期左右，喷药防治传毒昆虫，2.5% 扑虱灵 1000 倍液及 10% 病毒王 600 倍混合液。

4.玉米苗期可喷洒 5% 菌毒清可湿性粉剂 500 倍液、15% 病毒必克可湿性粉剂 500～1000 倍液提高植株抗病性。

第四节　棉花主要病害发生与防治

一、棉苗病害

（一）发病特点

棉花苗期病害是棉花主要病害，一般发生在棉花播种后 15～45 天。我国以立枯病、炭疽病、红腐病等分布最广、危害最重。

1.立枯病

棉苗出土前被害，造成烂种、烂芽。棉苗出土后被害，茎基部出现黄褐色病斑，并逐渐扩大凹陷，呈缢缩状，严重时病部皮层腐烂，露出木质纤维，常致棉苗萎蔫枯死，病斑向下扩展到根部，使根系呈黑褐色湿腐，棉苗失水枯萎，一般不倒伏。拔起病苗，茎基部以下的皮层均遗留在土中，仅存留尖细的鼠尾状木质部。子叶发病，多在叶片中部产生黄褐色不规则形病斑，以后病部破裂、脱落形成穿孔。

2.炭疽病

苗期、成株期均可发病。茎基部最初出现红褐色小斑点，后扩大呈梭形病斑，边缘红褐色，中央纵裂下陷，严重时病部变黑腐烂，棉苗萎蔫枯死。子叶受害，多在边缘出现圆形或半圆形的黄褐色或褐色病斑。在干燥条件下，病斑边缘呈红褐色，中央有时出现小黑点，最后病斑破裂，子叶边缘残缺不全。潮湿时，病部表面散生许多小黑点及橘红色黏质团。

3.红腐病

我国各棉区均有发生，长江流域、黄河流域棉区受害重，辽河流域也有发生。幼芽于出土前受害，芽变为红褐色腐烂。出土后幼茎染病导管变为暗褐色，近地面的幼茎基部出现黄色条斑，后变褐腐烂，幼根、幼茎肿胀，子叶、真叶边缘产生灰红色不规则斑，湿度大时其上产生粉红色霉层。

（二）病原物

以上三种病害分别由半知菌亚门丝核菌属、刺盘孢属和镰孢属真菌侵染引起。立枯病是典型的土传病害，炭疽病和红腐病以种子传病为主。

（三）主要田间防治措施

1.培育壮苗早发。首先要精选种子，其次要适期播种、足墒播种。一般以地表5cm，土温稳定在12℃以上时开始播种为宜。播种时，避免过深过浅，以保证出苗快，苗齐苗壮，提高抗病能力，播后遇雨要及时中耕破除板结，并尽量减少种子在土中的萌芽时间。合理轮作，精细整地。棉花与禾本科作物轮作或水旱轮作。

2.加强管理。出苗后及时中耕、疏苗，并清理病苗。寒流来临前，注意防寒暖苗，可撒草木灰或增施磷、钾肥，提高植株抗病力。

3.种子处理。用种子重量0.5%的50%多菌灵或75%五氯硝基苯拌种；用种子重量0.3%的50%多菌灵胶悬剂浸种14小时，或用70%乙蒜素乳油200倍液，在55℃～60℃下闷浸30分钟，晾干后播种；将棉籽在55℃～60℃温水中浸泡30分钟后，立即转入冷水中冷却，捞出后晾至茸毛发白，再用适量的拌种剂和草木灰配成药灰搓种，要现搓现用。

4.喷雾防治：棉花齐苗后，遇有寒流阴雨，苗期叶病可能严重发生，要及时喷药保护预防。药剂可选用1∶1∶200波尔多液、65%代森锌600～800倍液、70%甲基托布津800～1000倍液等。

二、棉苗枯萎病、黄萎病

（一）发病特点

棉苗枯萎病和黄萎病是棉花的毁灭性病害，有棉花"癌症"之称。二者常混合发生，一旦发生难以根除，造成严重减产。

1.棉苗枯萎病

幼苗至成株均可发病，现蕾前后发病最盛。根据病症的不同，可以划分为五类常见症状。黄色网纹型：苗期感病，从叶缘或叶尖开始，叶脉褪绿变成黄白色，叶肉仍保持绿色，呈黄色网纹状斑纹，后扩大至整个叶片，最后干枯脱落，棉苗死亡。黄花型：幼苗子叶或真叶全部或部分变黄，由叶尖开始向内发展，最后发展为叶片凋萎脱落。紫红型：早春气温偏低且不稳定时，棉苗子叶或真叶出现紫红斑，叶片逐渐枯萎死亡。青枯型：苗期感病，子叶或真叶部分或全部变成紫红色，随着病情发展，叶片枯萎脱落，棉苗死亡。皱缩型：5～7片真叶时，大部分病株顶部叶片皱缩，畸形，叶色深绿，叶片变厚，节间缩短，病株比无病株明显变矮，一般不死亡。

2.棉苗黄萎病

一般到现蕾后症状才开始出现，在花铃期大量发病。发病初期，叶片边缘及叶脉间首先发黄，逐渐发展至叶片半边或整个叶片发黄。天气干旱或晴天中午前后棉苗萎蔫，早晚恢复正常。后期由黄变褐，有时叶缘向上卷曲，萎垂或脱落，严重时病株叶片落光，仅剩茎秆。

（二）病原物

枯萎病由半知菌亚门镰孢属真菌引起，黄萎病由半知菌亚门轮枝孢属真菌引起。

棉苗枯萎病和黄萎病是典型的维管束寄生的系统性病害，两种病菌均可在土壤中逐年积累，长时间存活。

（三）主要田间防治措施

1.培育壮苗，种植抗（耐）品种。

2.加强田间管理。实行轮作倒茬，改善棉田生态条件；勤中耕，深中耕，提高地温，降低土壤湿度；开沟排水，降低地下水位；增施腐熟的有机肥和磷、钾肥，避免偏施氮肥。连年坚持清除病田的枯枝落叶和病残体，就地烧毁。

3.加强检疫及病田管理，严禁从病区调入棉种、棉籽饼和棉籽壳。

4.药剂防治。棉田发病初期，可用敌克松、多菌灵、代森锰锌等1000～1500倍液叶面喷施，用高效叶面肥配合喷施，防治效果更好。棉田发病期，可用敌克松、多菌灵等稀释 1500 倍液进行灌根，结合叶面喷施药剂，实行地上、地下共同防治。

三、棉铃病害

（一）发病特点

棉铃病害俗称"烂铃""烂桃"。发病棉铃轻则局部纤维紧结，铃重减轻，形成低等级的黄瓣花；重则棉铃成为僵瓣、不能开裂或有 1～2 室坏死，甚至全铃烂掉。我国棉铃病害主要是棉铃疫病、炭疽病、红腐病和红粉病，黑果病仅在局部地区发生较重。棉铃病害流行年份，产量损失可高达 10%～20%。

1.棉铃疫病

主要危害棉株下部的大铃。发病时多先从棉铃基部、铃缝和铃尖侵入，产生暗绿色水渍状小斑，不断扩散，使全铃变青褐色至黄褐色，3～5 天整个铃面呈青绿色或黑褐色，一般不发生软腐。潮湿时，铃面生出一层稀薄的白色至黄白色霉层。

2.炭疽病

棉铃被害后，在铃面初生暗红色小点，以后逐渐扩大并凹陷，呈边缘暗红色的黑褐色斑。潮湿时病斑上生橘红色或红褐色黏质物。

3.红腐病

病菌多从铃尖、铃面裂缝或青铃基部易积水处侵入，发病后初呈墨绿色、水渍状小斑，迅速扩大后可波及全铃，使全铃变黑腐烂。潮湿时，在铃面和纤维上产生白色至粉红色的霉层。

4.红粉病

在不同大小铃上都可发生，病菌多从铃面裂缝处侵入，发病后先在病部产生深绿色斑点，7～8 天后产生粉红色霉层，后随病部不断扩展，可使铃面局部或全部布满粉红色厚而紧密的霉层。

5.黑果病

棉铃被害后僵硬变黑，铃壳表面密生突起的黑色小点，后期表面布满煤粉状物，棉絮腐烂成黑色僵瓣状。

（二）病原物

棉铃疫病由鞭毛菌亚门疫霉属真菌引起。炭疽病和红腐病的病原同棉苗炭疽病和棉苗红腐病。红粉病由属半知菌亚门复端孢属真菌引起。黑果病由半知菌亚门色二孢属真菌引起。均为真菌性病害。

（三）主要田间防治措施

1.加强栽培管理。要适时适量施肥，施足有机肥，做到氮、磷、钾肥合理搭配，防止氮肥过多，以增强棉铃抗病能力，减轻发病。在地势低畦、易于积水的棉田要搞好沟渠配套，以利排灌。干旱季节要夜灌日排，切忌棉田长期积水。及时打顶、整枝、摘叶。生长过旺的棉田，打顶时要剪除空枝、老叶，并结合打边心、推株并拢等措施，使棉田通风透光，可减轻棉铃病发生。

2.减少侵染源。棉田棉铃病发生后，应及时采摘，并将烂铃带出田外集中处理。

3.药剂防治。药剂防治棉铃病应以保护基部 20～40 天的青铃为主，时间应集中在病害流行初期的 1 个月内，一般可喷药 2～3 次。常用药剂有 1∶1∶200 的波尔多液、70% 代森锰锌可湿性粉剂 400 倍液、50% 多菌灵 1000 倍液或 40% 乙铝·锰锌可湿性粉剂、敌菌丹、福美双可湿性粉剂 500 倍液等。

第五节　薯类主要病害发生与防治

一、甘薯黑疤病

（一）发病特点

甘薯黑疤病又称甘薯黑斑病。生育期或贮藏期均可发生，主要侵害薯苗、薯块。薯苗染病茎基白色部位产生黑色近圆形稍凹陷斑，后茎腐烂，植株枯死，病部产生霉层。薯块染病初呈黑色小圆斑，扩大后呈不规则形轮廓明显略凹陷的黑绿色病疤，病疤上初生灰色霉状物，后生黑色刺毛状物，病薯具苦味，贮藏期可继续蔓延，造成烂窖。病疤有毒，有病疤的甘薯不能食用。

（二）病原物

子囊菌亚门长喙壳属，为真菌性病害。

（三）主要田间防治措施

1.选用无病种薯。种薯出窖后，育苗前要严格剔除有病、有伤口、受冻害的薯块；实行种薯消毒，清除所带病原菌，可采用 45% 代森铵水剂、50% 多菌灵、70% 甲基硫菌灵等对种薯进行药剂处理；要求秧苗、土壤、粪肥不带菌，并注意防止农事操作传入病菌。

2.安全贮藏。留种薯块应适时收获，严防冻伤，精选入窖，避免损伤。种薯入窖后进行高温处理，35℃～37℃4昼夜，相对湿度保持90%，以促进伤口愈合，防止病菌感染。

3.加强栽培管理。实行轮作换茬，坚持与水稻、玉米、小麦、豆类等作物轮作，力避连作或与番茄、辣椒、马铃薯等作物连作，增施不带病残体的有机肥，及时防治地下害虫。黑斑病菌主要侵染秧苗基部，栽植前自坑面3.33cm以上剪下，操作时要注意不要把秧苗带病的基部和带菌床土拔出坑面，以防传播病害。

4.发病初期喷洒70%甲基托布津可湿性粉剂800倍液、50%多菌灵可湿性粉剂600倍液或65%利果灵可湿性粉剂500倍液。

二、甘薯茎线虫病

（一）发病特点

甘薯茎线虫病又称糠心病、空心病、空梆、糠裂皮等，是一种毁灭性病害。可危害薯块、薯蔓以及须根，以薯块和近地面的秧蔓受害最重。

苗期受害出苗率低、矮小、发黄。纵剖茎基部，内有褐色空隙，剪断后不流乳液或很少流乳液。严重苗内部糠心可达秧蔓顶部。大田期受害，主蔓茎部表现褐色龟裂斑块，内部呈褐色糠心，病株蔓短、叶黄、生长缓慢，甚至枯死。薯块受害后主要有糠皮型、糠心型和混合型三种症状类型。

（二）病原物

线虫纲茎线虫属腐烂茎线虫，属线虫病害。

（三）主要田间防治措施

1.建立无病留种地，繁殖无病种薯。选5年以上未种甘薯地作为无病留种地，严格选种、选苗。取无病蔓栽植，防止农事操作传入茎线虫。无病种薯单收且用新窖单藏。

2.减少侵染源。在春季育苗、夏季移栽和甘薯收获入窖贮藏三个阶段严格清除病薯残屑、病苗、病蔓，集中烧毁或深埋。有机肥要充分腐熟后才可施用。

3.实行轮作。提倡与烟草、水稻、棉花、高粱等作物轮作。

4.药剂防治。药剂浸薯苗：播种前用50%辛硫磷乳油1000倍液，浸薯苗根茎部。撒施颗粒剂：每亩用3%辛硫磷颗粒剂2千克，拌细沙10～20千克，撒在薯秧茎基部，然后覆土浇水。或用5%速灭威颗粒剂或茎线灵颗粒剂，每亩用1～1.5千克，把药与细沙土混匀，先刨坑，用小勺把药土撒入坑内，最好与坑内土均匀混合，施药后浇水，等水渗后栽秧。

三、甘薯根腐病

（一）发病特点

甘薯根腐病又叫甘薯烂根病。苗床、大田均可发病。苗期染病病薯出苗率低、出苗晚，在吸收根的尖端或中部出现黑褐色病斑，严重时不断腐烂，致地上部植株矮小，生长慢，叶色逐渐变黄。大田期染病受害根根尖变黑，后蔓延到根茎，形成黑褐色病斑，病部表皮纵裂，皮下组织变黑。

（二）病原物

半知菌亚门茄类镰孢甘薯专化型，属真菌性病害。

（三）主要田间防治措施

1.适时早栽，栽无病壮苗，深翻改土，增施净肥，适时浇水。

2.与花生、芝麻、棉花、玉米、高粱、谷子、绿肥等作物进行 3 年以上轮作。

3.种薯育苗前处理方法，见甘薯黑疤病。

4.发病初期喷洒 15% 噁霉灵水剂 1000 倍液或 3% 甲霜噁霉灵（广枯灵）水剂 700 ～ 800 倍液。

四、甘薯软腐病

（一）发病特点

甘薯软腐病俗称"水烂"。是采收及贮藏期的重要病害。薯块染病，初期在薯块表面长出灰白色霉层，后变暗色或黑色，病组织变为淡褐色水浸状，后在病部表面长出大量灰黑色菌丝及孢子囊，黑色霉毛污染周围甘薯，形成一大片霉毛，病情扩展迅速，2 ～ 3 天整个块根即呈软腐状，发出恶臭味。

（二）病原物

接合菌亚门真菌匍枝根霉，属真菌性病害。该菌主要从薯块伤口处侵入，对健薯无侵染。

（三）主要田间防治措施

1.适时收获，小心搬运，避免伤口。入窖前精选健薯，汰除病薯。

2.贮藏前，对窖进行消毒，可用福尔马林喷洒或用硫黄熏蒸，每立方米用硫黄 15 克。

3.科学管理。贮藏初期，即甘薯发干期，甘薯入窖 10 ~ 28 天应打开窖门换气，待窖内薯堆温度降至12℃～14℃时可把窖门关上。贮藏中期，即 12 月至翌年 2 月低温期，应注意保温防冻，窖温保持在 10℃～14℃，不要低于 10℃。贮藏后期，即变温期，从 3 月起要经常检查窖温，及时放风或关门，使窖温保持在 10℃～14℃。

五、甘薯瘟病

（一）发病特点

甘薯瘟病又称细菌性枯萎病、青枯病。在甘薯各生长期均可发病，受害植株的维管束组织遭到破坏，水分、养分疏导受阻，植株叶片因失水而青枯萎垂。基部呈黄褐色水渍状，薯块有黄褐色烂斑，并有一股刺鼻气味。

（二）病原物

青枯假单胞菌，属细菌性病害。病原细菌可在土中存活 1 ~ 3 年，是主要初侵染源。

（三）主要田间防治措施

1.严格检疫。严格执行植物检疫法规，对可能传播病菌的途径予以封锁、切断，以保护无病区免受病害的威胁。

2.建立无病苗圃，培育无病苗。选择新垦地或未发过病的地做留种田，用无病薯块、薯苗和净肥、净水培育。

3.清除侵染源，发现病株，立即拔除深埋，撒石灰粉和石硫合剂处理病株附近土壤。收获后，将病田薯块、薯苗收集沤肥或煮作饲料，不能乱丢。

4.实行轮作。水田可和水稻轮作，旱地可与麦类、豆类、玉米等作物轮作；但不能与马铃薯、辣椒、烟草、茄子等茄科作物轮作。

5.认真做好排灌水工作，切勿积水淹没，并防止病田水流入无病田。

6.药剂防治。工种薯在下种前用 0.1% 升汞水消毒 10 分钟，剪蔓工具用 75% 酒精消毒处理，锹锄等用 10% 石灰水浸泡 2 ~ 3 分钟；栽前可用 68% 或 72% 农用硫酸链霉素 4000 倍液或 90% 链·土（新植霉素）可溶性粉剂 4000 倍液浸苗 10 分钟；大田在发病初期用农用链霉素 200ppm 喷雾，严重田应相隔 6 ~ 7 天连续喷 2 ~ 3 次。

第六节　油料作物主要病害发生与防治

一、大豆病毒病

（一）发病特点

该病主要发生在春大豆上，感病植株首先上部叶片出现淡黄绿相间的斑驳，叶肉沿着叶脉呈泡状突起，随着病情的发展，斑驳皱缩越来越重，叶片畸形，叶肉突起，叶缘下卷，植株生长明显矮化。发病重的结荚数减少，荚细小，豆荚呈扁平、弯曲等畸形症状。发病大豆成熟后，豆粒明显减小，并可引起豆粒出现浅褐色斑纹。

（二）病原物

春大豆病毒病的病原有三种：

1.大豆花叶病毒（SMV），引起大豆花叶症状。

2.黄瓜花叶病毒（CMV），引起大豆萎缩症状和豆粒轮纹状。

3.苜蓿花叶病毒（AMV），引起大豆叶片花叶症状，其特点是鲜明的黄色斑纹。

（三）主要田间防治措施

1.建立无病留种田，选用无病种，选用无褐斑、饱满的豆粒做种子。

2.加强肥水管理，培育健壮植株，增强抗病能力。在重病田要进行大豆轮作换茬，可种玉米、棉花等。

3.防治蚜虫。控制病毒病发生流行，从小苗期开始就要进行蚜虫的防治，防止和减少病毒的侵染。该病的发生与蚜虫的数量关系很大，所以应对蚜虫加以防治。一般可用40% 乐果 1000 ～ 1500 倍液或蚜青灵 1000 ～ 1500 倍液等防治蚜虫。

4.药剂防治。春大豆病毒病应从苗期开始，药剂可选用 20% 病毒 A 500 倍液或病毒灵 500 倍液，或者 5% 菌毒清 400 倍液，连续施用 2 ～ 3 次，隔 10 天一次。

二、大豆孢囊线虫病

（一）发病特点

大豆孢囊线虫病俗称"火龙秧子"。大豆孢囊线虫病发生在大豆幼苗期，主要危害根部。被害植株明显矮化、叶片变黄早落、花期延迟、花器丛生，花及嫩荚萎缩，结荚少而小，甚至不结荚；病株根系不发达，支根减少，细根增多，根瘤稀少，发病初期病株根上附有白色或黄褐色如小米粒大小颗粒，此即孢囊线虫的雌性成虫。被寄生主根一侧鼓包或破裂，露出白色亮晶微如面粉粒的胞囊，被害根很少或不结瘤，由于胞囊撑破根皮，极易遭受其他真菌或细菌侵害而引起瘤烂，使植株提早枯死。

（二）病原物

大豆孢囊线虫，属线虫纲垫刃目异皮科孢囊线虫属。

（三）主要田间防治措施

1.选育抗病、耐病品种，如内豆 4 号、早熟大粒黄、黑河 7、北丰 9 号等。

2.加强栽培管理，及时消灭虫源。轮作是防治大豆孢囊线虫病的主要措施，一般轮作年限不低于 3 年。

3.药剂防治。目前可用于防治大豆孢囊线虫病的有三类药剂：一是种衣剂；二是熏蒸剂；三是非熏蒸剂。熏蒸剂，如二溴氯丙烷，有效成分为 3 千克每亩，于播种前 10 天施入 20cm 深随即翻土播种。非熏蒸剂主要有 5% 甲拌磷颗粒剂 8 千克或 10% 速灭威颗粒剂 2.5 ～ 5 千克，也可用 98% 棉隆 5 ～ 10 千克。

三、花生叶斑病

（一）发病特点

花生叶斑病是叶部网斑病、黑斑病和褐斑病的总称，在我国花生产区普遍发生。是花生生长期普遍发生的病害，主要危害花生叶片，使叶片布满斑痕，造成茎叶枯死。

黑斑病：受害叶片上病斑暗褐色或黑褐色，圆形或近圆形，显现淡黄色晕圈，背面有许多同心轮纹状排列小点。潮湿时，病斑上产生一层灰褐色霉状物，叶柄和茎秆上的病斑椭圆形，病斑多时造成不规则大斑，危害严重的整个叶柄或茎秆变黑枯死。

褐斑病：叶片上病斑较大，直径 4 ～ 10mm，颜色较黑斑病浅，正面棕褐色至褐色，背面黄褐色，周围的黄色晕圈宽而明显。潮湿时，病斑上也产生灰褐色霉层，病斑多时也联合成不规则斑，叶片枯死脱落。茎秆上的病斑褐色，长椭圆形，病斑多时，可致茎秆枯死。

这两种病的症状早期很相似，后期才有明显差别。褐斑病主要为黄褐色至棕褐色近圆形斑点，直径达 1 ～ 10mm。叶背也呈褐色或淡褐色，周围有黄色晕圈。当湿度大时，病斑表面长出灰粉状物。黑斑病病斑较小而色深，直径 1 ～ 5mm，呈黑褐色。后期叶片病斑背面生有黑色轮状排列小粒点。

（二）病原物

半知菌亚门尾孢属，属真菌性病害。

（三）主要田间防治措施

1.加强管理

改连作种植花生为 2 年以上的土地轮换，种植甘薯、小麦等作物进行倒茬。要适时播种、合理密植，施足底肥，及时追肥，促进花生健壮生长，提高抗病力。清沟排渍，降低田间湿度，感病地块实行深翻等。

2.清除侵染源

花生收获后，及时清除田间病残体，并进行耕翻，将病残体翻入土中。

3.药剂防治

当病叶率达到 1% ～ 15% 时及时开展药剂防治，以后视病情发展，每相隔 7 ～ 10 天再喷一次药。药剂可选 65% 代森锌可湿性粉剂稀释 500 ～ 550 倍液、75% 百菌清 600 倍液、25% 粉锈宁 500 倍液、50% 甲基托布津可湿性粉剂 1000 倍液等。

四、花生根结线虫病

（一）发病特点

花生根结线虫病又称花生线虫病、地黄病、黄秧病，在我国各花生产区均有发生。该病主要发生在花生地下部分的根、果和果柄。花生播出半月后，线虫侵入花生的幼嫩根尖，根尖逐渐膨大，形成小米至绿豆大小不规则根结，初为白色，后逐渐变为黄褐色，根结上可长出许多不定根，须根受侵后又形成根结，根结上又长出许多小须根，如此多次反复侵染，根系便形成乱发状须根团。地上部一般在出苗后一个月左右开始显现症状，病株底叶变黄，生育缓慢，到开花前则整株萎黄，植株矮缩，叶片窄小，从底叶边缘开始枯焦，有时引起落叶。进入雨季以后，病株颜色逐渐转绿，但仍矮小，容易识别，受害严重的停止生长，不结荚果或结少数秕果，在根茎、果柄及果壳上也可形成褐色瘤状突起。

应注意线虫所致根结与花生固氮根瘤的区别。线虫根结一般发生在根端，整个根端膨大，不规则，表面粗糙，常长出许多不定须根，剖视可见乳白粒状雌虫；固氮根瘤则附着在主根和侧根的旁边，圆形或椭圆形，表面光滑，不生须根，剖视可见粉红色或绿色固氮菌液。

（二）病原物

花生根结线虫和北方根结线虫，属线虫病害。病原线虫主要以卵在土壤或土肥中越冬。

（三）主要田间防治措施

1.加强检疫，保护无病区

尽可能不从病区调种或引种，必要时剥去果壳，只调果仁。

2.清除侵染源

收获时拔除病根，并将病土犁翻暴晒，可以减少线虫数量。病根、病株及病果壳要集中处理，可做燃料，不能用以垫圈、铺栏和做肥料。清除田内外杂草寄主，注意施用净粪。

3.加强管理

实行水旱轮作，可与禾本科作物如小麦、玉米、高粱、谷子等轮作 2 ～ 4 年，轮作年限越长，效果越明显。

4.适当晚播

病田要减少地面流水和病土转移，深耕改土，施用充分腐熟的有机肥。

5.药剂防治

播前沟施或穴施 5% 的神农丹 30 ～ 45 千克／公顷或 3% 线虫绝杀 60 ～ 90 千克／公顷。撒施 3% 呋喃丹颗粒剂 3 千克／亩、20% 丙线磷颗粒剂 2 千克／亩等。

五、油菜菌核病

（一）发病特点

油菜菌核病又称白秆、烂秆，是油菜的重要病害。从苗期到近成熟期均可发病，茎、叶、花、角果均可受害，茎部受害最重。茎部染病，初现浅褐色水渍状病斑，后发展为具轮纹状的长条斑，边缘褐色，湿度大时表生棉絮状白色菌丝，偶见黑色菌核，病茎内髓部烂成空腔，内生很多黑色鼠粪状菌核。病茎表皮开裂后，露出麻丝状纤维，茎易折断，致病部以上茎枝萎蔫枯死。叶片染病，初呈不规则水浸状，后形成近圆形至不规则形病斑，病斑中央黄褐色，外围暗青色，周缘浅黄色，湿度大时长出白色棉毛状菌丝，病叶易穿孔。花瓣感病后呈黄褐色小斑，易脱落。油菜籽受害，褪色变白，种子瘦瘪，无光泽。

（二）病原物

子囊菌亚门核盘菌，属真菌性病害。

（三）主要田间防治措施

1.选用茎秆牢固、抗倒伏、花期短的抗病丰产良种。

2.调整耕作模式，推广宽窄行种植，改善田间小气候，减轻病害发生。

3.实行稻油轮作或旱地油菜与禾本科作物进行 2 年以上轮作可减少病原。

4.合理密植，用配方施肥技术，提倡施用酵菌沤制的堆肥或腐熟有机肥，避免偏施氮肥，配施磷、钾肥及硼锰等微量元素，防止开花结荚期徒长、倒伏或脱肥早衰，及时中耕或清沟培土。

5.盛花期及时摘除黄叶、老叶，防止病菌蔓延，改善株间通风透光条件，减轻发病。

6.药剂防治。在叶病株率 10% 以上时喷雾防治，药剂可选用 50% 啶酰菌胺水分散粒剂 24 ～ 26 克／亩，15% 氯啶菌酯乳油 66 克对水 50 ～ 60 千克，每亩使用 25% 使百克乳油 30 毫升对水 50 千克喷雾，或 50% 氯硝胺可湿性粉剂 100 ～ 200 倍液，50% 速克灵 60 克／亩、50% 乙霉威 100 克／亩、25% 丙环唑 25 ～ 30 毫升／亩、40% 菌核净 100 ～ 150 克／亩，50% 福菌核 80 ～ 100 克／亩，田茂（36% 多咪鲜可湿性粉剂）35 ～ 50 克／亩。

六、油菜霜霉病

（一）发病特点

油菜霜霉病是我国各油菜区的重要病害，长江流域、东南沿海受害重。春油菜区发病少且轻。该病主要危害叶、茎和角果，致受害处变黄，长有白色霉状物。花梗染病顶部肿大弯曲，呈"龙头拐"状，花瓣肥厚变绿，不结实，上生白色霜霉状物。叶片染病，初现浅绿色小斑点，后扩展为多角形的黄色斑块，叶背面长出白霉。

（二）病原物

鞭毛菌亚门寄生霜霉，属真菌性病害。

（三）主要田间防治措施

1.提倡与大、小麦等禾本科作物进行 2 年轮作，减少土壤中卵孢子数量，降低病原。

2.加强田间管理，适期播种，合理密度。采用配方施肥技术，合理施用氮、磷、钾肥提高抗病力。雨后及时排水，防止湿气滞留和淹苗。窄畦深沟，能排能灌，以降低田间湿度。

3.油菜收获后及时清除残枝落叶，并进行土壤深翻。结合间苗和田间管理，拔除病苗，摘除早期病叶、病秆。

4.药剂拌种。播种前用1%食盐水浸种可清除混在种子中的菌核。田间无病株留种或播种前用10%盐水选种，将下沉的种子洗净阴干后播种。

5.喷雾防治。于初花期叶病株率在10%以上时开始喷药，共喷1～3次，间隔7～10天。药剂有50%托布津可湿性粉剂1000～1500倍液、65%代森锌可湿性粉剂400～500倍液、40%三乙磷酸铝可湿性粉剂200～300倍液、70%代森锰锌可湿性粉剂或70%胶干粉400～500倍液、25%甲霜灵可湿性粉剂500～700倍液，或0.3%苦参碱乳油300倍液、25%烯酰·松脂酸铜水乳剂400倍液，以及75%百菌清可湿性粉剂800倍液。

第十一章　大田作物常见虫害防治

第一节　小麦主要虫害发生与防治

一、小麦蚜虫

蚜虫，又名腻虫，是小麦常年发生面积最大、危害最重的一种害虫，其种类主要包括麦长管蚜、麦二叉蚜、禾谷缢管蚜三种。麦蚜个体小、繁殖快，在小麦整个生育期都可发生，为害叶片、茎秆和嫩穗。

除麦类作物外，蚜虫还危害玉米、高粱等作物以及雀麦、马唐、看麦娘等禾本科杂草。

（一）危害特点

麦蚜的危害主要包括直接和间接两个方面。直接危害主要以成虫、若虫吸取小麦汁液，再加上蚜虫排出的蜜露落在小麦的叶片上，严重影响了小麦的光合作用。后期在作物被害部位形成枯斑，麦叶逐渐发黄，麦粒不饱满，严重时麦穗枯白，不能结实，甚至整株枯死，影响小麦产量。间接危害是小麦蚜虫能够传播小麦黄矮病，使小麦叶片变黄，植株矮小，影响产量。

（二）发生规律

沿淮地区每年发生 20 代左右，2 月下旬至 3 月初开始为害活动，5 月上旬是为害盛期，6—8 月潜伏越夏，9—10 月为害秋苗，11 月越冬。以无翅的成虫和若虫在小麦、杂草的基部或在土中越冬。

温度在 15℃～20℃、相对湿度在 40%～70%，年降水量 500mm 以下有利于小麦蚜虫的发生；通常冬暖春旱有利于小麦蚜虫猖獗发生，风雨的冲击常使蚜虫量显著下降。

（三）防治措施

1.农业防治

统一小麦品种，适时集中播种，尽量使小麦生育期保持一致；合理密植，增施基肥、追施速效肥，使麦株生长健壮；清除小麦田内外杂草，消灭蚜虫寄主植物，减少虫源。

2.种子处理

在小麦黄矮病流行区，种子处理是治蚜防病的有效措施。可用 75% 甲拌磷乳油 100 毫升，兑清水 3～5 千克，拌麦种 50 千克，边喷药边搅拌，然后堆闷 6～12 小时，即可播种。

3.喷雾防治

喷药适期为小麦扬花后麦蚜数量急剧上升期。药剂可选用 48% 乐斯本乳油或 50% 敌敌畏乳油 1500 倍液，或 40% 乐果乳油 1000～1500 倍液，或 50% 抗蚜威可湿性粉剂 3000 倍液，或 35% 赛丹乳油 2000～3000 倍液，或 2.5% 溴氰菊酯乳油 3000 倍液等。

二、麦蜘蛛

麦蜘蛛是小麦生产上的主要害虫之一，在我国小麦产区常见的主要有两种：麦长腿蜘蛛和麦圆蜘蛛。麦长腿蜘蛛属蜱螨目，叶螨科，又名麦岩螨。

两种麦蜘蛛均为害小麦、大麦，麦圆蜘蛛还为害豌豆、蚕豆、油菜、紫云英等，麦长腿蜘蛛还为害棉花、大豆、桑等。

（一）危害特点

两种害螨均以成虫、若虫吸食麦叶汁液，受害叶上出现细小白点，后麦叶变黄，麦株生育不良，植株矮小，严重的全株干枯。

（二）发生规律

麦长腿蜘蛛一年发生 3～4 代，以成虫和卵越冬，翌年 3 月越冬成虫开始活动，卵也陆续孵化，4—5 月进入繁殖及为害盛期。5 月中下旬成虫大量产卵越夏。10 月上中旬越夏卵陆续孵化为害麦苗，完成 1 世代需 24～26 天。麦长腿蜘蛛喜干旱，生存适温为 15℃～20℃，最适相对湿度在 50% 以下。白天活动为害，以下午 3—4 点最盛，遇雨或露水大时，即潜伏麦株丛及土缝中不动。因此，该虫多发生于丘陵、塬区、高燥麦田，尤以干旱之年发生危害严重。

麦圆蜘蛛一年发生 2～3 代，以成虫、若虫和卵在麦株及杂草上越冬。3 月中下旬至 4 月上旬虫量大，危害重，4 月下旬虫口消退。越夏卵 10 月开始孵化为害秋苗。完成 1 代需 46～80 天。麦圆蜘蛛多在早八九点以前和下午四五点以后活动，喜湿、怕光，适宜湿度在 70% 以上。遇大风多隐藏在麦丛下部。春季成虫将卵产在小麦分蘖丛和土块上，秋季多产在须根及土块上。卵集聚成堆，每堆 10 余粒，水灌麦田低畦湿润或密植麦田发生较重。

两种麦蜘蛛均借爬行和风力进行扩散蔓延，其发生轻重与虫源多少有关。

（三）防治措施

1.轮作倒茬。小麦和棉花、玉米、高粱等轮作可控制麦圆蜘蛛的发生，小麦和玉米、油菜轮作可控制麦长腿蜘蛛的为害。

2.麦收后及时浅耕灭茬。冬春进行灌溉，破坏其适生环境，合理密植，调节田间通透性，可减轻危害。

3.及时清理田边及田内各类杂草，清理麦田内枯枝、落叶、麦茬、石块等以降低虫源及消灭越夏卵。

4.药剂防治。具体防治措施参照小麦蚜虫。

三、小麦吸浆虫

小麦吸浆虫，俗名小红虫、黄疸虫、麦蛆等，是小麦生产中的一种毁灭性害虫，分为麦红吸浆虫和麦黄吸浆虫，以幼虫为害小麦花器和吸食正在灌浆的小麦籽粒的浆液造成瘪粒而减产。

（一）危害特点

吸浆虫幼虫潜伏在颖壳内吸食正在灌浆的麦粒汁液或为害花器，造成秕粒、空壳，易并发小麦颖枯病、赤霉病等穗部病害，造成减产。由于麦粒被吸浆虫为害失去汲取养分的能力，叶片中养分不能正常输送到籽粒，植株表现贪青晚熟症状。植株贪青，麦粒发秕，内有米粒大黄蛆。

（二）发生规律

小麦吸浆虫一年发生1代，以老熟幼虫在土壤中结圆茧越夏、越冬。次年当土层10㎝的地温达到10℃以上，土壤含水量在15%～20%，且小麦拔节时破茧出土；当土层10㎝的地温达到15℃左右，小麦进入孕穗期时陆续化蛹，蛹期为8～10天，10㎝的地温达到20℃左右，小麦进入抽穗期时，开始大量羽化出土，并在当天或第二天交配后把卵产在已抽穗未扬花的麦穗上，卵期3～5天，幼虫孵化后从内外颖穗隙间侵入，黏附于子房或刚灌浆的麦粒上吸食浆液，造成减产。小麦进入蜡熟后期，大部分吸浆虫老熟，随雨滴、露水或自动弹落在土表，通过土缝潜入土中，经2～3天即开始结圆茧休眠，完成一次侵染循环。在不良环境下，小麦吸浆虫的幼虫具有多年休眠的习性。

成虫以上午7—10时和下午3—6时羽化最盛。畏强光和高温，故早晨和傍晚活动最盛。

小麦吸浆虫在外界环境条件适宜时发生迅速，造成毁灭性危害，条件不适宜时在土中存活 7 ～ 12 年，仍可保持繁衍能力。小麦吸浆虫幼虫在土壤中生活可达 10 个月以上，具有极大的隐蔽性。

小麦吸浆虫的幼虫耐低温，耐湿怕干，越冬的死亡率相对较低，小麦扬花前后雨水多、湿度大有利于吸浆虫发生。雨量或土壤湿度是影响发生数量的主导因素。如果 4 月中下旬的雨量充沛则发生猖獗。旱作、小麦连作和小麦与大豆轮作的麦田受害重；水旱轮作的地区受害轻；撒播田发生数量比条播田多，受害也严重。壤土麦田比黏土和沙土麦田危害重；坡地和阴坡发生重。

（三）防治措施

1. 选用抗病品种。一般穗形紧密，内外颖毛长而密，麦粒皮厚，浆液不易外流的小麦品种，吸浆虫危害轻。

2. 实行轮作倒茬。小麦与棉花、油菜、大蒜等作物轮作，避开虫源，使吸浆虫失去寄主。

3. 合理减少春灌，实行水地旱管。施足基肥，春季少施化肥，促使小麦生长发育整齐健壮。

4. 蛹期防治。在小麦孕穗期（4 月下旬），幼虫上升到土表层化蛹时施药。每亩可用 40% 辛硫磷乳油或 48% 乐斯本乳油 200 ～ 300 毫升对水 2 千克，均匀喷洒在 20 ～ 25 千克干细土上，搅拌均匀后撒施于麦田。

5. 成虫期防治。掌握在小麦抽穗扬花初期，即成虫出土初期施药。每亩可用 50% 辛硫磷 50 千克，或 80% 敌敌畏 2000 倍液，或吡虫啉 20 ～ 30 克，加水 50 千克喷雾。

四、麦秆蝇

麦秆蝇俗称麦钻心虫、麦蛆，是中国北部春麦区及华北平原中熟冬麦区的主要害虫之一，以幼虫钻入茎秆内为害，阻碍小麦植株生长发育，影响产量。该虫主要为害小麦，亦为害大麦、燕麦或黑麦，野生寄主多属禾本科和莎草科的碱草、白芽草等杂草。

（一）危害特点

幼虫孵化后，从叶鞘与茎间潜入，在幼嫩心叶或穗节基部 1／5 ～ 1／4 处呈螺旋状向下蛀食，随着幼虫入茎时小麦生育期的不同，被害状分以下四种情况。

1.枯心

幼虫于小麦孕穗期以前入茎，为害柔嫩部分，心叶被切断而枯死，形成枯心苗。

2.烂穗

幼虫于小麦孕穗入茎，为害嫩穗或钻入穗节基部，形成螺旋切口，阻碍发育，呈孕穗状不能抽穗。

3.白穗

幼虫于孕穗期入茎，为害嫩穗或钻入穗节枯部，形成螺旋形切口，穗部抽出后不能灌浆枯干变白，下部叶片保持绿色。

4.坏穗

幼虫于孕穗末期入茎，为害部分小穗，抽穗后被害小穗变白，其他小穗仍可正常开花结实。

（二）发生规律

内蒙古等春麦区年生2代，冬麦区年生3～4代，以幼虫在寄主根茎部或土缝中或杂草上越冬。春麦区翌年5月上中旬始见越冬代成虫，5月底至6月初进入发生盛期，6月中下旬为产卵高峰期，卵经4～7天孵化，6月下旬是幼虫为害盛期，为害20天左右。7月上中旬化蛹，蛹期5～10天。第1代幼虫于7月中下旬麦收前大部分羽化并离开麦田，把卵产在多年生禾本科杂草上。冬麦区1、2代幼虫于4月、5月为害小麦，3代转移到自生麦苗上，第4代转移到秋苗上为害。

成虫有趋光性、趋化性，成虫羽化后当天交尾，白天活跃在麦株间，卵多产在4、5叶的麦茎上，卵散产，每雌可产卵20多粒，多的可达70～80粒。该虫产卵和幼虫孵化需较高湿度，小麦茎秆柔软、叶片较宽或毛少的品种，产卵率高，危害重。

（三）防治措施

1.选用抗虫品种。选择叶基狭窄、茸毛长、早熟品种，躲避麦秆蝇产卵，不利于其幼虫存活，可减轻危害。

2.加强管理。深翻土地、精耕细作、增施肥料、及时灌溉、适当早播、浅播、合理密植等主要措施，促进小麦生长发育，提高抗虫能力。

3.诱捕成虫。成虫发生期在田间一定高度放置糖蜜水碗或在黏虫板上涂抹糖蜜素诱杀成虫，也可在成虫盛发期进行网捕。

4.药剂防治。越冬代成虫盛发期是防治的关键时期，可用50% 辛硫磷乳油2000倍液、

80% 敌敌畏与 40% 乐果乳剂 1 ：1 混合 2000 倍液喷雾。

第二节 水稻主要虫害发生与防治

一、稻飞虱和叶蝉

稻飞虱和稻叶蝉属同翅目，分别为飞虱科和叶蝉科。

稻飞虱种类多，俗名火螺虫，以刺吸植株汁液为害水稻等作物，在水稻上主要有褐飞虱、灰飞虱、白背飞虱。稻飞虱是一种迁飞性、暴发性和毁灭性的水稻害虫，繁殖力快、隐蔽性强、来势猛，可在短期内暴发成灾；吸食稻株汁液，影响水稻正常生长，使稻株变黄，甚至倒伏，导致水稻减产或绝收。

稻叶蝉主要有黑尾叶蝉和白翅叶蝉。稻叶蝉又称浮尘子、稻叶跳蝉，主要为害水稻、小麦、白菜、玉米、谷子、甘蔗等并取食稗草、游草、看麦娘等杂草。以成虫和若虫刺吸稻株汁液为害。

（一）危害特点

飞虱、叶蝉类对水稻的危害主要表现在：以成虫、若虫刺吸汁液造成减产；产卵时刺伤茎秆组织造成干枯和感染；传播病毒；分泌蜜露影响光合作用和呼吸作用。

稻飞虱以刺吸式口器刺入稻株组织吸取汁液，造成各种不规则的白色或褐色条斑，并以产卵器刺伤叶鞘、嫩茎和叶中脉等组织，产卵于其中，使稻株枯黄或倒伏。危害严重时，可在短期内导致全田叶片焦枯，状似火烧，稻丛基部变黑发臭，常引起烂秆倒伏，秕谷粒增加，千粒重显著下降，群众比喻为："远看似火烧，近看禾秆倒，镰刀割不起，吊吊轻飘飘。"

稻叶蝉以成虫、若虫群集在稻株上刺吸汁液，在取食和产卵的同时也刺伤了水稻茎叶，破坏其输导组织，轻的使稻株叶鞘、茎秆基部呈现许多棕褐色斑点，严重时褐斑连片，全株枯黄，甚至成片枯死，形似火烧；在水稻抽穗、灌浆时期，成虫、若虫群集在水稻穗部取食，形成白穗或半枯穗。

（二）发生规律

1.飞虱类

褐飞虱每年发生代数，自北而南递增。越冬北界随各年冬季气温高低而摆动于北纬 21°～25°，常年在北纬 25°以北的稻区不能越冬，因此我国广大稻区的初次虫源均随春夏、暖湿气流，由南向北逐代逐区迁入。长翅型成虫具趋光性，闷热夜晚扑灯更多；成虫、若虫一般栖息于阴湿的稻丛下部；成虫喜产卵在抽穗扬花期的水稻上，产卵期长，有明显的世代重叠现象。卵多产于叶鞘中央肥厚部分，少数产在稻茎、穗颈和叶片基部中脉内，每头雌虫一般产卵 300～700 粒，短翅型成虫产卵量比长翅型多。

白背飞虱属于长距离迁飞性害虫，我国广大稻区初次虫源由南方热带稻区随气流逐代逐区迁入，其迁入时间一般早于褐飞虱，一年发生 1～11 代不等。白背飞虱在稻株上的活动位置比褐飞虱和灰飞虱都高。成虫具趋光性，趋嫩性；卵多产于水稻叶鞘肥厚部分组织中，也有产于叶片基部中脉内和茎秆中，有 5～28 粒，多为 5～6 粒。长翅雌虫可产卵 300～400 粒，短翅型比长翅型产卵量约多 20%。若虫一般都生活在稻丛下部，位置比褐飞虱高。3 龄以前食量小，危害不大；4～5 龄若虫食量大，危害重。

灰飞虱一年发生 4～8 代，主要以 3～4 龄若虫在麦田、草子田以及田边、沟边等处的看麦娘等禾本科杂草上越冬。长翅型成虫有趋光性，但较褐飞虱弱。成虫寿命在适温范围内随气温升高而缩短，一般短翅型雌虫寿命长，长翅型较短。雌虫羽化后有一段产卵前期，而其长短取决于温度高低，温度低时长，温度高时短，但温度超过 29℃时反而延长，发生代一般为 4～8 天。卵产于稻株下部叶鞘及叶片基部的中脉组织中，抽穗后多产于茎腔中。每雌虫产卵量一般数十粒，越冬代最多可达 500 粒。灰飞虱天敌种类与稻田其他两种飞虱相同。

三种飞虱田间混合发生，一般以灰飞虱发生最早，白背飞虱次之，褐飞虱最晚。三种飞虱都具有趋光性、趋嫩绿性和喜阴湿。成虫、若虫喜在稻丛下部叶鞘上取食、产卵、栖息，最喜在孕穗至扬花期的稻株上产卵，成虫产卵痕初为黄白色，后变为褐色条斑。白背飞虱和灰飞虱具有趋稗产卵性。

水稻孕穗至开花期对褐飞虱繁殖为害最为有利，而白背飞虱则以分蘖和拔节期为其繁殖盛期。成熟期和苗期不适于成虫繁殖。

褐飞虱生长发育的适宜温度为 20℃～30℃，最适温度 26℃～28℃，高于 30℃或低于 20℃对成虫繁殖、若虫孵化和存活有不利影响。长江流域，如遇盛夏不热，晚秋温度偏高的年份，则有利于发生。白背飞虱对温度适应范围广，15℃～30℃的温度范围内都能正常生长、发育、繁殖。灰飞虱耐低温，但夏季高温影响其生存和繁殖。

多雨高湿对褐飞虱和白背飞虱发生有利，每年 6—7 月降雨过程与飞虱迁入关系极大，各个迁入峰几乎都是伴随着降雨天气过程。湿度偏低有利于灰飞虱的发生。

2. 叶蝉类

叶蝉类在华北地区一年发生 4～6 代，以若虫在杂草、绿肥田、麦田、油菜田等处越冬。

4月羽化为成虫，逐渐迁入稻田为害。一般由田边向中间扩散为害，7月虫口急剧上升，8月达到高峰，9月开始迁移到田边、沟边等处杂草上活动，10月以后越冬。成虫趋光、趋嫩性强，卵多产在水稻叶鞘内侧，单行排列，以第一、二片叶鞘最多。

在温度为28℃左右，相对湿度在70% ～ 90% 的气候条件下，对稻叶蝉种群繁殖最为有利。因此，冬季温度偏高，越冬死亡率低，早春温暖，越冬虫的活动期提早，进入秧田中，发生严重；7月、8月高温低湿，发生重；生长茂密、颜色浓绿发嫩的水稻，最易受害。

（三）防治措施

1.选用抗病品种，合理肥水管理，合理密植，适时翻耕，促进稻株健康生长；改进耕作制度，避免单季稻和双季稻混栽。

2.结合积肥清除田边杂草，减少虫源。

3.用黑光灯或在田间高处堆柴点火，诱杀成虫或用捕虫网在成虫盛发期扫捕，捕杀成虫。

4.药剂防治。当平均每丛稻有成虫一头时就须防治，病毒病流行地区要做到灭虫在传毒之前。施药适期掌握2 ～ 3 龄若虫期进行。药剂可选25% 杀虫双水剂或20% 叶蝉散乳油 500 倍液、50% 混灭威乳油或50% 马拉硫磷乳油 1000 倍液、10% 氯氰菊酯乳油 3000 倍液、10% 大功臣可湿性粉剂 3000 ～ 4000 倍液等。

二、稻纵卷叶螟

稻纵卷叶螟又名稻纵卷叶虫，俗称刮表虫、巴叶虫、白叶虫等，是水稻上的主要害虫之一，近几年来早稻和晚稻受害均很严重。由于它是一种迁飞性害虫，往往会在早、晚稻上突然暴发成灾。

（一）危害特点

稻纵卷叶螟的初孵幼虫先在叶鞘内活动，取食心叶，出现针头状小点，2 龄幼虫即可将叶尖卷成小虫苞，随着虫龄的增大，幼虫可以吐丝缀合稻叶两边，使叶片纵卷成圆筒状，幼虫藏身其内啃食叶肉，留下表皮呈白色条斑。纵卷叶片形成虫苞和啃食叶片形成白叶是其危害特点。同样为害水稻并形成虫苞的害虫还有稻苞虫，但它所结的虫苞由多张水稻叶片缀连而成，在田间很容易区分。

（二）发生规律

稻纵卷叶螟是一种迁飞性害虫，自北而南一年发生 1 ～ 11 代；以幼虫和部分蛹在田边，沟边杂草（禾本科）上越冬。一年多发生 5～6 代，此虫有世代重叠现象，能随季风迁飞，夏季向北迁飞，秋季向南迁飞。

稻纵卷叶螟成虫有很强的趋绿性，喜在生长繁茂嫩绿荫蔽的稻田里群集。初孵出的幼虫先在嫩叶上取食叶肉，很快即到叶尖处吐丝卷叶，在里面取食。随着虫龄的增大叶苞增大，白天躲在苞内取食，晚上出来或转移到新叶上卷苞取食。老熟幼虫多在稻株下部枯死的叶鞘或叶片上结茧化蛹。

稻纵卷叶螟发生轻重与气候条件密切相关，多雨日及多露水有利于产卵、孵化和幼虫成活。

（三）防治措施

1.选用叶片厚硬、主脉坚实的高产良种；施足基肥，巧施追肥，适期成熟，防止稻苗前期猛发嫩绿，后期贪青迟熟。

2.在卵盛孵期采用搁田、烤田等措施降低田间湿度，抑制孵化率和初孵幼虫成活率，化蛹高峰时灌水灭蛹。

3.早稻收割期正值第 3 代成虫羽化期，抓紧早稻收割，搬晒稻草，及时翻耕灌水或将稻根踏入泥中，将稻纵卷叶螟第 2 代消灭在 2 代成虫羽化前，减少第 3 代虫源。

4.采用频振式杀虫灯，进行诱杀。在螟蛾盛发期间每 3 公顷挂灯 1 盏，于每晚 7—11 时开灯即可。

5.药剂防治。应在幼虫孵化高峰期开始，最迟在幼虫 4 龄以前进行，重点控制穗期害虫。可选药剂 25% 杀虫双水剂或 50% 辛硫磷乳油 1000 倍液、10% 呋喃虫酰肼悬浮剂每亩 50 毫升药液对水 50 千克、1.8% 阿维菌素每亩 80～100 毫升药液对水 50 千克、丁烯氟虫腈每亩 40～50 毫升药液对水 40～50 千克等。

三、稻蝗

稻蝗俗称蚱蜢、蚂蚱，为害水稻的主要是中华稻蝗，在国内所有稻区均有发生。中华稻蝗除为害水稻、陆稻外，还可为害麦类、杂谷、豆类、亚麻、马铃薯以及芦苇、蒿草等杂草。

（一）危害特点

以成虫和若虫为害叶片，轻者蚕食叶缘，将叶片吃成缺刻，危害重时，将叶片全部吃光。抽穗以后，可将稻茎咬断。为害穗颈可造成白穗，乳熟的稻粒可咬食成残破状。

（二）发生规律

在北方，一年发生 1 代，以卵在田埂或田边荒草地土壤中越冬。南方一年发生 2 代，以卵在土表层越冬。在黑龙江省，越冬卵于 6 月下旬至 7 月中旬陆续孵化为若虫。若虫多集中在田埂、路边或沟堤等处取食杂草，3 龄后转向稻田为害，4～5 龄若虫可扩散到全田，一般稻田边缘比中间虫量多。5 龄后羽化为成虫。8 月中旬为羽化盛期，8 月中下旬为成虫产卵盛期，9 月下旬以后成虫陆续死亡。

一般河滩、湖边、塘边的稻田，往往因为周围芦苇等杂草丛生，湿度大，虫量多，危害重；沟边、路边杂草丛生，其附近的稻田虫量多，危害重。

成虫飞翔力强，对白光和紫光有明显趋性。羽化的成虫 10 天后即可交尾，一生可交尾多次。产卵环境以湿度适中、土壤松软的田埂两侧最适宜。

（三）防治措施

1. 加强管理。适期播种、合理肥水，促进水稻健壮生长。

2. 清除虫源。结合开垦荒滩、修整田埂、清淤堤埝、深耕除草等措施，破坏中华稻蝗产卵场所，改变蝗虫的繁衍场所。及时清除稻田田埂、路边杂草，减少越冬场所虫源。

3. 利用网捕、拍打捕捉等人工方法消灭害虫。

4. 药剂防治。当稻田边行 3 米内捕到蝗虫 30 头以上，大多为 2～3 龄若虫，少数是 4 龄，即应进行药剂防治。药剂可选 50% 杀螟硫磷乳油 1500 倍液、40% 乐果乳油 1500～2000 倍液等。

四、水稻螟虫

水稻螟虫是我国水稻上的重要害虫，它是一些钻蛀水稻茎秆为害的害虫总称，也称钻心虫。其中普遍发生较严重的主要是二化螟和三化螟，还有稻苞虫、大螟等。三化螟为单食性害虫，只为害水稻，二化螟除为害水稻外还为害玉米、小麦等禾本科作物。

（一）危害特点

三化螟幼虫钻入稻茎蛀食为害，在寄主分蘖时出现枯心苗，孕穗期、抽穗期形成"枯孕穗"或"白穗"，严重的颗粒无收。三化螟为害造成枯心苗，苗期、分蘖期幼虫啃食心叶，心叶受害或失水纵卷，稍褪绿或呈青白色，外形似葱管，称作假枯心，把卷缩的心叶抽出，可见断面整齐，多可见到幼虫。生长点遭破坏后，假枯心变黄死去成为枯心苗，这时其他叶片仍为青绿色。受害稻株蛀入孔小，孔外无虫粪，茎内有白色细粒虫粪。

二化螟幼虫钻入稻茎蛀食为害，水稻分蘖期受害出现枯心苗和枯鞘；孕穗期、抽穗期受害，出现枯孕穗和白穗；灌浆期、乳熟期受害，出现半枯穗和虫伤株，秕粒增多，遇刮大风易倒折。二化螟为害造成的枯心苗，幼虫先群集在叶鞘内侧蛀食为害，叶鞘外面出现水渍状黄斑，后叶鞘枯黄，叶片也渐死，称为枯梢期。幼虫蛀入稻茎后剑叶尖端变黄，严重的心叶枯黄而死，受害茎上有蛀孔，孔外虫粪很少，茎内虫粪多，黄色，稻秆易折断。

（二）发生规律

二化螟在我国自北向南发生代数为 1 ～ 5 代，在四川一年发生 2 ～ 3 代，在川西北第 1 代盛蛾期在 5 月上旬，第 2 代盛蛾期在 7 月中下旬。川东南发生期比川西北早 10 ～ 15 天，第 1 代幼虫为害秧苗及早栽中稻，造成枯鞘、枯心；第 2 代为害杂交稻、迟中稻，造成白穗和虫伤株。

二化螟以老熟幼虫在稻桩、稻草、茭白、三棱草和杂草的茎、根内越冬。抗寒性强，4 龄以上幼虫即可安全越冬。翌年气温回升到 11℃时，末龄幼虫开始化蛹。15℃ ～ 16℃时，羽化为成虫。未老熟的越冬幼虫则在土温上升到 7℃时，开始转移到麦类、蚕豆和油菜等越冬作物的茎秆内继续取食，直到老熟与化蛹。由于越冬场所和虫龄不同，因此个体发育有早迟，出蛾有先后，以致越冬代蛾羽化期长达 2 个多月，并出现 2 ～ 3 个高峰。

二化螟蛾羽化后 1 ～ 2 天交尾产卵，趋光性较弱，喜欢趋嫩绿。晚上产卵最多。在水稻苗期和分蘖期多产卵在叶面距叶尖 3 ～ 6㎝ 处，拔节后多产卵在距水面 6㎝ 和叶鞘上。每雌产卵 2 ～ 3 块，每块 40 ～ 80 粒。蚁螟孵化后，先群集在叶鞘内为害，蛀食叶鞘组织，造成枯鞘。2 龄开始分散转移，如遇水稻正在分蘖，则造成枯心苗；正在孕穗、抽穗，则造成枯孕穗、白穗和虫伤株。幼虫转株为害比三化螟频繁，各种被害株也成团出现。幼虫经 6 ～ 8 龄老熟，在稻株下部茎内或叶鞘内侧化蛹，通常距水面 3㎝ 左右。

三化螟每年发生的代数因气候条件不同而异，在四川省一年发生 3 ～ 4 代，在成都地区第 1 代盛蛾期为 5 月上旬前后，第 2 代盛蛾期为 6 月底至 7 月上旬，第 3 代盛蛾期为 7 月下旬至 8 月中旬，全年以第 3 代幼虫危害最重，主要为害晚稻、迟种稻、再生稻、杂交稻秋制种田，造成枯心和白穗。

三化螟以老龄幼虫在稻桩内越冬。翌年气温回升到 16℃左右时，开始化蛹羽化。白天潜伏于稻苗基部，黄昏后飞出活动，有强趋光性。螟蛾羽化的当晚即交尾，翌日开始产卵，以第二、第三天产卵最多。每一雌蛾产卵 1 ～ 5 块，每个卵块 50 ～ 100 粒。雌蛾多选择稻苗生长旺盛，分泌稻酮较多，处于分蘖盛期和孕穗末期、水层偏深的稻田，在距稻叶尖端 6 ～ 10㎝ 处的叶面或叶背面产卵。蚁螟孵出后，有的沿叶片下爬，有的爬到叶尖吐丝下垂，随风飘散，经半小时左右，即选择适当部位蛀入茎内为害。水稻分蘖期、孕穗末期到破口吐穗期，最适合蚁螟侵入，称危险生育期。同一个卵块孵出的蚁螟，常在附近的稻株上为害，能造成数十根甚至 100 余根稻株枯心或白穗，称枯心团 (塘) 或白穗团。通常一株苗内只有一条幼虫，为害一株后能转入另一健株为害。1 龄末期以上的幼虫能转株为害灌浆期稻株。茎秆粗壮的品种，不易被幼虫咬断而造成虫伤株。幼虫老熟后，转入健株茎内在茎壁咬一羽化孔，仅留一层表皮薄膜，然后化蛹。

三化螟喜欢温暖高湿，发生最适宜温度为 25℃～30℃，相对湿度为 80%～100%，在此条件下，有利于蚁螟的孵化和侵入。二化螟喜欢中温高湿，适温为 23℃～26℃，相对湿度 85%～100%，气温大于 30℃发育受影响。蛹期的大雨常造成二化螟大量死亡。春季干旱少雨则第 1 代三化螟发生量大。

（三）防治措施

1. 加强栽培管理。施足基肥，促使水稻早生快发，发育整齐，抽穗迅速，缩短受害时期，使水稻易受害期与螟虫的孵化盛期错开。

2. 冬前对冬闲田全面翻耕进行晒冬或浸冬，集中烧毁高留桩稻茬；春季和双抢期间及时灌水耕沤田，迟熟田块在螟虫化蛹高峰期灌深水灭蛹，减少虫源面积和螟虫越冬基数。

3. 药剂防治。防治三化螟，一般在卵块孵化高峰期用药。防白穗，在卵盛孵期采取早破口早用药、迟破口迟用药的原则，在破口期（抽穗 5%～8% 时）用药，药后 5 天未齐穗的，要进行第二次用药。防治二化螟，防枯鞘，在盛孵高峰期后 3～5 天、初见新枯心时用药。可选药剂有 20% 三唑磷、8% 三唑磷微乳剂、1.8% 阿维菌素、40% 毒死蜱、5% 锐劲特、8% 三唑磷微乳剂加 5% 锐劲特或阿维菌素或毒死蜱等。

五、稻潜叶蝇

稻潜叶蝇在北方水稻产区普遍发生，它是水稻秧苗期和插秧后缓苗期的重要害虫，对水稻前期生长发育威胁很大。

（一）危害特点

稻潜叶蝇以幼虫潜在叶内取食叶肉，留下表皮，叶上呈现弯曲白条斑，严重时整个叶片变白，甚至叶腐烂或全株枯死。

（二）发生规律

在北方一年发生 4～5 代，以成虫在水沟边杂草上越冬，翌春先在田边杂草中繁殖 1 代。秧田揭膜后 1 代幼虫为害秧田；2 代幼虫为害本田，以水稻返青后为害幼嫩分蘖上的叶片。成虫的卵多产在下垂或平伏在水面的叶尖上，幼虫潜叶为害也在水面叶上，所以生产上以深灌水或秧苗长得瘦弱的受害重，待水稻缓苗后植株已发育健壮，基本上不再受为害了，并逐渐迁至杂草上。因此，从水稻秧田揭膜开始至插秧缓苗期是为害主要时期。

（三）防治措施

1.加强田间管理。适期播种，尽量避开产卵期；及时清除稻田杂草，减少越冬虫源；浅水灌溉，当受害重时，可排水露田，控制其危害。

2.药剂防治。应掌握在幼虫初发期喷药。药剂可选 40% 乐果 100 毫升／亩、70% 艾美乐 40 克／亩、25% 阿克泰 40～55 克／亩对水 15 千克或 25% 爱卡士乳油 1500 倍液、2.5% 溴氰菊酯乳油 2500 倍液、10% 吡虫啉可湿性粉剂 2500 倍液、50% 蝇蛆净粉剂或 35% 驱蛆磷乳油 2000 倍液等。

第三节　禾谷类杂粮主要虫害发生与防治

一、玉米螟

玉米螟俗称箭杆虫、玉米钻心虫等，属鳞翅目螟蛾科。玉米螟是世界性大害虫，为害寄主种类多达 150 种以上，其中玉米危害最重。发生范围大，面积广，危害重。特别是近年来甜玉米的扩大种植，致使危害加重，往往会造成严重的产量和质量上的损失，严重时可造成玉米减产 15%～30%。

（一）危害特点

玉米螟在玉米的整个生长期都可以为害玉米植株的地上部分，取食叶片、果穗、雄穗。玉米心叶期，初孵幼虫为害玉米嫩叶，取食叶片表皮及叶肉后即潜入心叶内蛀食心叶，使被害叶呈半透明薄膜状或成排的小圆孔，造成"花叶"；抽穗后钻蛀茎秆，雌穗发育受阻，造成减产，蛀孔处易倒折。穗期蛀食雌穗、嫩粒、穗轴，影响籽粒灌浆，造成籽粒缺损、霉烂，品质下降，对玉米生产威胁很大。

（二）发生规律

亚洲玉米螟在东北各省玉米种植区都有发生。玉米螟一年发生 1～6 代，以末代老熟幼虫在作物或野生植物茎秆、穗轴内越冬。不论一年发生几代，都是以最后一代的老熟幼虫在寄主的秸秆、穗轴、根茬及杂草里越冬，其中 75% 以上的幼虫在玉米秸秆内越冬。越冬幼虫春季化蛹、羽化，飞到田间产卵。越冬代幼虫在 5 月末至 6 月上旬开始化蛹，6 月中下旬为化蛹盛期，田间开始见到越冬成虫，越冬代蛹羽化盛期是 6 月末。成虫产卵盛期是 6 月末到 7 月上旬，卵期一般是 5～7 天。幼虫孵化后先群集于玉米心叶喇叭口处或嫩叶上取食，被害叶长大时显示出成排小孔。玉米抽雄授粉时，幼虫为害雄花、雌穗并从叶片、茎部蛀入，造成风折、早枯、缺粒、瘦瘪等现象。幼虫主要在茎秆内化蛹。幼虫有趋糖、趋触（幼虫要求整个体壁尽量保持与植物组织接触的一种特性）、趋湿、背光四种习性。所以4龄前表现潜藏，潜藏部位一般都在当时玉米植株上含糖量较高、潮湿而又隐蔽的心叶、叶腋、雄穗包、雌穗花丝、雌穗基部等，取食尚未展开的心叶叶肉，或将纵卷的心叶蛀穿，致使叶片展开后出现排列整齐的半透明斑点或孔洞，即俗称花叶。4龄后幼虫开始蛀茎，并多从穗下部蛀入，蛀孔处常有大量锯末状虫粪，是识别玉米螟的明显特征，也是寻找玉米螟幼虫洞口的标志。

温度和湿度对玉米螟影响最大，适于玉米螟各虫态发生的温度范围为15℃～30℃、平均相对湿度在60%以上。在玉米生长期间温度可以达到要求，这时各地玉米螟发生数量常与当地湿度和降水有密切关系。卵的孵化、初孵幼虫都要求较高的相对湿度。因此五六月雨水充足，相对湿度高，气候温和，有利于玉米螟的大发生；如果五六月份干旱少雨，不利于玉米螟发生。

（三）防治措施

1.清除虫源。在玉米螟冬后幼虫化蛹前期，处理秸秆（烧柴），秸秆粉碎还田或锄碎后混制高温堆肥，穗轴也可用于生产糖醛，就可以消灭虫源。在玉米抽雄初期，玉米螟多集中在即将抽出的雄穗上为害。人工去除2/3的雄穗，带出田外烧毁或深埋，可消灭一部分幼虫。

2.消灭成虫。因为玉米螟成虫在夜间活动，有很强的趋光性，利用螟蛾的趋光性，高压汞灯对玉米螟成虫具有强烈的诱导作用。在田外村庄每隔150米装一盏高压汞灯，灯下修直径为1.2米的圆形水池，诱杀玉米螟成虫，将大量成虫消灭在田外村庄内，减少田间落量，减轻下代玉米螟危害，又不杀伤天敌。

3.消灭虫卵。利用赤眼蜂卵寄生在玉米螟的卵内吸收其营养，致使玉米螟卵破坏死亡而孵化出赤眼蜂，以消灭玉米螟虫卵来达到根治玉米螟的目的。方法是，在玉米螟化蛹率达20%后推10天，就是第一次放蜂的最佳时期，6月末至7月初，隔5天为第二次放蜂期，两次每亩放1.5万头，放2万头效果更好。

4.药剂防治。敌敌畏与甲基异柳磷混合滞留熏蒸1代螟虫成虫，能有效控制玉米螟成虫产卵，减低幼虫数量；防治幼虫可在玉米心叶期，用50%辛硫磷乳油1千克，拌50～75千克过筛的细沙制成颗粒剂，投撒玉米心叶内杀死幼虫，1公顷1.5～2千克辛硫磷即可，在玉米抽穗期，用90%敌百虫800～1000倍液，或50%甲胺磷乳油1500倍液，每株5～10毫升，滴于雌穗花柱基部，灌注露雄的玉米雄穗。也可将上述药液施在雌穗顶端花柱基部，药液可渗入花柱，熏杀在雌穗的幼虫。

二、东亚飞蝗

该虫是我国著名的、具有长距离迁飞性的大害虫。"飞蝗蔽天空，千里地为赤"可以形容它的猖獗。主要为害甘蔗、玉米、高粱、旱稻以及芦苇等禾本科杂草。

（一）危害特点

成虫、若虫咬食植物的叶片和茎，大发生时成群迁飞，把成片的农作物吃成光秆。

（二）发生规律

全国各地均以卵在土壤中越冬，蝗卵孵化出土盛期在晴天中午前后。1～2龄蝗蛹常群聚于低矮植物上或枯草丛里。3龄以后多于晴天弱风时在地面上群聚迁移；无数跳蛹排成单线，长可达数十至百余米，犹如一字长阵，朝同一方向跳跃前进。稍惊动，则分散乱跳，不久，又复排列整齐如初。取食时间多在日出后不久开始，夏季以下午4时至黄昏最盛。成虫取食为害约半个月后，便行交配和产卵。一般在土质较硬、地势低畦又向阳的地方产卵较多，飞蝗产卵最适宜的土壤含水量为10%～20%。耕熟的庄稼地，泥土疏松，不利于成虫产卵。每只雌虫可产卵4块，每块有卵60～80粒，总产卵量便有300～400粒。

飞蝗成灾一般具备两个重要条件：一是气候条件，前一年2月降雨量要比常年平均值少10%以上，并在当年3月，降雨量少30%以上时，8月蝗害就会大发生。二是环境条件，易受水涝淹浸、不大适于耕作的田地，飞蝗就容易为害。

（三）防治措施

1.农业措施防治。创造利于作物生长而不利于飞蝗产卵繁殖的环境，是防止蝗害的有效措施。因此要兴修水利，开沟排涝，将荒坡改造成耕作良田，防止飞蝗栖居产卵繁殖。

2.做好虫情预测预报。准确掌握虫情有利于有效控制虫灾的发生与蔓延。一般每10平方米有5头飞蝗时就要采取措施，在蝗蛹进入3龄盛期前进行防治。用50%甲胺磷，或2.5%敌杀死，或2.5功夫，均用水稀释1000倍后喷杀。或者采用20%灭扫利，或20%氰果乳剂，均用水喷杀。

3.药剂防治。蝗虫大面积发生时就要用药剂进行防治，一般每亩用45%马拉硫磷乳油30～40克，或40%乐果乳油50～70克、25%敌马乳油150～200克喷雾，也可用10%氯氰菊酯或5%来福灵稀释2000倍液喷雾防治。

三、黏虫

俗称行军虫、夜盗虫、剃枝虫。我国除西藏未见报道外，其余各地均有发生。主要为害麦、稻、粟、玉米等禾谷类粮食作物及棉花、豆类、蔬菜等 16 科 104 种以上植物。幼虫食叶，大发生时可将作物叶片全部食光，造成严重损失。

（一）危害特点

1 ～ 2 龄幼虫白天隐藏于草的心叶或叶鞘中，晚间取食叶肉，形成麻布眼状的小条斑（不咬穿下表皮）。3 龄后将叶缘咬成缺刻，此时有假死和潜入土中的习性。5 ～ 6 龄为暴食期，能吃光叶片，咬断穗头，食量为整个幼虫期食量的 90% 以上。该期幼虫的抗药性也比 2 ～ 3 龄幼虫明显增强。

（二）发生规律

每年发生世代数中国各地不一，在北纬 33°以北地区任何虫态均不能越冬，北方春季出现的大量成虫系由南方迁飞所至。成虫产卵于叶尖或嫩叶、心叶皱缝间，常使叶片成纵卷。成虫对糖醋液趋性强，产卵趋向黄枯叶片，喜在茂密的田块产卵。在麦田喜把卵产在麦株基部枯黄叶片叶尖处折缝里，每个卵块一般 20 ～ 40 粒，呈条状或重叠，多者达 200 ～ 300 粒，每雌一生可产卵 1000 ～ 2000 粒。产卵适温 19℃～ 22℃，适宜相对湿度为 90% 左右，气温低于 15℃或高于 25℃，产卵明显减少，气温高于 35℃即不能产卵。初孵幼虫多在叶背或分蘖叶背光处为害，3 龄后食量大增，有假死性。5 ～ 6 龄进入暴食阶段，老熟幼虫入土化蛹。适宜该虫温度为 10℃～ 25℃，相对湿度为 85%。

湿度直接影响初孵幼虫存活率的高低。该虫成虫须取食花蜜补充营养，以提高产卵量。

（三）防治措施

1. 诱杀成虫。利用成虫对糖醋液的趋性，在成虫数量开始上升时，用糖醋液盆诱杀成虫。利用其趋光性可在成虫盛期于田间悬挂黑光灯，诱捕成虫。

2. 药剂防治。幼虫在 3 龄以前是防治时期，抓住防治关键期是控制该害虫的重点。可以选用喷雾 90% 敌百虫晶体 1000 ～ 1500 倍液、5% 农梦特乳油 4000 倍液、50% 辛硫磷乳剂、20% 灭幼脲 1 号悬浮剂 500 ～ 1000 倍液或 25% 灭幼脲 3 号悬浮剂 500 ～ 1000 倍液、50% 杀螟松乳剂 1000 倍液、50% 西维因可湿性粉剂 200 ～ 300 倍液、5% 抑太保乳油 4000 倍液、2.5% 溴氰菊酯 2000 ～ 3000 倍液等效果均好。

四、玉米蛀茎夜蛾

（一）危害特点

玉米蛀茎夜蛾幼虫在玉米苗期为害，由近地表处的茎基咬孔蛀入，向上蛀食心叶茎髓，被害株心叶萎蔫，随之全株枯死。一般一株只有一头幼虫，但是一头幼虫可转移多株为害。

（二）发生规律

玉米蛀茎夜蛾在东北地区一年1代，为害玉米、谷子、高粱等作物，还可为害鹅冠草、稗草等野生杂草。产卵在芦苇、狗尾草等禾本科杂草上及土缝里越冬，第二年5月上中旬逐渐孵化。初孵幼虫取食返青杂草的幼芽及心叶，6月上旬转移至玉米上为害。幼虫为害期为一个月左右，6月末在被害株地下2～10cm处化蛹，7—8月成虫羽化飞至田边杂草上产卵。每头雌蛾可产卵2000余粒，并以卵越冬。成虫的活动可延续到9月上旬，趋光性和趋化性都不强。

（三）防治措施

1.农业措施防治。清除田边杂草，减少越冬虫源以及初孵幼虫的食料，实行轮作倒茬，可减轻危害。玉米受害初期，心叶刚开始萎蔫时，幼虫尚在植株内，在间定苗时可拔除虫害株，以减少田间虫口数量。

2.药剂防治。可用92.5%敌百虫粉1千克，拌细土20千克，撒施于玉米根周围。发现心叶萎蔫时，可用92.5%敌百虫或80%敌敌畏乳油400倍液灌根，可减轻危害。在用药剂防治其他害虫时也可起到兼治作用。

五、粟灰螟

粟灰螟别名甘蔗二点螟、二点螟、谷子钻心虫等。在全国大多数省、自治区有分布。北方主要为害粟、玉米、高粱、黍、薏米等，南方主要为害甘蔗。

（一）危害特点

以幼虫蛀食谷子等茎秆，苗期受害形成枯心苗，穗期受害遇风易折倒形成瘪穗和秕粒。被害谷苗心叶青枯，蛀孔处仅有少量虫粪或残屑，受害后常常形成穗而不实，或遇风雨，大量折株造成减产，成为北方谷区的主要蛀茎害虫。在南方，幼虫为害甘蔗苗期的生长点，致心叶枯死形成枯心苗；萌发期、分蘖初期造成缺株；生长中后期幼虫蛀害蔗茎，破坏茎内组织，影响生长且降低其经济价值。

（二）发生规律

我国北方地区一年发生2～3代，南方可发生3～4代，海南6代。以老熟幼虫在谷茬或蔗茎中越冬。南方甘蔗种植区，该虫终年为害。北方地区春季化蛹，羽化后白天潜栖于谷株或其他植物的叶背、土块下或土缝等阴暗处，夜晚活动，有趋光性。成虫卵产在叶片背面，每只雌蛾平均产卵200粒左右。初孵幼虫行动活泼，爬行迅速，在植株或地面爬行一段后侵入茎基部叶鞘中蛀食 1 ~ 3 天后蛀入茎中，3 龄后能转株为害，一般幼虫可能转害 2 ~ 3 株。

降雨量和湿度对粟灰螟影响最大，玉米或谷子春季播种早，温度适宜，雨水多，湿度大则有利于粟灰螟严重发生。粟灰螟产卵对谷苗有较强的选择性，播种越早，植株越高，受害越重。品种间的差异也较大，一般株色深，基秆粗软，叶鞘茸毛稀疏，分蘖力弱的品种受害重。

（三）防治措施

1.农业防治。秋季翻耙谷子田，结合整地，在成虫羽化前清除谷茬，做肥料或烧掉。清洁蔗田时，砍去秋笋以减少越冬虫源。

2.生物防治。释放赤眼蜂。在第 1 ~ 2 代螟蛾产卵期各放蜂 2 次，每次每亩放蜂 0.8 万 ~ 1.0 万头，全年放蜂 5 ~ 7 次。

3.药剂防治。在卵孵化盛期至幼虫蛀茎前施药是最佳药剂防治期。可用 3% 克百威颗粒剂每亩 4 ~ 5 千克、5% 杀虫双 1 ~ 1.5 千克、3% 呋甲颗粒剂（克百威、甲基异柳磷合剂） 4 ~ 5 千克、3% 甲基异柳磷颗粒剂 5 ~ 6 千克、90% 敌百虫晶体 500 ~ 800 倍液、50% 杀螟硫磷乳油 1000 倍液、50% 杀螟丹可湿性粉剂 1000 倍液等均有较好效果。

六、玉米象

玉米象别名米牛、铁嘴。我国及世界各地均有分布。

（一）危害特点

主要为害贮存 2 ~ 3 年的陈粮，成虫啃食，幼虫蛀食谷粒，被害粮粒中空，仅留下少量糠屑。

（二）发生规律

玉米象一年发生 2 ~ 5 代，因地区而异。既能在仓内繁殖，也能飞到田间繁殖。主要以成虫潜伏在仓内阴暗潮湿的砖石缝中越冬，也可在仓外松土、树皮、田埂边越冬。第二年的 5 月中下旬越冬成虫开始活动，在仓内越冬的成虫就地继续产卵繁殖，仓外越冬的成虫一部分迁入仓内，另一部分飞至大田，把卵产在麦穗上。成虫产卵时，用口吻啮食麦粒，形成卵窝，把卵产在其中，后分泌黏液封口。每头雌虫平均产卵 380 粒，最多 576 粒。产卵期可长达 5 个月。6 月中下旬至 7 月上中旬幼虫孵化，蛀入粒内，幼虫期约 30 天，7 月中下旬化蛹，蛹期 7 ~ 10 天，8 月上旬成虫羽化，成虫有假死性，喜阴暗、趋温、趋湿，繁殖力强，怕光，雌虫可产卵约 500 粒，10 月上旬气温低于 15℃，成虫开始越冬。玉米象喜食含水量高的粮粒，在温度 25℃时，湿度大的籽实受害严重。

（三）防治措施

1.清洁仓库，改善贮存条件，堵塞各种缝隙，改善贮粮条件，可减少危害。

2.可选择晴热天摊晒粮食，一般厚3～5cm，每隔半小时翻动一次，粮食温度越高，杀虫效果越好。通过晒粮还可以降低粮食的含水量，不利于成虫的产卵。

3.植物趋避。将花椒、茴香或掰开的大蒜瓣等，任取一种，装入纱布小袋中，均匀埋入粮食中，一般每50千克粮食放2袋，最好粮食袋具有较好的密封性，这样不利于气味的扩散。

4.药剂防治。春天，在仓外四周喷一条马拉硫磷药带，防止在仓外越冬的成虫返回仓内。或100千克粮食用粮虫净10～12克触杀和熏蒸，防效较好。

第四节 棉花主要虫害发生与防治

一、棉蚜

棉蚜俗称腻虫，为世界性棉花害虫。中国各棉区都有发生，是棉花苗期的重要害虫之一。寄主植物除棉花外，还有石榴、花椒、木槿、鼠李属、瓜类等。

（一）危害特点

棉蚜以刺吸式口器在棉叶背面和嫩头部分吸食汁液，使棉叶畸形生长，向背面卷缩。叶表有蚜虫排泄的蜜露（油腻），并往往滋生霉菌。棉花受害后植株矮小、叶片变小、叶数减少、根系缩短、现蕾推迟、蕾铃数减少、吐絮延迟。

（二）发生规律

辽河流域棉区一年发生10～20代，黄河流域、长江及华南棉区发生20～30代。北方棉区以卵在越冬寄主上越冬。翌年春季越冬寄主发芽后，越冬卵孵化为干母，孤雌生殖2～3代后，产生有翅胎生雌蚜，4—5月迁入棉田，为害刚出土的棉苗。随之在棉田繁殖，5—6月进入为害高峰期，6月下旬后蚜量减少，但干旱年份为害期延长。10月中下旬产生有翅的性母，迁回越冬寄主，产生无翅有性雌蚜和有翅雄蚜。雌雄蚜交配后，在越冬寄主枝条缝隙或芽腋处产卵越冬。

黄河流域、长江流域棉区也产卵在花椒、木槿、鼠李、石榴、蜀葵、夏枯草、车前草、菊花、苦菜、瓜类等越冬寄主上越冬。翌年3月孵化，在越冬寄主上繁殖3~4代，到4月下旬，棉苗出土后，产生有翅蚜迁入棉田繁殖为害，5月下旬至6月上旬进入苗蚜为害高峰期；7月中旬至8月上旬形成伏蚜猖獗为害期。秋季棉株衰老时，迁回越冬寄主上，产生唯一的一代雄蚜，与雌蚜交配后在芽腋处产卵越冬。

棉蚜生长发育最适温度为24℃～28℃，平均气温高于29℃对棉蚜有抑制作用。降水一方面对棉蚜有冲刷作用；另一方面可增加田间湿度，蚜茧蜂、寄生蚊量会增多，可抑制蚜的增长，同时高湿使伏蚜易流行蚜病。因此，在气温适宜范围内，降雨和高湿是抑制棉蚜种群数量的另一主导因素。

棉花与麦、油菜、蚕豆等套种时，棉蚜发生迟且轻。天敌主要有寄生蜂、螨类、捕食性瓢虫、草蛉、蜘蛛等。其中瓢虫、草蛉控制作用较大。生产上施用杀虫剂不当，杀死天敌过多，常会导致蚜虫猖獗为害。

（三）防治措施

1.清除越冬虫源。秋冬季棉秆粉碎后掩埋，铲除田边、地头杂草。在12月底和翌年3月中旬，组织技术人员对室内花卉和温室大棚彻底灭蚜，减少有翅蚜向田间的迁飞量。

2.诱杀蚜虫。开春对温室大棚、居民区摆放黄色诱蚜板，防止棉蚜外迁。6月初在棉田四周摆放黄色诱蚜板，防止棉蚜向棉田迁飞。黄色诱蚜板的制作方法：采用50cm×50cm的纸板，双面刷上黄色漆，外包塑料膜，再涂上废机油即可。

3.实行棉麦套种。棉田中播种或地边点种春玉米、高粱、油菜等，招引天敌控制棉田蚜虫。

4.药剂防治。

药剂拌种：可用3%呋喃丹颗粒剂20千克拌100千克棉籽，再堆闷4～5小时后播种。也可用10%吡虫啉有效成分50～60克拌棉种100千克，对棉蚜、棉卷叶螟防效较好。

药液滴心：40%久效磷乳油或50%甲胺磷乳油、40%氧化乐果乳油150～200倍液，每亩用兑好的药液1～1.5千克，用喷雾器在棉苗顶心3～5cm高处滴心1秒，使药液似雪花盖顶状喷滴在棉苗顶心上即可。

药液涂茎：40%久效磷或50%甲胺磷乳油20毫升，田菁胶粉1克或聚乙烯醇2克，对水100毫升搅匀，于成株期把药液涂在棉茎的红绿交界处，不必重涂，不要环涂。

喷雾防治：苗蚜在3片真叶前卷叶株率5%～10%，4片真叶后卷叶株率10%～20%时，伏蚜在卷叶株率5%～10%或平均单株顶部、中部、下部3叶蚜量150～200头时，及时喷药防治。药剂可选35%赛丹乳油1500倍液、20%灭多威乳油、44%丙溴磷乳油1500倍液、40%灭抗铃乳油1200倍液、43%新百灵乳油（辛·氟氯氰乳油）1500倍液、90%快灵可溶性粉剂3500倍液，苗蚜2000倍液等。

棉蚜繁殖发展迅速，极易产生抗药性。生产中要注意药剂轮换施用，并尽量使用增效剂。

二、棉铃虫

棉铃虫俗称桃虫、青虫等，是棉花蕾铃期重要钻蛀性害虫，主要蛀食蕾、花、铃，也取食嫩叶。该虫食性杂，寄主植物有20多科200余种。在栽培的作物中，除棉花外，还为害小麦、玉米、高粱、番茄、豆类、瓜类等。

（一）危害特点

取食后，嫩叶呈孔洞或缺刻；花蕾被蛀后，苞叶展开发黄，2～3天随即脱落；食害柱头和花药，使之不能授粉结铃。青铃被害后蛀成孔洞，诱发病菌侵染，造成烂铃。

（二）发生规律

棉铃虫发生的代数由北向南逐渐增多，内蒙古、新疆一年3代，华北4代，长江流域以南5～7代，以蛹在土中越冬，第二年春季气温达15℃以上时开始羽化。在华北地区4月中下旬开始羽化，5月上中旬进入羽化盛期。第1代卵见于4月下旬至5月底，第1代成虫见于6月初至7月初，6月中旬为盛期，7月为第2代幼虫为害盛期，7月下旬进入第2代成虫羽化和产卵盛期，第4代卵见于8月下旬至9月上旬，所孵幼虫于10月上中旬老熟入土化蛹越冬。第1代主要于麦类、豌豆、苜蓿等早春作物上为害，第2～3代为害棉花，第4代为害番茄等蔬菜，从第1代开始为害果树，后期较重。

幼虫有转株危害的习性，转移时间多在夜间和清晨，这时施药易接触到虫体，防治效果最好。另外，土壤浸水能造成蛹大量死亡。

（三）防治措施

1.农业防治。适时间苗、定苗、整枝、打顶、打空枝和打边心等，并及时带出棉田集中处理；棉田种植诱集作物，如每亩棉田种植玉米诱集带，减少棉铃虫落卵量，减轻棉铃虫对棉花的危害；有条件的地区实行冬耕冬灌，消灭越冬蛹；采用杀虫灯、杨枝捕杀棉铃虫的成虫。

2.生物防治。产卵高峰期喷洒Bt乳剂、核型多角体病毒和5%美除等。

3.化学防治。抓住孵化期至2龄幼虫尚未蛀入果内时，进行喷雾防治。可选药剂有25%灭铃王乳油2000倍液、21%灭杀毙乳油4000倍液、2.5%功夫乳油5000倍液、天王星乳油3000倍液、20%甲氰菊酯乳油2000倍液、30%杀虫威乳油1000倍液等。

三、棉叶螨

棉叶螨又称棉花红蜘蛛，我国各棉区均有发生，除为害棉花外，还为害玉米、高粱、小麦、大豆等。

（一）危害特点

棉叶螨主要在棉花叶面背部刺吸汁液，使叶面出现黄斑、红叶和落叶等危害症状，形似火烧，俗称"火龙"。暴发年份，常造成大面积减产甚至绝收。

（二）发生规律

棉叶螨秋冬季以雌成螨及其他虫态在冬绿肥、杂草、土缝内、枯枝落叶下越冬，下一年2月下旬至3月上旬开始，首先在越冬或早春寄主上为害，待棉苗出土后再移至棉田为害。杂草上的棉叶螨是棉田主要螨源。每年6月中旬为苗螨为害高峰，以麦茬棉危害最重，7月中旬至8月中旬为伏螨为害棉叶。9月上中旬晚发迟衰棉田棉叶螨也可为害。

天气是影响棉叶螨发生的首要条件。天气高温干旱、久晴无降雨，棉叶螨将大面积发生，造成叶片变红，落叶垮秆。而大雨、暴雨对棉叶螨有一定的冲刷作用，可迅速降低虫口密度，抑制和减轻棉叶螨危害。

（三）防治措施

1.棉花收获后，及时清除田间的棉秆枯叶和杂草，并及时秋耕冬灌（深16～20cm为好），同时破除田埂，减少棉叶螨的越冬基数。

2.合理轮作倒茬，间作、套作，避免连作及与大豆、芝麻、玉米、瓜类等棉叶螨寄主作物间作套种。安排好棉田边的邻作，减少棉叶螨喜好的寄主，棉田周围以种单子植物为好。

3.选用抗螨品种，合理使用氮、磷、钾肥，促进棉株健壮生长，控制螨害。

4.药剂防治。种子处理：用75%或60%3911乳油拌种，药量为种子重量的0.8%～1%。喷雾防治：在棉叶螨点片发生时，及时采取措施进行点片药剂喷雾防治，控制害螨进一步蔓延和为害。喷雾时应使用专用杀螨剂，先喷外围，逐渐向内圈喷施。可选药剂有73%克螨特乳油2000倍液、1.8%阿维菌素乳油2000倍液、28%的虫螨腈悬浮剂2500～3500或10%四螨嗪悬浮剂1000～1500倍液等。

四、棉盲蝽

棉盲蝽是棉花上的主要害虫，在我国棉区为害棉花的盲蝽有五种：绿盲蝽、苜蓿盲蝽、中黑盲蝽、三点盲蝽、牧草盲蝽。其中，绿盲蝽分布最广，数量最多。棉盲蝽的寄主植物非常广泛，主要为害棉花、枣树、葡萄、玉米等作物。

（一）危害特点

棉盲蝽对棉花的为害时间很长，从幼苗一直到吐絮期，为害期长达 3 个月，以棉花花铃期第 3 代棉盲蝽为害最为严重。棉盲蝽以成虫、若虫刺吸棉株汁液，造成蕾铃大量脱落、破头叶和枝叶丛生。棉株不同生育期被害后表现不同，子叶期被害，表现为枯顶；真叶期顶芽被刺伤则出现破头疯；幼叶被害则形成破叶疯；幼蕾被害则由黄变黑，2～3 天后脱落；中型蕾被害则形成张口蕾，不久即脱落；幼铃被害伤口呈水渍状斑点，重则僵化脱落；顶心或旁心受害，形成扫帚棉。

（二）发生规律

棉盲蝽由南向北发生代数逐渐减少，因种类和地区的差异，每年可发生 3～7 代。在大部分地区，棉盲蝽以卵在苜蓿、苕子、蒿类的茎组织内越冬，少数地区则以成虫在杂草间、胡萝卜、蚕豆、树木树皮裂缝及枯枝落叶、藜科杂草等下越冬。第 1 代发生在 5 月中下旬，主要为害枣树、棉花幼苗。产卵于棉花的嫩叶、叶片主脉、苞叶、嫩茎上。

温度在 25℃～30℃，相对湿度在 80% 左右，最适宜棉盲蝽繁殖。

棉盲蝽成虫有转移迁飞的习性和趋光性，上午 9 时以前或下午 5 时以后，在棉株顶部活动，中午多在棉株的中部及叶背面休息。

（三）防治措施

1.加强管理。合理密植，平衡施肥。实施氮、磷、钾配方施肥，增施生物肥料及微肥，切忌偏施氮肥，以防止棉花生长过旺。棉花生长期出现多头苗时及早进行人工整枝，去丛生枝，留 1～2 枝壮秆，使棉株加快生长补偿损失。尽量不在棉田四周种植油料、果树等越冬虫源寄主。

2.切断早春虫源。棉花收获后及时拔去棉秆，冬季和早春清除棉田内、田埂、路边、沟边的杂草，集中深埋或烧毁，防止越冬卵的孵化。

3.药剂防治。防治关键期为若虫期，在上午 9 时以前或下午 5 时以后用药防治，所有棉田进行统一防治，以防止成虫窜飞。可选药剂参见棉铃虫。

第五节　薯类主要虫害发生与防治

一、甘薯小象虫

甘薯小象虫主要分布在南方甘薯主产区，为害甘薯等旋花科植物，幼虫俗称蛀心虫。

（一）危害特点

甘薯小象虫的成虫和幼虫均能为害，幼虫蛀食薯块和粗蔓形成隧道；成虫咬食茎叶、幼芽、露土薯块和贮藏薯块，使薯苗生长缓慢，结薯后转而为害薯块。被害薯块诱致病菌侵入，发生腥臭，不能供作食用或饲用，且能导致黑斑病、软腐病等病菌侵染而腐烂霉坏。

（二）发生规律

甘薯小象虫全年发生 5 ～ 6 代，世代重叠，主要以成虫在田间和贮藏薯块中及茎叶、土缝等隐蔽越冬，卵、幼虫和蛹也能在薯块中越冬。当气温在 10 ℃以上时，成虫便爬出觅食，早春成虫先在过冬植物上完成第 1 代，再转移到田间为害。成虫飞翔力弱，怕阳光直射，有假死性。卵多散在薯块的皮层下，其次是较粗的薯蔓上。幼虫在隧道末端近皮层处化蛹。

气候温暖、土壤黏重，缺乏有机质、干燥、带酸性土壤、连作、栽培粗放等条件下发生严重。

（三）防治措施

1.严格检疫。种薯及薯苗调运时加强检疫，如发现有潜藏此虫的种薯及藤苗，及时处理，严防扩展。

2.清洁田园。收获时把好薯与坏薯分开，并及时全面清理臭薯、坏薯和薯园田边四周杂草，集中烧毁，断绝越冬栖息的虫源，降低越冬虫口残留量。

3.合理轮作。有条件的田块可水旱轮作，无水源的田块可与大豆、花生等作物轮作，抑制小象虫的发生或减少危害程度。

4.药剂防治。在育苗前选用无虫痕种薯，并进行药剂处理。可用 90% 敌百虫 500 倍液浸泡 24 小时后，捞起晾干再播种。在薯苗移栽前，用 40% 辛硫磷 1000 倍液浸苗 15 分钟，捞起晾干移栽。薯苗被害率达 3% 时，及时用 80% 敌敌畏或 40% 乐果 1000 倍液喷雾防治。薯块膨大期每亩用 5% 杀虫双颗粒剂 1.5 千克撒施在藤头周围的畦面上，形成一个平面药带，毒杀入侵的小象虫。畦面土壤出现裂缝，小块根上部外露时，每亩用 1 千克 80% 敌百虫加水 250 千克配成药液均匀浇灌甘薯头部，每株灌药 100 毫升左右，并及时培土填实裂缝，不仅可杀灭土壤中的成虫，也可杀灭块根和头蒂中初侵入幼虫或成虫和新孵化的幼虫，并维持一段残效期，防治小象虫的再次侵入。

二、甘薯麦蛾

甘薯麦蛾又叫甘薯卷叶虫、甘薯卷叶蛾。除为害甘薯外，还为害五爪金龙、月光花、牵牛花等旋花科植物。

（一）危害特点

甘薯麦蛾以幼虫为害甘薯，幼虫吐丝将薯叶的一角向中部牵引卷折起来，在卷叶取食叶肉和表皮，发生严重时薯叶大量卷折，后期常出现成片"火焚"现象。

（二）发生规律

该虫在北京一年发生 3～4 代、浙江 4～5 代、江西 5～7 代、福建 8～9 代。在北方以蛹在田间残株和落叶中越冬，越冬蛹在 6 月上旬开始羽化，6 月下旬在田间即见幼虫卷叶为害，8 月中旬以后田间虫口密度增大，危害加重，10 月末老熟幼虫化蛹越冬。

成虫趋光性强，行动活泼，白天潜伏，夜间在嫩叶背面产卵。幼虫行动活泼，有转移为害的习性，在卷叶或土缝中化蛹。7—9 月温度偏高，湿度偏低年份常引起大发生。

（三）防治措施

1. 清除越冬场所，减少虫源。冬季收薯后，将田间枯老残叶和田边杂草灌木收集清除，集中堆沤或焚烧。冬季贮于室内的干薯茎于 3 月前处理完毕。此外，在 4—5 月间，清除田地周边旋花科植物幼苗，以减少野生寄主和蜜源植物。

2. 在幼虫盛发期及时捏杀新卷叶中的幼虫，或摘除虫害包叶，集中杀死。8—9 月，有条件的地方，结合抗旱，将薯田灌水漫至土面并保持 36～48 小时，可使土缝中的蛹窒息死亡。

3. 药剂防治。掌握在幼虫发生初期，药剂可选用 30% 敌百虫乳油 1000～1500 倍液、2% 阿维菌素乳油 1500 倍液、48% 乐斯本乳油或 48% 天达毒死蜱 1000 倍液、20% 除虫脲悬浮剂 1500 倍液、5% 卡死克可分散液剂 1500 倍液、10% 除尽悬浮剂 2000 倍液、Bt 乳剂（100 亿孢子／毫升）400 倍液、52.25% 农地乐乳油 1500 倍液、20% 杀灭菊酯乳油 3000 倍液、2.5% 溴氰菊酯乳油 2500 倍液等。施药时间以下午 4—5 点最好。

三、马铃薯瓢虫

马铃薯瓢虫别名大二十八星瓢虫，我国各地都有发生，以北方地区发生严重。其寄主为马铃薯、茄子、番茄、辣椒、豆类、瓜类及龙葵、小蓟、灰菜、野苋菜等，以马铃薯、茄子受害最重。

（一）危害特点

成虫和幼虫均取食同样植物，幼虫初期主要啃食叶肉，残留植物表皮，形成许多平行透明线状纹。较大的幼虫和成虫则将叶片吃成孔状或仅存叶脉，严重时全田如枯焦状，植株干枯而死。

（二）发生规律

马铃薯瓢虫在东北、华北、山东等地每年发生 2 代，江苏发生 3 代。均以成虫在背风向阳的山洞、树洞、石缝、树皮缝、墙缝、土缝及篱笆等各种缝隙中群集越冬，特别是山区群集越冬习性较明显。越冬成虫一般在日平均气温达 16℃以上时即开始活动，20℃则进入活动盛期，初活动成虫只在附近杂草上取食，到 5～6 天才开始飞翔到周围马铃薯田间为害繁殖。华北地区第 1 代幼虫发生盛期为 6 月下旬至 7 月中旬，7 月中、下旬化蛹，7 月下旬至 8 月上旬为成虫羽化盛期；第 2 代幼虫为害盛期为 8 月下旬，8 月底幼虫化蛹并羽化为成虫，9 月中旬当代成虫陆续迁移越冬。马铃薯瓢虫属于完全变态昆虫，7—8 月间，田间可同时见到卵、幼虫、蛹、成虫 4 个虫态，此时是两代幼虫和成虫同时为害期。

成虫早晚栖息叶背，白天取食，交尾产卵，以 10—16 点最为活跃。成虫有假死性，受惊扰时常假死坠地，并分泌有特殊臭味的黄色液体。

影响马铃薯瓢虫发生的最重要因素是夏季高温，28℃以上卵即使孵化也不能发育至成虫，温暖潮湿的气候条件有利于幼虫的发生。

（三）防治措施

1.根据卵块颜色鲜艳，容易发现的特点，结合农事活动，人工摘除卵块；马铃薯收获后及时处理残株，处理田间地头的枯枝、杂草，消灭大量残留的瓢虫，降低虫源基数。在成虫越冬期不食不动的薄弱环节，检查越冬场所，搜杀群集的越冬成虫。

2.利用成虫的假死性，在成虫大量出现时，于上午 10 时至下午 4 时，将成虫拂落在滴有少量煤油的水盆中集中杀灭。

3.药剂防治，应掌握在马铃薯瓢虫幼虫分散之前用药。可选药剂有 50% 辛硫磷乳油 1500～2000 倍液、2.5% 溴氰菊酯乳油、20% 氰戊菊酯、40% 菊杂乳油、菊马乳油

3000 倍液、80% 敌敌畏乳油、90% 敌百虫晶体、50% 马拉硫磷 1000 倍液、2.5% 功夫乳油 3000 倍液等。

第六节 油料作物主要虫害发生与防治

一、大豆食心虫

大豆食心虫又名小红虫，主要为害大豆，其次为害野生大豆。国内各大豆产区都有发生，以东北受害最重，是大豆主要害虫之一。严重时虫食率可达 30% ～ 40%。

（一）危害特点

大豆食心虫以幼虫蛀食豆荚，幼虫蛀入前均做一白丝网罩住幼虫，一般从豆荚合缝处蛀入，被害豆粒咬成沟道或残破状。

（二）发生规律

大豆食心虫在我国各地一年发生 1 代，以老熟幼虫在 2 ～ 8 cm 表土内作茧越冬。翌年 7 月下旬破茧而出，爬到地表重新结茧化蛹。也有少数幼虫不再作茧直接化蛹。成虫在 8 月羽化，初羽化的成虫，由越冬场所飞往大豆田，由于飞行能力较弱，一次飞行距离为 5 ～ 6 米，飞翔高度大约在植株之上 0.5 米。成虫活动时间大多在午后 3 点开始，4—6 时最活跃。上午和夜晚多潜伏在豆叶背面或茎秆上，受惊吓后才做短距离飞行。成虫交尾时在田间能看到集团飞翔现象。卵产于嫩荚上，每一豆荚上产卵 1 粒，少数产 2 ～ 3 粒。卵期 7 天左右。幼虫孵化后先在荚上结细长形薄白丝网，即蛀入豆荚内食害豆粒，可在荚内生活 20 ～ 30 天，咬食 1 ～ 3 粒大豆粒，至豆荚成熟时在豆荚的边缘咬出一个孔，由荚内脱出。脱荚时间在温暖的晴天上午 10 时至下午 2 时。幼虫脱荚后便潜入土中作茧越冬。

成虫有趋光性，对黑光灯的趋性最强。

化蛹期间若雨水较多，土壤湿度大，有利于化蛹和成虫出土，低温、干燥则不利。7—8 月降雨量多、土壤湿度大，有利于发生。若遇暴雨能使成虫数量、卵量急剧减少。重茬年限越长，受害越严重。

（三）防治措施

1. 选择抗虫品种。尽量选无荚毛和荚毛弯曲、木质隔离层结构好、入荚死亡率高的大豆品种。

2.合理轮作。此虫食性单一,成虫飞翔能力弱,实行远距离大区轮作,可减轻其危害。

3.清除虫源。增加虫源地中耕次数,特别是在化蛹和羽化期应多次中耕。大豆收割后进行秋翻秋耙,破坏幼虫的越冬场所,提高越冬幼虫死亡率。及时耕翻豆后麦茬地,小麦收后正值幼虫上移化蛹,可大量消灭蛹前幼虫和蛹,降低羽化率。保持田园清洁,特别是作物收获后及时处理田间的残枝落叶。

4.物理防治。利用害虫的趋光性,设置黑光灯进行诱杀成虫。

5.药剂防治。防治大豆食心虫以防成虫为主,防治幼虫为次。防治成虫的时间,以田间发生蛾团,蛾子雌雄比例达到 1∶1 时为宜。防治幼虫则在孵化峰期进行。药剂可选 2.5% 三氟氯氰菊酯乳油、2.5% 溴氰菊酯乳油、45% 马拉硫磷乳油、2.5% 保得乳油、40% 毒死蜱乳油、4.5% 高效氯氰菊酯乳油等。

二、豆荚斑螟

豆荚斑螟又名豇豆荚螟、大豆荚螟、豆荚螟、槐螟蛾、洋槐螟蛾,可为害大豆、扁豆、绿豆、豇豆、菜豆、豌豆、洋槐、刺槐、毛条、苦参、苕子等豆科植物。该虫为世界性分布,在我国除西藏未见报道外,其余各省区均有发生。

(一)危害特点

幼虫为害叶、蕾、花及豆荚,卷叶为害或蛀入荚内取食幼嫩籽粒,荚内及蛀孔外常堆积粪便,轻者把豆粒蛀成缺刻、孔洞,重则把整个豆荚蛀空,受害豆荚味苦,造成落蕾、落花、落荚和枯梢。

(二)发生规律

豆荚斑螟在各地发生的代数不同。从北至南,每年发生 2 ~ 8 代,主要以老熟幼虫在寄主植物或晒场附近土表作茧越冬,少数以蛹越冬。4月上旬为化蛹盛期,4月下旬至5月中旬开始羽化,卵期 3 ~ 6 天,幼虫期 9 ~ 12 天,6—9月为为害盛期。越冬代成虫在豌豆、绿豆或冬季豆科绿肥上产卵发育为害,第 2 代幼虫为害春播大豆或绿豆等其他豆科植物,第 3 代为害晚播春大豆、早播夏大豆及夏播豆科绿肥,第 4 代为害夏播大豆和早播秋大豆,第 5 代为害晚播夏大豆和秋大豆。

成虫昼伏夜出,有较强的趋光性,卵多产在花瓣或嫩荚上,散产或几粒一起,每雌可产 80 ~ 90 粒。

豆荚斑螟发生轻重与作物生育期关系密切,若第1、2代成虫产卵期与作物结荚期吻合,并结荚期长,荚毛多,受害就重,反之则轻。

豆荚斑螟喜干燥，在适温条件下，湿度对其发生的轻重有很大影响，雨量多湿度大则虫口少，雨量少湿度低则虫口大；地势高、土壤湿度低的地块比地势低、湿度大的地块危害重。

（三）防治措施

1.选择抗虫品种。尽量选种早熟丰产，结荚期短，豆荚毛少或无毛品种种植，减少害虫的产卵量。

2.合理轮作。避免豆科植物连作，可采用大豆与水稻等轮作，或玉米与大豆间作的方式。

3.清除虫源。豆科绿肥在结荚前翻耕沤肥，种子绿肥及时收割，尽早运出本田；及时清除田间落花、落荚，并摘除被害的卷叶和豆荚；在水源方便的地区，秋冬灌水数次，提高越冬幼虫的死亡率，夏大豆开花结荚期，灌水 1～2 次，增加入土幼虫的死亡率。

4.药剂防治。掌握在成虫盛发期和卵孵化盛期前喷药，药剂可选 21% 灭杀毙（增效氰·马乳油）4000 倍液、2.5% 鱼藤酮乳油 1000 倍液、2.5% 菜喜悬浮剂 1500 倍液、5% 农梦特乳油 3000 倍液等。

三、豆象

豆象是鞘翅目豆象科 900 多种甲虫的统称，分布于世界各地。

（一）危害特点

该科昆虫主要为害豆科植物的种子。大多数种类在野外、部分在仓库内生活。在气温较高的地区和仓库内能全年繁殖、为害，造成豆类大量损失。常见的有绿豆象和蚕豆象，分别为害绿豆、赤小豆、蚕豆和其他一些豆类。豌豆象是豌豆的重大害虫。

（二）发生规律

各种豆象均以成虫在豆粒内、仓库缝隙、包装物等处越冬，每年 4 月中下旬成虫开始活动，豆类结荚时，迁飞到田间，于豆荚上产卵。待幼虫孵化后，蛀入豆荚内为害，豆粒成熟后随之进入仓库。

豆象生性活泼，善于飞翔。豆象多为单宿主，即专寄生于某一种豆科植物，少数食性广，为害多种豆类。

（三）防治措施

豆象的防治同其他储粮害虫一样，主要从以下方面进行：

1.清洁卫生。粮食储存前，清除粮食中的害虫、杂质，保证粮食干燥；清除粮仓中的尘杂、地脚粮和虫卵；通过日光暴晒、开水烫、药剂消毒等办法对木、竹、棉、麻质等储粮装具进行消毒。

2.空仓消毒。入库前按每立方米 80% 敌敌畏乳油 0.2 克稀释 100 ～ 500 倍液喷雾，密闭熏蒸 72 小时后，通风散气 27 小时。

3.物理机械防治。

日光暴晒法：在盛夏高温晴天，先将场地晒干晒烫，然后将生虫粮食倒在晒场摊薄，勤翻，并使粮温在 48℃ 左右保持 2 ～ 4 小时即可杀灭害虫。

低温冷冻防治：选择干燥寒冷的天气，在下午气温最低时将虫粮薄摊在场地上，勤加翻动，冷冻数日。北方寒冷地区可用。

风扬去虫：把粮食放入风车，摇动风车，把粮食内比较轻的虫子吹出来，最后将收集的虫子及杂物烧掉或挖坑深埋。

筛子除虫：利用粮粒和害虫的大小形状不同，用适当大小筛孔的筛子，通过过筛使它们分开。

4.谷物保护剂。粮食入仓时拌入粮食中，防止虫害的发生。常用药剂有 95% 马拉硫磷 10ppm、辛硫磷 5 ～ 10ppm、甲嘧硫磷 5 ～ 10ppm、杀螟硫磷 5 ～ 10ppm、溴硫磷 8 ～ 12ppm、杀虫畏 10 ～ 20ppm、溴氰菊酯 1ppm 等。

5.熏蒸剂。密封良好的粮仓每吨粮食可用磷化铝 3 ～ 5 片（每片重 3 克），空仓每立方米用 0.2 ～ 0.4 片。一般的密封仓库，每吨粮食用 5 ～ 7 片，空仓每立方米用 0.3 ～ 0.5 片，密闭约 5 昼夜或更长些。

四、大豆卷叶螟

大豆卷叶螟，又名大豆卷叶虫、豆三条野螟。在各地大豆产区都有发生，主要为害大豆、绿豆、花生、赤豆、菜豆、扁豆等豆科作物。以幼虫蛀食花、蕾和豆荚，致使蕾、花、荚大量脱落，严重影响大豆品质和产量，一般减产 15% ～ 20%，严重的减产可达 30%。

（一）危害特点

大豆卷叶螟初孵幼虫蛀入花蕾和嫩荚，被害蕾容易脱落，被害荚的豆粒被虫咬伤，蛀孔口常有绿色粪便，虫蛀荚常因雨水灌入而腐烂；幼虫为害叶片时，常吐丝把两叶粘在一起，躲在其中咬食叶肉、残留叶脉；幼龄幼虫不卷叶，3 龄开始卷叶，4 龄卷成筒状；叶柄或嫩茎被害时，常在一侧被咬伤而萎蔫至凋萎。

（二）发生规律

大豆卷叶螟在辽宁省一年发生 2 代，南方 4～5 代，以蛹在土壤中或残叶中越冬，翌年春季气温升高时，越冬蛹开始羽化，成虫产卵，幼虫孵化后开始为害。辽宁省 6 月上旬出现越冬代成虫。7 月中下旬至 8 月末为产卵盛期，与下一代卵相重叠。幼虫为害盛期 7 月下旬至 8 月上旬，8 月中下旬进入化蛹盛期。8 月下旬至 9 月上旬又出现下一世代成虫，田间世代重叠，常同时存在各种虫态。江西省 5 月中旬第 1 代幼虫盛发，为害夏大豆，5 月中旬化蛹，6 月中旬进入羽化高峰，其后田间各种虫态都有，9 月秋大豆常被为害。

成虫有趋光性，卵多产于下部大豆叶背面。第 2 代产卵部位多在大豆上部叶片，卵期 4～5 天。幼虫有转移为害习性，性活泼，遇惊扰后迅速后退逃避。

多雨湿润的气候有利于大豆卷叶螟的发生；生长茂密的豆田、晚熟品种、叶毛少的品种，施氮肥过多或晚播田被害较重。

（三）防治措施

1.选用抗虫品种。尽量选择早熟、窄尖叶、多叶毛、抗虫害的大豆品种。

2.清除虫源。害虫发生初期，及时摘除豆株上的卷叶，带出田外集中处理或随手捏杀卷叶内的幼虫；作物采收后，及时清除田间枯株落叶，集中起来焚烧，减少虫源基数和越冬幼虫数。

3.诱杀成虫。在大豆播种面积较大的地方，可安装黑光灯诱杀卷叶螟成虫。从播种开始至大豆收获，每 4 公顷安放频振杀虫灯一盏，可有效杀灭螟类、地老虎等害虫，压低发生基数。

4.药剂防治。在发现初孵幼虫时即开始喷药。药剂可选 2.5% 功夫乳油 3000 倍液、10% 高效氯氰菊酯乳油 3000 倍液、20% 杀灭菊酯乳油 1500 倍液、40% 新农宝乳油 1000 倍液、22% 除虫净乳油 1200 倍液、52.25% 农地乐乳油 1200 倍液、1.8% 阿维菌素乳油 3000 倍液、90% 敌百虫晶体 1500 倍液、50% 杀螟松乳油 800～1000 倍液、80% 敌百虫乳油 1000 倍液、20% 三唑磷乳油 700 倍液、5% 锐劲特胶悬剂 2500 倍液等。每 8～12 天喷施一次，连续防治两次。

第十二章 蔬菜病害诊断与防治

第一节 蔬菜苗期病害识别与防治

一、苗期猝倒病

（一）田间症状识别

猝倒病主要危害瓜类、茄科类蔬菜幼苗，也能危害其他蔬菜。发病初期，出土幼苗茎基部出现水烫状病斑，继而病斑逐渐加深为淡黄褐色，同时绕茎扩展，病部缢缩呈细线状，幼苗因失去支撑而折倒，刚折倒的病苗子叶短期内仍为绿色。发病严重时，种子未萌发或刚发芽时，即受病菌侵害，造成烂种、烂芽。湿度大时，成片幼苗猝倒，在病苗或病芽附近，常密生白色棉絮状菌丝。

（二）病原及发病特点

病原为瓜果腐霉菌真菌。此外，疫霉菌等也可引起蔬菜幼苗猝倒病。病菌以菌丝体、卵孢子等随病残体在土壤中越冬，并可长期存活，是土传性病害。遇适宜条件，卵孢子萌发产生孢子囊，以游动孢子随水的移动、飞溅等进行传播蔓延。湿度大时，病苗上产生孢子囊和游动孢子，进行重复传染。低温高湿是猝倒病发生的必要条件，发病适宜地温度为10℃左右。所以猝倒病多发生在早春育苗床上，尤其当幼苗期遇连阴天，光照不足，出现低温高湿环境，极易发生猝倒病。有的苗床开始发病时，是从棚顶滴水处的个别幼苗上先表现病症，几天后以此为中心，向周围蔓延扩展。

（三）防治方法

1.选地

露地育苗应选择地势较高、能排能灌、不黏重、无病地或轻病地做苗圃，不用旧苗床土。或采用保护地育苗盘播种或在电热温床上播种。

2.适期播种

应尽量避开低温时期,最好能使幼苗出芽后1个月内避开梅雨季节。

3.苗床消毒

床土消毒对预防猝倒病效果十分显著。每立方米苗床用25%甲霜灵可湿性粉剂9g加60%代森锰锌可湿性粉剂1g,或用40%五氯硝基苯可湿性粉剂9g加入过筛的细土4~5kg,充分拌匀。苗床浇水后,1/3量撒匀垫床,2/3量覆种,用药量必须严格控制,否则对幼苗的生长有较强抑制作用。或用50%的多菌灵粉剂每立方米床土用量40g,或65%代森锌粉剂60g,拌匀后用薄膜覆盖2~3天,揭去薄膜后待药味完全挥发后再播种。

二、苗期立枯病

(一)田间症状识别

立枯病菌寄主范围广,除茄科、瓜类蔬菜外,豆科、十字花科等蔬菜也能被害,已知有160多种植物可被侵染。刚出土的幼苗及大苗均能受害,一般多在育苗中后期发生。于茎基部产生椭圆形暗褐色病斑,并逐渐凹陷,扩展后绕茎一周,造成病部缢缩、干枯,病苗初是萎蔫,继而逐渐枯死。由于病苗"枯而不倒",故称立枯。湿度大时,病部常长出稀疏的淡褐色蛛丝状霉。

(二)病原与发病特点

病原为立枯丝核菌真菌。病菌以菌丝体或菌核随病残体在土壤中越冬,腐生性较强,病残体分解后,病菌还可以在土中腐生存活2~3年。在适宜条件下,病菌菌丝可直接侵入幼苗,引起发病。病菌生长适温为17℃~28℃,12℃以下或30℃以上病菌生长受到抑制,故苗床温度较高,幼苗徒长时发病重。阴雨多湿、土壤过黏、重茬发病重。光照不足、播种过密、间苗不及时、温度过高易诱发本病。

(三)防治方法

1.苗床选择和土壤消毒可参考猝倒病。

2.营养土育苗,加强苗床管理。苗床要尽量多地增加光照,并且注意苗床的通风、降湿,尤其在连续阴天,光照不足时,更要抓住时机通风降湿;苗床要早分苗,使苗健壮,提高抗病力。

3.药剂防治。出苗后发现少数病苗时,应立即挖除,并选择下列杀菌剂喷淋防治:50%甲基托布津800倍液、20%甲基立枯磷800倍液、70%敌克松原粉1000倍液、50%福美双可湿性粉剂500倍液、64%杀毒矾可湿性粉剂500倍液、50%多菌灵悬浮剂 500 倍液、75% 百菌清可湿性粉剂 600 倍液, 视病情发展情况间隔 7 ~ 10 天再喷一次。

第二节　瓜类病害识别与防治

一、瓜类枯萎病

(一) 田间症状识别

瓜类枯萎病又称萎蔫病、蔓割病, 是瓜类重要病害之一, 以黄瓜、西瓜发病最重, 冬瓜、甜瓜次之。幼苗发病呈失水萎垂状, 茎基变褐缢缩而猝倒。植株开花结果后, 症状才陆续出现, 发病初期病株叶片自下而上逐渐发黄、萎蔫、似缺水状, 晚间萎蔫尚能恢复, 数日后整株叶片枯萎死亡。有时同一病株上还会出现半边发病, 半边不发病的现象。病株的茎基部稍有缢缩, 茎节部出现褐色条斑, 常流出胶质物, 茎基部表皮多纵裂。潮湿时病部表生白色或粉红色霉层。纵切病茎检视, 维管束呈褐色。

(二) 病原及发病特点

病原为尖孢镰刀菌。病菌主要以菌丝、厚垣孢子和菌核在土壤和带菌肥料中越冬, 存活期长达 6 年, 是最初侵染源。病菌通过根部或根毛顶端细胞间侵入, 进入维管束后, 因堵塞导管而使植株萎蔫, 并分泌毒素使植株中毒死亡。成株期气候温暖多雨, 或浇水频繁、水量过多, 或雨后排水不良, 都利于病菌的繁殖和侵入, 潜育期缩短, 病害易蔓延及流行。枯萎病是土传的系统性病害, 重茬连作、耕作粗放、整地不平、平畦密植、偏施氮肥、施肥不足、土壤偏酸、土壤线虫和地下害虫防治不力等, 都能加重病害的发生。

(三) 防治方法

1.种子处理。播前用 55℃ 热水浸泡种子 10 ~ 15min, 或 50% 多菌灵可湿性粉剂 500 倍液浸种 1h, 洗净再进行催芽播种。

2.实行轮作。一般至少应 3 年轮作一次。每年都要集中销毁病蔓、枯叶, 并实行深翻改土。苗床及温室应每年换用新土。

3.栽培管理。改沟底种植为沟帮种植或高垄种植, 实行渗灌, 保证沟水畅通。防止粪肥及水源带菌, 以免扩大传播。

4.药剂防治。可用 20% 甲基立枯磷乳油 1000 倍液或 50% 多菌灵 2000 ~ 2500 倍液对病株实行灌根, 每株灌 150 ~ 200ml, 重病区可根据病情在 10 ~ 20 天再灌一次。

二、瓜类叶枯病

（一）田间症状识别

瓜类叶枯病又称褐斑病、褐点病，可侵染西瓜、甜瓜、南瓜、黄瓜、冬瓜、苦瓜、丝瓜等多种瓜类。多发生在瓜类生长的中后期，主要危害叶片，也侵害叶柄、瓜蔓及果实。一般多从基部叶片首先发病，初期呈黄褐色小点，后逐渐扩大，边缘隆起呈水渍状，病健部界限明显，在高温高湿条件下叶面病斑较大，轮纹也较明显，几个病斑会合成大斑，致使叶片干枯。瓜蔓受害，蔓上产生褐色纺锤形小斑，其后病斑逐渐扩大并凹陷，呈灰褐色。果实受害，初见水渍状小斑，后变褐色，略凹陷，湿度较大时在病斑上出现黑色轮纹状霉层。随着病情不断发展，部分病斑呈疮痂状，严重时瓜龟裂而腐烂。

（二）病原及发病特点

病原为半知菌真菌。以菌丝体及分生孢子在种子、病残体及其他寄主上越冬。翌年春天条件适宜时，形成大量的分生孢子侵染寄主，成为初侵染源。分生孢子借气流、风雨传播，进行再侵染，致使田间病害不断蔓延。种子带菌是病害远距离传播的主要途径。高温、高湿有利于病害侵染，以28℃～32℃最适宜。病害多发生在坐瓜后及果实膨大期，如遇到阴雨天，相对湿度达90%以上，温度高达32℃～36℃时，则会导致病害大流行，使瓜叶大量枯死，严重影响产量。一般重茬地、土壤黏重、低畦积水、管理粗放、通风透光性差的瓜地发病重。

（三）防治方法

1.农业防治

避免与葫芦科作物连作，与禾本科作物实行2年以上轮作。收获后及时翻晒土地，清洁田园。用55℃～60℃热水浸种15m in，或用80% 402抗菌剂2000倍液浸种2h。加强栽培管理，重施基肥，合理施用氮、磷、钾复合肥，培育壮苗，增强植株抗病性。坐瓜期需水量大，可采用小水勤灌，严禁大水漫灌。

2.药剂防治

预防可用60% 吡唑代森联1200倍液，或70% 代森联700倍液，或20% 噻菌铜500倍液，或72% 百菌清1000倍液叶面喷雾。发病初期可选用10% 苯醚甲环唑水分散粒剂1500倍液，或80% 炭疽福美双可湿性粉剂800倍液，或20% 噻菌铜500倍液，或25% 嘧菌酯（阿米西达）1500倍液防治，隔7～10天喷一次，连续喷2～3次。

三、瓜类霜霉病

(一) 田间症状识别

霜霉病是瓜类蔬菜最常见的病害之一。主要危害叶片，幼苗和成株均可发病。子叶发病，叶面出现褪绿黄化，形成不规则的枯黄病斑。真叶发病先从下部叶片开始，沿叶片边缘出现许多水渍状小斑点，并很快发展成黄绿色至黄色的大病斑，受叶脉限制，病斑呈多角形。在潮湿条件下叶背面病斑上形成紫黑色霉层。发病严重时叶缘向上卷曲，呈黄褐色干枯。温湿度适宜时，发病速度很快，来势猛，很容易造成整个棚室的瓜类蔬菜叶片枯黄。

(二) 病原及发病特点

病原为古巴假霜霉菌。在南方四季种植瓜类地区，霜霉病可终年发生危害。病菌可以在温室、大棚和露地瓜类蔬菜上交替寄生危害，病原长年不断。病菌通过气流和雨水传播，气温 16℃～20℃，叶面结露或有水膜是霜霉病侵染的必要条件。气温 20℃～26℃，空气相对湿度 85% 以上，是霜霉病菌生长的最适条件。因此，气温忽高忽低，昼夜温差大，加上多雾、有露、阴雨及田间湿度大时易引发病害流行。

(三) 防治方法

1. 选用抗病品种。

2. 加强田间管理。定植时选用无病壮苗，高垄地膜栽培。灌溉采取滴灌或膜下暗灌，生育前期切忌大水漫灌，要小水勤灌，灌水要在晴天上午进行，灌后及时排湿，要避免阴雨天灌水。结合灌水要适时追施肥料，促进生长。

3. 高温闷棚杀菌。一般在中午密闭温室、大棚 2h 左右，使植株上部温度达到 44℃～46℃，可杀死棚内的霜霉菌，每隔 7 天进行一次。

4. 药剂防治。发病初期可用 64% 杀毒矾可湿性粉剂 500 倍液，或 72.2% 普力克水剂 800 倍液，或 58% 甲霜灵·锰锌可湿性粉剂 500 倍液，或 72% 杜邦克露 600 倍液等药剂交替喷雾防治，视病情每 7～10 天一次，连续 2～3 次。

四、瓜类白粉病

(一) 田间症状识别

世界性病害，我国南方以黄瓜和苦瓜发生较重，春秋两季危害较大。主要危害叶片，叶正反面病斑圆形，较小，上生白粉状霉即病菌菌丝体、分生孢子梗和分生孢子。逐渐扩大会合，严重时整个叶片布满白粉，变黄褐色干枯，白粉状霉转变为灰白色。有些地区发病晚期在霉层上或霉层间产生黑色小粒即病菌闭囊壳。

（二）病原及发病特点

病原为单囊壳白粉菌和二孢白粉菌，专性寄生，危害葫芦科植物。南方温暖地区常年种植黄瓜或其他瓜类作物，白粉病终年不断发生，病菌不存在越冬问题。分生孢子主要通过气流传播，在适宜环境条件下，潜育期很短，再侵染频繁。气温上升至14℃时开始发病，相对湿度45%～75%有利于发病，超过95%明显受抑制。连续阴天和闷热天气病害发展很快。通常雨量偏少的年份发病较重。通风及排水不良地块、氮肥施用过多或缺肥、缺水、生长不良等均使病情加重。

（三）防治方法

1.选用抗病品种，引进具有较强抗病性品种，与本地主栽品种轮换种植。

2.清理干净棚内或田间的前茬植株和各种杂草后再定植。

3.培育壮苗，适时移栽，合理密植，保证适宜株、行距。

4.发现病蔓、病果要尽早在晨露未消时轻轻摘下，将其装袋烧掉或深埋。

5.药剂防治。以预防为主，在温室中一旦发生就很难根除。发病前或发病初期，可选用2%抗霉菌素水剂200倍液、15%三唑酮可湿性粉剂1000倍液、40%氟硅唑乳油8000倍液、50%硫黄悬浮剂250倍液等药剂防治，确保喷雾均匀，每7天施药一次。发病严重时可将以上农药缩短用药间隔期，改为3～5天用药一次。喷药次数视发病情况而定。

五、瓜类病毒病

（一）田间症状识别

瓜类病毒病包括黄瓜花叶病毒病、甜瓜花叶病毒病等。主要危害西葫芦、甜瓜、南瓜、丝瓜、黄瓜等。植株受害后，全株矮缩，叶面及果实上形成浓绿色与淡绿色相间的斑驳，瓜小或呈螺旋状扭曲，瓜面斑驳或凹凸不平，或疣状突起，风味差，味苦。叶片皱缩变小，变色，有花叶、斑驳、黄化、畸形（皱缩、疱斑、蕨叶、卷叶）及叶质硬脆。新生蔓细长，扭曲，节间短，花器发育不良，坐果困难。

（二）病原及发病特点

病原有黄瓜花叶病毒（CMV）、甜瓜花叶病毒（MMV）和烟草环斑病毒（TRSV）等。这些病毒，除甜瓜、西葫芦种子可以带毒外，一般种子不带毒，主要由蚜虫传染，整枝、理蔓也会传染。高温、日照强、干旱均有利于病害的发生。因缺肥而生长衰弱的植株容易染病。田间蚜虫盛发，发病率也增加。杂草多，距离十字花科、茄科及菠菜等菜地近的田块发病重。

（三）防治方法

1.种子消毒。种子可用 10% 磷酸三钠浸种 20min，水洗催芽播种或用 55℃热水浸种，并立即转入冷水中冷却催芽播种。

2.加强栽培管理。培育壮苗，提早育苗、种植和收获，以避开蚜虫及高温发病盛期；铲除田边杂草减少侵染来源，合理施肥和用水，做好田间清洁工作。

3.蚜虫防治。用 40% 乐果乳剂 800～1000 倍液，或 50% 灭蚜乳油 1000～1500 倍液，或 4.5% 高效氯氰菊酯乳油 2000～4000 倍液，或 25% 唑蚜威（灭蚜灵）乳油 1000 倍液，或 20% 溴灭菊酯乳油 4000 倍液等及时喷药消灭蚜虫。

4.病害防治。苗期、发病初期喷洒 20% 病毒 A 可湿性粉剂 500 倍液，或 1.5% 植病灵乳油 1000 倍液，连续喷 2～3 次。

第三节　豆类病害识别与防治

一、豆类锈病

（一）田间症状识别

豆类锈病可危害各种豆类蔬菜，田间症状很相似。在叶片正、背面初生淡黄色小斑点，稍有隆起，渐扩大，叶片背面出现黄褐色的夏孢子堆，正面对应部位形成褪绿斑点。表皮破裂后，散出锈褐色粉末。发病重的叶子，布满锈疱状病斑，使全叶遍布锈粉。后期，夏孢子堆转为黑色的冬孢子堆，中央纵裂，露出黑色的粉状物，即冬孢子。茎部受害产生的孢子堆较大，呈纺锤形。发病重时，易使茎、叶早枯。

（二）病原及发病特点

病原为单胞锈菌真菌。以冬孢子随同病残体遗留在地里越冬，在温暖地区夏孢子也能越冬。豆类在生长期间，主要以夏孢子通过气流传播进行多次再侵染。夏孢子在 10℃～30℃ 范围内萌发，侵入最适温度 15℃～24℃。寄主植物表面具备水滴是锈病菌夏孢子萌发和侵入的必要条件。早晚重露、多雾易诱发本病。此外，地势低洼、排水不良、种植过密、通风不良、偏施氮肥，发病较重。品种间抗病性有显著差异。迟播较早播的发病重。南方地区春季重于秋季，4—6 月较重。

（三）防治方法

1.认真处理残株。拔除前为防止孢子扩散，可在残株上先喷布一次 50% 萎锈灵可湿性粉剂 800 ～ 1000 倍液或 30 ～ 50 倍液的石灰水，拔除后集中田间进行烧毁，事后在地面再喷布一次。

2.选用抗病品种。品种间抗病性有差异，可选种适合当地的耐病品种。

3.种间轮作或作物间轮作，可降低发病程度。

4.发病初期，喷洒 50% 萎锈灵可湿性粉剂 1000 倍液，或 50% 粉锈灵可湿性粉剂 1000 ～ 1500 倍液，或 50% 多菌灵可湿性粉剂 800 ～ 1000 倍液，65% 代森锌 500 倍液，每隔 7 ～ 10 天喷一次，共喷 3 次，都有良好的防治效果。

二、豆类炭疽病

（一）田间症状识别

豆类炭疽病可危害叶片、茎荚和种子。病叶的叶脉有红褐色条斑，后期变成黑色网状斑。茎和叶柄染病有褐色凹陷龟裂斑，后期变成黑褐色长条斑。豆荚染病有黑色圆形凹陷斑，潮湿时有粉红色物质。种子染病则有黄褐色或褐色凹陷斑。在根茎部出现褐色凹陷病斑，造成植株死亡。

（二）病原及发病特点

炭疽病病原为真菌。病菌在种子或病残体上越冬，通过伤口或茎叶表皮直接侵入。如果种子带菌则直接产生病株，借助雨水、田间作业及育苗进行传播。在气温 16℃～ 23℃、相对湿度 98% 的条件下易发病；高于 27℃、相对湿度低于 92%，则少发生；低于 13℃病情停止发展。该病在多雨、多露、多雾冷凉多湿地区，或种植过密，土壤黏重下湿地发病重。

（三）防治方法

1.选用抗病品种，如早熟 14 号菜豆、吉旱花架豆、荷 1512、芸丰 623 等抗病性强。

2.用无病种子或进行种子处理。注意从无病荚上采种，或用种子重量 0.4% 的 50% 多菌灵或福美双可湿性粉剂拌种，或 40% 多·硫(好光景)悬浮剂或 60% 多菌灵磺酸盐(防霉宝)可溶性粉剂 600 倍液浸种 30m in，洗净晾干播种。

3.实行 2 年以上轮作，使用旧架材要用硫黄熏蒸消毒。

4.开花后，发病初开始喷洒 25% 溴菌腈(炭特灵)可湿性粉剂 500 倍液或 25% 咪鲜胺(使百克)乳油 1000 倍液、28% 百·乙 (百菌清·乙霉威) 可湿性粉剂 500 倍液、80% 炭疽福美双可湿性粉剂 800 倍液、75% 百菌清（克达）可湿性粉剂 600 倍液、30% 苯噻氰（倍生）乳油 1200 倍液，以上药液交替喷洒，隔 7 ～ 10 天一次，连续防治 2 ～ 3 次。

三、豆类根腐病

（一）田间症状识别

豆类根腐病在多种豆类幼苗期至成株期均可发病，以开花期染病多，主要危害根或根茎部。病株下部叶片先发黄，逐渐向中上部发展，致全株变黄枯萎。主、侧根部分变黑色，纵剖根部，维管束变褐或呈土红色，根瘤和根毛明显减少，轻则造成植株矮化，茎细，叶小或叶色淡绿，个别分枝呈萎蔫或枯萎状，轻病株尚可开花结荚，但荚数大减或籽粒秕瘦；重病株的茎基部缢缩或凹陷变褐，呈"细腰"状，病部皮层腐烂或开花后大量枯死，颗粒无收，致全田一片枯黄。

（二）病原及发病特点

豆类根腐病是由茄类镰刀菌、尖孢镰刀菌、禾谷镰刀菌、木贼镰刀菌、终极腐霉菌、立枯丝核菌多种病原菌复合侵染所致。病菌可在土壤中营腐生生活，以藏卵器和菌丝体在土壤中越冬。翌年春季土壤中水分充足时，产生孢子囊。孢子囊释放出大量游动孢子，发芽后穿透幼苗子叶下轴或根部外皮层侵入，经潜育即发病。病菌在 20℃左右生长良好，土壤温度低，出苗缓慢，有利于病菌侵入，易发病。排水不良、土壤黏重发病重。

（三）防治方法

1.与麦类或非豆科类作物轮作倒茬。

2.选用抗病品种。如麻豌豆、小豆 60、704 等较抗病。

3.药剂拌种。用种子重量 0.25% 的 20% 三唑酮乳油拌种或用种子重量 0.2% 的 75% 百菌清可湿性粉剂拌种均有一定效果。

4.发现病株及时拔除，用 77% 可杀得 600 倍液或噁霉灵 5g 对水 15kg 喷雾或浇灌。

5.苗期药剂防治。在幼苗期如发现感病苗，尽快采取化学防治：用多菌灵草酸盐 800 ～ 1000 倍液，或枯萎立克加云大 120 稀释 500 倍液叶面喷雾效果也很好。发病初期喷洒 20% 甲基立枯磷乳油 1200 倍液或 72% 杜邦克露可湿性粉剂，但一定要掌握好一个"早"字，而且要喷雾均匀。

四、菜豆细菌性疫病

（一）田间症状识别

菜豆细菌性疫病可危害菜豆、豇豆、豌豆等多种豆类作物，主要侵染叶、茎蔓、豆荚和种子。叶片受害，从叶尖和边缘开始，初为暗绿色水渍状小斑，随病情发展病斑扩大成不规则形的褐色坏死斑，病斑周围有黄色晕圈，病部变硬，薄而透明，易脆裂。叶片干枯如火烧状，故又称叶烧。嫩叶受害，皱缩、变形，易脱落。茎蔓染病，初为水渍状，发展成褐色凹陷条斑，环绕茎一周后，致病部以上枯死。果实染病，初为褐红色、稍凹陷的近圆形斑，严重时豆荚内种子亦出现黄褐色凹陷病斑。在潮湿条件下，叶、茎、果病部及种子脐部，均有黄色菌脓溢出。

（二）病原及发病特点

病原为细菌性疫菌。病原细菌主要在茎叶中或土壤中越冬，病部渗出的菌脓借风雨或昆虫传播，从气孔、水孔或伤口侵入，经 2～5 天潜育，即引致茎叶发病。气温 24℃～32℃、叶上有水滴是本病发生的重要温湿条件，一般高温多湿、雾大露重或暴风雨后转晴的天气，最易诱发本病。此外，栽培管理不当，大水漫灌，或肥力不足或偏施氮肥，造成长势差或徒长，皆易加重发病。

（三）防治方法

1.实行 3 年以上轮作。

2.选留无病种子。从无病地采种，对带菌种子用 45℃恒温水浸种 15min 捞出后移入冷水中冷却，或用种子重量 0.3% 的 50% 福美双拌种，或用硫酸链霉素 500 倍液，浸种 24h。

3.加强栽培管理，避免田间湿度过大，减少田间结露的条件。

4.发病初期喷洒 86.2% 氧化亚铜（铜大师）可湿性粉剂 1000 倍液或 78% 波·锰锌（科博）可湿性粉剂 500 倍液、40% 细菌快克可湿性粉剂 600 倍液、40% 农用硫酸链霉素可溶性粉剂 2000 倍液、新植霉素 4000 倍液、80% 波尔多液可湿性粉剂 500 倍液，隔 7～10 天一次，连续防治 2～3 次。

第四节　茄果类病害识别与防治

一、辣椒疮痂病

（一）田间症状识别

辣椒疮痂病又名细菌性斑点病，主要危害叶片、茎蔓、果实。叶片染病后初期出现许多圆形或不规则状的黑绿色至黄褐色斑点，有时出现轮纹，叶背面稍隆起，水疱状，正面稍有内凹；茎蔓染病后病斑呈不规则条斑或斑块；果实染病后出现圆形或长圆形墨绿色病斑，直径 0.5cm 左右，边缘略隆起，表面粗糙，引起烂果。

（二）病原及发病特点

病原为辣椒斑点病菌细菌。病原细菌主要在种子表面越冬，也可随病残体在田间越冬。旺长期易发生，病菌从叶片气孔侵入，潜育期 3～5 天；在潮湿情况下，病斑上产生的灰白色菌脓借雨水飞溅及昆虫做近距离传播。发病适温 27℃～30℃，高温高湿条件时病害发生严重，多发生于 7—8 月，尤其在暴风雨过后，容易形成发病高峰。高湿持续时间长，叶面结露对该病发生和流行至关重要。

（三）防治方法

1.合理轮作

露地辣椒可与葱蒜、水稻或大豆实行 2～3 年轮作；应选用排水良好的沙壤土，移栽前大田应浇足底水，施足底肥，并对地表喷施消毒药剂加新高脂膜对土壤进行消毒处理。

2.种子消毒

播种前可用 55℃热水浸种 15min 后移入冷水中冷却，后催芽播种。

3.加强田间管理

加强苗期管理，适期定植，合理密植，缩短缓苗期。应及时深翻土壤，浇水、追肥，促进根系发育，提高植株抗病力。注意氮、磷、钾肥的合理搭配。

4.药剂防治

发病初期和降雨后及时喷洒农药，常用药剂有 72% 农用链霉素可溶性粉剂 4000 倍液，或新植霉素 4000～5000 倍液，或 2% 多抗霉素 800 倍液，或 14% 络氨铜水剂 300 倍液，或 77% 可杀得(氢氧亚铜)可湿性粉剂 800 倍液，或 40% 细菌快克可湿性粉剂 600 倍液等，重点喷洒病株基部及地表，使药液流入菜心效果为好，每 7 天喷一次，连喷 3～4 次。

二、辣椒细菌性叶斑病

（一）田间症状识别

辣椒细菌性叶斑病在田间点片发生，主要危害叶片。成株叶片发病，初呈黄绿色不规则水浸状小斑点，扩大后变为红褐色或深褐色至铁锈色，病斑膜质，大小不等。干燥时，病斑多呈红褐色。该病扩展速度很快，一株上个别叶片或多数叶片发病，植株仍可生长，严重的叶片大部脱落。病健交界处明显，但不隆起，别于疮痂病。

（二）病原及发病特点

病原为假单胞杆菌细菌。病菌借风雨或灌溉水传播，从叶片伤口处侵入。与甜椒、辣椒、甜菜、白菜等十字花科蔬菜连作地发病重，雨后易见该病扩展。发育适温18℃～25℃，温湿度适合时，病株大批出现并迅速蔓延，7—8月高温多雨季节蔓延快，9月后气温降低，扩展缓慢或停止。

（三）防治方法

1.与非甜椒、辣椒、白菜等十字花科蔬菜实行 2～3 年轮作。

2.平整土地。采用高厢深沟栽植。雨后及时排水，防止积水，避免大水漫灌。

3.种子消毒。播前用种子重量 0.3% 的 50% 琥胶肥酸铜可湿性粉剂或 50% 敌克松可湿性粉剂拌种。

4.收获后及时清除病残体或及时深翻。

5.发病初期开始喷洒 14% 络氨铜水剂 350 倍液、77% 可杀得可湿性微粒粉剂700～800 倍液，或 72% 农用硫酸链霉素可溶性粉剂或硫酸链霉素 4000 倍液，隔 7～10天一次，连续防治 2～3 次。

三、辣椒疫病

（一）田间症状识别

辣椒疫病主要危害叶片、果实和茎，特别是茎基部最易发生。幼苗期发病，多从茎基部开始染病，病部出现水渍状软腐，病斑暗绿色，病部以上倒伏。成株染病，叶片上出现暗绿色圆形病斑，边缘不明显，潮湿时，其上可出现白色霉状物，病斑扩展迅速，叶片大部软腐，易脱落，干后成淡褐色。茎部染病，出现暗褐色条状病斑，边缘不明显，条斑以上枝叶枯萎，病斑呈褐色软腐，潮湿时斑上出现白色霉层。果实染病，病斑呈水渍状暗绿色软腐，边缘不明显，潮湿时，病部扩展迅速，可全果软腐，果上密生白色霉状物，干燥后变淡褐色、枯干。

（二）病原及发病特点

病原为辣椒疫霉真菌。除辣椒外，还能寄生番茄、茄子和一些瓜类作物。病菌以卵孢子在土壤中或病残体中越冬，卵孢子可存活 3 年以上，借风、雨、灌水及其他农事活动传播。发病后可产生新的孢子进行再侵染。病菌发育温度范围为 10℃～37℃，最适宜温度为 20℃～30℃，空气相对湿度达 90% 以上时发病迅速。重茬、低畦地、排水不良、氮肥使用偏多、密度过大、植株衰弱均有利于该病的发生和蔓延。

（三）防治方法

1.实行轮作、深翻改土，土壤喷施"免深耕"调理剂，增施有机肥料、磷钾肥和微肥，适量施用氮肥，改善土壤结构，促进根系发达，植株健壮。

2.选用抗病品种，种子严格消毒，培育无菌壮苗。

3.大棚栽植前实行火烧土壤、高温焖室，铲除棚内室内残留病菌，栽植以后，严格实行封闭型管理，防止外来病菌侵入和互相传播。

4.注意观察，发现少量发病叶果，立即摘除，发现茎秆发病，立即用 70% 代森锰锌 200 倍液涂抹病斑，铲除病原。

5.药剂防治。可使用可湿性粉剂 77% 可杀得 400～800 倍液、58% 甲霜灵·锰锌 600 倍液、64% 杀毒矾 500 倍液、用 25% 甲霜灵 700 倍液，也可用 72.2% 普力克水剂 600～700 倍液。尤其在 5—6 月雨后天晴时注意及时喷药。此外，还可进行药液灌根，可用 50% 甲霜铜可湿性粉剂 600 倍液，或 30% 甲霜噁霉灵 600 倍液，或 25% 甲霜灵可湿性粉剂 700 倍液，或 72% 克抗灵可湿性粉剂 600 倍液对病穴和周围植株灌根，每株药液量 250g，灌 1～2 次，间隔期 5～7 天。

四、辣椒灰霉病

（一）田间症状识别

灰霉病可危害辣椒叶、茎、花、果实。苗期发病子叶先端变黄，后扩展到幼茎，缢缩变细，常自病部折倒而死。成株期受害叶片多从叶尖开始，初呈淡黄褐色斑，逐渐向上扩展成"Ｖ"形病斑。茎部发病产生水渍状病斑，病部以上枯死。花器受害，花瓣萎蔫。果实被害，多从幼果与花瓣粘连处开始，呈水渍状病斑，扩展后引起全果暗绿色软腐，病健交界不明显，病部有灰褐色霉层。

（二）病原及发病特点

病原为灰葡萄孢真菌。病菌以菌核遗留在土壤中，或以菌丝、分生孢子在病残体上越冬，在田间借助气流、雨水及农事操作传播蔓延。病菌喜低温、高湿、弱光条件。棚内室内春季连续阴天，气温低，湿度大时易发病。光照充足对该病蔓延有抑制作用。病菌发育适温为 20℃～23℃，大棚栽培在 12 月至翌年 5 月造成危害，冬春低温，多阴雨天气，棚内相对湿度 90% 以上，灰霉病发生早且病情严重，排水不良、偏施氮肥田块易发病。

（三）防治方法

1.控制温、湿度

适当控制浇水，加强大棚通风，上午通风使地表水蒸发和棚顶露水雾化；下午适当延长放风时间，以排出湿气；夜间加强保温，防止结露过重。

2.及时清除病残体

发现病果、病叶、病株要及时清除，带出田外深埋或烧掉。

3.药剂防治

发病初期可采用喷粉防治。棚内湿度大时，每亩可用 5% 百菌清粉尘剂 1000g，傍晚关闭棚时喷撒。湿度小时，可用 50% 速克宁可湿性粉剂 1500～2000 倍液，50% 腐霉利 1500 倍液，交替施用，每隔 7～10 天一次，连用 2～3 次。

五、茄子绵疫病

（一）田间症状识别

茄子绵疫病又称烂茄子，主要危害果实，茎和叶片也被害。幼苗期发病，茎基部呈水浸状，常引发猝倒，致使幼苗枯死。成株期叶片感病，产生水浸不规则形病斑，具有明显的轮纹，褐色或紫褐色，潮湿时病斑上长出少量白霉。茎部受害呈水浸状缢缩，有时折断，并长有白霉。花器受侵染后，呈褐色腐烂。果实受害最重，开始出现水浸状圆形斑点，边线不明显，稍凹陷，黄褐色至黑褐色，扩大后可蔓延至整个果面。病部果肉呈黑褐色腐烂状，在高湿条件下病部表面长有白色絮状菌丝，病果易脱落或干缩成僵果。

（二）病原及发病特点

病原为茄疫霉真菌。以卵孢子在土壤中病株残留组织上越冬。卵孢子经雨水溅到植株体上后直接侵入表皮。借雨水或灌溉水传播，使病害扩大蔓延。茄子盛果期 7—8 月间，降雨早、次数多、雨量大且连续阴雨，则发病早而重。发育最适温度 30℃左右，空气相对湿度 90% 以上。重茬地、地下水位高、排水不良、密植、通风不良，或保护地撤天幕后遇下雨，或天幕滴水，造成地面积水、潮湿，均易诱发本病。

（三）防治方法

1.选用抗病品种，采用穴盘育苗。

2.种子消毒。播种前用 50℃～55℃的热水浸种 7～8m in 后播种，可大大减轻茄子绵疫病的发生。

3.实行轮作。合理安排地块，一般实行 3 年以上的轮作倒茬。

4.精心选地。选择高燥地块，深翻土地，高畦栽培，覆盖地膜。

5.药剂防治。田间发病较普遍时，可用下列杀菌剂或配方进行防治。58% 甲霜灵·锰锌 600 倍液、64% 杀毒矾 500 倍液、25% 甲霜灵 700 倍液、58% 雷多米尔 600 倍液、72% 霜脲·锰锌可湿性粉剂 600～800 倍液；交替使用，每 10 天一次，连续 2～3 次。喷药要均匀周到，重点保护茄子果实及枝干。

六、茄子褐纹病

（一）田间症状识别

茄子褐纹病又名褐腐病、干腐病。茄子从苗期到成株期均可发病，以果实受害最重。果实受害，开始产生浅褐色近圆形凹陷病斑，后变黑褐色，逐渐扩大，严重时可遍及全果，造成果实腐烂。病斑上有同心轮纹，潮湿时，病果迅速腐烂，常落地软腐或在枝上干缩成僵果。苗期发病，茎基部出现褐色梭形病斑，凹陷，上散生黑色点粒，严重时幼苗猝倒死亡。叶片发病，先在下部叶片上产生圆形或不规则形水浸状小斑点，后病斑逐渐扩大，边缘深褐色，中部灰白色，上面轮生许多黑色小点粒。

（二）病原及发病特点

病原为茄褐纹拟茎点霉真菌。病菌以菌丝体、分生孢子器随病残体在土表越冬，也可以菌丝体潜伏在种子内越冬，一般可存活 2 年。条件适宜时产生分生孢子，借风雨、人们农事活动传播。温度为 28℃～30℃，相对湿度 80% 以上时易发病。夏季高温多雨、排水不良、连作、地势低畦、氮肥使用过多均利于发病。

（三）防治方法

1.加强栽培管理。实行轮作、深翻改土，结合深翻，增施有机肥料、磷钾肥和微肥，适量施用氮肥，促进根系发达、植株健壮。覆盖地膜，防止病菌传播。

2.选用抗病品种，种子严格消毒，播种前用 55℃～60℃热水浸种 15m in，捞出后放入冷水中冷却后再浸种 6h，而后催芽播种。也可用种子重量 0.1% 的 50% 苯菌灵可湿性粉剂拌种。

3.药剂防治。进入结果期开始喷洒可湿性粉剂 70% 代森锰锌 500 倍液，或 75% 百菌清 600 倍液，或 50% 苯菌灵 800 倍液，每 7 ～ 10 天喷一次，连喷 2 ～ 3 次。

七、番茄早疫病

（一）田间症状识别

田间症状识别又名轮纹病，可危害番茄、茄子、辣椒、马铃薯等。番茄苗期、成株期都可发病，以叶片和茎叶分枝处最易发病。叶片初期出现水渍状暗褐色病斑，扩大后近圆形，有同心轮纹，边缘多具浅绿色或黄色晕环，轮纹表面生毛刺状物，潮湿时病斑长出黑霉。发病多从植株下部叶片开始，逐渐向上发展。严重时，多个病斑可联合成不规则形大斑，造成叶片早枯。茎部发病，多在分枝处产生褐色至深褐色不规则圆形或椭圆形病斑，凹或不凹，表面生灰黑色霉状物。幼苗期茎基部发病，严重时病斑绕茎一周，引起腐烂。青果发病多在花萼处或脐部形成黑褐色近圆凹陷病斑，后期从果蒂裂缝处或果柄处发病，在果蒂附近形成圆形或椭圆形暗褐色病斑，凹陷，有同心轮纹，生黑色霉层，病果易开裂，提早变红。

（二）病原与发病特点

病原属半知菌真菌。以菌丝体和分生孢子随病残组织在土壤中越冬，也可残留在种皮上，随种子一起越冬。通常条件下可存活 1 ～ 1.5 年，温度 20℃～ 25℃、湿度 80% 以上，最易发病。初夏季节，如果多雨、多雾，病害极易流行，一般在 5 月中下旬为盛发期。当植株进入 1 ～ 3 穗果膨大期时，在下部和中下部较老的叶片上开始发病，向上扩展，并发展迅速。连作，栽种密度过大，基肥不足，灌水多或低畦积水，土质黏重，管理粗放的地块发病重。

（三）防治方法

1. 农业防治

选用抗病品种。重病区与其他非茄科作物进行 2 ～ 3 年以上的轮作。及时摘除病、老、黄叶，摘除病果，拔除重病株带出棚室外深埋或烧毁。高畦覆地膜栽培。合理密植，施足粪肥，增施磷钾肥，避免偏施氮肥。禁止大水漫灌，尽量采用膜下暗灌、滴灌或渗灌。

2. 药剂防治

幼苗定植时先用 1：1：300 倍的波尔多液对幼苗进行喷布后，再进行定植。定植后每隔 7 ～ 10 天，再喷 1 ～ 2 次，同时对其他真菌病害也有兼防作用。轻微发病时，使用霜贝尔 300 ～ 500 倍液喷施，5 ～ 7 天用药一次；病情严重时，按 300 倍液稀释喷施，3 天用药一次，喷药次数视病情而定。

第十三章 常用农药

由于蔬菜栽培面积的不断扩大，栽培技术、耕作制度、生态环境条件的变化，新品种的大量引进以致蔬菜病虫害种类明显增多，已成为蔬菜生产中的重要问题。

农药是防治病虫害的重要技术手段。为了食品安全和环境保护，必须限制使用农药；要求调整农药品种，降低使用剂量、减少施药次数、提高防治水平。因此掌握和了解农药类型性能、使用技术、防治对象，做到科学合理地使用农药非常重要。

第一节　农药的定义与分类

一、农药的定义

农药是指用于预防、控制危害农业、林业的病、虫、草、鼠和其他有害生物以及有目的地调节植物、昆虫生长的化学合成或者来源于生物、其他天然物质的一种物质或者几种物质的混合物及其制剂。

二、农药的分类和分类方法

农药的分类方法很多，可以根据农药的防治对象、来源、作用方式等分类。此外，还有按照成分分类方法。

（一）根据防治对象分类

根据防治对象可分为杀虫剂、杀螨剂、杀菌剂、杀线虫剂、除草剂、杀鼠剂和植物生长调节剂等。

（二）根据农药来源分类

农药按来源可分为矿物源农药、生物源农药和化学合成农药三大类。

（三）根据农药作用方式分类

1.杀虫剂的作用方式

（1）胃毒剂

通过消化系统进入虫体内，使害虫中毒死亡的药剂，如敌百虫等。这类农药对咀嚼式口器和舐吸式口器的害虫非常有效。

（2）触杀剂

通过与害虫虫体接触，药剂经体壁进入虫体内使害虫中毒死亡的药剂，如大多数有机磷杀虫剂、拟除虫菊酯类杀虫剂。触杀剂可用于防治各种口器的害虫，但对体被有蜡质分泌物的介壳虫、木虱、粉虱等效果差。

（3）内吸剂

药剂易被植物组织吸收，并在植物体内运输，传导到植物的各部分，或经过植物的代谢作用而产生更毒的代谢物，当害虫取食植物时中毒死亡的药剂，如乐果、吡虫啉等。内吸剂对刺吸式口器的害虫特别有效。

（4）熏蒸剂

药剂能在常温下气化为有毒气体，通过昆虫的气门进入害虫的呼吸系统，使害虫中毒死亡的药剂，如磷化铝等。熏蒸剂应在密闭条件下使用效果才好，如用磷化铝片剂防治蛀干害虫时，要用泥土封闭虫孔。

（5）特异性昆虫生长调节剂

这类杀虫剂本身并无多大毒性，而是以特殊的性能作用于昆虫。一般将这些药剂称为特异性杀虫剂。按其作用不同如下述：

①昆虫生长调节剂

这种药剂通过昆虫胃毒或触杀作用，进入昆虫体内，阻碍几丁质的形成，影响内表皮生成，使昆虫蜕皮变态时不能顺利进行，卵的孵化和成虫的羽化受阻或虫体成畸形而发挥杀虫效果。这类药剂活性高、毒性低、残留少、有明显的选择性，对人、畜和其他有益生物安全。但杀虫作用缓慢，残效期短。

②引诱剂

药剂以微量的气态分子，将害虫引诱在一起集中歼灭。此类药剂又分为食物引诱剂、性引诱剂和产卵引诱剂三种。其中使用较广的是性引诱剂。

③趋避剂

作用于保护对象，使害虫不愿意接近或发生转移、潜逃想象，达到保护作物的目的。

④拒食剂

药剂被害虫取食后，破坏害虫的正常生理功能，取食量减少或者很快停止取食，最后引起害虫饥饿死亡。

实际上，杀虫剂的杀虫作用方式并不完全是单一的，多数杀虫剂常兼有几种杀虫作用方式。如敌敌畏具有触杀、胃毒、熏蒸三种作用方式，但以触杀作用方式为主。在选择使用农药时，应注意选用其主要的杀虫作用方式。

2.杀菌剂的作用方式

（1）保护性杀菌剂

在病原微生物尚未侵入寄主植物前，把药剂喷洒于植物表面，形成一层保护膜，阻碍病原微生物的侵染，从而使植物免受其害的药剂。

（2）治疗性杀菌剂

病原微生物已侵入植物体内，在其潜伏期间喷洒药剂，以抑制其继续在植物体内扩展或消灭其危害。

（3）铲除性杀菌剂

对病原微生物有直接强烈杀伤作用的药剂。这类药剂常为植物生长不能忍受，故一般只用于播前土壤处理、植物休眠期使用火种苗处理。

（四）根据化学成分分类

1.无机农药

无机农药是从天然矿物中获得的农药。无机农药来自自然，环境可溶性好，一般对人毒性较低，是目前大力提倡使用的农药；可在生产无公害食品、绿色食品、有机食品中使用；无机农药，包括无机杀虫剂、无机杀菌剂、无机除草剂，如石硫合剂、硫黄粉、波尔多液等。无机农药，一般分子量较小，稳定性差一些，多数不宜与其他农药混用。

2.生物农药

生物农药是指利用生物或其代谢产物防治病虫害的产品。生物农药有很强的专一性，一般只针对某一种或者某类病虫发挥作用，对人无毒或毒性很小，也是目前大力提倡推广的农药；可在生产无公害食品、绿色食品、有机食品中使用；生物农药，包括真菌、细菌、病毒、线虫等以及代谢产物，如苏云金杆菌、白僵菌、昆虫核型多角体病毒、阿维菌素等。生物农药在使用时，活菌农药不宜和杀菌剂以及含重金属的农药混用，尽量避免在阳光强烈时喷用。

3.有机农药

有机农药包括天然有机农药和人工合成农药两大类。

（1）天然有机农药

天然有机农药是来自自然界的有机物，环境可溶性好，一般对人毒性较低，是目前大力提倡使用的农药，可在生产无公害食品、绿色食品、有机食品中使用，如植物性农药、园艺喷洒药等。

（2）天然有机农药

天然有机农药即合成的化学制剂农药。种类繁多，结构复杂，大都属高分子化合物；酸碱度多是中性，多数在强碱或强酸条件下易分解；有些宜现配现用、相互混用。主要可分为五类：

①有机杀虫剂

有机杀虫剂包括有机磷类、有机氯类、氨基甲酸酯类、拟除虫菊酯类、特异性杀虫剂等。

②有机杀螨剂

有机杀螨剂包括专一性的含锡有机杀螨剂和不含锡有机杀螨剂。

③有机杀螨剂

有机杀螨剂包括二硫代氨基甲酸酯类、酞酰亚氨类、苯并咪唑类、二甲酰亚胺类、有机磷类、苯基酰胺类、甾醇生物合成抑制剂等。

④有机除草剂

有机除草剂包括苯氧羧酸类、均三氮苯类、氨基甲酸酯类、酰胺类、苯甲酸类、二苯醚类、二硝基苯胺类、有机磷类、磺酰脲类等。

⑤植物生长调节剂

植物生长调节剂主要有生长素类、赤霉素类、细胞分裂素类等。

第二节　生物农药与低毒低残留农药

一、生物农药

生物农药作为一类特殊农药，与化学农药相比，使用技术要求较高，在实际选购和使用过程中，应当看清标签内容，根据不同种类生物农药的具体特点采用恰当的使用方法和技术，保证生物农药药效得以充分发挥。

影响生物农药使用效果的几个因素如下：

（一）微生物农药

微生物农药使用过程，需要注意环境条件和药剂专化性。

1.掌握温度

微生物农药的活性与温度直接相关，使用环境的适宜温度应当在 15℃以上，30℃以下。低于适宜温度，所喷施的生物农药，在害虫体内的繁殖速度缓慢，而且也难以发挥作用，导致产品药效不好。通常微生物农药在 20℃～30℃条件下防治效果比在10℃～15℃高出 1～2 倍。

2.把握湿度

微生物农药的活性与湿度密切相关。农田环境湿度越大，药效越明显，粉状微生物农药更是如此。最好在早晚露水未干时施药，使微生物快速繁殖，起到更好的防治作用。

3.避免强光

紫外线对微生物农药有致命的杀伤作用，在阳光直射 30 分钟和 60 分钟，微生物死亡率可分别达到 50% 和 80% 以上。最好选择阴天或傍晚施药。

4.避免雨水冲刷

喷施后遇到小雨，有利于微生物农药中活性组织的繁殖，不会影响药效。但暴雨会将农作物上喷施的药液冲刷掉，影响防治效果。要根据当地天气预报，适时施药，避开大雨和暴雨，以确保杀虫效果。

5.专一性病毒类微生物

病毒类微生物农药专一性强，一般只对一种害虫起作用，对其他害虫完全没有作用，如小菜蛾颗粒体病毒只能用于防治小菜蛾。使用前要先调查田间虫害发生情况，根据虫害发生情况合理安排防治时期，适时用药。

（二）植物源农药

植物源农药与化学农药对于农作物病虫害的防治表现，与人类服用中药与西药后的表现相似。使用植物源农药，应当掌握以下要点：

1.预防为主

发现病虫害及时用药，不要等病虫害大发生时才防治。植物源农药药效一般比化学农药慢，用药后病虫害不会立即见效，一般 2~3 天后才能观察到其防效。

2.与其他手段配合施用

病虫危害严重时，应当首先使用化学农药尽快降低病虫害的数量、控制蔓延趋势，再配合施用植物源农药，实行综合治理。

3.避免雨天施药

植物源农药不耐雨水冲刷，施药后遇雨应当补施。

（三）矿物源农药

目前常用的矿物源农药有矿物油、硫黄等。使用时注意以下几点：

1.混匀后再喷施

最好采用二次稀释法稀释，施药期间保持振摇施药器械，确保药液始终均匀。

2.喷雾均匀周到

确保作物和害虫完全着药，以保证效果。

3.不要随意与其他农药混用

以免破坏乳化性能，影响药效，甚至产生药害。

（四）生物化学农药

生物化学农药是通过调节或干扰植物（或害虫）的行为，达到施药目的。

1.性引诱剂

性引诱剂不能直接杀灭害虫，主要作用是诱杀（捕）和干扰害虫正常交配，以降低害虫种群密度，控制虫害过快繁殖。因此，不能完全依赖性引诱剂，一般应与其他化学防治方法相结合。如使用桃小食心虫性诱芯时，可在蛾峰期田间始见卵时结合化学药剂防治。

（1）开包后应尽快使用

性引诱剂产品易挥发，需要存放在较低温度的冰箱中；一旦打开包装袋，应尽快使用。

（2）避免污染诱芯

由于信息素的高度敏感性，安装不同种害虫的诱芯前，需要洗手，以免污染。

（3）合理安放诱捕器

诱捕器安放的位置、高度以及气流都会影响诱捕效果。如斜纹夜蛾性引诱剂，适宜的悬挂高度为 1～1.5 米，保护地使用可依实际情况而适当降低，小白菜类蔬菜田应高出作物 0.3～1 米，高秆类蔬菜田可挂在支架上，大棚类作物可挂在棚架上。

（4）防止危害益虫

使用信息素要防止对有益昆虫的伤害。如金纹细蛾性诱芯对壁蜂有较强的诱杀作用，故果树花期不宜使用。用于测报时，观测圃及邻近的果园果树花期不宜放养壁蜂和蜜蜂。

2.植物生长调节剂

（1）选准品种适时使用

植物生长调节剂会因作物种类、生长发育时期、作用部位不同而产生不同的效应，使用时应按产品标签上的功能选准产品，并严格按标签标注的使用方法，在适宜的使用时期使用。

（2）掌握使用浓度

植物生物调节剂可不是"油多不坏菜"，要严格按标签说明浓度使用，否则会得到相反的效果。如生长素在低浓度时促进根系生长，较高浓度时反而抑制生长。

（3）均匀使用

有些调节剂如赤霉素，在植物体内基本不移动，如同一个果实只处理一半，会致使处理部分增大，造成畸形果。在应用时注意喷布要均匀细致。

（4）不能以药代肥

促进型的调节剂，也只能在肥水充足的条件起作用。

（五）蛋白类、寡聚糖类农药

该类农药（如氨基寡糖素、几丁聚糖、香菇多糖、低聚糖素等）为植物诱抗剂，本身对病菌无杀灭作用，但能够诱导植物自身对外来有害生物侵害产生反应，提高免疫力，产生抗病性。使用时应注意以下三点：

1.应在病害发生前或发生初期使用,病害已经较重时应选择治疗性杀菌剂对症防治。

2.药液现用现配,不能长时间储存。

3.无内吸性,注意喷雾均匀。

（六）天敌生物

目前应用较多的是赤眼蜂和平腹小蜂。提倡大面积连年放蜂,面积越大防效越好,放蜂年头越多,效果越好。使用时应注意以下三点。

1.合理存放

拿到蜂卡后要在当日上午放出,不能久储。如果遇到极端天气,不能当天放蜂,蜂卡应分散存放于阴凉通风处,不能和化学农药混放。

2.准确掌握放蜂时间

最好结合虫情预测预报,使放蜂时间与害虫产卵时间相吻合。

3.与化学农药分时施用

放蜂前5天、放蜂后20天内不要使用化学农药。

（七）抗生素类农药

抗生素类农药的使用同化学农药,如阿维菌素、多杀霉素等。但多数抗生素类杀菌剂不易稳定,不能长时间储存,如井冈霉素,容易发霉变质。药液要现配现用,不能储存。某些抗生素农药,如春雷霉素、井冈霉素等不能与碱性农药混用,农作物撒施石灰和草木灰前后,也不能喷施。

二、低毒、低残留农药

从保障人民生命安全、农产品质量安全和生态环境安全的目的出发,必须对高毒、高残留、对环境有不良影响的农药采用禁限用措施,积极推广使用低毒、低残留、环境友好型农药。

（一）低毒、低残留、环境友好型农药概念

低毒、低残留、环境友好型农药的三个条件:

第一,农药对人畜毒性低,使用安全农药急性毒性大小一般在大白鼠上进行试验确定,按照我国农药产品毒性分级标准,急性毒性 LD 50 值:对大白鼠经口为 $14 \sim 24\text{mg/kg}$,对兔经皮为 $300 \sim 400\text{mg/kg}$,属高毒级农药。农药产品标签上都有醒目的毒性标志,低毒农药的标志是菱形框内标注红色字体的低毒字样。

第二，农药在植物体、农产品内和土壤中易于降解、残留低。

第三，农药要更环保、更安全。由于农药有效成分本身对环境产生不良影响的品种，如引起水俣病的有机汞及高毒的无机砷、引起神经毒性的有机磷类及因残留导致环境污染的有机氯类，以及近年来对环境产生不良影响的磷化铝、溴甲烷等绝大多数品种都已被禁用，所以现在说环境友好型农药更多的是指农药剂型对环境无不良影响或影响较小。

（二）低毒、低残留、环境友好型农药品种

1.杀虫剂

如四螨嗪、溴螨酯、虫酰肼、除虫脲、氯虫苯甲酰胺、烯啶虫胺等化学农药和苏云金杆菌、球泡白僵菌、菜青虫颗粒体病毒、甘蓝夜蛾核型多角体病毒等生物农药。

2.杀菌剂

有啶酰菌胺、氟啶胺、氟酰胺、己唑醇、三唑酮、戊菌唑、抑霉唑、枯草芽孢杆菌、蜡质芽孢杆菌、几丁聚糖、氨基寡糖素等。

3.除草剂

如精喹禾灵、精异丙甲草胺、硝磺草酮、氰氟草酯、苄嘧磺隆、吡嘧磺隆等。

4.植物生长调节剂

包括 S- 诱抗素、胺鲜酯、赤霉酸 A3、赤霉酸 A4+A7、萘乙酸、乙烯利、芸苔素内酯。

5.选择低毒、低残留、环境友好型的农药

名录针对农药有效成分，不涉及农药剂型。使用农药时，可参考名录，再结合全球环境友好型农药基本框架中所列环境友好型剂型，选准既是低毒、低残留，又是环境友好型的农药。

如在蔬菜、果树上使用杀菌剂苯醚甲环唑，由于苯醚甲环唑的剂型有乳油、悬浮剂和水分散粒剂，因此可以选择苯醚甲环唑水分散粒剂或悬浮剂，这样所选农药既是低毒、低残留农药，又是环境友好型农药。再比如，小麦除草剂苯磺隆，有可湿性粉剂还有水分散粒剂，我们应优先选择使用苯磺隆水分散粒剂。

（三）低毒、低残留、环境友好型农药使用

由于低毒、低残留、环境友好型存在使用成本偏高、速效性慢等缺点，农民接受起来有一定难度，建议政府推广部门和科研单位加强引导和政策扶持，鼓励农民积极使用。

第三节　农药安全使用技术

农药是用于防治危害农林作物的病、虫、草、鼠等有害生物和调节植物生长发育的药品。农药的种类很多，根据原料来源不同，可分为无机农药、有机合成农药和生物源农药等。按照防治对象和用途不同，可分为杀虫剂、杀菌剂、杀螨剂、杀线虫剂、杀软体动物剂、杀鼠剂、除草剂、植物生长调节剂。

一、农药的剂型

经过加工的农药称为农药制剂。包括原药和辅助剂。制剂的形态称为剂型。目前常用的农药制剂有可湿性粉剂、粉剂、粉尘剂、颗粒剂、乳油、悬浮剂、水剂、烟剂、水分散粒剂、可溶性粉剂等剂型。

（一）可湿性粉剂

可湿性粉剂是一种常用的剂型。加水稀释后形成稳定的，可供喷雾的悬浮液。其雾点比较细，湿润性好，能够在植物体表上形成良好的沉积覆盖，残效期较长，防治效果优于同一农药的粉剂。

（二）粉剂

粉剂是一种常用的剂型。它不溶于水，因此不能加水喷雾使用。使用时需用喷粉器喷粉。

（三）粉尘剂

粉尘剂是专用于保护地喷粉防治病虫害的一种微粉剂，需用喷粉器喷粉。粉尘剂的粉粒很小，喷施后可在棚内室内空中弥散稳定，易于在植株冠层中扩散，可均匀地沉降在作物各部位，充分发挥药效，不增加棚内室内湿度。

（四）颗粒剂

颗粒剂是常用的一种剂型。可直接撒于土壤，用于防治地下害虫、土传病害、线虫等。

（五）乳油

乳油是一种常用的剂型。加水后形成白色的乳状液供喷雾使用。喷雾后在植株表面湿润展布好，黏附力强，渗透性强，不易被雨水冲刷，防治效果好，残效期较长。

（六）悬浮剂

悬浮剂由原药和各种助剂构成的黏稠性悬浮液。主要用于常规喷雾，加水调制成悬浮液即可喷雾，也可进行低容量喷雾。对环境污染小，施用方便。

（七）水剂

水剂在水中溶解度高而且化学性质稳定的农药，可直接用水配制成水剂。使用时加水稀释到所需的浓度即可喷雾。

（八）烟剂

烟剂是将原药、助燃剂、氧化剂、消燃剂等制成粉状或锰状制剂。点燃后迅速汽化，在空气中遇冷而重新凝雾聚成微小的固体颗粒形成烟。在棚室空气中长时间飘浮，缓慢沉降，能在空间中自行扩散，穿透缝隙，在植株体的所有表面沉积。烟剂主要在棚室中用熏烟法施药。

（九）水分散粒剂

水分散粒剂由农药原药、湿润剂、分散剂、崩解剂等多种助剂和填料加工的一种新型颗粒剂，遇水能崩解分散成悬浮液。该剂型颗粒均匀、光滑，流动性好，物理化学稳定性好，在高温、高湿条件下不结块，在水中分散性好，悬浮率高。该剂型兼具可湿性粉剂、悬浮剂的优点。主要用于对水喷雾防治病虫害。

（十）可溶性粉剂

可溶性粉剂即水可溶性粉剂，是由可溶性原药制成的粉剂。加水溶解为水溶液，可直接进行喷雾防治病虫害。

（十一）种衣剂

种衣剂是专供种子包衣用的药剂。种衣剂多为混合制剂，一次包衣可兼治多种害虫，或兼治病害。

二、农药剂型的选用

因同一种农药有多种剂型，同一剂型又有不同规格的制剂，所以要根据不同作物和防治对象，以及施药机械和使用条件的情况选用适宜的剂型和制剂。

如防治虫害时，乳油的效力显著高于悬浮剂和可湿性粉剂。因为乳油的分散介质是有机溶剂，对害虫的体壁有很强的侵蚀和渗透作用，有利于触杀性神经使毒剂快速进入害虫体内，药效高、发挥快。同一种有效成分的杀虫剂，以选用乳油为好。

悬浮剂是乳油的替代剂型，其效力虽低于乳油，但显著高于可湿性粉剂。杀菌大多采用可湿性粉剂、悬浮剂等剂型，因为对菌类细胞壁和细胞膜的渗透不需要有机溶剂的协助，悬浮剂的效果比可湿性粉剂更好。

在防治病虫害选择剂型时，除了毒理学方面的考虑外，还应考虑防治对象、价格、对施药器械的要求。同时还要考虑天气情况等。在炎热天气喷药，乳油、油剂等油性介质农药较易引起药害或中毒，而水性介质的剂型如可湿性粉剂、水分散粒剂、水可溶性粉剂等风险较低。

同一种剂型，可能有不同规格的制剂，有效成分含量不同，以选用含量高的制剂较为适宜。

防治病虫害购买农药时，用多少买多少，最好用一次买一次，不要买上贮藏待用，以免发生意外。

购买农药时，最好在有门市的农药经销商店购买，不要从上门零售卖药人处购买农药。在农药经销商店购买的农药，一旦出现问题能找到人处理有关事宜，上门卖农药人一走就找不着了，出了问题难处理。购药时最好索要发票，以防万一出了问题，发票是最有力的证据。

三、农药的合理配制

进行农药配制，首先要根据选定的农药品种、剂型、有效成分的含量和防治对象，加水倍数进行配制，最常用的浓度表示法是倍数法，即稀释多少倍的范围，如 70% 代森锰锌可湿性粉剂 600 倍液（1 份药剂加 600 份水）。

目前使用的农药品种多为高效农药，用药量很低，每亩十几毫升到几十毫升。因此，配药时一定要用计量器具，来量取药剂和水，决不能凭经验或用粗放的代用器具计量，否则很可能出现误差，用药量过大，一是造成药剂浪费，二是易产生药害，用药量过小又达不到预期的防治效果。

正确的农药稀释是先将所用的药剂用少量水稀释调制母液，然后再稀释到所需的浓度。采用二次稀释可保证药剂在水中分布均匀，分散性好，避免产生药害。

四、农药的混用

将两种或两种以上的农药制剂配在一起施用，称为农药的混用。合理的混用可以扩大药剂的使用范围，兼治几种有害生物，提高药效，减少施药次数，减少用药量，降低成本。有的药剂之间可以互补，可以提高药效。有的混用还可降低毒性，减轻药害或其他不良副作用。作用机制不同的药剂混用可以减缓有害生物抗药性的产生。

两种农药混配时一定要注意阅读农药使用说明或查找有关书籍，先进行小面积试验，明确药效、药害情况后再大面积使用。

农药混用时配制药液的方法一般先用足量的水配好一种单剂的药液，再用这种药液稀释另一种单剂，而不能先混合两种单剂，再用水稀释。

五、农药的使用方法

（一）喷雾法

喷雾法是最常用的施药方法。适合乳油、水剂、可湿性粉剂、水分散粒剂和悬浮剂等农药剂型的施用。喷雾法的优点是药液可直接接触防治对象，分布均匀，见效快，防效好，方法简单；缺点是药液易流失，对施药人员安全性较差。

（二）粉尘法

粉尘法是专用防治保护地蔬菜病虫害的新技术，利用喷粉器将粉尘剂吹散于棚内室内，使其在蔬菜植株间扩散飘移，多向沉积，最后形成非常均匀的药粒沉积分布。施药时要对空中喷，不要对准作物喷。粉尘法不受天气限制，在阴雨天也可进行。晴天宜在傍晚进行。

（三）熏烟法

熏烟法是利用烟剂农药，在密闭的环境下点燃药剂，产生微粒，形成气溶胶，在棚室扩散沉积，使棚内室内的植物、墙壁及地面全部着药，达到防治目的。使用时最好在傍晚闭棚后施用，第二天早晨要通风，然后再进行其他作业。

（四）土壤处理法

土壤处理法是将使用的农药剂型撒于土壤表面，翻入耕作层，或直接灌施土壤或植株根周围进行防治病虫害。一般常用于育苗时土壤处理。

（五）种子处理法

一般常用的方法有拌种法、浸种法、闷种法和种子种衣剂。种子处理用于防治种传病害，并保护种苗免受土壤中病原物的侵染和害虫为害，用内吸剂处理种子还可防治地上部病虫害。

（六）种苗浸种法

将农药稀释后，用于蘸根，防治病虫害。优点是保苗效果好，对害虫天敌影响小，农药用量也较少。

（七）毒饵法

用饵料与具有胃毒剂的药剂混合制成的毒饵，用于防治害虫和害鼠。毒饵法对地下害虫和害鼠有较好的防治效果，缺点是对人畜安全性差。

六、农药的科学合理使用

为了充分发挥农药的药效，达到防病防虫增产的目的，应合理使用农药，采用适宜的施药方式，选用合格的药械，提高施药质量，对症下药，适时适量用药，确保农药使用的安全间隔期，防止药害以及抑制有害生物抗药性等。

（一）选准药剂，对症下药

农药种类很多，每种农药的不同剂型都有防治的对象，因此在生产实践中，使用某一种农药必须了解该农药的性能特点，具体防治对象发生规律，才能做到对症下药。如杀虫剂中胃毒剂对咀嚼式口器害虫有效，如菜青虫、小菜蛾等。内吸剂一般只对刺吸式口器害虫有效，如蚜虫、白粉虱、斑潜蝇等。触杀剂则对各种口器害虫都有效。熏蒸剂则只能在保护地密闭后使用有效，露地使用效果不好。选用杀菌剂时更应注意，通常防治真菌性病害的农药对细菌性病害效果不好。同种农药的不同剂型其防治效果也有差别。在保护地使用粉尘剂或烟雾剂效果较好。

（二）掌握病虫发生动态，适时用药

选择合适的时间用药，是控制病虫害保护有益生物，防止药害和避免农药残留的有效途径。做到用最少的药，取得最好的防治效果，就必须了解病虫的发生情况，发病规律，掌握其在田间实际发生的动态，该防治的时候才用药，不要见到虫就用药。如鳞翅目的害虫一般应在 3 龄前防治。保护性杀菌剂必须在发病前用药，治疗性杀菌剂必须在发病初用药。芽前除草剂必须在芽前使用，绝对不能在出苗后施用，否则易产生药害。

（三）准确掌握用药量是病虫害的重要环节

一定要按照农药使用说明量取农药施用量，使用的浓度和用量务必准确。

（四）选择适宜的施药方法，保证施药质量

由于农药种类和剂型不同，施药方法不同。采用正确的使用方法，不仅可以充分发挥农药的防治效果，而且能避免或减少杀灭有益生物、作物的药害和农药残留。如可湿性粉剂不能用作喷粉，颗粒剂、粉剂不能用作喷雾，胃毒剂不能用作涂抹。

（五）根据天气情况，科学、正确施用农药

一般应在无风或微风天气条件下施用农药，中午前后，温度高，不宜施药，易产生药害。保护地用农药应在晴天的上午 10 时前喷药，注意不要在阴雨天、下雪天施喷雾类型的药剂，可采用烟雾剂类型农药。

（六）轮换使用农药

在一个地区或在一定的范围内，经常使用单一的农药容易使病虫产生抗药性，使防治效果下降，因此即使农药效果好，也不能长时间使用。科学轮换使用作用机制不同的农药品种是延缓病虫害产生抗药性最有效的方法之一。

（七）高度重视安全使用农药

多数蔬菜采后可直接食用，因此在蔬菜生产中必须高度重视农药的安全使用，应严格遵守《农药安全使用技术规范》和《农药合理使用准则》，遵守有关农药管理法规，严禁使用高毒、剧毒、高残留农药，严格执行农药使用安全间隔期制度，严格掌握各种农药的适用范围。

第十四章 植保机械喷雾（器）机

第一节 喷雾（器）机概述

一、喷雾的特点及喷雾机的类型

喷雾是化学防治法中的一个重要方面，它受气候的影响较小，药剂沉积量高，药液能较好地覆盖在植株上，药效较持久，具有较好的防治效果和经济效果。喷粉比常量喷雾法工效高，作业不受水源限制，对作物较安全，然而由于喷粉比喷雾飘移危害大得多，污染环境严重，同时附着性能差，所以国内外已趋向于用以喷雾法为主的施药方法。

根据施药液量的多少，可将喷雾机械分为高容量喷雾机、中容量喷雾机、低容量喷雾机及超低容量喷雾机等多种类型。

高容量喷雾又称常量喷雾，是常用的一种低农药浓度的施药方法。喷雾量大能充分地湿润叶子，经常是以湿透叶面为限并逸出，流失严重，污染土壤和水源。雾滴直径较粗，受风的影响较小，对操作人员较安全。用水量大，对于山区和缺水地区使用困难。

低容量喷雾，这种方法的特点是所喷洒的农药浓度为常量喷雾的许多倍，雾滴直径也较小，增加了药剂在植株上的附着能力，减少了流失。既具有较好的防治效果，又提高了工效，应大力推广应用，逐步取代高容量喷雾。

中容量喷雾，施液量和雾滴直径都在上面两种方法之间，叶面上雾滴也较密集，但不致产生流失现象，可保证完全覆盖，可与低量喷雾配合作用。

超低容量喷雾是近年来防治病虫害的一种新技术。它是将少量的药液（原液或加少量的水）分散成细小雾滴（$50\sim100\,\mu m$）并大小均匀，借助风力（自然风或风机风）吹送、飘移、穿透、沉降到植株上，获得最佳覆盖密度，以达到防治目的。由于雾滴细小，飘移是一个严重问题，它的应用仅限于基本上无毒的物质或大面积，这时飘移不会造成危害。超低容量喷雾在应用中应特别小心。

二、对喷雾机的要求

喷雾机应满足以下基本要求：

1.应能根据防治要求喷射符合需要的雾滴，有足够的穿透力和射程，并能均匀地覆盖在植株受害部分。

2.有足够的搅拌作用，应保证整个喷射时间内保持相同的浓度，不随药液箱充满的情况而变化。

3.与药液直接接触的部件应具有良好的耐腐蚀性，有些工作部件（如液泵、阀门、喷头等）还应具有好的耐磨性，以提高机器的使用寿命。

4.工作可靠，不易产生堵塞，设置合适的过滤装置（药液箱加液口、吸水管道、压水管道等处）。

5.机器应具有较好的通过性，能适应多种作业的需要。

6.机器应具有良好的防护设备及安全装置。

7.药液箱的容量，应保证喷雾机有足够的行程长度，并能与加药地点合理地配合。

第二节　担架式机动喷雾机

一、担架式喷雾机的种类

机具的各个工作部件装在像担架的机架上，作业时由人抬着担架进行转移的机动喷雾机叫作担架式喷雾机。

担架式喷雾机由于配用的泵的种类不同可粗分为两大类：

1.担架式离心泵喷雾机——配用离心泵；

2.担架式往复泵喷雾机——配用往复泵。

担架式往复泵喷雾机还因配用的往复泵的种类不同而细分为三类：

1.担架式活塞泵喷雾机——往复式活塞泵；

2.担架式柱塞泵喷雾机——往复式柱塞泵；

3.担架式隔膜泵喷雾机——往复式活塞隔膜泵。

担架式离心泵喷雾机与担架式往复泵喷雾机的共同点是：机具的结构都是由机架、动力机（汽油机、柴油机或电动机）、液泵、吸水部件和喷洒部件五大部分组成，有的还配用了自动混药器。其不同点首先是泵的类型不同，其他部件虽然功能相同，但其具体结构与性能有的还有些不同。

担架式往复泵喷雾机自身还有几个特点：

1.虽然泵的类型不同，但其工作压力（≤ 2.5MPa）相同，最大工作压力（3MPa）亦相同。

2.虽然泵的类型不同，泵的流量大小不同，但其多数还在一定范围（30 ～ 40L ／min）内，尤其是推广使用量最大的三种机型的流量也都相同，都是40L ／min。

3.泵的转速较接近，在600 ～ 900r ／min范围内，而且以700 ～ 800r ／min的居多。

4.几种主要的担架式喷雾机由于泵的工作压力和流量相同，因而虽然泵的类型不同，但与泵配套的有些部件如吸水、混药、喷洒等部件相同，或结构原理相同，因此有的还可以通用。

5.担架式喷雾机的动力都可以配汽油机、柴油机或电动机，可根据用户的需求而定。

二、担架式喷雾机的组成

（一）药液泵

目前担架式喷雾机配置的药液泵主要为往复式容积泵。往复式容积泵的特点是压力可以按照需要在一定范围内调节变化，而液泵排出的液量（包括经喷射部件喷出的液量和经调压阀回水液量）基本保持不变。往复式容积泵的工作原理是靠曲柄连杆（包括偏心轮）机构带动活塞（或柱塞）运动，改变泵腔容积，压送泵腔内液体使液体压力升高，顶开阀门排送液体。就单个泵缸而言，曲轴一转中，半转为吸水过程，另外半转为排水过程，同时还由于活塞运动的线速度不是匀速的，而是随曲轴转角正弦周期变化，所以排出的流量是断续的，压力是波动的；而对多缸泵来说，在曲轴转一转中几个缸连续工作，排出的波动的流量和压力可以相互叠加，使合成后的流量、压力的波动幅值减小。理论分析和试验都表明，多缸泵中三缸泵叠加后流量、压力波动都最小。

往复式容积泵的空气室，多数为长圆柱状中空耐压容器，如三缸柱塞泵或活塞泵。用螺纹或螺钉与泵体连接，构成出水室。利用空气室内的空气被排出的高压液体压缩，吸收和缓解压力波动，达到稳定喷雾压力的作用。有时由于泵的工作时间长及压力波动，液体会将空气室内的空气带走，使空气室降低稳压作用。为此，在空气室内增加一个膜片，使液体与空气隔开，还可通过气嘴向空气室内压入压缩空气，既防止了空气室内空气逸失，又提高了空气室的稳压功能。这种结构的空气室也是往复式容积泵常采用的。

如二缸活塞隔膜泵就是这种结构。因为二缸泵的压力、流量波动幅值较大，采用这种稳压性好的空气室，机具振动才能减小。在担架式喷雾机配置的药液泵中，还有无空气室的，如支农-40型、山城-30型的三缸活塞泵。因为喷雾机配置的喷雾胶管较长，压力波动的液体通过喷雾胶管时，被胶管的弹性所吸收，所以在喷头处的压力波动也是不明显的。

往复式容积泵所配置的调压阀，是调节和控制药液泵排出液体压力高低和卸去压力负荷的装置。

压力表是泵出水压力高低的指示装置。因为泵的压力波动，压力表往往很快损坏。因此，目前我国多数生产厂家用压力指示器指示泵的压力。压力指示器通常装在调压阀的接头上，和调压阀连为一体，弹簧伸缩推动标杆上下，由指示帽上的刻线指出泵的压力。

往复式容积泵虽然有活塞式、柱塞式、隔膜式，结构上也有些差异，但零部件的功能和泵的工作原理是一样的。现仅以活塞泵为例简述其工作原理：喷雾机工作时，发动机的动力通过三角皮带带动泵的曲轴旋转，通过曲柄连杆带动活塞杆和活塞做往复运动。活塞杆向左运动时，进水阀组上的平阀压紧在活塞碗托上，进水阀片的孔道被关闭，使活塞后部形成局部真空，药液便经滤网进入活塞后部的缸筒内；活塞向右运动时，平阀开启，后部缸筒内的药液，经过进水阀片上的孔，流入活塞前的缸筒内。当活塞再次向左运动时，缸筒后部仍进水，而其前部的水则受压顶开出水阀进入空气室。由于活塞不断地往复运动，进入空气室的水使空气压缩产生压力，高压水便经截止阀及软管从喷射部件喷出。

综上所述，担架式喷雾机配套的三种典型往复式容积泵，即三缸柱塞泵、三缸活塞泵、二缸活塞隔膜泵，相互比较，各有优缺点。①三缸活塞泵的优点是：活塞为橡胶碗，为易损件，与柱塞泵比较不锈钢用量少、泵缸（唧筒）简单，可用不锈钢管加工，加工较简单。活塞泵的缺点：活塞与泵缸接触密封而且相对运动，药液中的杂质沉淀，在活塞碗与泵缸间成为磨料，加速了泵缸与活塞的磨损。②柱塞泵的优点是：柱塞与泵室不接触，柱塞利用V形密封圈密封，即使有杂质沉淀，柱塞也不易磨损，使用寿命长；当密封间隙磨损后，可以利用旋转压环压紧V形密封圈调节补偿密封间隙，这是活塞泵做不到的；柱塞泵工作压力高。柱塞泵的缺点：用铜、不锈钢材料较多，比活塞泵重量重。③二缸活塞隔膜泵的优点是：泵的排量大；泵体、泵盖等都用铝材表面加涂敷材料，用铜、不锈钢材少；制造精度要求低，制造成本低。隔膜泵的缺点是：隔膜弹性变形，使流量不均匀度增加；双缸隔膜泵流量、压力波动大，振动较大。

（二）吸水滤网

吸水滤网是担架式喷雾机的重要工作部件，但往往被人们忽视。当用于水稻田采用自动吸水、自动混药时，就显示出它的重要性。主要由插杆、外滤网、上下滤网、滤网管、胶管及胶管接头螺母等组成。使用时，插杆插入土中，当田内水深 7 ～ 10cm 时，水可透过滤网进入吸水管，而浮萍、杂草等由于外滤网的作用进不了吸水管路，保证了泵的正常工作。

（三）喷洒部件

喷洒部件是担架式喷雾机的重要工作部件，喷洒部件配置和选择是否合理不仅影响喷雾机性能的发挥，而且影响防治功效、防治成本和防治效果。目前国产担架式喷雾机喷洒部件配套品种较少，主要有两类：一类是喷杆，另一类是喷枪。

1.喷杆

担架式喷雾机配套的喷杆，与手动喷雾器的喷杆相似，有些零件就是借用手动喷雾器的。喷杆是由喷头、套管滤网、开关、喷杆组合及喷雾胶管等组成。喷雾胶管一般为内径 8mm、长度 30m 的高压胶管两根。喷头为双喷头和四喷头。该喷头与手动喷雾器不同处是涡流室内有一旋水套。喷头片孔径有 1.3mm 和 1.6mm 两种规格。

2.远程喷枪（枪 – 22 型）

枪 – 22 型为远程喷枪，主要适用于水稻田从田内直接吸水，并配合自动混药器进行远程（人站在田埂上）喷洒。远程喷枪是由喷头帽、喷嘴、扩散片、并紧帽和枪管焊合等组成。使用枪 – 22 型喷枪时配套喷雾胶管为内径 13mm、长度 20m 的高压胶管。

3.自动混药器

目前担架式喷雾机使用的自动混药器是与枪 – 22 型远程喷枪配套使用的。自动混药器是由吸药滤网、吸引管、T 形接头、管封、衬套、射流体、射嘴和玻璃球等组成。使用时将混药器装在出水开关前，然后再依次装上喷雾胶管和远程喷枪。使用混药器后农药不进入泵的内部，能减少泵的腐蚀与磨损。

4.可调喷枪

可调喷枪又称果园喷枪，是由喷嘴或喷头片、喷嘴帽、枪管、调节杆、螺旋芯、关闭塞等组成。主要用于果园，因为射程、喷雾角、喷幅等都可调节，所以可喷洒高大果树。当螺旋芯向后调节时，涡流室加深，喷雾角度小，雾滴变粗，射程增加，可用来喷洒树的顶部；当螺旋芯调向前时，涡流室变浅，喷雾角增大，雾滴变细，射程变短，可用来喷洒树的低处。

(四) 配套动力和机架

1.配套动力

担架式喷雾机的配套动力主要为四冲程小型汽油机和柴油机。功率范围在 2.2 ~ 3kW，由于药液泵转速一般在 600 ~ 900r／min，所以配套动力机最好为减速型，输出转速 1500r／min 为好。担架式喷雾机配套动力产品型号主要有四冲程 165F 汽油机、165F 和 170F 柴油机。一般泵流量在 36L／min 以下的可配 165F 汽油机或柴油机，40L／min 泵配 170F 柴油机。用三角皮带一级减速传动即可满足配套要求。此外，为满足有电源地区需要，还可配电动机。

2.机架

担架式喷雾机的机架通常用钢管或角钢焊接而成。一般为双井字轿式抬架，为了担架起落方便和机组的稳定，支架下部有支承脚，四支把手有的为固定式，有的为可拆式或折叠式。动力机和泵的底脚孔，通常做成长孔，便于调节中心距和皮带的张紧度。为了操作安全，三角皮带传动处，必须安装防护罩，以保护人身安全和防止杂草缠入。

担架式喷雾机是果园用植保机械的重要机具之一。为了提高工效，许多地方将担架式喷雾机的药液泵和药液箱固定在手扶拖拉机上，收到较好效果。因此，各生产厂家还可以不带机架和动力，以单泵加喷洒装置等多种形式供货，用户可根据需要选购单机、单件。

三、使用注意事项

以工农 -36 型喷雾机为例说明如下。

1.按说明书的规定将机具组装好，保证各部件位置正确、螺栓紧固，皮带及皮带轮运转灵活，皮带松紧适度，防护罩安装好，将胶管夹环装上胶管定块。

2.按说明书规定的牌号向曲轴箱内加入润滑油至规定的油位。以后每次使用前及使用中都要检查，并按规定对汽油机或柴油机检查及添加润滑油。

3.正确选用喷洒及吸水滤网部件。

(1) 对于水稻或临近水源的高大作物、树木，可在截止阀前装混药器，再依次装上 Φ13mm 喷雾胶管及远程喷枪。田块较大或水源较远时，可再接长胶管 1 ~ 2 根。用于水田在田里吸水时，吸水滤网上要有插杆。

(2) 对于施液量较少的作物，在截止阀前装上三通 (不装混药器) 及两根 Φ8mm 喷雾胶管及喷杆、多头喷头。在药桶内吸药时吸水滤网上不要装插杆。

4.启动和调试。

（1）检查吸水滤网，滤网必须沉没于水中。

（2）将调压阀的调压轮按逆时针方向调节到较低压力的位置，再把调压柄按顺时针方向扳足至卸压位置。

（3）启动发动机，低速运转 10 ～ 15m in，若见有水喷出，并且无异常声响，可逐渐提高至额定转速。然后将调压手柄向逆时针方向扳足至加压位置，并按顺时针方向逐步旋紧调压轮调高压力，使压力指示器指示到要求的工作压力。

（4）调压时应由低向高调整压力。因由低向高调整时指示的数值较准确，由高向低调指示值误差较大。可利用调压阀上的调压手柄反复扳动几次，即能指示出准确的压力。

（5）用清水进行试喷。观察各接头处有无渗漏现象，喷雾状况是否良好，混药器有无吸力。

（6）混药器只有在使用远程喷枪时才能配套使用。如拟使用混药器，应先进行调试。使用混药器时，要待液泵的流量正常，吸药滤网处有吸力时，才能把吸药滤网放入事先稀释好的母液桶内进行工作。对于粉剂，母液的稀释倍数不能大于 4（1kg 农药加水不少于 4kg），太浓了会吸不进。母液应经常搅拌，以免沉淀，最好把吸药滤网缚在一根搅拌棒上，搅拌时，吸药滤网也在母液中游动，可以减少滤网的堵塞。

5.确定药液的稀释倍数。为使喷出的药液浓度能符合防治要求，必须确定母液的稀释倍数。

6.田间使用操作。注意使用中液泵不可脱水运转，以免损坏胶碗。在启动和转移机具时尤须注意。

在稻田使用时，将吸水滤网插入田边的浅水层（不少于 5cm）里，滤网底的圆弧部分沉入泥土，让水层顺利通过滤网吸入水泵。田边有水渠供水时，可将吸水滤网放在渠水里。在果园使用时可将吸水滤网底部的插杆卸掉，将吸水滤网放在药桶里。如启动后不吸水，应立即停车检查原因。

吸水滤网在田间吸水时，如滤网外周吸附了水草后要及时清除。

机具转移生产地点路途不长时（时间不超过 15m in）可按下述操作，不停车转移：

（1）降低发动机转速，怠速运转。

（2）把调压阀的调压手柄往顺时针方向扳足（卸压），关闭截止阀，然后才能将吸水滤网从水中取出，这样可保持部分液体在泵体内部循环，胶碗仍能得到液体润滑。

（3）转移完毕后立即将吸水滤网放入水源，然后旋开截止阀，并迅速将调压手柄往逆时针方向扳足至升压位置，将发动机转速调至正常工作状态，恢复田间喷药状态。

喷枪喷药时不可直接对准作物喷射，以免损伤作物。喷近处时，应按下扩散片，使喷洒均匀。向上对高树喷射时，操作人员应站在树冠外，向上斜喷，喷药时要注意喷洒均匀。当喷枪停止喷雾时，必须在液泵压力降低后（可用调压手柄卸压），才可关闭截止阀，以免损坏机具。

喷雾操作人员应穿戴必要的防护用具，特别是掌握喷枪或喷杆的操作人员。喷洒时应注意风向，应尽可能顺风喷洒，以防止中毒。

在机具的所有使用过程以及对农药的使用保管中，必须严格遵守各项安全操作规程，不得马虎大意。

每次开机或停机前，应将调压手柄扳在卸压位置。

四、维护保养注意事项

1.每天作业完后，应在使用压力下，用清水继续喷洒 2 ～ 5m in，清洗泵内和管路内的残留药液，防止药液残留内部腐蚀机件。

2.卸下吸水滤网和喷雾胶管，打开出水开关；将调压阀减压手柄往逆时针方向扳回，旋松调压手轮，使调压弹簧处于自由松弛状态。再用手旋转发动机或液泵，排出泵内存水，并擦洗机组外表污物。

3.按使用说明书要求，定期更换曲轴箱内机油。遇有因膜片隔膜泵或油封等损坏，曲轴箱进入水或药液，应及时更换零件修复好机具并提前更换机油。清洗时应用柴油将曲轴箱清洗干净后，再换入新的机油。

4.当防治季节工作完毕，机具长期贮存时，应严格排出泵内的积水，防止天寒时冻坏机件。应卸下三角皮带、喷枪、喷雾胶管、喷杆、混药器、吸水滤网等，清洗干净并晾干。能悬挂的最好悬挂起来存放。

5.对于活塞隔膜泵，长期存放时，应将泵腔内机油放净，加入柴油清洗干净，然后取下泵的隔膜和空气室隔膜，清洗干净放置阴凉通风处，防止过早腐蚀、老化。

第三节　静电喷雾机

为了提高药液沉附在农作物表面上的百分率，近年来国内外对静电喷雾技术进行了广泛深入的研究。据试验表明，静电力一般对大的颗粒没有多大作用，它不能影响从喷施设备到目标物间的基本轨道。但是，如果一个带电的颗粒达到目标区时没有足够的惯性力来引起冲击，电荷就能增加沉附机会，提高雾滴在农作物上的沉降率，尤其是对于小颗粒，将会减少飘移的数量，这对微量喷雾来说是十分必要的。

静电喷雾技术是应用高压静电使雾滴充电。静电喷雾装置的工作原理是通过充电装置使雾滴带上一极性的电荷，同时，根据静电感应原理可知，地面上的目标物将引发出和喷嘴极性相反的电荷，并在两者间形成静电场。带电雾滴受喷嘴同性电荷的排斥，而受目标异性电荷的吸引，使雾滴飞向目标各个方面，不仅正面，而且能吸附到它的反面。据试验，一粒 20μm 的雾滴在无风情况下（非静电力状态），其沉降速度为 3.5cm／s，而一阵微风却能使它飘移 100cm。但在 105V 高压静电场中使该雾滴带上表面电荷，则会以 40cm／s 的速度直奔目标而不会被风吹跑。因此，静电喷雾技术的优点是提高了雾滴在农作物上的沉积量，雾滴分布均匀，飘移量减少，节省用药量，提高了防治效果，减少了对环境的污染。

静电喷雾的技术要点首先需要使雾滴带电，同时与目标（农作物）之间产生静电场。静电喷雾装置使雾滴带电的方式主要有三种：电晕充电、接触充电和感应充电。

国外比较注意静电喷雾的基础理论研究。尤其是在充电方式、农药用量、雾滴尺寸、空气相对温度、湿度、运载气流等因素对带电雾滴的沉降效果都做了较深入的室内外试验，并研究成功了一些充电和雾化系统。国外小型静电喷雾机已进入实用阶段，而大田用静电喷雾机尚处于试验研究阶段。

我国静电喷雾技术在农业植保上的应用研究始于 20 世纪 70 年代后期，且多数是以转盘式手持微量喷雾机为基础进行研制的。

转盘式手持微量静电喷雾器为接触充电方式。其工作原理：一般用干电池或蓄电池作电源，电源电压为 6V，经过振荡变压，再经倍压整流得到 1 万～2 万 V 的直流高压，直接加在药液出口液管上，滴管是不锈钢制成，当药液经滴管时带上电荷，经转盘的高速旋转产生离心力，将药液甩出而雾化成细小带电雾滴。此时转盘与作物之间同时形成一个电场，带电雾滴在电场力作用下到达农作物表面。

第四节　航空植保

航空植保机械的发展已有几十年的历史，尤其在近十几年来发展很快，除用于病虫防治外，还可进行播种、施肥、除草、人工降雨、森林防护及繁殖生物等许多方面。

目前农业上使用的飞机主要采用单发动机的双翼、单翼及直升机、遥控无人机，适用于大面积平原、林区及山区，可进行喷雾、喷粉和超低量喷雾作业。飞机作业的优点是防治效果好、速度快、功效高、成本低。

一、运-5型双翼机

运-5型飞机是一种多用途的小型机，设备比较齐全，低空飞行性能良好，在平原作业可距作物顶端 5 ～ 7m，山区作业可距树冠 15 ～ 20m，作业速度 160km ／ h。起飞、降落占用的机场面积小，对机场条件要求较低。

（一）喷雾装置

该装置由药液箱、搅拌器、液泵、小螺旋桨、喷射部件及操纵机构等组成。

药液箱由不锈钢板制成，安装在机舱内，药液箱容量为 1400L。药液箱内部装有液力搅拌器，药液箱的下部出口处装有离心式液泵。它由小螺旋桨带动工作，转速可达 2300r ／ min，排液量为 8 ～ 20L/s。液泵的出液口经药液阀门与机翼两端的喷液管相连。

操纵机构是一种气动装置，由操纵手柄、分配阀、作用筒、调压器及压力表等组成。在分配阀的周围设有四个接头，分别与出液口控制阀门及小螺旋桨制动器的作用筒相连。分配阀的中部有进气接头，与机上冷气管路内的压缩空气相连。操纵手柄有四个位置，依顺时针方向分别为"开""搅拌"（喷雾时用）、"中立"及"关"。当手柄移到"开"的位置，药液阀门被打开，小螺旋桨的制动器被松开，飞机就能进行喷雾作业；手柄移到"搅拌"位置，药液阀门关闭，小螺旋桨工作，药液被回送药液箱内进行搅拌；手柄在"中立"位置时，压缩空气通路被封闭，而管路中原来的压缩空气从放气小孔通大气，以减轻导管的负荷；当手柄移到"关"的位置，药液阀门被关闭，小螺旋被制动，喷雾装置便停止工作。

（二）地勤工作

航空喷药作业的地面工作是保证飞机在空中正常作业的先决条件。地面工作包括以下四个方面：

1. 作业行动的准备与安排。根据作业目标区的自然条件、面积大小、小区数目，估计作业量并准备好物料、人力和运输工具。

2. 临时机场及有关设施（药库、油库、水池等）的选择与建立。

3. 供应工作。加药队的人力、机械设备及运输工具的调度（按目前水平，一架飞机喷药需 8 ～ 10 人，喷粉需 15 ～ 20 人）。

4. 信号及航次安排。航班路线、喷洒顺序、联络信号和飞行指示标志等的规定与安排以及活动标志的调度等。每架飞机由人扛举活动标志需 8 ～ 12 人。

如果作业规模较小，面积不大，飞行架次不多，则宁可从原有基地出发做远征飞行，以免劳师动众。

二、植保无人机

一种遥控式农业喷药小飞机，机体小而功能强大，可负载 8 ～ 10 kg 农药，在低空喷洒农药，每分钟可完成一亩地的作业，其喷洒效率是传统人工的 30 倍。该飞机采用智能操控，操作手通过地面遥控器及 GPS 定位对其实施控制，其旋翼产生的向下气流有助于增加雾流对作物的穿透性，防治效果好，同时远距离操控施药大大提高了农药喷洒的安全性。还能通过搭载视频器件，对农业病虫害等进行实时监控。

（一）植保无人机优势

无人驾驶小型直升机具有作业高度低，飘移少，可空中悬停，无须专用起降机场，旋翼产生的向下气流有助于增加雾流对作物的穿透性，防治效果高，远距离遥控操作，喷洒作业人员避免了暴露于农药中的危险，提高了喷洒作业安全性等诸多优点。另外，电动无人直升机喷洒技术采用喷雾喷洒方式至少可以节约 50% 的农药使用量、90% 的用水量，这将很大程度地降低资源成本。电动无人机与油动的相比，整体尺寸小，重量轻，折旧率更低，单位作业人工成本不高，易保养。

（二）植保无人机机体特点

1.采用高效无刷电机作为动力，机身振动小，可以搭载精密仪器，喷洒农药等更加精准。

2.地形要求低，作业不受海拔限制。

3.起飞调校短、效率高、出勤率高。

4.环保，无废气，符合国家节能环保和绿色有机农业发展要求。

5.易保养，使用、维护成本低。

6.整体尺寸小、重量轻、携带方便。

7.提供农业无人机电源保障。

8.喷洒装置有自稳定功能，确保喷洒始终垂直地面。

9.半自主起降，切换到姿态模式或 CPS 姿态模式下，只须简单地操纵油门杆量即可轻松操作直升机平稳起降。

10.失控保护,直升机在失去遥控信号的时候能够在原地自动悬停,等待信号的恢复。

11.机身姿态自动平衡,摇杆对应机身姿态,最大姿态倾斜45°,适合于灵巧的大机动飞行动作。

12.GPS姿态模式(标配版无此功能,可通过升级获得)精确定位和高度锁定,即使在大风天气,悬停的精度也不会受到影响。

13.新型植保无人机的尾旋翼和主旋翼动力分置,使得主旋翼电机功率不受尾旋翼耗损,进一步提高载荷能力,同时加强了飞机的安全性和操控性。这也是无人直升机发展的一个方向。

14.高速离心喷头设计,不仅可以控制药液喷洒速度,也可以控制药滴大小,控制范围在 $10 \sim 150 \mu m$。

15.具有图像实时传输、姿态实时监控功能。

三、多旋翼植保无人机系统构成

(一)无人机类型

按发动机类型,可分为油动发动机与电动机,直升机农业植保机目前在市场上电动产品以及油动产品都有分布,在中国主要是电动为主;多旋翼农业植保机目前市场以电动为主,但是也出现了一些油动多旋翼无人机产品。

1.油动直升机植保机

直升机植保机产品在初级阶段一直是以油动发动机为动力,使其具备续航时间长、载重较大的优点(相对电动多旋翼)。但是,其使用发动机多为航模领域发动机,存在着调试困难、寿命较短的特点,其发动机寿命往往只有300h左右,大大提高了产品维护以及植保机作业的成本。

2.电动直升机植保机

电动直升机植保机是在油动直升机基础上解决其发动机寿命过短、调试困难等因素而产生的新型直升机,其采用无刷电机与锂电池作为动力,使电机使用寿命以及效率大大提高,但是其续航以及载重性能也都稍有下降。其依然存在培训周期较长、摔机成本较大、维修周期较长等问题。在我国目前市场当中,直升机植保机市场保有数量远低于多旋翼植保机市场保有数量。

3.电动多旋翼植保机

主要优点在于操作简单、性能可靠,以市场主流产品为例,处于工作年龄范围以内

（18～45岁）且身体健康的零基础学员，可以在10d左右基本掌握该产品的使用，并能够进行作业。多旋翼植保机购机成本、摔机成本、维护成本都低于直升机植保机，是近几年多旋翼植保机迅速发展的重要原因。当然，其载重量与续航时间是多旋翼植保机不足的方面，在电池性能没有突破的情况下，多旋翼植保机需要准备多块锂电池以进行循环使用，电池更换较频繁。

（二）多旋翼植保机分类

多旋翼植保机可以按照旋翼数量、气动布局进行分类。

1.按照旋翼数量进行分类

从旋翼数量可分为四旋翼植保机、六旋翼植保机、八旋翼植保机。

（1）四旋翼植保机

四旋翼植保机结构简单、飞行效率高，在目前市场上的多旋翼植保机很多产品都选择四旋翼结构，如极飞科技的P-20系列、零度智控的守护者系列等。但是，四旋翼结构植保机其中任何一个电机发生停转或螺旋桨断裂都将导致植保机坠毁，所以其安全性较低。

（2）六旋翼植保机

六旋翼植保机是在四旋翼植保机基础之上增加旋翼数量而形成的设计，其可在其中一臂失去动力依然保持机身平衡与稳定，所以其稳定性高于四旋翼植保机。随着旋翼数量的增加，在同样的机身重量下，单个旋翼所形成的风场面积减小，这将提高多旋翼植保机风场的复杂程度。

（3）八旋翼植保机

八旋翼植保机根据设备性能不同，最多可实现同时两臂动力缺失而依然能够稳定悬停（两臂不相邻的前提下），更加提升了多旋翼植保机的稳定性。动力冗余性的设计是在强调设备稳定性的前提下而产生的，将多旋翼植保机安全性又提升到一个新的台阶。当然，其单个旋翼风场面积进一步下降，这也是安全性设计所带来的负面效果。当然，市场上还存在更多乃至十六旋翼数量的植保机类型。

2.按照气动布局进行分类

多旋翼植保机按照气动布局，可分为X形、十字形。

（1）X形气动布局多旋翼植保机

X形气动布局是在无人机前进方向的等分角度（左前—右前距机头方向均45°，机尾相同）放置相反方向电机以抵消电机转动时产生的反扭力。

（2）十字形气动布局多旋翼植保机

十字形气动布局是最早出现的一种多旋翼无人机气动布局之一。因其气动布局简单，只需要改变轴向上电机的转速，即可改变无人机姿态从而实现基础飞行，便于简化飞控算法的开发。但由于其构造，导致无人机航拍时前行会导致正前方螺旋桨进入画面造成不便，随着飞控系统的进化，逐渐被 X 形气动布局取代。

第十五章　植保机械手动喷雾

手动喷雾器是用人力来喷洒药液的一种机械，即以手动方式产生的压力迫使药液通过液力喷头喷出，与外界空气相撞击分散成为雾滴的喷雾器械。它是我国农村最常用的施药机具，具有结构简单、使用操作方便、适应性广等特点。可用于水田、旱地及丘陵山区，防治粮、棉、蔬菜和果树等作物的病虫草害；也可用于防治仓储害虫和卫生防疫。

第一节　背负式喷雾器

背负式喷雾器是由操作者背负，用手揿动摇杆使液泵运动的液力喷雾器。它是我国目前使用最广泛、生产量最大的一种手动喷雾器。

一、背负式喷雾器的常见型号与特点

我国于 1959 年开始生产背负式喷雾器，型号为 58 型。20 世纪 60 年代后期改名为工农 -16 型（3W B-16 型），药液箱容量 16 升，箱身由薄铁皮制成，经搪铅工艺或喷涂防腐涂料处理。由于搪铅工艺会对环境造成污染，影响人身健康；在批量生产喷雾器时，喷涂防腐涂料的耐腐蚀性能也不太理想，因此，在 20 世纪 70 年代后期，一些厂家 (如云南农业药械厂、泉州植保机械厂) 将工农 -16 型背负式喷雾器的药液箱改用聚乙烯制造，生产出了 3W BS-16 型塑料喷雾器。该型喷雾器按摇杆轴的固定方法不同，有两种结构形式：一种是摇杆轴嵌入药液箱下部，并把空气室移到药液箱后部凹陷处，称为 3W BS-16A 型，该型喷雾器在田间作业时通过性较好，不会挂带枝叶而损伤作物；另一种与原工农 -16 型相同，把摇杆轴焊接在药液箱下桶箍上，称为 3W BS-16B 型。由于 3W BS-16B 型背负式喷雾器制造工艺简单，技术要求不高，故此型号喷雾器生产量较大。为了减轻操作者负重，降低劳动强度，一些喷雾器厂将工农 -16 型塑料喷雾器药液箱容量减小为 12 升或 14 升，其产品型号相应改为 3W BS-12 型或 3W BS-14 型。

20 世纪 60 年代后期，苏州农业药械厂生产了一种主要结构与工农 -16 型相同，仅药液箱为圆桶形，用铁皮制作，容量为 10 升的长江 -10 型背负式喷雾器 (3W B-10 型)。这种喷雾器在江苏地区很受欢迎，目前江苏的一些喷雾器厂已经生产出了用塑料、铝材、

搪瓷等制造药液箱的长江－10型背负式喷雾器。

20世纪80年代，在浙江省出现了用玻璃钢制作药液箱的工农－16型背负式喷雾器（3W BB-16型），通常称为玻璃钢喷雾器。该种喷雾器坚固耐用，耐腐蚀，药液箱破损后可以修补。

20世纪90年代中期，为了改进现有的背负式喷雾器，江南植保器械厂研制并批量生产了3W BM型双缸隔膜泵喷雾器。该型喷雾器在结构上的改进，主要是以双缸手动隔膜泵取代了原工农－16型上的手动活塞泵，从而革除了手动活塞泵唧筒帽处易渗漏药液污染人身的弊端。该喷雾器密封性能良好，工作压力稳定，使用寿命长，故障较少，维护保养方便，现已大量推广应用。

改革开放以来，国外一些植保机械厂家的手动喷雾器产品打入了中国市场，在一些大城市设立了代销商。这些喷雾器在原理和使用性能上与国产喷雾器基本相同，材质为不锈钢或工程塑料，但制造精良，外观较好，喷洒部件品种多，适用范围广。

二、背负式喷雾器的主要结构

背负式喷雾器主要由药液箱（桶）、液泵、空气室和喷洒部件组成。工农－16型、长江－10型背负式喷雾器除药液桶的容量和形状不同外，其他结构都相同。

（一）药液箱（桶）

工农－16型背负式喷雾器的药液箱截面呈腰子形，长江－10型背负式喷雾器的药液桶呈圆筒形。药液桶加液口处有滤网，可防止加药液时杂物进入药液桶内造成堵塞，滤网用冲孔的黄铜板制成，冲孔直径为0.8mm。桶壁上标有水位线，加液时液面不得高于水位线。桶盖与桶身应为螺纹连接，保证密封，不漏药液，桶盖上设有通气孔，作业时随着液面下降，桶内压力降低，空气从通气孔进入药液桶内，使药液桶内气压保持正常。

（二）液泵

背负式喷雾器的手动液泵为直立的皮碗式活塞泵（3W BD-16型背负式电动喷雾器除外，它是手动隔膜泵）。液泵主要由泵筒、塞杆、皮碗、进水阀、出水阀、吸水管和空气室等组成。工农－16型背负式喷雾器和长江－10型背负式喷雾器的皮碗直径为25mm，由牛皮制成；其泵筒、泵盖、空气室、进水阀座等均用工程塑料制造，耐腐蚀；进、出水阀采用球阀，球阀是直径为9.5mm的玻璃球，作用是按要求轮流地将吸水管道与空气室和泵筒接通或关闭，所以要求球阀具有良好的密封性。

（三）空气室

空气室在药液桶外，位于出水阀接头的上方，作用是使药液获得稳定而均匀的压力，减小液泵排液的不均匀性,保证喷雾雾流的稳定。手动喷雾器通常的工作压力在0.3～0.4兆帕,空气室多用尼龙材料制成。空气室与室座采用摩擦焊接,压力在1.2兆帕时,不能有渗漏现象。

(四)喷洒部件

工农-16型、长江-10型背负式喷雾器的喷洒部件主要由套管、喷杆、喷头、开关和喷雾软管组成。套管是操作喷洒部件的手柄,有铁制套管和塑料套管两种。铁制套管强度好,不易损坏,但易锈蚀;塑料套管重量轻,耐腐蚀。为了再次过滤药液,套管中还装有滤网,滤网可用冲孔的黄铜皮制成,也可用塑料制造。喷杆用直径为9mm、壁厚为1mm的电焊钢管制造,并须进行防腐处理,也可用耐腐蚀的黄铜管、铝合金或工程塑料制造,喷杆长度不少于600mm,以保证喷洒作业时药液不会飞溅到操作者身上,防止人身污染。通常使用的开关有直通开关和玻璃球开关,开关应操作灵活、不渗漏。近年又研制出了撤压式开关,可以按作业要求进行快速接通或截断液流,进行连续喷雾或点喷,密封性较好,不漏液。喷头是喷雾器的主要工作部件,药液雾化主要靠它来完成。随着新型喷雾器的开发研制,市场上出现了一些结构性能较好的新型喷射部件,如铝合金嵌塑喷杆及附装喷杆、接长杆、可调喷头、狭缝式喷头、除草防护罩和撤压式开关等。这些喷射部件可以满足不同的使用要求,完成多种喷洒作业。当操作者上下掀动摇杆时,通过连杆机构的作用,使塞杆在泵筒内做上下往复运动。塞杆的行程为40～100mm。当塞杆上行时,皮碗活塞由下向上运动,皮碗下方由皮碗和泵筒组成的空腔容积不断增大,形成局部真空。药液桶内的药液在液面和空腔内的压力差作用下,冲开进水球阀,沿着进水管路进入泵筒,完成吸水过程。当塞杆下行时,皮碗由上向下运动,泵筒内的药液被挤压,使药液压力骤然增高,在这个压力作用下,进水球阀将进水孔紧紧关闭,药液只能通过出水阀内的管道,推开出水球阀进入空气室。空气室内的空气被压缩,对药液产生了压力。打开开关后,药液通过喷杆进入喷头,当高压液体经过喷头的斜孔进入喷头内的涡流室时,便产生高速回旋运动。药液由于回旋运动的离心力及喷孔内外压力差的作用,通过喷孔与相对静止的空气介质发生撞击,被碎成细小的雾滴,雾滴直径为100～300微米。

三、背负式喷雾器的使用与维护

背负式喷雾器的使用与维护应严格按照产品使用说明书的要求进行,着重注意以下几点:

(一)使用前的安装

在装配前按产品说明书检查各部分零件是否缺少,各接头处的垫圈是否完好,然后将各零部件进行连接，并拧紧连接螺纹，防止漏水漏气。塞杆的装配：

1. 新牛皮碗在安装前应浸泡在机油或动物油（忌用植物油）中，浸油时间不少于24小时。

2. 安装塞杆组件时，应在螺纹 M6 端依次装上泵盖毡圈、毡托，再装上 6mm 平垫圈、两套皮碗托和皮碗、6mm 平垫圈和 6mm 弹簧垫圈，最后旋上六角铜螺母并拧紧。零件顺序不能装错，毡圈浸油，螺母拧紧要适当，皮碗应无显著变形。

泵筒组件的装配：在泵筒端依次装上进水阀垫圈、进水阀座及吸水管。泵筒与进水阀座要拧紧。

塞杆组件的装配：塞杆组件装入泵筒后，将泵盖旋上并拧紧。装配时应注意将牛皮碗的一边斜放在泵筒内，然后使之旋转，将塞杆竖直，用另一只手将皮碗边沿压入泵筒内，就可顺利装入，切忌硬行塞入。

喷射部件的装配：把喷头和套管分别连接在喷杆的两端，套管再与直通开关连接，然后把胶管分别连接在直通开关和出水接头上。连接时注意检查各连接处垫圈有无漏装，是否放平拧紧。

总体检验：

1. 掀动摇杆，检查吸气和排气是否正常。如果手感到有压力，而且听到有喷气声音，说明泵筒完好，这时在皮碗上加几滴油即可使用。反之，说明泵筒中的皮碗已变硬收缩，应取出皮碗，放在机油或动物油中浸泡，待胀软后再装上使用。

2. 在药液箱内加入适量清水，掀动摇杆做喷雾试验，检查各运动部件是否灵活，有无卡死、磕碰现象；检查喷雾时雾流是否均匀，有无断续喷雾现象；各零部件及连接处是否渗漏，必要时更换垫圈或拧紧连接件。

（二）使用前的准备

严格按农药使用说明书的规定配制药液：乳剂农药应先放清水，再加入原液至规定浓度，搅拌、过滤后使用；可湿性粉剂农药应先将药粉调成糊状，然后加清水搅拌、过滤后使用。

根据作物品种、生长期和病虫害种类，选择适当孔径的喷片。进行常规喷雾时，使用孔径为 1.3mm 或 1.6mm 的喷片；进行低量喷雾时，使用孔径为 1.0mm 或 0.7mm 的喷片。

还可选用常量或低容量扇形雾喷嘴。选择陶瓷喷片或扇形雾喷嘴时，要用加长螺帽。喷片的孔径大时，喷雾量较大，雾点较粗；反之，则喷雾量小，雾点细。若在喷片下面增加垫圈，则涡流室变深，雾化锥角变小，射程变远，雾点变粗。装喷片时，注意喷片圆锥面向内，否则影响喷洒质量。

作业前，皮碗及摇杆轴转动处应加注适当润滑油。根据操作者身材，把药液桶背带长度调节好，以背着舒适为宜。

（三）使用操作方法

背负作业时，应先掀动摇杆数次，使气室内的气压达到工作压力后，再打开开关，边喷雾边掀动摇杆。如果掀动摇杆感到沉重，就不能过分用力，以免气室爆炸，损伤人和物（一般走 2 ～ 3 步，摇杆上下掀动一次即可），当每分钟掀动摇杆 18 ～ 25 次，活塞行程大于 60mm 时，能保持一定压力的喷雾状态，此时喷雾压力在 0.3 ～ 0.4 兆帕，喷雾量在 0.55 ～ 0.73 千克／分。

向药液桶内加注药液时，应将开关关闭，以免药液漏出，并用滤网过滤。药液不要超过桶壁上所示水位线位置，如果加注过多，工作中泵盖处将出现溢漏现象。加注药液后，必须盖紧桶盖，以免作业时药液漏出或晃出。

作业中，桶盖上的通气孔应保持畅通，以免药液桶内形成真空，影响药液的排出。

空气室中的药液超过安全水位线时，应立即停止打气，以免空气室爆炸。

（四）使用注意事项

在喷洒农药时，操作者应做到"三穿"（穿长袖衣并扎紧袖口、穿长裤、穿鞋袜）、"四带"（戴口罩、戴手套、带肥皂及带工具零备件）、"五打"（顺风打、隔行打、倒退打、早晚打、换班打），以确保人身安全。

操作时，严禁吸烟和饮食，以防中毒。

操作完毕后，凡人身与药液接触的部位应立即用清水冲洗，再用肥皂水洗干净。

身上伤口未愈的、哺乳或怀孕的妇女、少年儿童等比较容易中毒，都不宜进行喷药作业。

禁止用喷雾器喷洒氨水及硫酸铜等腐蚀性液体，以免损坏机具。严禁用手拎喷雾器连杆，以免损坏传动机构。

（五）喷雾器的维护保养

喷雾器每天使用结束后，应倒出桶内的残余药液，并加少许清水喷洒，然后用清水清洗各部分。洗刷干净后放在室内通风干燥处存放。若长期存放，应先用热碱水洗，再用清水洗刷。

喷洒除草剂后，必须将喷雾器（包括药液桶、喷杆、胶管和喷头）彻底清洗干净，以免在下次喷洒其他农药时对作物产生药害。

所有皮质垫圈和皮碗，储存时应浸足机油（最好是动物油，切勿用植物油），以免干缩硬化。揩干桶内积水，铁制的桶身更应如此。长期存放时，应打开桶盖，拆下喷射部件，打开直通开关，流尽积水，倒挂在干燥阴凉处。

凡活动部件及非塑料的接头连接处，应涂黄油防锈，橡胶件切勿涂油。所有塑料件不能用火烤，以免变形、老化或损坏。所有零部件、备用品及工具等应存放在同一地点，妥善保管，以免散失。

第二节　压缩式喷雾器

压缩式喷雾器是靠预先压缩的气体使药液桶中的液体具有压力的液力喷雾器。压缩式喷雾器由于储气较少，工作压力较低，故工作效率比工农 -16 型喷雾器低。

一、压缩式喷雾器的常见型号与特点

压缩式喷雾器生产厂家很多，常用型号主要有 552 丙型、二圈 -6 型、黑蛙 -6 型、黑蛙 -8 型、长江 -0.8 型、金苗 -0.8 型和三圈 -1.2 型。现以 552 丙型、三圈 -6 型和长江 -0.8 型为例，分述如下。

（一）552 丙型压缩式喷雾器

桶身为薄钢板，容量大，但不耐农药腐蚀。因储气较少，工作压力较低，所以一桶药液须打气 2 ~ 3 次，才能喷完。由于是早期产品，没有安装安全阀，如果打气过度，因压力过高会造成事故。它结构简单，价格较低，适用于矮秆作物（如棉花、蔬菜、烟草和茶树）喷洒药液。

（二）三圈 -6 型压缩式喷雾器

用工程塑料制成，重量轻，抗腐蚀，经久耐用，容量大，工作压力高，一桶药液充气后可一次喷完。采用掀压式开关，安装了安全卸压阀，有过压保护功能。适用于喷洒化学药剂，以保护大田作物（如棉花、谷物和蔬菜）、果园和花卉免遭病虫草的危害，也可做防治仓储害虫和卫生防疫之用。

（三）长江 -0.8 型手持式喷雾器

材质为工程塑料，耐腐蚀，构造简单，喷雾均匀，容量小，重量轻，可手持操作。通过调节喷头，可实现雾状喷洒或柱状喷射。用于小块农田、苗圃和花卉的病虫害防治；

医院、宾馆和家庭的卫生防疫；温室、储藏室和禽舍的消毒也很适用。

二、压缩式喷雾器的主要结构

（一）552 丙型压缩式喷雾器

552 丙型压缩式喷雾器主要由药液桶、气筒和喷射部件组成。

1. 药液桶

由桶体、出水管和背带等组成。药液桶兼作气室用，桶身为圆筒形，药液桶上部有一加水口，通过拉紧螺栓与螺母，把加水盖与加水口紧密盖紧。出水管焊接在液桶内，伸出桶盖的一端装有出水接头，用于连接喷射部件。桶身上有水位标记线，便于控制加药液量。

2. 气筒

由唧筒、塞杆、皮碗和压出阀等组成。唧筒上端装有垫片和压盖，下端装有压出阀，内部供塞杆和皮碗做上下运动。塞杆上端装有一个手柄，下端装有大垫圈、皮碗和螺母等，供泵气之用。压出阀由阀体、铜球和垫圈等组成，是气体压出的门径。

3. 喷射部件

由胶管、直通开关、套管、喷杆和喷头等组成。直通开关由开关芯和开关壳组成，用来控制药液。套管内装有一个过滤网，用于过滤喷出的药液。喷杆连接套管和喷头。喷头由喷头体、垫圈、喷头片和喷头帽组成，供喷射药液用。

（二）三圈 -6 型压缩式喷雾器

三圈 -6 型压缩式喷雾器主要由药液箱、气筒和喷射部件组成。

1. 药液箱

由药液箱和安全阀等组成。药液箱上部装有安全阀，安全阀由阀套、阀碗、弹簧和安全阀压帽等组成。药液箱下部装有过滤罩、出水斜口和出水压帽等。

2. 气筒

由唧筒、塞杆、活塞碗和压出阀等组成。唧筒上端装有压帽和密封圈，下端装有压出阀，内部供塞杆做上下往复运动。塞杆上端装有夹套，下端装有活塞碗，供压气用。

3. 喷射部件

由液力喷头、喷杆组件、截流阀、过滤装置和软管组件等组成。液力喷头由喷头体、喷头帽、喷片和旋水芯组成，喷杆组件由喷杆和压帽组成，截流阀具有揿压式快速截流和锁定装置，可满足喷雾器连续喷雾、断续喷雾或快速截流的要求。

（三）长江－0.8型手持式喷雾器

长江－0.8型手持式喷雾器主要由药液箱、气筒和喷射部件组成。

1. 药液箱

由药液箱和吸水管等组成。药液箱用聚乙烯制成，为了提高喷雾器的工作压力，它的上下两部分为注塑结构，相互黏合而成，呈壶状。其他部分与552丙型压缩式喷雾器基本相同。

2. 气筒

由气筒管、塞杆和压出阀等组成。气筒管由塑料制成。塞杆套在气筒内，可做上下掀动。塞杆上端装有手柄，供操作用；下端装有盆形垫圈、皮碗、活动托和螺母等，供压气用。在气筒底部装有由气密圈构成的单向出气阀，供打气时出气用。

3. 喷射部件

由喷杆、按钮开关、喷杆螺母、喷头片、喷头片座和喷头帽等组成。喷杆一端通过喷杆螺母与药液箱相连；另一端装有喷头座、喷头片与喷头帽，供喷射药液用。

三、压缩式喷雾器的使用与维护

（一）552丙型压缩式喷雾器的使用

1. 安装时，先把零件揩擦干净，再把卸下的喷头和套管分别连接在喷杆的两端，然后把胶管分别连接在直通开关和出水接头上。安装时要注意检查各连接处垫圈有无漏装，是否放平，连接是否紧密。

2. 检查气筒是否漏气。可掀动几下塞杆，如果手感到有压力，而且听到有喷气声音，说明气筒完好不漏气，这时在皮碗上加几滴油即可使用。如果情况相反，说明气筒中的皮碗已变硬收缩，取出放在机油或动物油中浸泡，待胀软后，再装上使用。安装皮碗时，将皮碗的一半斜放气筒内，边转边插入，切不可硬塞。

3. 检查各连接部位有无漏气、漏水现象，观察喷出雾点是否正常。方法是在药液箱内放入清水，装上喷射部件。旋紧拉紧螺帽，掀动塞杆，打气到一定压力，进行试喷。如有故障，查出原因，加以修复后再喷洒药液。

4. 在放入药液前，做好药液的配制和过滤工作。添加药液时，应添至外壳标明的水位线处。如药液装得过多，压缩空气就少，喷雾不能持久，就要增加打气次数。最后盖好加水盖，放正，紧抵箱口，旋紧拉紧螺帽，防止盖子歪斜，造成漏气。

5.打气时，保持塞杆在气筒内竖直上下掀动，不要歪斜。下压时，要快而有力，使皮碗迅速压到底。这样，压入的空气量就多。上掀时，要缓慢，使外界的空气容易流入气筒。

6.根据作物的种类、生长时期和病虫防治对象，选用适当孔径的喷头片。孔径小，则雾粒细，喷雾量少；孔径大，则雾粒粗，喷雾量大。为了增加喷幅，提高生产率，可采用双头喷头。

（二）552 丙型压缩式喷雾器的维护

1.使用完毕后，打开加水盖，倒出残存药液，并用清水继续喷射几分钟。喷用油剂或乳剂后，要先用碱水洗涤机具，再用清水洗净。

2.拆下喷射部件，挂起喷杆，打开直通开关，流尽积水。卸下气筒，倒出积水，擦干装好后，放在阴凉干燥的地方。取出皮碗，放在动物油内浸透、重新装好，若较长时间不用，应用纸包好皮碗，到使用时再装。

3.如存放不用的时间较长，应把药液箱内外擦干，并在各接头部分涂上黄油，以防生锈。

（三）三圈 -6 型压缩式喷雾器的使用

1.安装时，先把零件揩擦干净，将喷杆两端分别与液力喷头和截流阀插入连接，并旋紧压帽。过滤装置插入截流阀进水端后，旋紧软管组件的出水压帽，并与喷雾器连接。

2.检查气筒是否漏气，可先顶住压出阀，掀动几下塞杆。如果手感到有压力，而且听到有喷气声音，说明气筒完好不漏气。如果情况相反，则需更换新活塞碗。

3.在装农药之前，先用清水试喷，检查是否漏气、漏水，以及安全阀的过压保护功能。方法是给药液箱打过气后，提起与安全阀连接的钢环，如有气流溢出，说明安全阀完好，否则要清洗安全阀。若因漏气而打气不足，可更换安全阀的密封圈。

（四）三圈 -6 型压缩式喷雾器的维护

1.喷洒农药后，应喷洒清水，清洗过滤装置。

2.喷射部件存放时，应松开锁定装置，使截流阀处于关闭位置。

（五）长江 -0.8 型手持式喷雾器的使用

1.旋下药液箱盖，将液剂装入药液箱内，一次装入的液量以不超过胶结圈为宜。液量为 0.8 ～ 1 升。

2.旋紧药液箱盖，切勿忘记放入 0 形密封圈。

3.掀动塞杆打气，上掀应缓慢，下压应迅速，打气数十次后，按下开关按钮，即可喷雾。

4.药液箱内切勿装满液量，否则就无法充气喷雾。药液箱内装有效容积液量时，打气至手感费力即可停止，以免超压发生事故。

5.根据喷洒要求，调节喷雾形状。当喷头旋紧时，喷雾角最大，雾滴最细；反之，喷雾角不断减小，直至柱状喷射。

（六）长江-0.8型手持式喷雾器的维护

1.每次喷完药剂，应当即喷清水，以清洗机具。

2.机具长期搁置后再度使用时，应将皮碗先浸透机油，如发现皮碗干缩，可将皮碗拨开少许，浸油后再行装配使用。

3.装配皮碗时，螺母应旋紧。

4.更换新皮碗时，应先将皮碗浸油24小时以上。

5.由于气密圈等橡胶零件的耐农药性能不及药液箱，因此每次喷洒农药后，应立即清洗。清洗后放在阴凉通风处晾干，再装回药液箱内。如因气密圈溶胀而影响使用，可更换新气密圈。溶胀的气密圈拆下清洗后，经1～2天晾干，待溶胀消除仍可使用。

第三节 单管喷雾器

一、单管喷雾器的常见型号与特点

单管喷雾器是一种本身不带药液箱、具有较高压力喷洒农药的机具，常见型号是ＷＤ-0.55型，有如下特点：

1.由使用者根据需要自行配备适当容量的药液桶。把机具的液泵部分固定在药液桶内，可以单人肩挂方式作业，也可以两人肩抬方式作业。

2.常用工作压力0.7兆帕，最高压力可达1.0兆帕。因此，既可配置双喷头喷射部件，喷幅大、雾化好，亦可配置可调喷枪，射程远、效率高。

3.结构轻巧，净重只有2.5千克。这种喷雾器一般适用于旱地、山区的茶园、果树及粮、棉、蔬菜等矮生农作物的病虫害防治，也可用作仓储害虫的防治。

二、单管喷雾器的主要结构

ＷＤ-0.55 型单管喷雾器主要由吸水座、柱塞泵、空气室和喷射部件组成。

（一）吸水座

位于机具的底部，座内有个进水阀，阀内有直径 9.5mm 的玻璃球，并由弹簧套环压住玻璃球，吸水座下端装有一只可拆卸的滤网片。它用一只可拆卸的滤网片由弹簧套环压住。

（二）柱塞泵

柱塞泵是单管喷雾器的主要工作部件，泵筒管细长，穿过空气室，与空气室焊成一体，泵筒上有压紧螺丝，把盆形密封圈紧压在压紧螺帽内，以保证柱塞和泵筒的密封。

（三）空气室

在泵筒管上方，在空气室内部的泵筒管外壁上有一个出水阀，阀内有直径 9.5mm 的玻璃球，用以开闭阀门。

（四）喷射部件

基本上和 552 丙型压缩式喷雾器类似。

三、单管喷雾器的使用与维护

（一）单管喷雾器的使用

1.用于喷射的药液必须事先进行过滤，以免杂质阻塞喷孔，影响防治效率。

2.使用时，将喷雾器的底部浸入药液中，上下掀动塞杆，即可喷雾。掀动塞杆时用力应均匀适度，不应用力猛压，以避免机件因压力过大而发生脱焊、爆裂等现象。塞杆下压时，不能过分歪斜，防止塞杆因受力不均而弯曲。

3.使用中，如发现压紧螺丝口有漏液现象，应拧紧压紧螺丝或更换新的密封圈后，再行使用，防止药液接触人体而中毒。

（二）单管喷雾器的维护

1.所有农药对机具都有腐蚀作用，特别是油类制剂，腐蚀橡胶件最为严重。在工作完毕后，要立即将农药移出药液桶外，继续掀动塞杆，把空气室内的药液排干净后，再用清水掀动清洗。对于乳剂和油类制剂，最好先用热碱水清洗后，再用清水洗净，然后拆下喷管和橡胶管，悬挂在阴凉干燥的地方，同时抽出塞杆，不断地摇动机具，把唧筒和空气室内的积水倒净后存放。

2.所有皮质垫圈在使用前后要涂上机油或动物油，避免皮圈干缩硬化。

3.这种喷雾器不可使用硫酸铜及石灰硫黄合剂等强腐蚀性的药剂，以免机具在短期内损坏。非用不可时，在使用后立即用碱水和热清水洗净，但氨水绝对不能使用。

第四节　踏板式喷雾器

踏板式喷雾器是一种喷射压力高、射程远的手动喷雾器。操作者以脚踏机座，用手推摇杆，前后摆动，带动柱（活）塞泵往复运动，将药液吸入泵体，并压入空气室，达到一定压力后，即可进行正常喷雾。踏板式喷雾器适用于果树、园林、架棚等植物的病虫害防治，也可用于仓储除虫和建筑喷浆、装饰内壁等。

一、踏板式喷雾器的常见型号与特点

目前，国内生产踏板式喷雾器的厂较有代表性的要数淄博农业药械厂、晋城植保机械厂、咸阳植保机械厂和衡阳市江南农业药械厂生产的 3W T-3（丰收 3）型踏板式喷雾器、3W Y-28 型踏板式喷雾器。踏板式喷雾器按泵的结构不同，可分单缸和双缸两类。3W T-3 型是双缸泵踏板式喷雾器，3W Y-28 型是单缸泵踏板式喷雾器。

二、踏板式喷雾器的主要结构

（一）3W T-3 型踏板式喷雾器

该种型号喷雾器主要由液泵、空气室、机座、杠杆部件、三通部件、吸液部件和喷洒部件组成。

1.液泵

为柱塞式，主要由缸体、柱塞、V 形密封圈、进水阀及出水阀组成。缸体用铸铁制成，为卧式双唧筒形状，用螺钉固定在机座上。左右两柱塞分别装在缸体内，在柱塞上各装有压盖、垫圈、油环、V 形密封圈和支承环，两支承环的底面紧贴在缸体的出口。柱塞支承在 V 形密封圈和油环内，借助柱塞端部的螺纹，用螺母与框架固定成为一个整体，当摇杆摇动时，通过杠杆、连杆和框架一起带动柱塞运动。压盖用螺纹与缸体连接，并使支承环形密封圈、油环和垫圈压在一起,使 V 形密封圈胀开并抱紧柱塞,起到密封作用，旋转压盖就可以调节 V 形密封圈与柱塞的备封紧度。

为了简化结构，提高零部件的通用性，进水阀和出水阀结构通常完全相同，可以通用互换。它由阀座、阀球、阀罩及垫圈组成。阀球改用玻璃球，阀座与阀罩用工程塑料制造，上下两个垫圈成为一体，套在阀座与阀罩上，起到密封和连接的双重作用。

2. 空气室

用铸铁制成，呈壶状。

3. 机座

由灰口铁铸造。整个喷雾器组均安装在机座上，它能够承受机器各部分产生的压力。

4. 杠杆部件

由踏板、框架、连杆、连杆销、销轴、摇杆和手柄等组成。作用是传递动力，带动框架、连杆，使柱塞在缸体内左右运动，吸入和压出液体。

5. 三通部件

由出水三通、垫圈、斜口、胶管螺帽和胶管夹环等组成，供出液用。

6. 吸液部件

由吸液盖、进液管夹环、吸液头体、吸液头滤网和吸液头卡环等组成。一般吸液胶管内径为 13mm，长为 1750mm。在吸液头体内装有吸液头滤网，它的作用是在吸液时滤去杂质。

7. 喷洒部件

与一般手动喷雾器的喷洒部件基本相同，但因工作压力比背负式手动喷雾器高，所以耐压性能高些。喷雾胶管一般为 6 米长，并配有单喷头和双喷头，也可配可调喷头或小型可调喷枪。

（二）3WY-28 型踏板式喷雾器

由液泵、空气室、机座、杠杆部件、三部件、吸液部件和喷洒部件组成。

3WY-28 型单缸泵踏板式喷雾器与 3WT-3 型双缸泵踏板式喷雾器结构上的主要不同在前者液泵为单缸活塞泵，只有一个活塞，活塞杆、缸体均采用不锈钢或黄铜材料制作，进水端盖和空气室座用铝合金材料制作，结构简单紧凑、重量轻、耐腐蚀；密封件采用聚氨酯耐磨材料，密封可靠性提高。

三、踏板式喷雾器的使用与维护

（一）使用时注意事项

1. 药液必须先过滤，以免杂质堵塞喷孔而影响喷雾质量。

2.该喷雾器没有装压力表和安全装置，使用时凭感觉估计压力大小，以能正常喷雾为宜。

3.吸水座必须淹入药液内，以免产生气隔。

4.当中途停止喷药时，必须立即关闭开关，停止推动摇杆。

5.不允许两人同时推摇杆，以免超载工作，压力急速升高而使胶管破裂和损坏机具。

（二）维护保养

维护与保养的好坏直接影响到机具寿命。

1.各注油孔和活动部分应经常加注润滑油，油杯内必须注满黄油，每天将油盖拧紧1～2圈。

2.每天使用完毕，将吸液头拿出药液容器，继续推动摇杆，排出机内的剩余药液。

3.将空气室内的药液排干净，再用清水或碱水清洗干净。

4.清洗后拆下喷雾胶管和喷杆，把喷雾胶管悬挂在阴凉干燥的地方。将喷杆的直通开关打开，放尽喷杆内的残液。

5.在使用硫酸铜及石灰硫黄合剂等高度腐蚀性的药液时，使用完毕必须立即用清水、热碱水或肥皂水洗净后擦干，决不能使药液留存在机具内。

6.使用完毕，在保存较长时间前用热水、清水冲洗机具内外。封闭进液接头和出液接头。在活动部分涂润滑脂，并用纸包封，用来防尘和防腐蚀。

7.每年秋季用完后，应拆洗、清理、检查和更换密封圈、橡胶垫、螺钉和螺母等，然后按6的要求封好存放。

第十六章　植保机械机动喷雾

第一节　背负式机动喷雾喷粉机

背负式机动喷雾喷粉机是采用气压输液、气力输液、气流输液原理，由汽油机驱动的植物保护机具。我国生产的背负式机动喷雾喷粉机，是一种带有小型动力机械的轻便、灵活、效率高的植保机械。该机除可以进行喷雾、喷粉作业外，更换某些部件后还可进行超低量喷雾、喷撒颗粒肥料、喷洒植物生长调节剂、喷洒除草剂、喷施烟剂等项作业。喷雾工作时，药液经风扇产生的高速气流的吹送，形成很细的雾滴喷洒到作物上。因为有气流吹送，所以射程远，生产率高，省水，加之形成的雾滴细，黏附能力强，防治效果好。既适于大田农作物和林木、果树的病虫害防治，也适于山区、丘陵及零散地块作业，还可用于城乡卫生防疫、消灭仓库害虫等项工作，应用非常广泛。

一、背负式机动喷雾喷粉机种类

（一）风机工作转速

风机由汽油机直接传动，汽油机的转速决定风机的转速。我国小型汽油机的转速有5000转/分钟、5500转/分钟、6000转/分钟、6500转/分钟、7000转／分钟等几种。工作转速低，对发动机零部件精度的要求低，可靠性易保证。但提高工作转速可减小风机结构尺寸，降低整机重量。

（二）功率

有1.18千瓦、1.29千瓦、1.47千瓦、1.9千瓦、2.1千瓦、2.94千瓦等几种。1.18～2.1千瓦的背负机主要用于农作物的病虫害防治，2.94千瓦的大功率背负机，由于垂直射程较高，多用于树木的病虫害防治。

（三）风机的结构形式

风机一般采用离心式，按风机叶片出口角的不同，离心风机根据风机叶片可分为：后向式叶片、前向式叶片、径向式叶片。离心风机根据形状可分为：机翼型、平板型、圆弧形。

二、背负式机动喷雾喷粉机的构造

现以ＷＦＢ－18ＡＣ型背负式机动喷雾喷粉机为例加以介绍。背负式机动喷雾喷粉机主要由机架、离心式风机、汽油发动机、药液箱和喷管组件等组成。

（一）机架

机架由上机架、下机架、减震装置、背负系统及操纵机构组成。上机架用于安装药液箱和油箱，下机架用于安装风机和汽油机。

（二）离心式风机

离心式风机是背负式机动喷雾喷粉机最重要的工作部件。直接由汽油机带动产生高压、高速气流，进行喷雾和喷粉。风机上方有小的出风口，通过进风阀将部分气流引入药液箱，喷雾时对药液加压，喷粉时对药粉吹送。

（三）汽油发动机

提供作业时所需要的动力。

（四）药液箱

药液箱是储存药液或药粉并借助气流进行输送的装置。可以按不同需要更换几个零件便可以进行喷雾或喷粉作业。喷雾状态时药液箱内设有滤网、进气软管和进气塞；喷粉状态时药液箱内只设有吹风管。

（五）喷粉状态喷管装置

由风机弯头、小蛇形软管、大蛇形软管、直管、弯管组成。

（六）喷雾状态喷管装置

将喷粉状态喷管装置的小蛇形软管换成输液管，再装上通用式喷头即可。

（七）超低量喷雾状态喷管装置

与喷雾状态相同，但要将喷头换成专用的超低量喷头。超低量喷头是超低量喷雾时的重要工作部件，由转芯、喷嘴轴和前后齿盘、分流锥、驱动叶轮等组成。

（八）长薄膜管喷粉状态喷管装置

用来喷撒粉剂农药，喷撒效率高且撒布均匀。是在喷粉状态的基础上，取下直管和弯管，在大蛇形软管处装上长薄膜喷管。长塑料薄膜喷粉管长度为 25～30 米，直径约为 10 cm，管内穿有细尼龙绳，管壁上每隔 20 cm 有一个直径为 9 cm 的喷粉孔，安装时将喷粉孔朝向地面或稍向后倾斜，风机鼓动管内的药粉从喷粉孔吹出，使药粉向下喷出，高速穿过作物，喷到地面再返回空中，使药粉在离地面1米左右的空间形成粉雾，飘悬一段时间后才逐步沉降。因此，不仅对虫害有胃毒触杀作用，而且有较强的熏蒸作用。同时也充分利用了风机的风量，减少药粉的飘移损失。喷粉均匀，避免了靠近风口的作物遭受风害和药害。它喷幅宽、效率高，适宜大田喷粉作业。

三、背负式机动喷雾喷粉机使用与保养

（一）背负式机动喷雾喷粉机使用

1.喷雾作业

首先组装有关部件，使整机处于喷雾作业状态。工作时，汽油机带动风机叶轮旋转，产生高速气流，并在风机出口处形成一定压力，其中大部分气流从喷管喷出，小部分气流经进气塞、进气管到达药液顶部对药液加压。当打开开关，药液在压力作用下经输液管从喷嘴周围的小孔以一定的流量流出，先与喷嘴叶片相撞，初步雾化，再与高速气流在喷口中冲击相遇，被气流弥散成细小雾粒吹向远方。

喷雾作业时，要注意以下事项：

（1）加药前先用清水试喷一次，保证各处无渗漏，然后配制加添药液。本机采用高浓度、小喷量，其浓度比手动喷雾器所用药液浓度高 5 ~ 10 倍；加药液时必须用滤网过滤，总量不要超过药液箱容积的 3／4，以免药液从过滤网出气口处溢进机壳内；药液必须干净，以防喷嘴堵塞；如果在汽油机不熄火的情况下加药液，一定要使汽油机处于低速运转状态；加药后要拧紧药液箱盖。

（2）喷洒时严禁停留在一处喷洒，以防对植物产生药害。大田作业时可变换弯管的方向，但不要将喷管弯折，应稍倾一定角度为好。

（3）背负式喷洒属飘移性喷洒，喷药应从下风口开始，采用侧向喷洒方式，不要逆风喷药。

（4）因早晨风小，并有上升气流，射程会更高些，所以对较高作物在早晨进行喷洒较好。

2.喷粉作业

首先使药液箱和喷管处于喷粉状态，关好粉门后加粉。工作时，汽油机带动风机叶轮高速旋转，大部分高速气流经风机出口从喷管喷出，少量气流经出风口进入药液箱由吹粉管吹出，使药液箱中的药粉松散，以粉气混合状态吹向粉门体。当打开粉门，药粉经输粉管进入喷管，被气流吹散并送向远方。

喷粉作业要注意以下事项:

(1) 添加的药粉应干燥、过筛,不得有杂物和结块。不停机加药时,汽油机应处于低速运转,并关闭挡风板及粉门。加粉后旋紧药液箱盖。

(2) 背起机具后,将手油门调整到适宜位置,待汽油机稳定运转后可拨动粉门开关手柄,边行走,边喷撒。背机时间不宜过长,应以 3 ～ 4 人组成一组,轮流背负,避免背机人长期处于药雾中吸不到新鲜空气。

(3) 喷粉作业要注意利用外界风力和地形,顺风从上风向往下风向喷撒效果较好,禁止喷管在作业者前方以八字形交叉方式喷撒。

(4) 由于喷粉时粉末易被吸入汽油机的化油器,影响汽油机工作,所以不要把化油器内的过滤器拿掉。

3. 长薄膜喷管喷粉作业

用长薄膜喷管喷粉需要两人协作,一人背机操纵,另一人拉住喷管的另一端,工作中两人平行同步前进。

作业时注意以下事项:

(1) 喷粉时要先将长薄膜塑料管从小绞车上放开,再调节油门加速,加速不要过猛,转座不要过高,能将长塑料薄膜管吹起来即可,然后调整粉门进行喷撒。为防止喷管末端积存药粉,作业中,拉住喷管的另一端的人员要随时抖动喷管。

(2) 长薄膜管上的小出粉孔应呈 15 度角斜朝向下方,以便药粉喷出到地面上后反弹回来,形成一片雾海,提高防治效果。

(3) 使用长薄膜喷管应逆风向喷撒药粉,但在稻田要顺风。

4. 超低量喷雾作业

超低量喷雾作业喷洒的是油剂农药,药液浓度高,为飘移积累性施药。施药时离心风机产生的高速气流经喷管进入喷头,遇到分流锥后呈环状喷出,喷出的气流吹到与雾化齿盘组合在一起的驱动叶轮上,叶轮带动雾化齿盘高速转动;另有一小部气流经进气管进入药液箱,在药液上部对其加压。与此同时,从药箱中经输液管流量开关流入空心轴的药液,再从空心轴上的孔流入前、后齿盘的缝隙中,在高速旋转的齿盘的离心力作用下,沿齿盘周缘上的齿抛出,并被齿尖撕裂成细小雾滴,这些细小雾滴再被从喷口喷出的高速气流吹向远方,喷洒在防治对象上。

作业时注意以下事项:

(1) 应保持喷头呈水平状态或有 5 ～ 10 度喷射角。自然风速大,喷射角应小些;

自然风速小，喷射角应大些。喷头距离作物顶部高度一般为 0.5 米。

(2) 喷雾时的行走路线和喷向应视风向而定。喷向要与风向一致或稍有夹角。喷射顺序应从下风向依次往上风向进行。

(3) 要控制好行走速度、有效喷幅及背负机的药液流量。喷药前必须测定药液流量。方法是：在药箱中加入一定数量药液，取下喷头上的齿盘组件和分流锥盖，再用大量筒或大口径瓶套在喷嘴轴上，启动发动机并使之达到正常运转状态，接取流出的药液，然后打开开关，测定 60 s，换算出药液流量（mL／s）。测定时，必须使喷嘴轴达到正式作业时的高度。

(4) 水平方向的有效喷幅与自然风速有关。一般无风或微风时，顺风喷幅为 8 ～ 10 米，1 ～ 2 级风时，喷幅为 10 ～ 15 米；2 ～ 3 级风时，喷幅为 15 ～ 20 米。3 级风以上，药剂容易被吹散，防治效果不好，不宜进行作业。测定有效射程可顺风向每隔 5 米距离在作物顶上固定一行（需 6 张以上）着色卡片，在相距前一行 10 米处，再平行固定一行着色卡片，并编号，然后喷雾。稍待几分钟后，取回卡片，用 5 ～ 6 倍放大镜观察覆盖度。求出离喷头最远处约有每平方米 10 个雾滴的纸片的位置。从这张纸卡到喷头的距离为有效射程，大面积喷药时，就按此密度进行作业。

(5) 地头空行转移时，要关闭直通开关，发动机要怠速运转。

(6) 停止运转时要先关闭粉门或药液开关，再减小油门使汽油机低速运转 3 ～ 5 分钟，然后关闭油门，汽油机停止运转。放下机器，关闭油箱开关。

(二) 日常保养

1. 将药液箱内残存的粉剂或药液倒出。

2. 用清水洗刷药液箱、喷管、手把组件，清除机器表面的油污尘土。

3. 检查各零部件螺钉有无松动、脱落，必要时紧固。

4. 用汽油清洗空气滤清器，滤网如果是注塑件，应用肥皂水清洗。喷粉作业时，则须清洗汽化器。

5. 超低量喷雾作业半天后，应把齿盘组件取下，用柴油清洗轴上的孔，保持泡液畅通，用干净棉丝或布擦净喷头，注意不要用水冲洗，以防轴承生锈，每天还应把齿盘中的轴承取下用柴油清洗干净，加入适量钙基润滑脂后装好，取下调量开关畅通清洗孔径。

(三) 长期存放

要放净燃油，全面清理油污、尘土，并用肥皂水或碱水清洗药液箱、喷管、手把组合、喷头，然后用清水冲净并擦干。金属件要涂防锈油；脱漆部位，除锈涂漆。取下汽油机火花塞，注入 10～15 克润滑油，转动曲轴 3～4 转，然后将活塞置于上止点，最后拧紧火花塞用塑料袋罩上，存放于阴凉干燥处。

第二节　担架式机动喷雾机

担架式机动喷雾机就是将机具的主要工作部件如动力机和喷雾机安装在担架上，田间作业转移时，由作业人员抬着担架转移的一种机动喷雾机。它是我国目前用量较大的一款喷雾机，特点是工作压力高、排液量大、射程远、雾化性能好、工效高，可以安装在不同的喷射部件上以适用于大面积水稻及供水方便的大田作物、果园和园林的病虫害防治。担架式机动喷雾机上所使用的发动机有采用汽油机配套，也有采用小型柴油机配套的，以适合不同使用者的需要。

一、担架式机动喷雾机常用型号

担架式机动喷雾机常用型号主要有 3WH-36 型、3WZ-40 型和金峰-40 型。担架式机动喷雾机的心脏部分是液泵，所以它的型号多数以液泵的类型和排量为特征。3WH-36 型担架式机动喷雾机表示三缸往复式活塞泵，泵的流量为 36 升／分；3WZ-40 型担架式机动喷雾机表示三缸往复式柱塞泵，泵的流量是 40 升／分；金峰-40 型担架式机动喷雾机表示商标为金峰，泵的流量为 40 升／分。尽管如此，其工作基本相同，工作时需要整个机组协同操作，如对果树进行病虫害防治时，机组需要 4～5 个人，其中 2～3 个人操作机具、转移及供药液等，两套喷洒部件由两人分别使用，此类机具工作效率高，能做到及时防治，工效一般为手动机具的 10 倍左右。

二、担架式机动喷雾机主要结构及原理

下面以工农-36 型机动喷雾机为例介绍担架式机动喷雾机的构造及原理。

（一）构造

工农-36 型担架式机动喷雾机是一种液压喷雾机，主要由液泵、调压阀、压力表、混药器、吸水滤网、喷射部件、机架、汽油机等组成。

1. 液泵为 36 型三缸活塞泵，是该机的主要工作部件，是能将药液吸入并使其具有一定压力后再送出的机构。主要包括液泵主体、进液管、出水阀、空气室、调压阀、压力表和截止阀等。

液泵的基本结构:

(1)唧筒和活塞组件:唧筒是由不锈钢制成的圆筒形零件,是与活塞相对运动配合的零件,其内壁加工要求很光滑。活塞组件是液泵的主要工作部件,工作时活塞在唧筒内做高速直线往复运动。活塞组件由胶碗、胶碗托、三角套筒、平阀和七孔阀片等组成。胶碗是合成橡胶制品,是泵最重要而又最易损坏的零件。

(2)连杆、曲轴和曲轴箱:曲轴由球墨铸铁制成,用两个205轴承安装在曲轴箱上,当动力通过V形带使曲轴做旋转运动时,曲轴旋转带动连杆,则活塞在泵筒内做直线往复运动,从而进行吸液和排液。

(3)气室座和出水阀:气室座上要装空气室、调压阀接头及出水阀。液体在这里形成高压,并将高压液体输送出去,所以它是承受高压的零件。出水阀靠弹力与阀座紧贴,当活塞压液时,出水阀即被顶开。空气室对液泵起稳定压力作用,以保证均匀持续地喷雾。

(4)调压阀:安装在调压阀座上,由阀门、阀座、回水体、调压柄等组成。它的作用有三个:调压作用,通过调节弹簧的压缩量增减弹簧对阀门的压力达到控制液流的喷射压力;安全作用,出水管路突然受阻液体无法通过或喷射部件因工作需要关闭不喷洒,此时液泵仍然工作,液体就通过调压的加水管路回流,保证机器正常工作而不受损坏;卸压启动,当机具启动时,扳动调压柄达到卸压作用。

(5)压力指示器:用来显示液体压力大小。通常安装在调压阀的接头上,和调压阀连在一起,弹簧伸缩推动标杆上下,由指示帽的刻线指示出液泵的压力。

2.自动混药器:由T形接头、射流体、射流嘴、吸药管和吸药滤网组件组成。它的作用是将调制好的母药液与水按一定比例自动均匀混合。

3.吸水滤网:由吸水胶管、滤网管、上下网架、内外滤网等组成。它的作用是对进入液泵的水进行过滤,是担架式喷雾器的重要工作部件。当用于水稻田采用自动吸水、自动混药时,就显示出它的重要性。

4.喷射部件:包括喷杆和喷枪。喷杆配用切向进液式喷头,喷头有双喷头和四喷头两种。喷枪为Q-22型喷枪,它的特点是喷出的雾体较细窄,雾粒较粗,射程较远,适用于稻田泼浇或人工降雨等。喷嘴旁边装有扩散片,可用手压的方法调节射程和雾化程度。

5.发动机:采用165F型汽油机,四行程,强制风冷式。

(二)工作原理

当发动机开动后,通过皮带传动,使曲轴旋转带动连杆、滑块,从而推动活塞在唧筒内做往复运动，当活塞向左运动时，胶碗托紧贴在平阀上，把吸水孔道关闭，使活塞后部的唧筒内空间增大，形成了局部真空，这时，外界的水在大气压力的作用下，经过滤网和吸水管，被吸入活塞后部的唧筒内；与此同时，活塞前唧筒内的水，因受活塞的推压作用，顶开唧筒前端的出水阀，使水进入空气室。当活塞向右运动时，胶碗托紧贴吸水阀片，使与平阀之间出现一定的间隙，把吸水孔道打开，同时活塞前唧筒内的空间增大，形成局部真空，产生了吸力，这时，水即从胶碗托与平阀之间的间隙，经胶碗托的内孔和吸水阀片的小孔，流入活塞前部的唧筒内。活塞如此进行重复的吸水和压水过程，使水不断地被压入空气室，迫使空气室内的空气被压缩而产生高压。当打开截止阀时，高压水流经混药器内的射嘴处，以高速通过，在混合室形成了局部真空，使母液从药液室被吸入混合室，与水混合成均匀的药液，然后经喷雾胶管，从喷枪或喷头呈雾状喷出。

三、担架式机动喷雾机的使用与维护

（一）使用前的准备工作

1.对机组进行全面检查，使之处于良好的技术状态，检查 V 形带的张紧度和各部件连接螺钉的紧固情况，必要时进行调整。

2.放平放稳机组。检查曲轴箱内润滑油油面，如低于油位线，应进行添加。

3.根据不同作物喷药要求，选用合适的喷头或喷枪。施药量较少的作物，在截止阀前装上三通及两根内径 8mm 的喷雾胶管，用小孔径的双头喷头；施液量较大的作物，用大孔径四头喷头；水稻或临近水源的较高的果树，可在截止阀前装上混药器，再依次安装内径 13mm 的喷雾胶管和喷枪。

4.使用喷枪和混药器时，先将吸水滤网放入水田或水沟里，水深必须在 5cm 以上，然后装上喷枪，开动水泵，用清水进行试喷，并检查各接头有无漏水现象。在水田吸水时，吸水滤网上要有插杆。

5.混药器只与喷枪配套使用，要根据机具吸药性能和喷药浓度，确定母液稀释倍数配制母液。

6.机具如无漏水即可拔下 T 形接头上的透明塑料吸引管。拔下后，如果 T 形接头孔口处无水倒流，并有吸力，说明混药器完好正常，就可在 T 形接头的一端套上透明塑料吸引管，另一端用管封套好，将吸药滤网放进事先稀释好的母液桶内，开始喷洒作业。

（二）使用操作

1.启动汽油机时，应先将调压轮朝"低"方向慢慢旋转，再将调压手柄按顺时针方

向扳足，位于"卸压"位置上。

2.汽油机启动后，如果汽油机和液泵的排液量正常，就可关闭截止阀，将调压手柄按逆时针方向扳足，位于"加压"位置。

3.旋转调压轮，直至压力达到正常喷雾要求为止。顺时针旋转调压轮，压力增加；逆时针旋转调压轮，压力降低。调压时，应由低压向高压调。

4.用混药器时，滤网可插入预先配好的药液容器内，吸液喷雾。

5.短距离转移，可暂不停机，但应降低发动机转速，将调压柄扳到"卸压"位置，关闭截止阀，提起吸水滤网使药液在泵内循环；转移结束后，立即将吸水滤网放入水源内，提高发动机转速，并将调压手柄扳到"加压"位置，打开截止阀，恢复正常喷雾。

（三）使用注意事项

1.工作中要不断搅拌药液，以免沉淀，保证药液浓度均匀，切忌用手搅药。

2.喷枪停止喷雾时，将调压柄按顺时针方向扳足，待完全减压后，再关闭截止阀。

3.压力表指示的压力如果不稳定，应立即"卸压"，停车检查。

4.水泵不可脱水空运转，以免损坏胶碗。如果机具短时转移，可以不停车，但必须先降低发动机转速，降压，并把水泵所有出水开关关闭，让药液在泵内循环，使泵内不脱水，保护胶碗，水滤网从水中提出，脱水时间不要超过 15 分钟。转移完毕，吸水滤网放入水中，并提高发动机转速，将调压手柄扳到位置，然后打开开关，恢复正常工作。

5.使用喷枪要根据需要，装配普通喷枪，果园可调喷枪和远程喷枪。果园用可调喷枪通过扳动手柄，可改变涡流室深浅，达到改变射程的目的。

6.在工作中要注意喷射出的液体是否有药。最好把吸药滤网缚在搅拌棒上，一面搅拌，一面使吸药滤网在药水中游动，以减少滤网的堵塞。

7.更换胶碗时，应特别注意把胶碗的螺母拧紧，以免脱落后顶弯连杆。

8.装配连杆、连杆盖，要把螺母拧紧锁固，以防松动脱落而损坏曲轴箱体。

（四）维护保养

1.喷洒结束后，要继续用清水喷洒数分钟，以充分清洗机具及管道内部残存药液。停车后，卸下喷雾胶管，用拉绳将启动飞轮缓慢拉几下不要发动，以排净泵内存水。

2.检查曲轴箱中油位，并注入足够的机油使其保持在红线位置。液泵工作 200 小时左右应对曲轴箱内的润滑油更换一次。若水或药液进入曲轴箱内，也应及时更换。

3.如果对机组长期存放，要彻底清除泵内积水，拆下 V 形带、胶管、喷头、混药器等部件，洗净擦干，随同机器存放于干燥、阴凉之处，不能与腐蚀性化学品接触。

第三节　果园风送式喷雾机

果园病虫害防治，一年需多次，喷洒杀虫剂、杀菌剂等农药是快速、有效的办法，然而费工费时，用工量约占果树管理总用工量的 30%。喷药作业的质量和效果直接影响果品的质量、产量和成本，农药果品和环境污染也越来越引起果农的重视。

果园风送式喷雾机是一种适用于大面积果园施药的大型机具，多半用中小型四轮拖拉机作动力，效率高，喷洒质量好，不像一般喷雾机仅靠液泵的压力使药液雾化，而是依靠风机产生强大的气流将雾滴吹送至果树的各个部位，达到防病治虫的目的。果园风送式喷雾机的特点如下：

1.具有较好的喷洒性能，喷药均匀，射程远，喷幅大，雾滴细小，节省农药。

2.喷雾效率高，每天可喷药 100～200 亩，特别在果树遭受重害时，可快速防治。

3.在种植规格化的大型平原或丘陵果园，喷雾机的通过性和适用性都比较好。

4.风机的高速气流，有助于在果树枝叶稠密时雾滴的穿透，并促使叶片翻动，提高药液附着状况，而不会损伤果树的枝条、树叶或损坏果实。

5.比常规喷雾省水，一般可达 50% 以上；风送低量喷雾时，甚至可省水 80%～90%。

一、果园风送式喷雾机型号与规格

果园风送式喷雾机有悬挂式、半悬挂式、牵引式和自走式等，牵引式又包括动力输出轴驱动型和单独发动机驱动型两种。近期，我国主要发展牵引式中小型动力输出轴型，型号和数量不多，将要发展小型悬挂式或自走式机型。前者成本低，后者机动性好，爬行能力强，适用于密植或坡地果园。

二、果园风送式喷雾机主要结构

果园风送式喷雾机分为动力和喷雾两部分，由药液箱、轴流风机（或离心风机）、液泵（隔膜泵或柱、活塞泵）、管路（喷雾管路）、调压分配阀、过滤器、喷洒装置、增速箱和传动轴组成。

（一）药液箱

药液箱大部分用玻璃钢制成，重量轻，耐农药腐蚀，不生锈，经久耐用。药液箱中底部装有若干个射流液力搅拌装置，通过三个安装方向不同的射流喷嘴，依靠液泵的高压水流进行药液搅拌，使药液混合均匀，不至于产生沉淀，从而提高喷雾质量。

（二）轴流风机（或离心风机）

轴流风机（或离心风机）是喷雾机的重要工作部件，其性能好坏直接影响整机喷洒质量和防治效果。风机由叶轮、叶片、导风板、风机壳和安全罩等组成。叶轮直径有580mm，由钢板、铝合金或高强度工程塑料制成。叶片有14片，为铸铝制造。为了引导气流进入风机壳内，风机壳的入口处特制成有较大圆弧的集流口，在风机壳的后半部设有固定的出口导风板，以消除气流圆周分速带来的损失，保证气流轴向进入，径向流出，以提高风机的效率，风机壳为铸铝制成，风机的风量一般大于10立方米／秒。

（三）液泵（隔膜泵或柱、活塞泵）

隔膜泵由泵体、泵盖、偏心轴、活塞滑块组件、橡胶膜片、气室、进出水阀门、进出水管路等组成；柱、活塞泵由泵体、进出水室、气室、曲轴、密封圈（或称皮碗）、进出水阀门和进出水管路等组成。液泵均由三角皮带轮带动，进行吸排液。从药液箱中吸取药液，增压后，排入出水。

（四）管路（喷雾管路）

泵的工作压力一般在 1.0～1.5 兆帕。

（五）调压分配阀

调压分配阀由调压阀、总阀（开关）、分配阀和压力表等组成。调压阀可根据喷雾要求，调节工作压力，总开关控制喷雾机的启闭，分置开关可按作业要求分别控制左右侧喷管的启闭，保证喷雾机的经济运行。

（六）过滤器

它是为了减少喷头堵塞而设置的，喷雾机的泵内部和喷头的喷孔均不允许产生堵塞，因此设置过滤器很重要。一般一台喷雾机有 3～4 道过滤器，如药液箱加液口、喷头，有吸水装置的在吸水头还有一道过滤器。过滤器网的拆洗应方便，同时要有足够的过滤面积和适当的过滤孔隙。

（七）喷洒装置

由径吹式喷嘴和左右两侧分置的弧形喷管部件组成。喷管上每侧装置喷头 10 只，呈扇形排列，在喷口的顶部或底部装有挡风板，以调节喷幅大小。

（八）增速箱

增速箱是为满足高转速风机而配置的，可以把拖拉机动力输出每分钟数百转增速到每分钟数千转。增速箱由轴、齿轮和箱体等组成。

（九）传动轴

一般称万向传动轴，它将拖拉机动力传给喷雾机的泵和机。该传动轴是国家标准，使用时一定要有保护罩，以确保人身安全。

三、果园风送式喷雾机的工作原理

果园风送式喷雾机的工作原理是：当拖拉机驱动液泵运转时，药液箱中的水，经吸水头、开关、过滤器进入液泵，然后经调压分配阀总开关的回水管及搅拌管进入药液箱，在向药液箱加水的同时将农药按所需的比例加入药液箱，这样就边加水边混合农药。喷雾时，药液箱中的药液经出水管，过滤器与液泵的进水管进入液泵，在泵的作用下药液由泵的出水管路进入调压分配阀总开关，在总开关开启时，一部分药液经两个分置开关通过输药管进入喷洒装置的喷管中，进入喷管的具有压力的药液在喷头的作用下，以雾状喷出，并通过风机产生的强大气流，将雾滴再次进行雾化，同时将雾化后的细雾滴吹送到果树株冠层内。

四、果园风送式喷雾机的使用与维护

（一）使用前的准备工作

1.喷雾机挂接与安装

将牵引式果园喷雾机的挂钩挂在拖拉机的牵引板孔上，插好销轴并穿上开口销，然后安装万向传动轴。悬挂式或半悬挂式果园风送式喷雾机还要调整拖拉机悬挂拉杆，使它处在平衡状态，紧固两侧铁环，以防工作时喷雾机左右摆动。

2.检查"油、气"

拖拉机柴油至少够一个班次；发动机润滑油是否到油位，液泵和增速箱内的润滑油是否到油位；向发动机和喷雾机、液泵、传动系统黄油嘴加注黄油（柴油、润滑油和润滑脂使用牌号均按使用说明书）；拖拉机、喷雾机轮胎充气；隔膜泵气室充气。

3.喷量、喷幅、工作压力和风量风速调整

喷量调整：由于果树防治期不同和使用的农药不同，需要调整喷量。选择不同孔径喷头，或按需要堵塞部分喷头，以减少喷量，或装远程、大喷量的喷嘴以增加喷量和加大射程。喷幅调整：果树株高不同所需喷幅也不同，需要进行调整。调整喷洒装置排风口（喷口）处的上、下挡风板角度（减少或增大开启度）。工作压力调整：适当地调整液泵的工作压力，通过提高喷雾压力，可以改善雾化状况，顺时针转动泵的调压阀，使压力增大；反之，压力减小。泵压力一般控制在 1.0 ～ 1.5 兆帕。风量风速调整：当用于低矮果树和葡萄园喷雾时，仅需小风量和低风速作业，此时降低拖拉机发动机转速（适当减小油门，降低风机转速）即可。

（二）使用操作方法

1.首先将增速箱的风机拨叉分离，使风机处于非工作状态风机不转。

2.将喷雾机拉至水源处加药地点，吸水头放入水池中，接通液泵和药液箱管路，使泵转动吸水。打开搅拌管路，在加药的同时使药液箱水与药均匀混合。有的喷雾机直接由高位水池放水到药液箱，而不用泵加水。

3.机组到地头后，要计划好机器在地里怎样走最合理、最省工，在选择作业路线时注意风向。

4.接合变速箱风机拨叉，使风机处于工作状态。

5.根据果树生长状态、喷雾、喷幅等条件，确定拖拉机行走速度。

6.作业时应随时注意机组工作状态，如发现异常响声和作业不正常，应立即停车，待查出原因，排除故障后再继续工作。

（三）维护保养

1.每班次使用前后，均要注意机组状况包括油、气、水和各处螺丝紧固状况，清除堵塞、沉淀物。一般每天使用结束后，要清洗药液箱、泵和管路。

2.使用季节结束后或长期存放前，应全面清洗。松开进出水接头、液泵盖，放尽残水，避免腐蚀或过冬冻坏。放出液泵里的旧机油，用柴油清洗，更换新机油。轮胎充足气，最好用垫木架空机器。机器应停放在干燥通风的车库内。

五、安全注意事项

1.万向转动轴必须有安全罩。

2.喷雾机组严禁强行急转弯，以免损坏万向转动轴或牵引杆。

3.特别注意拖拉机与喷雾机轮子固定螺母是否松动。

4.工作中有异常现象，应停车检查。排除故障时，发动机应停止运转。

5. 地头转弯时应关闭开关、不喷药，以减少药液损失和污染环境。

6. 操作人员应有必要的安全防护，以防止污染和中毒。

第四节　喷杆喷雾机

喷杆喷雾机是一种装有横喷杆或竖喷杆的液力喷雾机。喷杆喷雾机具有结构简单、操作调整方便、排液量大、喷雾速度快、喷幅宽、喷雾均匀性好、生产率高等特点，广泛适用于喷洒化学除草剂和杀虫剂，对大豆、小麦、玉米和棉花等农作物的播前、苗前土壤处理、作物生长前期灭草及中后期病虫害防治等，均有良好效果，是一种较为理想的大田作物用大型植保机械。

一、喷杆喷雾机的种类

喷杆喷雾机的种类很多，主要分以下几大类：

（一）根据喷杆形式不同分类

1. 横喷杆式

喷杆水平配置，喷头直接安装在喷杆下面，是目前喷杆喷雾机上最常用的一种配置形式。

2. 吊杆式

在横喷杆下面平行地垂吊着若干根竖喷杆。作业时，横喷杆和竖喷杆上的喷头对作物形成门字形喷洒，使作物的叶面、叶背等处能较均匀地被雾滴覆盖。该类机型主要用于对棉花等作物的生长中后期喷洒杀虫剂、杀菌剂等。

3. 气流辅助式（气袋式）

气流辅助式（气袋式）是一种新型喷雾机，在横喷杆上方装有一条气袋，有一台风机往气袋供气，气袋下方对着喷头的位置开有一排出气孔。作业时，喷头喷出的雾滴与从气袋出气孔排出的气流相撞击，形成二次雾化，在气流的作用下，吹向作物。同时，气流对作物枝叶有翻动作用，有利于雾滴在叶丛中穿透及在叶背、叶面上均匀附着。作业时喷雾装置还可根据需要变换前后角度，大大降低了飘移污染。

（二）根据动力源不同分类

1.悬挂式

喷雾机通过拖拉机三点悬挂装置悬挂在拖拉机上。

2.固定式

喷雾机各部件分别安装在拖拉机上。

3.牵引式

喷雾机自身带有底盘和行走轮，通过牵引杆与拖拉机相连。

（三）按机具作业幅宽分类

1.大型

喷幅在 18 米以上，主要与功率 36.7 千瓦以上的拖拉机配套作业。大型喷杆喷雾机大多为牵引式。

2.中型

喷幅为 10～18 米，主要与功率 20～36.7 千瓦的拖拉机配套作业。

3.小型

喷幅在 10 米以下，配套动力多为小四轮拖拉机和手扶拖拉机。

二、喷杆喷雾机主要结构及工作原理

喷杆喷雾机的分类众多，但其构造和原理基本相同。主要工作部件由液泵、药液箱、喷射部件、搅拌器和管路控制部件组成。

（一）液泵

喷杆喷雾机的液泵主要有隔膜泵和滚子泵两种形式。隔膜泵分为四缸活塞隔膜泵和三缸活塞隔膜泵。滚子泵是一种结构简单、紧凑、使用维护方便的低压泵，特别适用于喷杆喷雾机。

滚子泵由泵体、轴、转子、滚子和泵盖等组成，转子与泵体偏心安装。由于滚子是靠离心力而紧贴泵体工作的，因此对泵的转速有一定要求。转速太低则离心力太小，泵不能正常工作；转速太高则离心力太大，滚子与泵体、转子侧壁的接触应力加大，将加速滚子的磨损，影响泵的寿命。通常泵的铭牌上都标有泵的额定转速，使用时应予以注意。

（二）药液箱

药液箱用于盛装药液，容积有 0.2 立方米、0.65 立方米、1 立方米、1.5 立方米和 2 立方米等。药液箱的上方设有加液口和加液口滤网，药液箱的下方设有出液口，药液箱内还装有回液搅拌器。有些喷杆喷雾机不用液泵，而是用拖拉机上的气泵向药液箱内充气使药液获得压力。此时，机具的药液箱不仅要有足够的强度，而且要有良好的密封性。

药液箱一般用玻璃钢或聚乙烯塑料制造，耐农药腐蚀。市场上也有用铁皮焊合而成的，它的内表面涂防腐材料，耐农药腐蚀的性能较差，使用时间较短。

（三）喷射部件

喷射部件由喷头、防滴装置和喷杆桁架机构等组成。

1.喷头

适用于喷杆喷雾机的喷头主要是液力式喷头，常用的喷头有空心圆锥雾喷头和刚玉瓷狭缝式喷头两种。

空心圆锥雾喷头：喷出的雾呈伞状，中心是空的，在喷雾量小和喷施压力高时可产生较细的雾滴。可用于喷洒杀虫剂、杀菌剂。

刚玉瓷狭缝式喷头：与圆锥形雾喷头相比，喷出的雾滴较粗，雾滴分布范围较窄，但定量控制性能较好，能较精确地洒施药液。喷出的雾流呈扇形，在喷头中心部位处雾量较多，往两边递减，装在喷杆上相邻喷头的雾流交错重叠，使整机喷幅内雾量分布均匀。狭缝式喷头按喷雾角分为两种系列：N110 系列和 N60 系列。N110 系列喷头的喷雾角是 110 度，主要用于播前、苗前的全面土壤处理；N60 系列喷头的喷雾角是 60 度，主要用于苗带喷雾。

2.防滴装置

喷杆喷雾机在喷洒除草剂时，为了消除停喷时药液在残压作用下沿喷头滴漏而造成的药害，多配有防滴装置。防滴装置共有三种部件（膜片式防滴阀、球式防滴阀和真空回吸三通阀），可以按三种方式配置（膜片式防滴阀加真空回吸三通阀、球式防滴阀加真空回吸三通阀、膜片式防滴阀）。

膜片式防滴阀：有多种形式，大多是由阀体、阀帽、膜片、弹簧、弹簧盒和弹簧盖等组成。其工作原理为：打开喷雾机上的截止阀时，由液泵产生的压力通过药液传递到膜片的环状表面，又通过弹簧盖传递到弹簧，当此压力超过调定的阀开启压力时，弹簧受压缩，药液即冲开膜片流往喷头进行喷雾。在截止阀被关的瞬间，喷头在管路残压的作用下继续喷雾，管路中的压力急剧下降，当压力下降到调定的阀关闭压力时，膜片在弹簧作用下迅速关闭出液口，从而有效地防止管路中的残液沿喷头下滴，起到了防滴作用。

球式防滴阀：球式防滴阀同喷头滤网组成一体，直接装在普通的喷头体内，主要由阀体、滤网、玻璃球、弹簧和卡片组成。

其工作原理与膜片式防滴阀相同，只是将膜片换成了玻璃球，由于玻璃球与阀体是刚性接触，又不可避免地存在着制造误差，所以密封性能较膜片式防滴阀差。

真空回吸三通阀：常用是圆柱式回吸阀，它由阀体、阀芯、阀盖手柄、射流管、进液口等组成。

工作原理为：当喷雾时回吸通道关闭，从泵来的高压液体直接通往喷杆进行喷雾，转动手柄，回吸阀处于回吸状态，这时从泵来的高压水通过射流管再流回药液箱，在射流管的喉部，由于其截面积减小，流速很大，于是产生了负压，把喷杆中的残液吸回药液箱，配合喷头片的防滴阀即可有效地起到防滴作用。

3.喷杆桁架机构

喷杆桁架的作用是安装喷头，展开后实现宽幅均匀喷洒。按喷杆长度的不同，喷杆桁架可以是三节、五节或七节，除中央喷杆外，其余各节可以向后、向上或向两侧折叠，以便于运输和停放。

在喷雾作业时，喷杆桁架展开成一直线，在外喷杆的两端装有仿形环或仿形板，以免作业时由于喷杆的倾斜而使最外端的喷头着地。在每侧的外段喷杆与中段喷杆之间均设有一个竖直方向的弹性外动回位机构，当地面不平、拖拉机倾斜而使喷杆着地时，外喷杆可以自动地向上避让。中央喷杆与邻接的中喷杆之间也需要装有安全避让装置，如在两节喷杆之间倾斜地装有凸轮弹簧自动回位机构。作业中，当遇到障碍物时，在外力作用下，凸轮曲面克服弹簧力开始滑动，它一边把中喷杆和外喷杆抬起，一边使它们绕着倾斜的凸轮轴向后、向上回转，绕过障碍物后，在喷杆自重及弹簧力的作用下，又迅速复位，从而起到保护喷杆的作用。

（四）搅拌器

搅拌器的作用是使药液箱中的药剂与水充分混合，防止药剂（如可湿性粉剂）沉淀，保证喷出的药液具有均匀的浓度。喷杆喷雾机上均配有搅拌器。

常用的搅拌器有机械式、气力式和液力式三种。机械式搅拌器是通过机械传动，使药液箱下部的搅拌叶片转动搅拌药液。优点是无须增加泵的额外负担，搅拌效果好。但须增加传动装置，轴孔处易发生泄漏现象，故现在很少使用。气力式搅拌器是将风机的气流或发动机排出的废气引向药液箱中进行搅拌。前者要增加一套风机部件，后者对发动机性能有不利影响，而且高温度气体对药液有分解作用，影响药效，因此也很少采用。液力式搅拌器是目前最常用的一种搅拌器，它是将一部分液流引入药液箱通过搅拌喷头喷出，或流经加水用的射流泵的喷嘴喷射液流进行搅拌。

（五）管路控制部件

喷杆喷雾机的管路控制部件往往被设计成一个组合阀，安装在驾驶员随手能触摸到的位置，以便于操作。管路控制部件包括调压阀、压力表、安全阀、截流阀和分配阀。调压阀用于调整、设定喷雾压力；压力表用于显示管路压力；安全阀把管路中的压力限定在一安全值以内；截流阀用于开启或关闭喷头喷雾作业；分配阀把从泵流出的药液均匀地分配到各节喷杆中去，它可以让所有喷杆进行喷雾，也可以让其中一节或几节喷杆进行喷雾。

三、喷杆喷雾机的使用与维护

（一）机具的准备、调整工作

1.机具准备

喷雾前按使用说明书要求，做好机具的准备工作，如拖拉机与喷杆牵引部件、悬挂部件等的连接；对各运动部件的润滑；拧紧已松动的螺钉、螺母；对轮胎充气；检查各旋转部件是否灵活，输液系统是否畅通和有无渗漏等现象。

2.检查喷头喷嘴喷量和雾流形状

在药液箱内装入一些清水，原地开动喷雾机，在工作压力下喷雾，观察各喷头雾流形状，如有明显流线或歪斜，应更换喷头。在所选定的喷雾压力下，用塑料袋或塑料桶收集 30～120 秒时间内各喷嘴的药液，然后用称量法分别测出各喷头的喷量，并计算出全部喷头 1 分钟的平均喷量。若喷量高于或小于平均值 10% 的喷嘴，则应适当调整或更换，使喷头沿喷幅方向的喷雾量尽量趋于均匀。

3.喷雾压力的调节

根据风力大小或雾化压力的需要，适当调节泵的工作压力，用手旋动调压阀的调压手轮。顺时针旋动时，泵的工作压力升高；逆时针旋动时，泵的工作压力降低。工作压力的大小，可从压力表上读出。

4.校准喷雾机

可采用很多方法校准，如在将要喷雾的田里量出 50 米长，在药液箱里装上半箱水，调整好拖拉机前进速度和工作压力，在已测量的田里喷水，收集其中一个喷头在 50 米长的田里喷出的液体，称量或用量杯测出液体的克数或毫升数即可。

5.施药量的调节

根据不同作物病虫草害防治要求，可适当调节施药量的大小来达到所需的亩施药量。有三种调节方法：当亩施药量变化范围不大时，可适当调节喷雾压力的大小；当施药量变动小于 25% 时，可适当调节拖拉机行走速度；当亩施药量变化范围较大时，可更换较大或较小喷量的喷头。

（二）操作注意事项

1.搅拌

彻底而又充分地搅拌农药是喷雾机作业中的重要环节之一，搅拌不均匀将造成施药不均匀，时多时少。如果搅拌不当的话一些农药能形成转化乳胶，它是一种黏稠的蛋黄酱似的混合物，既不易喷雾又不易清除。加水时就应启动液泵，让液力搅拌器边加水边搅拌。水加至一半时，再边加水边加入农药，这样可使搅拌效果最佳。对于乳油和可湿性粉剂一类的农药，应事先在小容器内加水混合成乳剂或糊状物后再加到药液箱中，这样搅拌的效果更佳。

2.田间操作

田间操作时，驾驶员必须注意保持前进速度和工作压力，不能忽快忽慢或偏离行走路线，以免造成喷洒的不均匀。同时应该在作业现场就喷杆喷雾机的喷幅宽度在田头做上标记（如插旗），以免作业时驾驶员回头喷第二行时找不到上一行喷洒作业的边缘而造成漏喷或重喷。工作中一旦发现喷头出现诸如堵塞、泄漏、偏雾、线状雾等不正常情况，应及时排除。喷雾时，应根据风向选择好行车路线，即行车路线要略偏向上风方向。一般来说，1～2级风要偏 0.5 米左右，3～4级风要偏 1 米左右，4 级风以上应停止作业，以免影响防治效果及雾滴被风刮到相邻地块造成药害或环境污染。

3.安全

无密封式驾驶室的驾驶人员应采取戴口罩、穿长袖衣裤等防护措施。在清洗、更换喷头或加农药时应戴手套。严禁边作业边吃东西或抽烟，以防中毒。

4.维护保养

（1）每班次作业前应进行以下保养工作：检查各紧固件是否拧紧装车，发现松动时予以拧紧。检查泵的油面是否处于油位线处，如不够，应加 14 号或 11 号柴油机机油补足。用黄油枪向各黄油嘴处加注适量黄油。向轮胎（牵引式喷杆喷雾机）和空气室（顶压式液泵）内补充气压至规定值。

（2）每班次作业后应倒净药液箱内残液，并用肥皂水仔细清洗药液箱、过滤器及喷嘴，最后用清水冲洗整个喷雾系统，并将洗涤水排掉。喷头过滤网、药液箱出口处的过滤器、滤网、调压分配阀等部件至多隔两个班次就要清洗一次。每工作 100 小时后，应向泵内加一次油，并检查泵的隔膜、气室隔膜、进出水阀等是否损坏，若有损坏，应及时更换。如果隔膜损坏，农药进入泵腔，就须放净泵腔内的润滑油。用轻柴油清洗泵腔后，更换新润滑油。用过有机磷农药的喷雾机，内部要用浓肥皂水溶液清洗。喷有机氯农药后，应用醋酸代替肥皂清洗。最后用泵吸肥皂水，通过喷杆和喷头，对它们加以清洗。清洗喷头和滤网，也可用上述溶液。

（3）每年防治季节结束时，彻底清洗药液箱内外表面及机具外表污垢，坚实的药液沉积物可用硬毛刷刷去。向药液箱加注清水并启动液泵进行喷洒，以便清洗泵及管路系统中的残留物。放净药液箱中的残水并揩干净，同时放净泵、过滤器、管道中的残水，以防严冬时冻坏各有关部件。放出液泵机油，以柴油清洗后再按规定加入新机油。检查机具外表有无油漆脱落、碰伤。如发现，应及时补漆，以免锈蚀。拆下喷头清洗干净并用专用工具保存好，同时将喷杆上的喷头座孔封好，以防杂物、小虫进入。

第五节　静电超低量喷雾器

静电喷雾技术，国外 20 世纪 50 年代初就有人研究，静电喷雾器械的研究主要集中于各类静电喷头和适用于田间作业的静电高压发生器，当药液流经喷头时，应用高压静电使雾滴带有和喷头极性相同的电荷，在喷头与作物之间形成一个电力场，在静电场的作用下，雾滴做定向运动，并被均匀地吸附到作物上，从而达到杀虫灭害的目的。静电喷雾技术特点如下：

1. 雾滴分布均匀。采用静电喷雾，对雾滴有一定的破碎作用。

2. 附着牢固，防治效果好。静电喷雾能提高农药在作物上的沉积量。由于静电力的吸附作用，相同尺寸的雾滴与叶面接触面大、黏附牢靠、耐雨水冲刷，残效期较长，作物容易吸收，提高了防治效果。

3. 污染少。静电喷雾大大减少了农药的飘移及地面的沉积量，降低了农药对环境的污染。

4. 节省农药。静电喷雾能够大大提高农药利用率。在相同灭虫效果的情况下，减少约 30% 的施药量，降低了施药成本。

一、MGE-5 型手持式静电超低量喷雾器

（一）ＭＧＥ-5型手持式静电超低量喷雾器主要结构

ＭＧＥ-5型手持式静电超低量喷雾器主要由喷头总成、药液瓶和伸缩把手组成。

1.喷头总成

喷头总成包括电机、喷头、雾化盘及电极等。

电机：电机是喷头总成的关键部件，也是喷雾器的关键部件，它由机座及定子、转子、换向器、碳刷等组成，采用永磁直流微型电机。

喷头：喷头被固定在喷头支架上，支架上有螺栓，可调整喷雾角度。

雾化盘：雾化盘呈碟状，具有一定的机械强度。雾化盘内侧及边缘制成均匀分布的细小锥状尖齿，使得药液沿着它有规则地甩出一条条细丝液，断裂后形成均匀雾滴，以保证雾滴的均匀性。雾化盘表面镀有一层金属铬或在雾化盘上固定薄金属盘作为电极，以此形成强大的电场，使得雾滴能良好地带电。雾化盘紧压在微电机轴上，随电机一起转动。

2.药液瓶

药液瓶固定于喷头支架上方，可随喷雾角度的调整同步运动，容量为1升。

3.伸缩把手

伸缩把手由两根粗细不一的塑料管组成，可根据喷洒需要自由调整，并保证喷头及高压电极与操作者保持一定的距离，保护操作者的安全。

（二）ＭＧＥ-5型手持式静电超低量喷雾器使用方法

使用前应保证电源电压充足，高压发生器应接好地线，保证与地保持良好的接触。检查各部件连接是否牢固。电机遇电空转，检查运转是否正常。若正常，即可加过滤后的药液，旋紧瓶盖。调整好伸缩把手的长度，静电高压喷头离操作者应有1米以上的距离，连接好静电高压发生器，合上电源开关。这时若能听到吱吱的尖叫声，说明已有高压输出。待电机运转正常后，翻转药液瓶，使喷头对准目标，即可开始作业。喷洒过程中，喷头应与作物保持一定的距离，应采用顺风作业，以避免人员中毒。喷雾作业结束，先将喷雾头翻转朝上，再关闭电源，然后将喷头电极与作物轻触一下，可放完剩余高压电。

（三）ＭＧＥ-5型手持式静电超低量喷雾器维护保养

1.应将药液瓶内的剩余药液倒出，加入适量的清水喷洒几分钟，将喷头及雾化盘清洗干净。用干布将各部位擦拭干净。

2. 取出干电池，在电机转动轴上抹上适量的润滑脂。必要时或季节防治结束时，将微电机拆开，擦除各部位污垢，清洗轴承，加润滑脂。

3. 用细砂纸将换向器表面磨光，电刷若磨损严重，应换上新的，运转电机正常后，装入喷头。

4. 静电喷雾器在储放、搬运过程中，应避免受外力损坏。电源使用蓄电池的，不要将蓄电池倾斜或倒置，以免电解液流出。

二、2JDW-2 型手持式静电超低量喷雾器

2JDW-2 型手持式静电超低量喷雾器药物流失少，喷洒均匀，叶子正背面和枝干上能均匀吸附雾滴，效率高，劳动强度低，防治效果好和对环境污染小。适用于田间作物和蔬菜、花木及低矮果树的病虫害防治。

（一）构造及工作

1. 构造

2JDW-2 型手持式静电超低量喷雾器主要由两部分构成：一部分是手持超低量喷雾器，另一部分是高压静电发生器。

（1）手持超低量喷雾器由手柄（内装干电池组）、药液瓶、喷头、微电机、齿盘组件等组成。雾化齿盘由微型电动机带动旋转。

（2）高压静电发生器是将低压直流电经振荡器变成交流电，再由升压器将电压升高，然后整流成直流再倍压放大。低压直流电经一套高压静电发生器处理后，变成 1.5 ~ 100 kV 的高压电。电压虽然高，但电流很弱，通常仅为几微安，是很安全的。高压静电发生器为盒式，工作时，由操作人员背在身上。

2. 工作

当接通微型电动机的电源后，微型电动机以 8000 r／min 的转速转动，并带动与之同轴的雾化齿盘高速旋转，此时，打开高压静电发生器的开关，低压直流电经高压静电发生器处理后变成 1.5 kV 以上的高压电，通到高压电极和阴极板上，在喷头与大地之间形成高压静电场。药液瓶中的药液在重力作用下，通过滤网、输液管、滴管流入雾化齿盘，在齿盘转动产生的离心力的作用下，沿齿盘周缘的小齿而被撕裂为细小雾滴，随着自然风飘向作物表面；在接通喷雾器电源的同时，因为在药液瓶出液口内通有高压电，当药液从瓶口流过时便带上了电荷，被雾化成的实际是带电雾滴。带电雾滴在植株异性电荷的吸引下，雾滴沿电力线飞向植株，均匀牢固地吸附在植株的各个表面，从而极大地提高了防治效果。

（二）使用方法

1.准备工作

在进行静电喷雾之前应做以下检查工作：

（1）在喷药前应首先将药液流量、有效射程（喷幅）及步行速度确定下来。

（2）卸下雾化齿盘护罩。检查药液支座上进气孔是否畅通，连接螺钉是否牢固。

（3）检查电池电压，然后装入手柄内，打开开关，查看电路是否畅通。

（4）检查高压静电发生器的电源电压是否正常，检查高压电线两端连接处，阳极屏安装是否牢固，表面是否干净，接地线是否良好。

（5）将过滤后的药液倒入药液瓶内，并将药液瓶装在支座上。千万注意此时瓶口的位置应向上。

2.操作顺序

（1）打开电源开关，微型电动机开始转动，待转速正常后，将喷头移至距防治对象 0.2 ~ 0.4 米处，再将手柄转 180 度使药液瓶倒置，处在喷头上方的位置。

（2）把塑料管把手后端伸出的导线插头插入高压静电发生器箱侧面高压输出插座上。

（3）打开高压静电发生器开关，使发生器工作（可以听到发生器的振荡声），形成阴极板与大地间的电场后，开始喷药。喷药时，喷头应高于作物顶端 0.2 ~ 0.4 米，雾化齿盘圆周所在平面与地面应在 80 度左右的夹角，而且应向前方倾斜。喷头应位于操作人员的下风口。在地头转弯时，药液瓶应转到喷头下方，停止喷药。

（三）维护保养

1.每次收工或更换作业项目，应倒出药液瓶内的剩余药液，再装入清洗液如煤油、肥皂水等数毫升，运转 2 ~ 3 分钟，将滴管、瓶座及喷头体清洗干净。

注意：清洗液必须对喷雾器各部分无损伤作用，喷头不可在水中清洗，以免微型电动机受湿损坏，如其他部位沾有药液，可以用布蘸上清洗液擦除。待零件干燥后，在微型电动机转轴上涂上润滑脂，戴上护罩。

2.高压静电发生器上的尘土要及时清除，保持干燥、清洁，不要无故打开高压静电发生器。

3.近期不用时，应将电池取出，防止由于电池变质而损坏喷雾器及发生器的电器元件。

4.防治季节结束，喷雾器需长期存放前，要将叶轮、电动机从喷头体中取出、擦净，拆开电动机并用汽油清除轴承及机壳内污垢，擦净换向器电刷表面的黑斑，并用砂纸磨光，重新装好且运转正常后，装入喷头体中。在安装叶轮前，应在电动机前轴防液套内添加新润滑剂，重新装好喷头总成，再次运转，若一切正常，戴上护罩。喷雾器的其他零件、紧固件、连接件也要认真擦洗，除去污垢、锈斑，涂抹上润滑脂，取出电池。

5.存放喷雾器的地方应清洁、干燥，存放位置应稳当，避免振动、摔碰挤压。

参考文献

[1] 高智明. 现代农业信息服务酒泉市农业信息服务实践与探索 [M]. 兰州：甘肃文化出版社，2017.

[2] 孙新旺，李晓颖. 从农业观光园到田园综合体现代休闲农业景观规划设计 [M]. 南京：东南大学出版社，2020.

[3] 张天柱. 农业嘉年华运营管理 [M]. 北京：中国轻工业出版社，2020.

[4] 陈廷云，吴兴，马万祥. 现代农业机械化装备操作及维护 [M]. 银川：阳光出版社，2017.

[5] 江正强. 现代食品原料学 [M]. 北京：中国轻工业出版社，2020.

[6] 李强. 现代农业实用技术系列丛书设施育苗技术 [M]. 北京：中国农业大学出版社，2017.

[7] 兰晓红. 现代农业发展与农业经营体制机制创新 [M]. 沈阳：辽宁大学出版社，2017.

[8] 于凡. 吉林省农业高新技术产业示范区创建研究 [M]. 长春：吉林人民出版社，2020.

[9] 周承波，侯传本，左振朋. 物联网智慧农业 [M]. 济南：济南出版社，2020.

[10] 温季，郭树龙，刘小军. 中原现代农业科技示范区水资源承载力及高效利用关键技术 [M]. 郑州：黄河水利出版社，2018.

[11] 廖飞，黄志强. 现代农业生产经营 [M]. 石家庄：河北科学技术出版社，2019.

[12] 赵华，现代农业科技园区发展模式研究 [M]. 沈阳：东北大学出版社，2019.

[13] 巴四合，高广金，聂练兵. 湖北现代农业科技成果汇 [M]. 武汉：华中科技大学出版社，2019.

[14] 李观虎. 我国现代农业服务业发展研究 [M]. 北京：中国经济出版社，2017.

[15] 邢红. 农村能源与现代农业融合发展的水平测度与机理研究 [M]. 南京：东南大学出版社，2019.

[16] 张国平. 新型职业农民培育与现代农业发展研究 [M]. 哈尔滨：黑龙江大学出版社，2019.

[17] 董杰，王品舒，杨建国. 北京都市现代农业植保需求研究 [M]. 北京：中国农业大学出版社，2017.

[18] 桂华. 中国现代农业治理研究丛书社会组织参与农村基层治理研究 [M]. 武汉：华中科技大学出版社，2019.

[19] 彭慧蓉. 中国现代农业治理研究丛书中国粮食主产区农业补贴政策评价与研究——基于农民视角的考察 [M]. 武汉：华中科技大学出版社，2019.

[20] 王建华. 农业安全生产转型的现代化路径 [M]. 南京：江苏人民出版社，2019.

[21] 李雪松. 分权、竞争与中国现代农业发展 [M]. 重庆：重庆大学出版社，2018.

[22] 贾大猛，张正河. 县域现代农业规划的理论与实践 [M]. 北京：中国农业大学出版社，2018.

[23] 张向飞. 上海"互联网+"现代农业建设与实践 [M]. 上海：上海科学技术出版社，2018.

[24] 魏保志，于智勇. 新旧动能转换新引擎·现代农业专利导航 [M]. 北京：知识产权出版社，2018.

[25] 于凡. 吉林省现代农业服务业发展研究 [M]. 长春：吉林人民出版社，2018.

[26] 王秀治. 都市现代农业体系建设与创新实践——以上海为例 [M]. 上海：上海交通大学出版社，2018.

[27] 郭佳琳. 金融借贷资金支持现代农业发展研究 [M]. 重庆：重庆大学出版社，2018.

[28] 金伟栋. 理念引领、制度变迁与现代农业发展——农业现代化的苏州路径 [M]. 苏州：苏州大学出版社，2018.

[29] 余练. 中国现代农业治理研究丛书·农业经营形式变迁的阶层动力 [M]. 武汉：华中科技大学出版社，2018.

[30] 曹宏鑫. 互联网+现代农业——给农业插上梦想的翅膀 [M]. 南京：江苏科学技术出版社，2017.

[31] 赵飞. 发展中的广州现代农业 [M]. 北京：光明日报出版社，2017.

[32] 唐珂. 互联网+现代农业的中国实践 [M]. 北京：中国农业大学出版社，2017.

[33] 杨祖义. 现代农业发展战略研究 [M]. 北京：经济日报出版社，2017.